THiNKr

新思

新一代人的思想

解码生命

Matthew Cobb

破解遗传密码的竞赛与
20世纪以来的
分子生物学革命

LIFE'S GREATEST SECRET

The Race to Crack
the Genetic Code

[英] 马修·科布 著 罗心宇 译

中信出版集团 | 北京

图书在版编目（CIP）数据

解码生命：破解遗传密码的竞赛与20世纪以来的分子生物学革命 /（英）马修·科布著；罗心宇译 . -- 北京：中信出版社，2024.7

书名原文：Life's Greatest Secret: The Race to Crack the Genetic Code

ISBN 978-7-5217-6634-9

I. ①解… II. ①马… ②罗… III. ①分子生物学－普及读物 IV. ① Q7-49

中国国家版本馆 CIP 数据核字（2024）第 105267 号

解码生命：破解遗传密码的竞赛与20世纪以来的分子生物学革命
著者：　[英] 马修·科布
译者：　罗心宇
出版发行：中信出版集团股份有限公司
（北京市朝阳区东三环北路27号嘉铭中心　邮编　100020）
承印者：　河北鹏润印刷有限公司

开本：880mm×1230mm 1/32　　印张：14.25　　字数：382千字
版次：2024年7月第1版　　印次：2024年7月第1次印刷
京权图字：01–2024–2324　　书号：ISBN 978–7–5217–6634–9
定价：88.00元

服务热线：400–600–8099
投稿邮箱：author@citicpub.com

谨以此书纪念

约翰·皮克斯通（John Pickstone，1944—2014）

——一位历史学家，一名同事，一个朋友

推荐与赞誉

科布描述了 20 世纪一些最杰出、最与众不同的头脑间的合作与竞争，笔触在生物学、物理学和化学等领域间自如切换，同时还展示了计算和控制论所发挥的作用。这部作品不仅讲述了激动人心的科学，也讲述了科学发现如何成为现实的迷人故事。

英国皇家学会

詹姆斯·沃森的《双螺旋》和霍勒斯·贾德森的《创世纪的第八天：20 世纪分子生物学革命》是有关 1953 年发现 DNA 的结构以及巩固这一发现的研究的经典之作。动物学家马修·科布以丰富的视角重新解读了这个故事，追溯了生物学、化学和物理学间的相互作用，正是这些相互作用催生并拓展了这一突破。从 X 射线晶体学家罗莎琳德·富兰克林和物理学家马克斯·德尔布吕克，到将 DNA 与基因联系在一起的奥斯瓦尔德·埃弗里和信息理论家克劳德·香农，这本书清晰地讲述了相关的科学和这个故事中的关键人物。

《自然》杂志

马修·科布为科学界，乃至非科学界的读者呈现了一部博学而全面的历史。这本书应该成为遗传学和分子生物学专业的所有研究生以及科学史专业学生的必读书。

《细胞》(*Cell*)杂志

科布博士善于从人性的角度讲述故事，展现了科学是在敌视、嫉妒、竞争和好奇心的推动下发展的……破解生命的密码是一个伟大的故事，这本书把这个故事讲述得非常出色。

《经济学人》

即便那些对这个故事的某些部分非常了解的人，也会发现一些新鲜并且引人入胜的情节……关于遗传密码的破解，尤其值得一提的是，这场竞赛没有一个集中的协调组织来主导：没有像曼哈顿计划或者人类基因组计划那样的项目，只有美国、英国和法国相互竞争的实验室，以及国际科学出版体系。正如科布写的那样，这是一项辉煌的成就，与伽利略、达尔文和爱因斯坦的工作相比肩。

《卫报》

继19世纪达尔文的自然选择演化论以及细胞理论之后，生物学的第三个大统一理论于20世纪完成。DNA、双螺旋和遗传密码的通用性从根本上改变了我们对生命的理解：从癌症、人类起源到基因工程，再到当下数据存储的未来，这场革命的影响触及了生物学的每一个领域。科布既是科学家，也是严谨的历史学家，还是讲故事的高手，他对这场伟大科学革命中的科学、政治和个性碰撞做了激动人心的描述。

亚当·卢瑟福

演化生物学家、科普作家

中国国家图书馆文津图书奖获奖图书《我们人类的基因》作者

这本书堪称詹姆斯·沃森的《双螺旋》合乎逻辑的续篇。尽管沃森和克里克因发现DNA的结构而备受赞誉，但这只是故事的一部分。人类真正开始了解双螺旋是如何工作的——DNA的编码是如何转化为身体和行为的——还需要另外15年的时间，需要一大批兢兢业业的男男女女付出的惊人努力。这些人是现代遗传学的无名英雄，科布这本引人入胜的作品讲述的就是他们的故事。

杰里·科因（Jerry Coyne）

美国文理科学院院士

芝加哥大学生态学与演化系荣休教授

马修·科布是一位受人尊敬的科学家和历史学家，在这本精彩的著作中，他将科学和历史相结合，取得了惊人的效果。这部极具权威性的作品对生命在最深层次上是如何运作的做了很有见地的阐释，令人信服。精彩绝伦！

布莱恩·考克斯（Brian Cox）

曼彻斯特大学粒子物理学教授、英国皇家学会会士

英国物理学会开尔文奖章、英国皇家学会法拉第奖获得者

目　录

新进展

词汇和缩写表

氨基酸（Amino acid）： 一种含有氨基（$-NH_2$）和羧基（-COOH）的小分子。存在数百种不同的氨基酸，但生命体中一般只出现其中的20种。它们串联在一起构成蛋白质。

反密码子（Anticodon）： 小型的tRNA分子上出现的3个RNA碱基为一组的序列，与mRNA分子上的一个密码子结合。

AUG： 一个基因开头的“单词”，这个mRNA密码子会向细胞中负责蛋白质合成的元件发出“从这里开始”的指令，并同样由此设定了基因的阅读框。当AUG出现在一个基因的中间时，它编码甲硫氨酸。[①]

碱基（Base）： 构成DNA或RNA中的核苷酸的分子，包括腺嘌呤、胞嘧啶、鸟嘌呤、胸腺嘧啶和尿嘧啶。

染色体（Chromosome）： 由DNA和蛋白质构成，包含着基因的细胞结构。

密码子（Codon）： DNA或RNA分子中3个碱基为一组的序列，编码一种氨基酸。

CRISPR： 一项编辑生命体基因的新技术，用的是一种源自细菌的方

---

① 作者此处的表述容易导致误解，除了作为蛋白质合成的起始信号，mRNA开头的AUG同样也编码甲硫氨酸。——编者注

法。其名称来源于首次观察到此现象的序列——规律间隔成簇短回文重复序列。这项技术在科研和医疗上有着巨大的潜力。

晶体学（Crystallography）：对晶体分子结构的研究。

控制论（Cybernetics）：对生命体、机械或者电子系统中的控制和信息流的研究，强调负反馈产生看似具有目的性的行为的能力。

DNA：脱氧核糖核酸（deoxyribonucleic acid），一种双螺旋形的分子，每条链由一根脱氧核糖–磷酸骨架和 4 种碱基——腺嘌呤、胞嘧啶、鸟嘌呤和胸腺嘧啶（A、C、G 和 T）构成。DNA 是所有生命体和一部分病毒的遗传物质。

酶（Enzyme）：一种催化（加速）特定化学反应的生物大分子，由蛋白质或 RNA 构成，为生命存在所必需。

mRNA：信使 RNA（messenger RNA）。这些分子由基因拷贝而来，从染色体移至核糖体，在此处与一系列转运 RNA 分子结合，每个转运 RNA 分子上都结合有一个氨基酸。

核酸（Nucleic acid）：RNA 或 DNA。

核蛋白（Nucleoprotein）：蛋白质与核酸结合而成的物质，构成了染色体。

核苷酸（Nucleotide）：一种由一个碱基、一个五碳糖（核糖或脱氧核糖）加上磷酸组合而成的分子，构成了核酸序列的基础。

操纵子（Operon）：活性共同受一个遗传因子调控的一组基因。

PCR：聚合酶链式反应（polymerase chain reaction）。诞生于 20 世纪 80 年代的一种技术，用于扩增研究者发现的 DNA 短序列，现在被常规应用于科学、医药和司法领域。

噬菌体（Bacteriophage，简写为 phage）：攻击细菌的病毒。

蛋白质（Protein）：一种由氨基酸链构成的大分子。蛋白质具有极大的形态多样性，行使多种多样的生物学功能。

嘌呤（Purine）：环状分子，富含氮元素，比嘧啶大。在 DNA 和 RNA

中，腺嘌呤（A）和鸟嘌呤（G）属于嘌呤碱基，它们各自与一种特定的嘧啶配对（G配C，A配T或U）。

嘧啶（Pyrimidine）： 环状分子，富含氮元素，比嘌呤小。在DNA中，胞嘧啶（C）和胸腺嘧啶（T）属于嘧啶碱基，在RNA中，胸腺嘧啶被尿嘧啶（U）所代替。它们各自与一种特定的嘌呤配对（C配G，T或U配A）。

阅读框（Reading frame）： 在一段DNA或RNA序列中，碱基应当被读取的正确顺序。

抑制（Repression）： 阻止基因行使功能。

核糖体（Ribosome）： 存在于所有细胞中的RNA复合结构，是蛋白质合成的主要场所。

RNA： 核糖核酸（ribonucleic acid），一种螺旋状分子，组成部分包括一条核糖-磷酸骨架和4种碱基——腺嘌呤、胞嘧啶、鸟嘌呤和尿嘧啶（A、C、G和U）。RNA是一些病毒的遗传物质，并且在所有细胞中行使范围广泛的调控功能。

特异性（Specificity）： 一个在20世纪60年代前被广泛用于描述分子的各项特质的术语，尤指蛋白质行使诸多功能的能力。

转录（Transcription）： 将DNA上的遗传信息拷贝至RNA。

转录因子（Transcription factor）： 与特定的DNA序列结合，调控一个基因活性的RNA或蛋白质分子。

翻译（Translation）：RNA中的遗传信息转化为一条氨基酸序列的过程，是蛋白质合成过程的一部分。

tRNA： 转运RNA（transfer RNA），三叶草形状的小型RNA，克里克和布伦纳曾预测了它们的存在。每个tRNA会结合一个特定的氨基酸，并携带有一个反密码子，这让它能与mRNA分子上相应的密码子结合。

UGA： 遗传密码中最后一个被解码的“单词”（也就是密码子），破解于1967年。这个被称为欧珀密码子的mRNA序列会向细胞的蛋白质合成元件发出“在这里终止”的指令。

		第二个字母				
		U	C	A	G	
第一个字母 U		Phe（苯丙氨酸）	Ser（丝氨酸）	Tyr（酪氨酸）	Cys（半胱氨酸）	第三个字母 U
U		Phe（苯丙氨酸）	Ser（丝氨酸）	Tyr（酪氨酸）	Cys（半胱氨酸）	C
U		Leu（亮氨酸）	Ser（丝氨酸）	STOP（终止）	STOP（终止）	A
U		Leu（亮氨酸）	Ser（丝氨酸）	STOP（终止）	Trp（色氨酸）	G
C		Leu（亮氨酸）	Pro（脯氨酸）	His（组氨酸）	Arg（精氨酸）	U
C		Leu（亮氨酸）	Pro（脯氨酸）	His（组氨酸）	Arg（精氨酸）	C
C		Leu（亮氨酸）	Pro（脯氨酸）	Gln（谷氨酰胺）	Arg（精氨酸）	A
C		Leu（亮氨酸）	Pro（脯氨酸）	Gln（谷氨酰胺）	Arg（精氨酸）	G
A		Ile（异亮氨酸）	Thr（苏氨酸）	Asn（天冬酰胺）	Ser（丝氨酸）	U
A		Ile（异亮氨酸）	Thr（苏氨酸）	Asn（天冬酰胺）	Ser（丝氨酸）	C
A		Ile（异亮氨酸）	Thr（苏氨酸）	Lys（赖氨酸）	Arg（精氨酸）	A
A		Met（甲硫氨酸）	Thr（苏氨酸）	Lys（赖氨酸）	Arg（精氨酸）	G
G		Val（缬氨酸）	Ala（丙氨酸）	Asp（天冬氨酸）	Gly（甘氨酸）	U
G		Val（缬氨酸）	Ala（丙氨酸）	Asp（天冬氨酸）	Gly（甘氨酸）	C
G		Val（缬氨酸）	Ala（丙氨酸）	Glu（谷氨酸）	Gly（甘氨酸）	A
G		Val（缬氨酸）	Ala（丙氨酸）	Glu（谷氨酸）	Gly（甘氨酸）	G

最终确定于 1967 年的 RNA 遗传密码。U、C、A 和 G 为 RNA 的碱基。20 种天然氨基酸以三字母缩写的形式在表中列出，如 Phe（phenylalanine，苯丙氨酸）。在 RNA 中，碱基尿嘧啶（U）代替了 DNA 中出现的胸腺嘧啶（T）。AUG 既编码甲硫氨酸（Met），也是遗传信息的起始信号。在我们细胞的线粒体和其他一些物种中，发现了这套密码的轻度变体，见第 12 章。

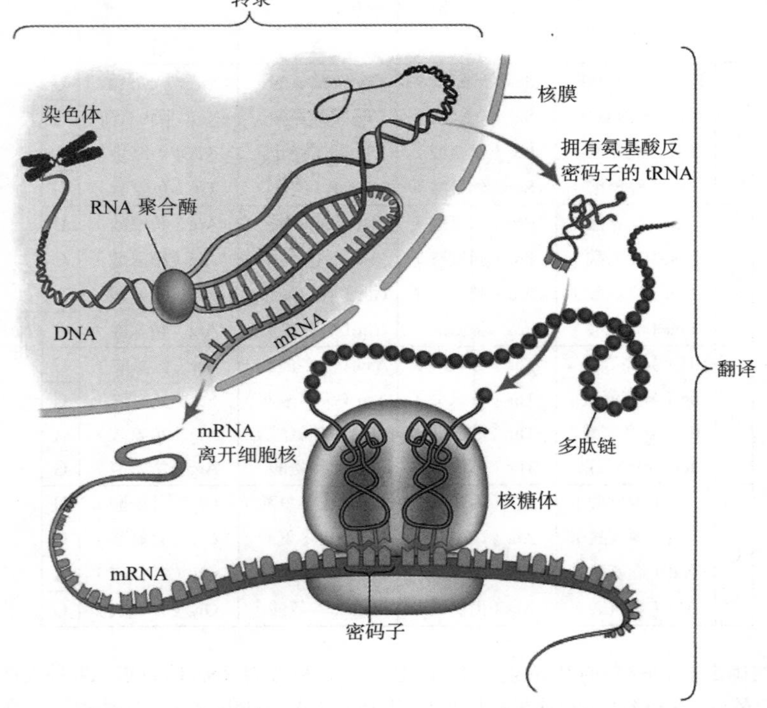

蛋白质合成期间遗传密码工作过程的概略图。细胞核中的一段 DNA 双螺旋被部分解开，其中一条链被转录为信使 RNA（mRNA）。在有细胞核的生命体中，这条 mRNA 通常含有一些无关紧要的序列（内含子），这些序列会被剪切掉，形成的成熟 mRNA 随后会离开细胞核。在细胞质中，由 RNA 构成的核糖体会从 AUG 开始读取这则信息。细胞还会根据其对应的 DNA 合成出转运 RNA（tRNA）分子，这些分子的一端携带着一个与特定的 mRNA 密码子结合的反密码子，另一端是一个结合位点，能够与某一种氨基酸相连。在一个被称为翻译的过程中，携带有一个氨基酸的 tRNA 分子往来穿梭于核糖体，与 mRNA 的密码子结合，随后释放其携带的氨基酸，从而创造出一条蛋白质链。

AUG

前　言

1953 年 4 月，吉姆·沃森（Jim Watson）[①] 和弗朗西斯·克里克（Francis Crick）在《自然》（*Nature*）杂志上发表了一篇科研论文，描述了基因的组成物质 DNA 的双螺旋结构。在 6 周后问世的第二篇论文中，沃森和克里克提出了一个关于“碱基”——在双螺旋的两条链上沿线排布，并将两条链结合在一起的四种分子——功能的假说。他们写道：“因此，似乎碱基的准确序列就是携带遗传信息的密码。”

对于这篇论文的读者来说，这句几乎肯定出自克里克的话听来一定既闻所未闻，又再熟悉不过了。说它闻所未闻，是因为从未有过如此的凿凿之言——此前从没有人提出过“遗传信息”的说法，这是沃森和克里克刚开创的一个研究门类。而说它再熟悉不过了，则是因为它与当时流行的诸多观点甚为相符。它被毫无争议地接纳了。这种审视生命的新方法显得非常直观，立刻就被全世界的科学家们所接受。如今，在老师们讲解遗传的本质和内涵时，这些话语以及一些类似的说法日复一日地回响在全世界的课堂上。

这本书探索的是这些观点出人意料的起源，它们可以回溯到物理学和数学，回溯到第二次世界大战期间高射炮和信号通信的研发工作上。

① 就是詹姆斯·沃森，吉姆是詹姆斯的昵称。——编者注

它描述了这些概念是如何通过当时流行的控制论领域走进生物学的，又是如何随着生物学家们对生命的终极秘密——遗传密码的本质属性的求索而演变的。这是一个关于思想与实验的故事，一个关于独辟蹊径、真知灼见和深陷思维的死胡同的故事，一个为了做出 20 世纪生物学最伟大的发现你追我赶的故事，而这项发现为 21 世纪打开了一个充满希望的新世界。

2015 年 4 月，于曼彻斯特

第 1 章

基因是什么？

19 世纪的最初几十年，中欧的摩拉维亚（Moravia）羊毛产业的领导者们热衷于改善他们的羊产出的羊毛的品质。半个世纪前，一个名叫罗伯特·贝克韦尔（Robert Bakewell）① 的英国农商用选种培育的办法提高了他的畜群的肉产量。现在，摩拉维亚的羊毛商人们打算效法他的成功。1837 年，绵羊育种协会（Sheep Breeders' Society）组织了一场会议，讨论如何才能产出更多羊毛。其中一位发言人是摩拉维亚羊毛产区中心城市布尔诺（Brnö）的修道院的新任院长。对于遗传以及如何将它用来改良牲畜和水果品种的问题，纳普（Napp）院长有着浓厚的兴趣，但这并不单纯只是爱好——修道院同时占有大量的土地。在会上，纳普指出，要通过育种来提升羊毛产量，最好的办法是触及其背后的根本问题。他急不可耐地说："我们需要搞清楚的问题不是育种的原理和过程。关键的问题是**继承下来的是什么，又是怎么继承的？**"[1]

这个问题在今天的我们看来显得无比直白，但在当时却处于人类知识的最前沿，"遗传"（heredity）和"继承"（inheritance）这两个词当时刚具备生物学方面的含义。[2] 尽管牲畜育种者们已经积累了好几个世

---

① 英国农学家，首位实现家畜系统选育的人，被誉为近代家畜育种之父。——编者注

纪的实践认知，也有“龙生龙，凤生凤”这样的流行观念，但在面对人类家族中可以观察到的广泛遗传效应时——肤色、眼睛的颜色以及性别都会在几代人中展现出不同的相似格局——所有试图解释父母与后代间各种各样相似性的努力都失败了。孩子的肤色往往是父母肤色的中和，他们眼睛的颜色有时会与父母双方都不同，而除了极少数情况外，孩子的性别只能与父母中的一方相同。这些神秘而又充满矛盾的规律——17 世纪的医生威廉·哈维（William Harvey）① 审视过所有这些现象，他也是第一批用心思考这一问题的人之一——使人们不可能用当时的工具得出任何一以概之的解释。[3] 面对这些难题，人类花了千百年才认识到，决定一个生命体特征的某些东西会从父母传递给后代。18 世纪至 19 世纪早期，对多指（长出额外的手指）等身体特征以及贝克韦尔的选育法的探究终于使思想家们相信，有一种力量在其中发挥作用，他们将它定义为“遗传”。[4] 眼下面临的难题是，如何找出纳普的问题的答案——继承下来的是什么，又是怎么继承的？

做出这一概念性突破的并非纳普一人。克里斯蒂安·安德烈（Christian André）、埃梅里希·费斯特蒂奇（Emmerich Festetics）伯爵等思想家也在探索费斯特蒂奇所谓的“大自然的遗传律”。但和他们不一样的是，纳普能够组织和鼓舞他的修道院中的一群饱学之士来探究这个问题，这有点像现代大学里的一个学系专注于某个特定的课题。这个研究项目于 1865 年得出了结论。纳普的门徒，一个名叫格雷戈尔·孟德尔（Gregor Mendel）的僧侣做了两场演讲。他在演讲中指出，在豌豆当中，遗传是基于世代相继的因子的。孟德尔的发现于次年发表，但没有造成多少影响，他也没有继续研究这个课题。纳普此后不久就去世了，孟德尔则将时间全部奉献给了修道院的运营，直至 1884 年去世。在很长的一段时间里，没有人认识到孟德尔的发现的重要意义，他的研

① 英国医生、生理学家，近代生理学奠基人，血液循环现象发现者。——编者注

究被遗忘了近 20 年。[5] 但在 1900 年，三位欧洲科学家——卡尔 · 科伦斯（Carl Correns）、雨果 · 德弗里斯（Hugo de Vries）和埃里克 · 冯 · 切尔马克（Erich von Tschermak）——或是重复了孟德尔的实验，或是读了他的论文，之后便致力于宣传他的发现。[6]

遗传学的世纪开始了。

—A · C · G · T—

孟德尔的研究重见天日使科学界兴奋不已，因为它为近期的一些观察给出了补充和解释。19 世纪 80 年代，奥古斯特 · 魏斯曼（August Weismann）和雨果 · 德弗里斯提出，在动物当中，可遗传的特征是由魏斯曼所谓的种系（germ line）——性细胞，或者说卵子和精子——携带的。显微观察者们用新发现的染料揭示了细胞中被称为染色体（chromosome，这个词的意思是"有颜色的实体"）的结构的存在。西奥多 · 博韦里（Theodor Boveri）和奥斯卡 · 赫特维希（Oscar Hertwig）的研究发现，这些结构会在细胞分裂之前自我复制。1902 年，纽约哥伦比亚大学的一名博士生沃尔特 · 萨顿（Walter Sutton）发表了一篇有关蝗虫的论文。结合自己的数据和博韦里的观察结果，萨顿在论文中大胆地提出染色体"可能构成了孟德尔遗传定律的物质基础"。[7] 4 个月后，萨顿在第二篇论文中指出："在生命体对任何一条染色体的继承和与之相关联的特征的继承之间，我们应该可以找到一种确切的对应关系。"[8]

萨顿的观点——博韦里很快就宣称他当时也是这么想的——并没有立即被世人接受。[9] 最初，关于孟德尔的理论是否适用于所有的遗传规律，存在着长期的争议。其后，科学界又为它是否与染色体的行为真正存在关联争论不休。[10] 1909 年，威廉 · 约翰森（Wilhelm Johannsen）① 创造了"基因"（gene）这个术语，来指代决定遗传性状的因子，但他

① 丹麦植物学家、遗传学家。——编者注

明确反对基因是某种物质结构或粒子的观点。与此相反，他认为一些性状是由卵子和精子中所含的一种有组织的遗传倾向（他用德文写作，用的是一个几乎无法翻译的单词 *Anlagen*）决定的，这些 *Anlagen* 就是他所谓的基因。[11]

在起初敌视这门很快就将被称为“遗传学”的新兴学科的科学家中，有一位是托马斯·亨特·摩尔根（Thomas Hunt Morgan），他也在哥伦比亚大学工作（萨顿此时已经转到医学院去了，他的理学博士一直没念完）。[12] 摩尔根凭借在海洋生物学方面的研究获得了博士学位，研究的是海蜘蛛的发育，但他近期开始研究演化了，用的是红眼的果蝇（*Drosophila*）。[13] 摩尔根将手上这些倒霉的昆虫置于各式各样的环境压力之下——极端温度、离心力、人为改变的光照条件——寄微弱的希望于这能造成可以引发演化的改变①。他的果蝇中的确出现了一些微小的突变，但这些突变都不易观察。1910 年，在摩尔根眼看着就要放弃的时候，他在实验室的果蝇中发现了一只白眼的个体。几周之内，新的变异个体接踵而至。到夏天时，已经有 6 种性状明晰的突变可供研究了，其中很多——比如白眼突变——似乎在雄性中比在雌性中更多见。在探索发现的激动心情下，摩尔根早先对遗传学的怀疑一扫而光。

到 1912 年，摩尔根已经揭示了白眼性状是由 X 染色体——性染色体——上的一个遗传因子控制的，由此为遗传的染色体理论提供了一项实验证据。同样重要的是，他证明了一组基因遗传时的变换规律与卵子和精子形成过程中成对的染色体交换彼此的某些区域（这个过程被称为“交换”）的频率相关。[14] 根据他的阐述，倾向于共同遗传的性状是由染色体上物理距离较近的基因产生的——它们在交换的过程中比较不容易分离。反之，容易分离的性状则被解释为是由染色体上距离较远的基因产生的。利用这种方法，摩尔根和他的学生——主要是阿尔弗雷德·斯

① 也就是基因突变。——编者注

特蒂文特（Alfred Sturtevant）、卡尔文·布里奇斯（Calvin Bridges）和赫尔曼·穆勒（Hermann Muller）——绘制了果蝇基因在四对染色体上分布位置的图谱。这些图谱显示，基因是沿着染色体的长轴以一维结构线性排列的。[15]到20世纪30年代，随着新的染色技术揭示出每条染色体上成百上千个条带的存在，摩尔根的遗传图谱已经变得极为精细。正如萨顿所预料的那样，这些条带的排列格局与突变被遗传的规律间存在对应关系，因此特定的基因可以被定位到染色体的微小片段上。

至于说基因是由什么物质构成的，这个问题仍然完全是个谜。1919年，摩尔根探讨了两种可能性，但两者都不令他满意。基因可能是一种“化学分子”，他写道，在这种情况下，“除了其化学组成发生改变外，不清楚它还能怎样变化”。另一种可能性是，基因是“某种起伏的变量”，在不同个体间存在差别，而且可以随着时间发生改变。尽管第二种模型为个体差异和生命体发育的方式都提供了一种解释，但当时已有的寥寥几项研究结果表明它是不对的。摩尔根的结论是耸耸肩，告诉他的读者：“眼下我没法做出判断。”[16]

即使在14年后的1933年，摩尔根庆祝自己的研究获得诺贝尔奖时，进展依旧寥寥。他在诺贝尔奖讲座[①]中坦言：“关于基因是什么，遗传学家目前没有共识——不知道它们是真实的存在，还是纯属虚构。”摩尔根认为，之所以像这样缺乏共识，是因为“以遗传学实验目前的水平，无论基因是假想的遗传单元还是物质微粒，都不会造成一丁点区别。任何一种情况下，这个单元都与某条特定的染色体联系在一起，并且是可以通过纯粹的遗传学分析来定位的”。[17]听来可能很奇怪，但对于20世纪30年代的很多遗传学家来说，基因由什么组成——如果它们真的是由什么物质组成的话——完全无关紧要。

---

① 根据诺贝尔基金会的要求，由诺贝尔奖获奖者做的公开讲座，主题与其获奖研究相关。——编者注

1926年，赫尔曼·穆勒朝着证明基因确实是物质实体迈出了一步，他的研究表明，X射线能够诱发突变。尽管相信他的发现的人并不多——质疑者包括他的博士生导师摩尔根，两人的关系非常别扭——但不到一年后，他的发现就得到了证实。1932年，穆勒搬到柏林暂住了一段时间，在那里与苏联遗传学家尼古拉·季莫费耶夫-列索夫斯基（Nikolai Timoféef-Ressovsky）一起工作，继续自己对X射线效应的研究。此后不久，季莫费耶夫-列索夫斯基与辐射物理学家卡尔·齐默（Karl Zimmer）和马克斯·德尔布吕克（Max Delbrück）开始了一个研究项目，后者是一名德国青年量子物理学家，曾与丹麦物理学家尼尔斯·玻尔（Niels Bohr）① 共事。这个三人组决定将"靶理论"（target theory）——辐射效应研究中的一个核心概念——应用到基因上。[18] 他们认为，通过用X射线轰击细胞，并观察在不同的辐射频率和强度的作用下不同突变发生的概率，就能够推断出基因（"靶标"）的物理尺度，并且认为测算其对辐射的敏感度可以揭示一些有关基因物质组成的信息。

这项合作研究的成果是一篇1935年见刊、三人共同署名的德语论文，题为《论基因突变与基因结构的本质》（On the Nature of Gene Mutation and Gene Structure），更通俗的叫法是"三人组论文"（the Three-Man Paper）。[19] 这篇论文总结了近40项辐射对遗传的影响的研究，还包含德尔布吕克写的一段很长的理论性文字。三人组得出结论，基因是一种分子大小、无法再切分的理化单元，并提出突变关乎的是分子中化学键的改变。然而虽然他们已经倾尽全力，基因的本质和确切大小仍然未知。正如德尔布吕克在论文中所言，从摩尔根于1919年提出两种可能性起，对基因的理解就毫无进展：

① 丹麦物理学家，量子物理学的奠基人之一，1922年诺贝尔物理学奖获得者。——编者注

> 由此，我们将这个问题留待解决：一个基因是具备由相同的原子结构重复而产生的聚合体形态，还是并不会表现出这样的周期性。[20]

苏联遗传学家尼古拉·科尔佐夫（Nikolai Koltsov）比德尔布吕克和摩尔根更大胆。在 1927 年发表的一篇对“遗传性分子”本质的讨论中，科尔佐夫提出了和德尔布吕克一样的观点，认为基因的——因此也是染色体的——基本特性是在细胞分裂时完美复制自己的能力。[21] 为了解释这一现象，科尔佐夫提出，每条染色体由一对蛋白质分子链条构成，两条链完全相同。在细胞分裂过程中，每条链都可以作为模板，用于产生另一条链。不仅如此，他还指出，因为这些分子很长，所以蛋白质沿线的氨基酸序列提供了巨大的变数，这便能解释为什么基因能有如此多的功能。[22] 无论这个观点从我们今天的认知（DNA 的双螺旋结构以及基因是由分子序列构成的这一事实）看来多么有前瞻性，科尔佐夫的论述仍然纯属理论猜想。况且它也并非独树一帜——在 1921 年的一堂讲座上，赫尔曼·穆勒就解读了伦纳德·特罗兰（Leonard Troland）①1917 年提出的一个观点，将染色体的复制和晶体的增长方式进行了平行类比：

> 基因结构中的各个不同部分——就像晶体一样——一定会从原生质中将相似种类的物质吸引过来，从而在第一个基因旁边形成一个拥有相似部件和相同排列方式的结构。这些部件接下来会联结在一起，形成另一个基因——前一个基因的复制体。[23]

---

① 美国物理学家、心理学家、电影业研究者和工程师，设计发明了当时几乎所有的彩色电影拍摄装置以及相关的机械装置。——编者注

1937 年，英国遗传学家 J. B. S. 霍尔丹（J. B. S. Haldane）提出了一个类似的观点，认为遗传物质的复制可能涉及一个分子经过复制，生成原分子的“阴性”拷贝的过程。[24] 科尔佐夫的观点最初以俄文发表，之后曾被翻译成法文，但和霍尔丹的猜想一样，没有对后续的发展产生直接影响。[25] 1940 年，科尔佐夫逝世，享年 68 岁。由于反对受斯大林偏爱的科学家特罗菲姆·李森科（Trofim Lysenko）否认遗传学真实性的观点，他在逝世前一直被指控为法西斯主义者。[26]

科尔佐夫有关基因由蛋白质组成的假说得到了当时全世界科学家的广泛认同。蛋白质的多样性可以为基因行使功能的无数种方式提供解释。染色体中含有蛋白质，但主要是由一种当时叫作核质（nuclein）的分子构成的——我们现在叫它脱氧核糖核酸，或者 DNA。在不同的样本中，这种物质的成分差异很小。当时研究核酸的领军人物是生物化学家菲伯斯·列文（Phoebus Levene），对于这一现象，他在 20 多年间给出的解释是，核酸是由 4 种碱基组成的重复区块排列成的长链构成的（在 DNA 中，这 4 种碱基是腺嘌呤、胞嘧啶、鸟嘌呤和胸腺嘧啶——后来被以它们的首字母称呼——A、C、G 和 T），4 种碱基以相等的比例存在。[27] 这种被称为四核苷酸假说（tetranucleotide hypothesis，“tetra”源自希腊语，意思是“四”）的观点是当时有关 DNA 的主流看法。这种观点认为，与染色体的次要组成物蛋白质不同，这些高度重复的长链分子很可能具有一些结构性的功能。而蛋白质则是基因构成物质的优秀候选成分，原因很简单，它们太多样了。正如瑞典科学家托比约恩·卡斯佩松（Torbjörn Caspersson）在 1935 年指出的那样：

> 如果假设基因是由已知物质构成的，那么值得考虑的就只能是蛋白质，因为它们是唯一有着个体特异性的已知物质。[28]

基因的蛋白质中心观在同一年再次得到加强。那一年，31 岁的温德尔·斯坦利（Wendell Stanley）报道自己制备出了一种病毒的结晶，而它是由蛋白质构成的。[29] 斯坦利研究的是烟草花叶病，这是一种病毒侵染导致的病害。他取一株被侵染的植株，提取它的汁液，并成功得到了结晶。结晶看起来像是纯净的蛋白质，并且拥有侵染健康植株的能力。虽然病毒在当时是很神秘的东西，但穆勒在 1921 年指出它们可能是基因，并且研究它们可以为认识基因的本质提供一个途径。[30] 如此看来，病毒是蛋白质，那估计基因也是蛋白质。20 世纪 30 年代，包括马克斯·德尔布吕克在内的许多研究者开始研究病毒。当时，病毒被认为是最简单的生命形式。时至今日，关于病毒是否有生命，科学家仍然分成两派，但无论病毒有没有生命，这种研究最简单的生物组织形体的手段都非常强大。德尔布吕克和他的同事萨尔瓦多·卢里亚（Salvador Luria）一道，聚焦研究噬菌体——侵染细菌的病毒。20 世纪 40 年代，在他们致力于做出同样适用于复杂生命体的基础性发现时，一个被称作"噬菌体团体"（the phage group）的非正式研究者网络围绕着两人壮大了起来。[31]

斯坦利的发现引发了媒体的极大兴奋——在《纽约时报》看来，这意味着"旧观念中生与死的明确边界变得模糊了一些"。尽管几年之内就有人对斯坦利分离出纯净蛋白质的说法提出了言之有据的疑问——里面还有水和其他杂质，并且如斯坦利自己承认的那样，几乎没有办法证明一份蛋白质样品是纯净的——但在科学家群体中，压倒性的观点仍然是基因和病毒的本质是蛋白质。[32]

在尝试将这种猜想与对基因结构的推断联系起来的努力中，最成熟的一次是 1935 年由牛津大学的结晶学家多萝西·林奇（Dorothy Wrinch）完成的。在曼彻斯特大学的一次演讲中，她提出基因的特异性——它们行使如此广泛的功能的能力——是由蛋白质分子的序列决定的，这些蛋白质垂直地固定在一个由核酸组成的"脚手架"上，有点像一块针织物。然而，正如她所强调的那样，"眼下提出的这个假说如果要验证和发展，其所必须依赖的实验事实和观察事实都几乎是一片空白”。不过林奇的结论很乐观，她如是鼓励她的同行去探索染色体和基因的本质：

> 染色体不是某个封闭的科学领域中的现象，而是应当位列于那些值得用尽所有可能的奇思妙想、概念的提炼和所有学科的技术来研究的课题之中。将全世界科学国度的全部资源调集起来，协力攻关，岂有失败之理。[33]

—A · C · G · T—

20 世纪 30 年代，对于搞清楚基因是由什么组成的，大多数遗传学家并没有特别大的兴趣。他们更感兴趣的是发现基因究竟有哪些能耐。这两个研究方向之间存在一种潜在的关联。正如果蝇遗传学家杰克 · 舒尔茨（Jack Schultz）在 1935 年指出的那样，通过研究基因的效应，或许可以“发现一些关乎基因本质的东西”。[34] 在认真对待舒尔茨的看法的科学家中，有一位是乔治 · 比德尔（George Beadle），他与俄裔法籍遗传学家鲍里斯 · 埃弗吕西（Boris Ephrussi）一道，在摩尔根的实验室研究果蝇复眼颜色的遗传机制。当埃弗吕西返回巴黎时，比德尔也跟随他去了巴黎。他们的目标是阐明改变果蝇复眼颜色的突变的生物化学基础。比德尔和埃弗吕西的实验失败了：他们所研究的体系的生物化学过程太过复杂，他们无法从果蝇小小的复眼中提取出相关的化学物质。他们了解其中涉及的基因，也知道它们对复眼颜色的影响，但他们不知道为什么。

比德尔回到了美国，他决心破解基因如何影响生物化学过程这道难题，但他同样确信的是，自己必须使用一种可以在生物化学水平上被研究的生命体。他在脉孢菌（*Neurospora*）上找到了答案。这是一种环境耐受力很强的真菌，能够在几乎没有外部供应维生素的条件下生存，因为它能合成自己所需的维生素。为了获得基因对生化反应控制的认识，比德尔决定创造无法合成这些维生素的脉孢菌突变体。

比德尔携手微生物学家爱德华·塔特姆（Edward Tatum），借助穆勒的手段，用X射线照射脉孢菌的孢子，希望能产生需要添加维生素才能存活的突变体，由此开辟研究维生素生物合成背后的遗传学机制的可能性。比德尔和塔特姆很快便发现了无法合成特定维生素的突变体，并于1941年发表了他们的发现。[35] 这些突变中的每一种都会影响维生素生物合成途径中不同的酶促步骤，这是世纪之初起科学界广泛持有的基因要么会产生酶，要么本身就是酶这一观点的实验证据。[36] 当比德尔在帕萨迪纳的加州理工学院的一次学术报告上展示他们的发现时，所有听众都被震惊到了。他只讲了30分钟就停了下来，全场鸦雀无声——在座的一名听众后来回忆道：

> 我们从没有见过这样的实验结果。这是梦想成真啊，这证明基因在生物化学过程当中扮演着确切的角色。我们都在等着——或者说盼望着——他继续讲下去。在大家明白他其实已经讲完了之后，掌声震耳欲聋。[37]

翌年，比德尔和塔特姆提出了“一个有待论证的假说，即一个基因可以被认为是与一个特定的生化反应的主要控制相关的”。[38] 几年后，一位同行将这个假说提炼成了更加朗朗上口的“一个基因一个酶假说”。在对尿黑酸尿症（alkaptonuria）这样的人类遗传病的研究中，有对于这种观点的支持——1908年，阿奇博尔德·加罗德（Archibald Garrod）① 便指出，这种疾病可能涉及酶合成方面的缺陷。但比德尔和塔特姆的假说当时也遇到了反对意见，一个原因是科学界知道基因拥有多

---

① 英国医生，遗传性代谢缺陷研究先驱，尿黑酸尿症发现者。——编者注

种作用，而他们的假说——或者说后来朗朗上口的那句“一个基因一个酶”——似乎表明每个基因只能做一件事：控制一种酶。[39]

—A·C·G·T—

圣三一大学坐落在都柏林的市中心，一座座新古典主义风格的灰色三层建筑环绕着草坪和操场。在校园的最东端，有一座建于1905年的灰色建筑，风格截然不同。这便是菲茨杰拉德楼（Fitzgerald Building），或者如石质门楣上深深镌刻的文字所言，叫物理学实验楼。楼的顶层有一间报告厅，在1943年2月的第一个星期五，大约400人拥挤在报告厅中那些上了清漆的木质长椅上。根据《时代》周刊的说法，那些占到了座的幸运儿中有“内阁大臣、外交官、学者和社交名流”，还有爱尔兰总理埃蒙·德·瓦莱拉（Éamon de Valera）。[40]他们是来聆听诺贝尔奖得主、物理学家埃尔温·薛定谔（Erwin Schrödinger）① 的一场讲座的，讲座的题目很吸引人，叫作“生命是什么？”。人们的兴趣实在太大，很多人被堵在了门外，讲座不得不在第二周的周一又开了一场。[41]

从纳粹统治下的奥地利逃出后，薛定谔来到了都柏林。他原本就职于奥地利的格拉茨大学（Graz University），但德国人在1938年接管了大学。尽管他是很出名的希特勒反对者，但薛定谔还是发表了一封曲意逢迎的信，希望能够置身事外。然而这招并不管用，他不得不匆匆逃离奥地利，连他的诺贝尔奖金质奖章都没能带上。德·瓦莱拉对物理学很感兴趣，他在都柏林新建的高等研究院给薛定谔提供了一个职位，于是这位量子力学大师便在都柏林安下身来。[42]

连续三个星期五，56岁的薛定谔都走进菲茨杰拉德楼的报告厅开展讲座，他在讲座中探讨了量子物理学与生物学的近期发现之间的关系。[43]他的第一个话题是生命何以看起来违背了热力学第二定律。从19

① 薛定谔因其在量子物理学领域的贡献获1933年诺贝尔物理学奖。——编者注

世纪起，科学家就知道，在一个孤立的系统中，能量会耗散，直至达到一个恒定且均一的水平。物理学家用无序性的增加，或者说熵的增加来解释这一现象。在这样的系统中，熵的增加是不可避免的。生命体似乎违反了这条基本定律，因为我们是高度有序的物质组织形式，将能量集中在非常有限的空间里。薛定谔的解释是，生命依靠“不断从环境中吸取有序性”来生存——他将秩序描述为“负熵”。这个现象尽管明显违背了一项宇宙基本定律，但却并不会在物理学中引起任何问题，因为从宇宙学的尺度来看，我们的存在太过短暂，我们的实体维度太过渺小，热力学第二定律铁一般的事实不会为之动摇片刻。无论生命存在与否，熵都会不可阻挡地增加。根据我们现在的模型，它会持续到宇宙最终的热寂，那时所有的物质将均匀地占据空间，什么也不会再发生，并且永远也不会再发生。

在第二个话题面前，薛定谔遇到了远远更大的困难：遗传的本质是什么？与在他之前的科尔佐夫和德尔布吕克一样，薛定谔也为染色体在寻常的细胞分裂（“有丝分裂”，生命体就是以这种方式生长的）和性细胞产生（“减数分裂”）的过程中能够准确复制这一点所震惊。你的身体要经历几万亿次的有丝分裂才能长到如今的大小，在所有的拷贝和复制过程中，遗传密码看起来都得到了如实的复制——总的来说，发育是在没有任何突变或遗传畸变的迹象下进行的。此外，基因也被如实地从一代传递给下一代：薛定谔对听众讲解道，人们熟知的性状，比如哈布斯堡唇，或者叫“地包天”——哈布斯堡家族的成员表现出的下颌前突特征——可以追溯几百年而没有明显的改变。

对于生物学家来说，基因的这种看上去从不改变的特性只是一个简单的事实。然而，正如薛定谔对都柏林的听众们所论述的那样，这为物理学家们提出了一个问题。薛定谔做了计算，每个基因可能是由仅仅1 000个原子组成的，在这种情况下，基因应该会不断变化，因为物理和化学的基本定律都是基于统计学的，虽然总体而言，原子倾向于表现出一以贯之的行为，但单独一个原子却能表现得与这些定律相悖。[44]对于我们碰到的大多数物体，这无关紧要：桌子、石头或者奶牛这样的东西是由无数个原子构成的，它们不会表现出无法预测的行为。桌子始终是桌子，不会自发地开始变成石头或者奶牛。但如果基因是由区区几百个原子组成的，那么它们就应该表现出那种不确定的行为，不应该跨越几个世代而一成不变。然而实验表明，突变相当罕见，并且在发生后会被准确地遗传下去。薛定谔用如下的说法对这个问题进行了概述：

> 小得不可思议，无法遵循精确的统计学法则的一组组原子……在生命体这些井井有条、有法可循的事件中扮演了主宰性的角色。它们控制着生命体在发育过程中获得的肉眼可见的宏观特征，它们决定了它行使的功能的重要性状。而这一切所体现的，是非常鲜明、非常严格的生物学法则。[45]

其中的挑战是，如何解释在由数量很少的原子组成，其中很显著的一部分的行为可能不会遵照法则的情况下，基因是怎样依照法则活动，并使生命体依照法则行事的。为了解开物理学原理和生物学现实之间的这个明显矛盾，薛定谔把注意力转向了当时对基因本质的解释最成熟的理论——季莫费耶夫-列索夫斯基、齐默和德尔布吕克的“三人组论文”。

在与听众探讨遗传的本质时，薛定谔不得不给出一个基因具体包含哪些成分的解释。除了逻辑推演，薛定谔没有其他东西支持自己的假说——染色体“以某种密码脚本的形式，囊括了生命个体未来的发育模式以及成熟阶段的运作模式”。这是第一次有人明确指出基因可能含有密码，或者干脆本身就是一种密码。

在将自己的想法进行逻辑推演后，薛定谔提出，人类应该有可能读取一颗卵的“密码脚本”，从而得知“这颗卵在适宜的条件下是会发育成黑公鸡还是花母鸡，一只苍蝇还是一株玉米，一株杜鹃花、一只甲虫、一只老鼠，还是一个女人”。[46] 尽管部分体现了有关生命体发育历程的早期思想以及生命体将会具有的形态早在卵中就已成形的旧时观点，但薛定谔的这种观点还是有很大的不同。他论述的问题是，卵是**如何**存储有关长大后的生命体的信息的，这些信息又是**如何**转变成生物学现实的，并且他指出两者是一回事：

> 染色体的结构同时也发挥着促成自己预示的发育的功能。它们是法律法规，也是执法力量——或者换一种比方，它们是建筑师的蓝图，也是建筑工人的技艺——集两者于一身。[47]

为了解释自己假说中的密码脚本如何运作—— 一定极为复杂，因为涉及“一个生命体未来的所有发育过程”——薛定谔采用了一些简单的数学方法来展示一个生命体中多种多样的不同分子可以如何被编码。如果决定每个生物分子的是一个由 5 种不同字母组成，长度为 25 个字母的“单词”，那么就会有 372 529 029 846 191 405 种可能的组合——远远多于任何生命体中已知的分子种类。在展示了这样一种简单密码的潜在编码能力后，薛定谔得出结论：“小小的密码能与高度复杂且专一的发育计划准确对应，还能以某种方式蕴含计划付诸实施的途径，这已经不再难以置信了。”[48]

虽然这是第一次有人公开表示基因含有某种类似于密码的信息，但在 1892 年，科学家弗里茨 · 米舍（Fritz Miescher）① 就提出了一些略微相似的说法。在一封私人信件中，米舍指出，有机分子丰富多样的形式足以“表达出遗传的全部丰富度和多样性，就像二十四到三十个字母

① 即弗里德里希 · 米舍（Friedrich Miescher），弗里茨是弗里德里希的昵称。——编者注

足以表达出所有语言的所有词汇和语义一样”。[49] 米舍的观点可以说相当具有远见，尤其是考虑到他还是 DNA，或者用他当时的叫法，核质的发现者。但米舍从不曾认为核质就是构成这些字母的物质，并且他的观点直到将近 80 年后才被公开。毕竟，字母与单词的模糊比喻远不如薛定谔的密码脚本概念准确。

薛定谔接下来探讨了基因分子可能是由什么构成的。他指出，这种物质是他所谓的一维非周期晶体—— 一种没有重复的固体，其缺少重复与密码脚本的存在有关。这种非重复性提供了必要的多样性，使生命体中众多不同的分子能够被一一编码。尽管特罗兰、穆勒和科尔佐夫在 20 多年前都曾指出基因可能像晶体一样增长，但薛定谔的观点远比他们的更精准。他对于基因结构的看法聚焦于密码脚本没有重复这一属性，而不是染色体的复制与晶体复制自身结构的能力之间简单的平行类比。[50]

—A · C · G · T—

如果只是回荡在都柏林的上空，只是在比较留心的听众的头脑中产生了一点点回响，那么薛定谔的话将不会形成多大的影响。《时代》周刊 4 月号的文章是国际上有关这几场讲座的唯一报道，文章并没有详细提及薛定谔讲座的任何内容，也没有证据表明他的任何思想传播到了外界。唯一的详细记载刊登在《爱尔兰传媒报》(*The Irish Press*)上，文章成功地提炼了薛定谔的主要观点，并且将密码脚本和非周期晶体两种思想都囊括其中。[51] 其他报纸则没有给予这个故事应得的关注。1944 年 1 月，薛定谔在科克郡做了另一个版本的讲座，但当地报纸《凯里人报》(*The Kerryman*)的报道版面仅与利斯托尔生猪交易会的报道版面相当（在售的 126 头猪销路很好，该报报道说）。[52]

薛定谔觉得公众会对自己的观点感兴趣，因此讲座一结束便着手将它们结集成书，并蓄意加上了一个简短而又存在争议的结论。在讲座的末尾，薛定谔向以天主教徒为主的听众们虔诚地点了点头，宣称“构成染色体纤维的非周期晶体”是“沿天主的量子力学路线实现的最优美杰作”。但在专为出版而新写的题为“决定论与自由意志”的尾声中，薛定谔探讨了自己对印度教中神秘的吠檀多哲学的终生信仰。他认为个人身份是一种幻觉，并且批评西方的主流信条，因为它们迷信个体灵魂的存在。他的着眼点不在于没有灵魂存在的证据，而在于个体意识是世界共通的一元灵魂的虚幻表达。薛定谔用了一句话来表达自己的这种思想，尽管他自己也承认从基督教传统来看这是“亵渎上帝的疯魔之语”，但他显然也认为这是真话：“我就是全能的上帝。”

这本书即将在都柏林一家声誉很好的出版社付印时，出版社却有人胆怯了。在20世纪40年代的爱尔兰，天主教会仍然牢牢把控着文化，用薛定谔写在终章里的那些话去批评天主教信仰绝无可能。出版商退出了。薛定谔没有被吓倒，他将手稿寄给了伦敦的一个朋友，书最终于1944年12月由剑桥大学出版社出版。薛定谔的大名、引人好奇的标题、誉满全球的大出版社，有了这样的组合，再加上二战行将结束，注定了这本书读者广泛，自此之后不断重印。尽管《生命是什么？》(*What is Life?*)在商业上非常成功，薛定谔对生物学的涉足却到此为止了。他再没有公开写过关于这个话题的文字，即使在1953年人类发现遗传密码的存在时也没有。[53]

《生命是什么？》迅疾的影响可以从大众媒体和科学期刊两方面的评价中看出。出版后的4年间，有超过60篇关于这本书的书评发表，尽管很少有作者注意到那些现在看来高瞻远瞩的思想——非周期晶体和密码脚本，书还被翻译成德语、法语、俄语、西班牙语和日语出版。[54]顶级科学周刊《自然》杂志发表了两篇长篇书评，一篇的作者是遗传学家J. B. S. 霍尔丹，另一篇的作者是植物细胞学家艾琳·曼顿（Irene Manton）。霍尔丹直切问题的要害，点出了非周期晶体和密码脚本的创新性，并将其与科尔佐夫的工作联系到了一起。曼顿同样注意到了薛定谔对密码脚本这个概念的使用，但她认为其含义是“遗传物质的总和”，而不是有关基因结构和功能的一个专门的假说。《纽约时报》的书评人则指中了核心要点：

> 基因和染色体包含薛定谔所说的“密码脚本”，它会提供细胞所要执行的命令。然而由于我们目前无法阅读这个脚本，因此我们对于生长和生命仍然一无所知。

与之相反，一些科学家后来回忆说，这本书没有让他们留下什么深刻的印象。20世纪80年代，诺贝尔奖得主、化学家莱纳斯·鲍林（Linus Pauling）① 声称自己读了《生命是什么？》后很“失望”，并表示：“薛定谔没有为我们对生命的理解做出贡献，这是我当时的想法，也是我时至今日的想法。”[55] 同样是在20世纪80年代，关于薛定谔，另一位诺贝尔奖获得者、生物化学家马克斯·佩鲁茨（Max Perutz）② 写道：“他书中的那些正确内容都不是他的原创思想，而多数原创内容即使在该书写作的年代就已经知道是不正确的了。”而在1969年，遗传学家C. H.沃丁顿（C. H. Waddington）则将薛定谔的非周期晶体概念批评为“极其不知所云的论调”。[56] 除了这些后来人的批评外，当时就有人表达了反对意见。马克斯·德尔布吕克在一篇书评中表现得很严厉，尽管他曾因为薛定谔赞扬了他在“三人组论文”中的工作而收获了公众的关注。他声称薛定谔的非周期晶体这个说法是故弄玄虚多于真知灼见：

---

① 鲍林因对化学键本质的研究及其在阐明复杂物质结构中的应用获1954年诺贝尔化学奖，又因积极参与反对核武器使用和扩散的社会活动获1962年诺贝尔和平奖，但在晚年却致力于宣扬维生素C能治疗癌症、心脏病等疾病的伪科学主张。——编者注

② 佩鲁茨因对肌红蛋白和血红蛋白结构的研究获1962年诺贝尔化学奖。——编者注

> 抛去现成的“复杂分子”不用，偏给基因安上这么一个耸人听闻的名字……这种表述毫无新颖之处，而本书内容又多半着力于此。生物学领域的读者还是略过不读为好。

这样的评价实在有些狭隘了，因为薛定谔的假说实际上相当准确，并非只是编出了一个新名堂而已。在书评的结尾，德尔布吕克蛮不情愿地承认这本书“通过汇聚物理学家和生物学家两方面的关注，将具有启迪世人的影响力”。在另一篇书评中，穆勒同样展望了这本书的前景，他认为这本书将成为一剂催化剂，“融汇物理学、化学和生物学的遗传基础”。对于薛定谔未曾引述他的工作，穆勒明显有些不平，他指出，自己在 1921 年便提出了基因复制和晶体增长之间的类比关系（他没有提自己是借用了伦纳德·特罗兰的这个概念）。穆勒同样不认为薛定谔对秩序和负熵的讨论有任何创新，因为这两者“对于一般的生物学家来说都是老生常谈了”。无论德尔布吕克还是穆勒，都没有对密码脚本的思想做任何评论。

尽管总的来说持的都是怀疑论调，但德尔布吕克和穆勒也绝对是说对了：薛定谔的书确实启迪了一代青年科学家。因为发现 DNA 结构的工作获得诺贝尔奖的詹姆斯·沃森、弗朗西斯·克里克和莫里斯·威尔金斯（Maurice Wilkins）都声称《生命是什么？》在他们各自通往双螺旋的旅程中扮演了重要的角色。1945 年，在加利福尼亚研究原子弹期间，一个朋友给了威尔金斯一本《生命是什么？》。在广岛和长崎的恐怖震撼下，威尔金斯被薛定谔的文字迷住了，他决定放弃物理学，成为一名“生物物理学家”。克里克在回忆自己 1946 年读到薛定谔的这本书时说，“那感觉就像伟大的事物就在转角另一边”。沃森读《生命是什么？》的时候还是一名本科生，随后就将注意力从鸟类生物学转移到了遗传学上。[57]

虽然《生命是什么？》发展出的一些思想很有前瞻性，并且这本书毫无疑问启发了一些在20世纪的科学界扮演核心角色的人物，但薛定谔的讲座与几十年间破解遗传密码的努力中的众多实验和理论并没有直接的联系，而且历史学家和这些研究的参与者也对薛定谔贡献的重要性持不同意见。[58]“三人组论文”提出，并得到薛定谔极力褒扬的有关突变的观点对后来的事件没有产生影响，而薛定谔提出的通过研究遗传的物质基础将发现新的物理定律的观点也完全是错误的。就连今天看来如此有先见之明的密码脚本思想，也对生物学家看待基因内部结构的方式没有产生直接影响。遗传密码发现过程中各个环节的相关论文也没有一篇引用过《生命是什么？》，虽然参与其中的科学家们读过这本书。

事实上，薛定谔“密码脚本”的内涵并没有我们所说的“遗传密码”那么丰富。薛定谔并没有认识到基因的每个部分都对应着一个确切的生化反应过程，而后者正是密码所表示的内容。他也没有触及密码脚本中存储的究竟是什么这个问题，只是大致地提出这是一种“计划”。若是问当今的任何一位生物学家，遗传密码中存储的是什么，他们都会给你两个字的答案：信息。薛定谔没有使用这个形象的比喻。这完全不存在于他的语汇库和思想当中，原因很简单，它当时还没有得到我们现在赋予它的微言大义的内涵。“信息”即将走进科学，但在薛定谔做讲座时尚未如此。由于对密码存储的内容缺乏概念，薛定谔的见解不过是时代思潮的一部分，是即将来临的事物的风吹草动，而非塑造后世全部思想的突破。

第 2 章

信息无处不在

在薛定谔置身于中立国爱尔兰，远离第二次世界大战的恐怖的同时，全世界的其他科学家则加入了为战争而奋斗的行列，致力于用他们的技能研发出杀死敌国人的新方法，或者至少是找到让自己人免于被杀死的方法。在美国尤其如此，1940 年 6 月，美国最终参战前的 18 个月，罗斯福总统指示麻省理工学院的副校长万尼瓦尔 · 布什（Vannevar Bush）建立了国防研究委员会（National Research Defense Committee），以研发新式武器。国防研究委员会接下来动员了超过 6 000 名美国科学家，包括参与绝密的曼哈顿计划，制造原子弹的科学家。[1] 开支规模十分巨大：到 1944 年，联邦的研究预算为每年 7 亿美元——超过 1938 年数额的 10 倍。①

在参与这项工作的科学家中，有一位来自麻省理工学院，才华横溢而又思维敏捷的数学家，名叫诺伯特 · 维纳（Norbert Wiener）。1940 年 9 月，46 岁的维纳—— 一个胖乎乎，爱抽雪茄的素食主义者，近视眼，留着凡 · 戴克式胡须——给万尼瓦尔 · 布什写信，表示愿意效

① 联邦政府的钱大多注入了私立机构。战前，政府资助的研究项目 70% 由联邦下属的组织执行，30% 由公司和大学执行。到 1944 年，这个比例反了过来。有充足的资金可供周转，政府聚焦军事问题的合同使大学和私立机构深陷"钱海"（Noble, 1986）。

力："希望在整个活动的某些边边角角，您能找到在紧迫时分我可以派上用场的地方。"维纳神童出身，随后他跟着伯特兰·罗素（Bertrand Russell）① 学习逻辑学，并于20世纪二三十年代在数学领域做出了重要的贡献。

维纳投身于备战的动机混合着爱国主义和对纳粹的深仇大恨。他的父亲是俄裔犹太人，而维纳的妻子却极度反犹并且是希特勒的狂热支持者，她在德国的亲族成员则都是纳粹党党员。二战期间，维纳的女儿芭芭拉因为背诵母亲那本《我的奋斗》中的段落而在学校受到处分。这一切都使维纳的家庭生活显得颇为有趣。[2]

万尼瓦尔·布什觉得美国对空袭的准备还不够充分，他认为美国需要研发出"精准、快速控制高射炮"的手段来击落敌机。[3] 这便是维纳开始攻关的领域。1940年秋，维纳论证指出，开发一套将人为干预最小化并能击落敌机的自动防空系统在理论上是可行的。1940年12月，维纳将理论构想转化为现实的提案获得了2 325美元的微薄预算，并被国防研究委员会新设的D–2分部贴上了"机密"的标签。D–2分部在战争期间资助着80个项目，总价值约1 000万美元。这个分部负责组织研究"火控系统"——炮兵火力的控制系统。D–2分部由洛克菲勒研究所② 的所长沃伦·韦弗（Warren Weaver）掌管，正是他在两年前创造了"分子生物学"（molecular biology）这个词。[4]

当时已有的防空系统需要多达14个人操作：有人负责发现飞机，有人负责识别飞机的飞行轨迹，还有人负责迅速计算出飞机的预期位置，最后一组人则负责将炮口摇到正确的方向和高度，然后开火。但如果飞行员在炮弹发射后采取规避动作，那就打不中了——计算是基于飞

---

① 英国数学家、逻辑学家、哲学家，代表作《西方哲学史》、《数学原理》（与阿尔弗雷德·怀特海合著），获1950年诺贝尔文学奖。——编者注

② 洛克菲勒大学的前身。——编者注

机沿直线飞行的假设做出的。维纳大胆的想法是要找到一个无论飞行员怎么做，都能预测飞机随后位置的数学公式。

到 1941 年冬天，维纳已经可以用自己的数学技能预测出目标近乎随机运动的路线，然后计算出一个射向目标最可能的位置的拦截路线。朱利安·比奇洛（Julian Bigelow），一名曾在 IBM 工作的富有才华的年轻工程师，被指派与维纳共事。他喜欢鼓捣老爷车，还碰巧是一名业余飞行员。这对搭档建造了一台模拟目标飞机移动和高射炮操作组反应的设备，办法是往麻省理工学院校园——毗邻查尔斯河——2–244 房间的天花板上投射光束。[5] 维纳和比奇洛还去了实地，研究了现实中的炮手的行为模式。维纳就是在这里做出突破的，因为他注意到士兵们会采取针对飞机移动模式的动作。运用自己预判飞机位置的知识，炮手会在计算射击方位时将预计的位置也纳入考虑。维纳着手尝试用数学方法描述这种效应。为了努力赶在截止时间前完工，压力显现出来，维纳开始大量服用安非他命——这在当时还是完全合法的[①]。他变得易怒，甚至比平时更加话痨——对一个从事最高机密项目的人来说实在不可取——最终不得不戒掉自己的不良嗜好。他后来解释说："我只能把药戒了，寻找一种更理智的办法来给自己打气，以扛住战时工作的重担。"[6]

维纳意识到，炮手对飞机运动的反应意味着他正在扮演一个反馈系统的一部分——这是声学和工程领域的人很熟悉的一个现象。维纳与学生时代的一个朋友探讨了这一观点。这个朋友名叫阿图罗·罗森布鲁斯（Arturo Rosenblueth），是哈佛大学的一名生理学家。他们意识到，无论在技术领域还是生物学上，反馈都是很多系统的一个共有特性，并且可以在动物的行为和生理活动中出现。兴奋于他们的理论突破，两人在 1942 年纽约举办的一个小型科学会议上介绍了自己的观点。20 多人的听众中藏龙卧虎，混杂着神经生理学家和心理学家，还有夫

① 安非他命是中枢神经系统兴奋剂，现在被很多国家列为毒品。——编者注

妻档人类学家格雷戈里·贝特森（Gregory Bateson）和玛格丽特·米德（Margaret Mead）。罗森布鲁斯在他的演讲中描述了他所谓的“因果循环”（circular causality）或者叫反馈环。演讲内容已经被写成一篇罗森布鲁斯、维纳和比奇洛共同署名，题为《行为、目的和目的论》（Behaviour, Purpose and Teleology）的论文，发表在学术期刊《科学哲学》（*Philosophy of Science*）上。[7]“目的论”一词的用意是蓄意挑衅，因为这一概念是根据目的来解释现象，而目的在正规的科学论述中已经被禁绝几百年了。根据亚里士多德的观点，对自然现象的最终解释是它们的目的或曰目的因（final cause）。例如，从手中松开的苹果最终会落到地上，是因为它的目的因就是往下走。17世纪以来，人们越发认识到，这种方法什么也解释不了，因此开始寻求更加有力的原理性解释。维纳想通过数学层面的解释，让目的的观念卷土重来。

维纳和罗森布鲁斯指出，在生命体和机械身上可以观察到有目的性、受目标导向的行为，而这是通过被称为负反馈的机制实现的。常规的反馈会导致信号不受控地加强——这就是麦克风离扬声器太近会产生啸叫声的原因。负反馈则意味着特定的活动会在达到某个预设的状态时停止。以这种方式，一个信号就可以把一台机器或者一个生命体“推”向某个目标。如果目标没有达成，那么持续的信号就会将行为引导向目标。举个例子，一枚捕捉战舰发出的声音信号的鱼雷就是用负反馈引导自己游向目标的——它会在信号最强时停止转向，因为这表明目标就在正前方。[8]

二战后，沃伦·韦弗终于抽出空来读了维纳、罗森布鲁斯和比奇洛的那篇论文。他没有被打动。“我想读这篇论文，可是到现在还是卡在前四段里，读不下去。”他告诉维纳。[9]如果韦弗坚持读下去，那么他会发现论文的其余部分很值得一读，因为它标志着科学思维的一次转变。它将所有系统放在了同一个层面上，无论它们是机械、有机体还是人与机器的混合体（高射炮就是这种情况），并且提出，行为可以用同样的原理来解读，可以置于同样的负反馈环中进行分析。这篇论文被读给纽约的那一小群听众时，产生了有如触电般的反响。神经生理学家沃伦·麦卡洛克（Warren McCulloch）尤为激动，因为这与他和沃尔特·皮茨（Walter Pitts），一位古怪而聪慧的20岁数学天才正在发展的大脑功能模型不谋而合。[10]就连人类学家玛格丽特·米德也入迷了，她后来写道："我连自己磕断了一颗牙都没察觉到，直到会开完了才发现。"[11]

尽管维纳的观点令他的学术同行们兴奋不已，但他建造一个可以改造成实战版本的防空设备的努力却被一个竞争项目抢了风头。这项绝密计划由麻省理工学院和私营公司贝尔实验室共同运营。顶着一个蓄意掩人耳目的名头，辐射实验室（Radiation Lab）有30多位科学家参与，仅第一年就获得了超过80万美元的预算。虽然使用的是一种高度脱离现实的预测方法——假设飞机沿直线飞行——但辐射实验室的这个设备会向预测的地点射击产生一片弹幕，以此弥补精确度的不足，这样总会有几枚炮弹能蒙中的。1942年，辐射实验室的项目通过了演练测试，美国军方随即采购了1 200多套。虽然维纳和比奇洛的统计预测系统比辐射实验室竞争对手的略微精准一些，但事实很快表明，其相较于后者的优势不值得耗费如此大的精力，因此维纳的项目于1943年11月被终止了。[12]此时，辐射实验室的这个系统被称为M–9，其中纳入了维纳的预测规程中的一些元素并开始量产。它最终将成为当年所谓的"第一次机器人大战"的一大核心要件。[13]这场大战发生在1944—1945年的英格兰南部地区上空，是德国的V–1自动火箭（又名蚁狮导弹）与盟军的半自动防御系统之间的较量。

维纳以《平稳时间序列的外推、内插与平滑化及其应用》（Extrapolation, Interpolation, and Smoothing of Stationary Time Series with Engineering Applications）这个令人望而却步的标题，写下了自己用来预测物体移动和滤除干扰数据的方法。这份翻印流传的文档主要由维纳那复杂得令人发指的一页页数学演算构成，在各个防空武器研发项目的工作者中传阅。就连只有6页的最简短的章节也有37个方程式。这份盖着“保密”印章的文档印了300份，用浅黄色的封皮包着，封皮上是警示语，任何泄露其内容的人都将面临《美国间谍法》的严厉惩处。在众多困惑的读者中，它很快便被冠以了“黄皮天书”的称号。一名美国工程师后来说：“应该把这些文件提供给敌方，这样他们就得在上面花费大量的时间，我们就能继续研究怎么打胜仗了。”[14]这份文件后来终于解密，从此成为同类著作中的经典。2005年，其中一份在苏富比拍卖行以7 200美元拍卖成交。

维纳声称，他的方法有很多应用，并且可以为理解信息交流的本质提供重要的启发。他的观点是，人类的交流与机器发送的信息之间没有什么不同：“自动变电所的设备对电流和电压的记录与电话上的交谈一样，都是如实传达的消息。”[①,15]维纳指出，所有交流都具备相同的基础特性——都必须包含他所谓的多样化信息。他还说，这种多样性的一个量化手段可以在概率论的数学原理中找到——所有形式的交流，都可以通过对其所含信息的数学的、概率论的分析来理解。将维纳的两项基本见解——负反馈在行为塑造中的重要性以及信息的存在——结合起来，就意味着反馈环——居于带有明显目的性的行为的中心——承载着信息。

—A · C · G · T—

同一时期，另一位麻省理工学院受训出身的数学家克劳德·E. 香农（Claude E. Shannon）也在研究类似的问题。香农是个腼腆的年轻人，

① 这句话中“消息”的英文是message，在涉及计算机和信息理论的上下文中，如果翻译成“信息”很容易产生混淆，除非中文习惯必需，本书均翻译为“消息”。——编者注

终生热爱迪克西兰爵士乐，喜欢鼓捣电子设备，说起话来慢条斯理，有点像詹姆斯·斯图尔特①。1938年，香农凭借自己在布尔逻辑方面的工作获得了麻省理工学院理学硕士学位，这个领域在电子学的发展中有着决定性的地位。到1940年，香农已经在“理论遗传学的代数算法”这个课题上读完了博士，他发展出了一套描述基因在种群中的扩散方式的数学方法。香农承认，虽然他的论证很新颖，但结果却不是。他其实对基因一点也不感兴趣。据他的博士生导师万尼瓦尔·布什说，“在遗传学的这个方面，他只有一些零零散散的知识”。香农主要关注的是用统计学来描述基因在种群中的行为，不是它们行使功能的方式和它们的构成。[16]

1942年，香农在位于西街（West Street），俯瞰哈得孙河的贝尔实验室纽约总部工作。在楼后的华盛顿街（Washington Street）上，一条地上轻轨线径直穿过这栋大楼，像是20世纪30年代讲述未来的电影中的某些场景。香农是密码术研究组的一员，研究消息通过电话的传递过程。1943年1月，在薛定谔即将在都柏林开展讲座的同时，贝尔实验室来了一位英格兰的访客——数学家、密码学家艾伦·图灵（Alan Turing），他是1942年11月乘“伊丽莎白女王号”战列舰来到纽约的。图灵开始在贝尔实验室工作，探究在罗斯福和丘吉尔之间搭起一条安全可靠的加密电话连线的方法。香农后来通过理论证明了其密码无法被破解，这个计划随即得以成功实施。[17]

尽管图灵并未与香农一起工作，但两个年轻人还是时常在餐厅里一起喝茶，探讨图灵有关可以进行人类能想到的任何运算的“万能机器”的想法。香农的建议显然令图灵惊讶不已，他告诉图灵，这样的一个“电脑”能够做的可不仅仅是复杂的运算。“香农想塞进电脑里的不只

---

① 美国著名影星、二战空战英雄，官至空军准将，代表作《后窗》《生活多美好》《迷魂记》等。——编者注

是数据，还有文化上的东西！他想演奏音乐给它听！”图灵在一封信中惊叹道。[18] 更重要的是，两人也交换了彼此对于信号传输的想法，以及如何量化通信交流的内容，如何将非确定性融入它们的数学运算过程。图灵开创了“分班”（deciban）① 的概念，这是对消息中包含的非确定性的一个量化手段。香农则不久后就将定义“二进制数位”或者叫“比特”，它有 0 或 1 两种状态，是战后计算机技术的核心。3 月初，图灵作为 4 300 多人的运兵船上唯一的平民，横渡危机四伏的大西洋，回到了英格兰。两人下一次见面要等到战后在曼彻斯特了，图灵将在那里研究“婴儿”（Baby），世界上第一台程序存储计算机。

在贝尔实验室，香农是与麻省理工学院辐射实验室合作研究火控的团队的成员之一。和维纳一样，香农的任务是开发出一种预测目标位置的方法，两个人就这个问题讨论了好几次。据比奇洛后来回忆，维纳极其无私，与这位后生交换着想法，分享自己的见解。最终，维纳的慷慨开始退去，并且——可能是滥用安非他命的缘故——开始用猜疑的方式回应香农的拜访，对身边的朋友说香农是“来撬走我脑子里的想法”，极力闭门不见香农。[19]

虽然香农明显受到了维纳黄皮天书中部分工作的启发，但他此前就已经开始思考信息交流的本质和描述它的数学方法了。他不是第一个做这件事的人。20 世纪 20 年代晚期，拉尔夫 · 哈特利（Ralph Hartley）和哈里 · 奈奎斯特（Harry Nyquist）就研究了电报消息是如何传输的，但他们没有从概率论的角度审视这个问题，也没有将随机变量——干扰信号——作为影响传输准确性的一个因素加以考虑。1945 年，香农为国防研究委员会 D–2 分部写了一份题为《密码术的数学原理》的文件，

① 这个单词由 ban 加上前缀 deci- 构成，deci- 的意思是“十分之一”，ban 源自图灵发展的一种被称为班布里斯穆斯（Banburismus）的密码分析手段，综合两方面的考虑，此处译作“分班”。——编者注

他在其中总结了自己对信息交流及其所涉及的内容的观点。他将被交流的东西称为“信息”（information），并描述了其基本单位的本质，他把这种基本单位称为“比特”。出于显而易见的原因，这份文件立刻被盖上了“机密”的印章，但在战后，文件的一个版本被发表，最终也于 1957 年解密。[20]

在二战前后成形的有关信息的诸多思想中，最后一个要素是德国物理学家利奥·西拉德（Leo Szilárd）① 对麦克斯韦妖的探究。这个思想实验是英国物理学家詹姆斯·克拉克·麦克斯韦于 1871 年构想出来的，目的是展现违背热力学第二定律在理论上具有怎样的可能性。麦克斯韦设想了一个妖精，它可以毫不费力打开两间舱室之间的一扇门，使能量更高的分子进入其中一边，由此提高那间舱室的温度，并降低整个系统的熵——这是热力学第二定律认为不可能的事情。西拉德于 1929 年想出的解决办法是，这个妖精必须要能够测定分子的运动速度，而要做到这点就需要消耗能量，因此导致熵增。如果妖精和舱室被视为一个整体，那么这个系统的熵就不会降低，热力学第二定律仍旧无懈可击。尽管西拉德没有使用“信息”这个术语，但他的理论探讨还是以一种后来被证明具有重大意义的方式将熵与获取知识的手段联系了起来。

—A·C·G·T—

1945 年初，维纳和他的同行，数学家约翰·冯·诺伊曼（John von Neumann）组织了目的论学会的一场会议。学会刚成立不久，目标是研究“目的是如何在人类与动物的行为中实现的，另一方面，目的又如何以机械和电子的手段来模仿”。[21] 冯·诺伊曼是一名数学家，也是博弈论——描述和预测简单行为的数学模型——的先驱。在开发日后很大程度上主宰战后经济学的那些模型的工作中，他扮演了重要的角色，这

① 作者此处有误，西拉德是匈牙利裔美国物理学家。——编者注

些模型同样拓宽了演化生物学家的思维方式。最重要的是，冯·诺伊曼在曼哈顿计划中也扮演着领路人的角色。

目的论学会会议召开8个月后，伴随两阵毁天灭地的闪光，世界发生了剧变。1945年8月6日，美国在广岛投下了第一枚原子弹，造成了不可想象的破坏，当场导致多达8万人死亡，另有大约同样多的人在接下来的几个月陆续死去。三天后的8月9日，长崎市被第二枚原子弹摧毁，这一枚用的是钚而不是铀，并且采用了冯·诺伊曼开发的内爆点火程序。

曼哈顿计划成功了，但很多参与其中的科学家却为自己促成了毁灭而心生恐惧。曼哈顿计划背后的首要原因——害怕遭到纳粹的核弹打击——已经随着1945年5月德国投降而不复存在了。更重要的是，事情很快明朗起来，德国人从未接近过成功。除了那些最天真或者两耳不闻窗外事的科学家，所有人都意识到，原子弹的研发和使用表明盟军别有用心——原子弹是用来威胁苏联的。冯·诺伊曼对此倒处之泰然。他曾经帮助美国军方选择彻底摧毁哪两座日本城市。作为坚定的反共人士，他承认投放到广岛和长崎的两枚原子弹主要是为了警告苏联，并且认为随之而来的死亡和破坏是合情合理的。[22]

维纳的态度则截然不同。他关心对日本使用原子弹而引发的道德问题，也担忧它的破坏力在未来无限扩大的可能，思虑之深使他开始考虑彻底放弃科研。1945年10月，他告诉一位友人：

> 自从原子弹被投下后，作为一名参与战时工作的科学家，又眼看着自己的战时工作被作为更大战略的一部分用在我无法认同也完全无法左右的地方，我的良心感到了尖锐的自责，一直在尝试解脱……我认真考虑过不再努力取得科研产出的可能性，因为我想不出任何办法让自己发布的发明创造免于落在坏人手中。[23]

维纳的战时经历使他确信，科学研究应该尽可能地公开，不应该被与私立机构或是军方捆绑在一起。与维纳正相反，冯·诺伊曼则热衷于尽可能地融入军工复合体，后者已经开始主宰美国的经济了。冯·诺伊曼有两重目标，一是筹集到建造他梦寐以求的计算机所需的经费，二是对抗他眼中的那些来自苏联的威胁。

尽管有着深入骨髓的差别，两人还是在一起工作，特别是组织了1946年3月的一场会议。会议的名称相当冗长，叫“生物学及社会科学中的反馈机制和循环因果系统研讨会”（会议更为人所知的名称借用了资助方小乔赛亚·梅西基金会的名字，叫梅西会议）。与会者基本上是1942年聆听维纳概述他有关负反馈的观点的同一群人，另外加入了生态学家G. 伊夫林·哈钦森（G. Evelyn Hutchinson）、社会学家保罗·拉扎斯菲尔德（Paul Lazarsfeld）等一些人。[24] 维纳和冯·诺伊曼在会上提出了他们开发电子计算脑（electronic computer brain）的计划，其间冯·诺伊曼将人类的神经系统与自己正在普林斯顿高等研究院构建的数字化程序存储计算机做了平行类比。

7个月后的1946年10月，纽约科学院举办了一场有关“目的论机制”的特别会议，维纳在会上做了发言，概述了黄皮天书中过去一年未被公之于众的想法。[25] 维纳在会上讲解道，在负反馈控制的所有实例背后，有一个将它们统一起来的思想，他称之为“启示”——所有控制系统都有信息交流的参与，也可以用同样的概念框架来理解。在薛定谔的《生命是什么？》的启发下，维纳把信息与熵联系了起来，他的思想甚至比西拉德对麦克斯韦妖的论述更进一步，将熵定义为“消息中包含的信息量的负值”。这“并不令人意外”，维纳继续讲道，因为“信息是秩序的度量，而熵是无序的度量。从消息的角度来看待一切秩序是切实可行的”。维纳指出，主宰信息交流的法则与热力学第二定律“事实上是相同的”。因此，举例来说，一条消息一旦生成，后续的操作就只能将它消解，而不能增加其中的信息。熵的箭头只能指向一个方向，生命所能做到的一切不过是让这个过程暂时停止，并不能真正将其逆转。战后的科学界用来解释生物学现象的主要理论框架之一——信息在生物学中的地位——正在浮现，并且与宇宙尺度上对秩序的基本度量成功对接了。

一个月后，在把生命如何自我复制的观点与控制系统研究联系起来的工作上，冯·诺伊曼迈出了一步。他越发确信，维纳将注意力集中在人类行为的建模分析上是错误的：人脑实在太复杂了。1946 年 11 月底，冯·诺伊曼给维纳写了一封长信，概述了一种令人震惊的新式研究手段，后者将在未来几十年的科学研究中居于统治地位。[26] 开篇先是自我批评，冯·诺伊曼指出，源于两人对研究人类中枢神经系统的共同热情，“我们选择了……天底下最复杂的课题——这样的说法毫不夸张”。冯·诺伊曼还表示，这个问题甚至比大脑的复杂性还要深奥。他觉得他们首先必须理解生物学现象背后的分子机制，然后才能有希望理解更高层面的生命活动：

> 如果没有“显微级”、细胞层面的研究，那么我们对生命体运行方式的任何认识就都无法为神经运行机制的深入细节提供任何线索。

冯·诺伊曼的方式显得很激进。他的结论是，应该着眼于他描述的以下方面：

> 像病毒或者噬菌体这类没有细胞结构的生命体……它们能够自我繁殖，能够在无序的环境中找到自己的方向，向食物移动，去占有它，利用它。因此，“真正”读懂这些生命体，可能才是正路上的第一步，并且可能是整个问题中需要迈出的最大的一步。

冯·诺伊曼对于病毒生物学的见解很肤浅——他告诉维纳，病毒“绝对是动物，有某些类似头和尾巴的结构”（事实上，依照大多数的定义，病毒甚至没有生命）。尽管在生物学方面很糟糕，但冯·诺伊曼提出的观点——简单系统也能展现出适用于更加复杂的组织形式的法则——却完全正确。根据他的计算，每个病毒包含约600万个原子，并且“只有……几十万个‘机制因子’”。冯·诺伊曼对维纳解释道，人类应该有可能理解这些组分之间的相互作用，不过他承认，即使是这一点也颇具挑战性：

> 即使分子质量为10^7~10^8的生命体的复杂程度对我们来说不算太大，我们目前也仍然缺乏相应的手段。但我们是否至少可以对这些手段加以构想？通过当下我们已经可以预见到的特点、水平和时间跨度方面的那些发展，我们是否能够取得这些手段？

冯·诺伊曼向维纳提议，他们应该研究“病毒和噬菌体的生理学，以及有关基因和酶之间关系的一切已知学问”。他对这种手段的解释是，病毒可以让我们对基因形成一些认识，这说明他对病毒还是有一定了解的，并非只是认为它们是动物：

> 基因可能很像病毒和噬菌体，不过有关它们的所有证据都是间接的，而且我们也无法随心所欲地提取和扩增它们。

冯·诺伊曼之所以对基因产生兴趣，是因为生命拥有令他着迷的一大特质——自我复制的能力。事实上，基于他此前对于自我繁殖的自动机的思考，冯·诺伊曼此时确信，生物“自我繁殖的机制”可以放在他和维纳一直以来发展的理论框架中去理解：

我可以证明它们存在于这个概念体系当中。我认为我理解了其中涉及的一些主要原理……在这个查阅、消化文献的过程中，我希望了解各种各样的东西，尤其是自我繁殖所需的组件的数量。我（颇为无知）的猜想是大几万或者几十万个，但这个估计还是太不可靠了。

在参加了 1946 年 10 月末举办的第九届华盛顿理论物理学会议后，冯·诺伊曼采用了这一方法。这场小型会议的主题“生命体的物理学”源自薛定谔的《生命是什么？》的启发，由离经叛道的物理学家、马克斯·德尔布吕克的终生好友乔治·伽莫夫（George Gamow）选定。[27] 会议论及了冯·诺伊曼写给维纳的信中概述的很多要点。在媒体对这场会议言辞兴奋的报道中，有如是记述：

过去三天，一群理论物理学家和生物学家在华盛顿的卡内基研究所以及乔治·华盛顿大学举行会议，探讨“生命体的物理学”的相关问题。很多讨论是关于遗传问题的，还有近乎神奇的基因用遗传方式将自身的特征印刻在细胞组成成分上的机理问题……从今年的讨论中可以看出清晰的趋势，未来几年中，物理学和生物学的交叉地带将会开展大量的研究活动。[28]

有一件事或许让会议令人激动的程度到达了顶点，那就是开会之初，与会者和媒体获悉，36 位参会者之一的赫尔曼·穆勒因他在遗传学方面的工作获得了诺贝尔奖。① 同样参会的还有新一波遗传学家中的两位代表：乔治·比德尔和马克斯·德尔布吕克。遗传的物质基础这一

---

① 穆勒因用 X 射线诱发突变方面的研究获 1946 年诺贝尔生理学或医学奖。——编者注

问题——基因具体是由什么构成的——已经成为所有人的关注焦点。两年多以前，纽约的一项重大发现使科学界对这一问题的兴趣得以进一步加强，发现者不是一名遗传学家，他也从未梦想过参加当时举办的任何一场探讨物理学与生物学之间联系的会议。

第3章

转化要素

1943年12月，在乘船横跨太平洋的三周航行后，澳大利亚病毒学家麦克法兰·伯内特（Macfarlane Burnet）来到了旧金山。伯内特此行的目的地是哈佛大学，他受邀在那里做一场学术报告——无论战事如何，对于一部分人来说，学术生活仍在继续。伯内特40多岁，长相英俊，头发带着点自来卷。他的学术声望源自对流感等病毒性疾病的研究。1960年，他因对感染诱发的免疫反应的研究获得了诺贝尔生理学或医学奖。哈佛大学的报告结束后，伯内特先去了芝加哥，之后又去了纽约。在纽约，他与奥斯瓦尔德·埃弗里（Oswald Avery）——一位60多岁、矮小、谢顶的微生物学家，文静的举止令结识他的人印象深刻——进行了一场惊世骇俗的讨论。据病毒遗传学先驱萨尔瓦多·卢里亚后来回忆：

> 与埃弗里交谈是一种妙不可言的体验。他是个神奇的小个子，非常朴实……他身上带有寒门子弟的那种自尊，简单直接。在说话的时候，他会闭上眼睛，抚摸着自己的秃头，并且总能一针见血。[1]

整个学术生涯，埃弗里都在研究肺炎双球菌——肺炎的致病菌——并且凭借自己用免疫反应来区分肺炎双球菌不同株系的工作赢得了国际声誉。但埃弗里讲给伯内特的故事与免疫学毫无关联。伯内特告诉他的未婚妻，埃弗里“刚刚做出了一个极其令人兴奋的发现，很粗略地说吧，至少是分离出了纯净的基因，它的形式是脱氧核糖核酸”，也就是DNA。[2]

埃弗里宣告的发现之所以令人惊喜，有几个原因。首先，科学界当时并不认为细菌拥有基因；其次，多数科学家认为基因很可能是由蛋白质，而不是DNA构成的；最后，埃弗里不是遗传学家，在这个领域并无经验。他都快退休了，不像是个推动革命的人。但掀起一场革命，可以有很多途径。

—A · C · G · T—

除了在第一次世界大战期间短暂地当过兵外，奥斯瓦尔德 · T. 埃弗里——常被人以“教授”（professor）的简称昵称为“费斯”（Fess），虽然他从未真正获得过这一头衔——从1913年起就在纽约的洛克菲勒研究所医院工作。他的实验室在医院的五楼，实验室曾经是医院的一间病房，仍然沿用着最开始的分区间隔。实验室的桌上摆满了微生物学研究常用的器具——培养皿、酒精喷灯、木柄接种环和接种针、显微镜、恒温箱——水槽和超净工作台则被放在了靠墙的地方。整个房间弥漫着一股研究肺炎的实验室特有的怪味——这些微生物是在用血液制成的培养基上培养的。埃弗里个人的工作间曾经是病房的厨房，房门后面有一张书桌，上面常常堆满了尚未回复的信件。他不喜欢自己的日常节奏被打乱，就连请他去别处参加会议的重要邀请函也会被搁置好几周，迟迟不回。就算回信，他也几乎总是拒绝。

在抗生素广泛普及的20世纪40年代以前，肺炎是人类的一大杀手——在美国，每年有超过50 000人死于这种疾病。医生们束手无策：治疗对于提高存活率几乎没有效果。肺炎菌的一些株系会致病——它们是“有毒力”的——而其他株系则不会致病。埃弗里探寻疗法的手段是去弄懂不同株系之间为何有这种差异。他的很多早期工作都是与他的同事、朋友和室友，歌剧爱好者阿方斯·多切斯（Alphonse Dochez）一起开展的。据一名同事回忆：

> 很多时候，当他（多切斯）从大都会歌剧院回来时，会发现室友埃弗里博士静静地躺在床上读书。身着整套晚礼服的他会坐下来，声情并茂地向他的老朋友讲述《茶花女》演到第二幕时自己脑中迸发出的一些有关微生物学的精妙想法。[3]

埃弗里和多切斯的研究发现，通过将细菌注射到小鼠体内，并观察其血清中特定抗体存在与否，就能探知肺炎双球菌不同类型间的差异。埃弗里的技术很快就被广泛采用，成为一种鉴定肺炎双球菌以及其他感染性细菌的方法。

研究者开始弄清细菌不同株系间毒力差异性的来源是在1921年。当时，英国微生物学家约瑟夫·阿克赖特（Joseph Arkwright）注意到，致病性痢疾杆菌的菌落表面是光滑（smooth）的，而非致病性痢疾杆菌则会结成小菌落，在显微镜下观察，表面显得很粗糙（rough）。因此，致病性的株系被顺理成章地称为S型菌株，非致病性的株系则被称为R型菌株。两年后，位于伦敦的英国卫生部的一名医官弗雷德·格里菲斯（Fred Griffith）发现，肺炎双球菌的情况与此相同，致病株系光滑，非致病株系粗糙。埃弗里研究了S型和R型菌株之间的区别，他发现当肺炎双球菌变成光滑的致病型时，会产生一层体积可达细菌本身4倍的荚膜。埃弗里的研究表明，荚膜是由一层糖类复合体，也就是多糖构成的。这能保护细菌的细胞，使之免遭人体防御机制的攻击，并且赋予了致病性菌落光滑的外表。

说回伦敦，格里菲斯正在探究一个最先由阿克赖特描述的神秘现象：如果将粗糙菌落和光滑菌体混合，粗糙菌落便能转变成光滑菌落。

阿克赖特认为，这个过程是两个类型的微生物相互竞争的结果。格里菲斯则开始怀疑，非致病性的R型细菌实际上转变成了致病性的S型细菌，他把这个过程称为转化（transformation）。令人震惊的是，格里菲斯发现，即使将死去的S型细菌与R型菌落混合，转化同样会发生。在格里菲斯将活的R型细菌与被杀死后的S型肺炎双球菌一起注射入小鼠体内后，其中一些小鼠死了。他还发现，尽管注射的唯一活细菌都是R株系的，这些小鼠体内却仍然充满了S型细菌。1928年，格里菲斯将这些结果以及其他很多发现发表在了《卫生学报》（*Journal of Hygiene*）上，这篇信息量很大的论文厚达45页。[4]

格里菲斯留意到，类似的效应此前在炭疽杆菌上被观察到过。那篇关于炭疽的论文的作者O. 贝尔（O. Bail）曾经指出，这种效应事关“构成荚膜的物质的继承”。格里菲斯则认为，死去的S型细菌的多糖荚膜被R型细菌用作了制造更多荚膜的模板。他提出，荚膜没有被继承，致病性肺炎双球菌“特异性的蛋白质结构”才是个中原因。

无论相信哪种解释——况且当时也没有关于这个现象的真正证据——格里菲斯的数据之充足和实验之严谨都是压倒性的。德国的诺伊费尔德①很快就复现了这一结果。②埃弗里的研究组也开始了对这一效应的研究，不过他们是在培养皿中让细菌发生转化，而不是小鼠体内。20世纪30年代初，他们取得了一项突破，从S型肺炎双球菌中提取出了一种能够转化R型细菌的物质。埃弗里的研究组将这种物质称为“转化要素”，埃弗里余生的工作都聚焦在弄清它的本质上。在开始研究转化现象后不久，埃弗里获得了他众多国际奖项中的第一项——保罗·埃尔利希金质奖章（Paul Ehrlich Gold Medal），但严重的病情使他无法

① 指弗雷德·诺伊费尔德（Fred Neufeld），德国医生、细菌学家。——编者注

② 格里菲斯和诺伊费尔德都是二战的受害者：格里菲斯死于1941年的一场空袭，诺伊费尔德则于1945年饿死在柏林。

参加德国举办的颁奖典礼。多年来，埃弗里身患格雷夫斯病，也就是甲亢。这使他眼球突出、身体疲惫、精神沮丧，还让他手抖，难以开展他擅长的精细、准确的微生物实验操作。1934年，埃弗里去医院切除了他的甲状腺。他花了几个月才康复，一年多以后才增长到原来的体重。

1934年的夏天，一位名叫科林·麦克劳德（Colin MacLeod）的加拿大医生加入了洛克菲勒研究所医院，在肺炎医疗部门工作。埃弗里休完病假之后，这对搭档开始探究转化要素的化学性质。一年出头的时间后，埃弗里向他的新同事罗林·霍奇基斯（Rollin Hotchkiss）讲述了他眼中未来的研究应该着力的方向。据霍奇基斯回忆：

> 埃弗里跟我聊了个大概，导致转化的因子几乎不可能是糖类，也不太符合蛋白质的特征，他踌躇满志地提出，这种因子可能是一种核酸。[5]

没有什么明确的结果支持埃弗里的这一直觉，因为麦克劳德的工作没有得出确定的结论。这造成了一个问题——这名加拿大的年轻人需要一些已发表的论文来充实自己的履历，于是他转而研究新兴的磺胺类抗生素的效用去了。这之后直到1940年，埃弗里的研究组都没有再进一步研究转化。

尽管从细菌细胞中分离转化要素的方法业已发表，却没有科学家承担起这项挑战。这并不是因为科学界不了解或者没有认识到肺炎双球菌转化现象的重要性。1941年，演化遗传学界的领军科学家特奥多修斯·杜布赞斯基（Theodosius Dobzhansky）出版了他影响深远的著作《遗传学与物种起源》（*Genetics and the Origin of Species*）的第二版。在“基因突变”一章中，杜布赞斯基记述了格里菲斯和埃弗里的工作，并声称他们的发现“站在遗传学的角度来看，并不是特别令人惊奇”，因为从 R 型到 S 型的转化可以用突变的概念来理解。更有挑战性的是格里菲斯和埃弗里实验所展示的现象：转化可以通过与死去的样品接触而发生。杜布赞斯基在书中向读者一再保证，这项“令人难以置信”的发现“证据确凿”。[6]杜布赞斯基强调，经过转化的菌株并非仅仅获得了“一个类型不同于祖先的临时多糖外膜，而是永久地获得了合成新多糖的能力”。杜布赞斯基的结论是，与转化要素的接触以某种方式诱发了 R 型细菌中的一个突变，而这使研究者可以利用定点突变来研究基因的功能：

> 如果这种转化被描述为一种基因突变——事实上很难避免这样来描述——那么这就是用特定的处理方式诱导出特定突变的实例了。这是一项伟业，遗传学家们已经在高等生命体上尝试过，却徒劳无功……遗传学家若想从中获益，或许可以沿着肺炎双球菌研究提供的线索设计实验。[7]

杜布赞斯基并没有断定转化要素就是基因，但他对这方面给予的关注表明，埃弗里的研究广为人知，并且很受重视。

—A · C · G · T—

1940 年 10 月，麦克劳德和埃弗里的研究转回到了弄清转化要素的本质这一问题上。为了帮助自己进行分析，他们需要一台能够将细菌体内的成分从培养基中分离出来的高速离心机——随着样品被高速旋转，质量较大的分子会更快地沉底，将质量相近的化合物浓缩成一个很窄的条带。洛克菲勒研究所制造了几台这样的设备，采用的是瑞典科学家“老特”特奥多尔 · 斯韦德贝里（Theodor ‘The’ Svedberg）的一种设计。①, [8] 埃弗里实验室的日常需求并没有这么高——最开始，他的研究组只是需要分离出大量的细菌。他们的解决办法是搬出一台沙普尔斯（Sharples）公司生产的厨用牛奶脱脂机②。这东西在实验室里就被称作“沙普尔斯”，其中一个部件是一根粗黄瓜大小的管子，直径大约 5 厘米，长 25 厘米。但“沙普尔斯”有一个问题：管子密封不严，设备上的缝隙意味着它每被使用一次，房间里就充满了可能致命的细菌构成的气溶胶，而且肉眼还看不见。“沙普尔斯”因此被放在了一个特制的容纳装置里，装置打开前可以先消毒。[9] 即便如此，安全使用这个设备也并非易事。离心之后，必须将管底累积成蛋糕状的细菌转移出来。据实验室的一名成员回忆，这一步完全不可能干净利落地完成，“你可以看到白色的小碎屑在空中横飞”。[10] 所有菌块都要用浸了杀菌剂的毛巾来拿，然后加热到 65℃，之后才能用于后续的研究，以减少实验室成员被感染的风险。[11] 这项脏乱而又危险的操作令讲究卫生的埃弗里苦恼不已，因此每当“沙普尔斯”开动，他就不得不离开实验室。

研究组很快发现，向液态的转化要素中添加氯化钙会生成一种白色沉淀，沉淀中含有大部分甚至全部的转化活性：将从光滑菌株提取到的白色沉淀添加到粗糙菌落上，就会将后者转化成光滑菌落。这种白色物质非常高效——即便将其稀释 1 000 倍，仍然能够转化一个粗糙菌落。1941 年初，麦克劳德注意到，白色沉淀中既含有光滑菌体荚膜中典型的多糖，也含有核酸——DNA 和它的“近亲”核糖核酸，也就是 RNA。当麦克劳德将一种已知能够破坏 RNA 的酶加入其中时，提取物的转化活性并不会受影响，这强烈表明，RNA 没有在白色物质转化效力产生的过程中扮演有用的角色。1941 年 4 月，在他呈送给洛克菲勒

---

① 除了发明超速离心机，斯韦德贝里对胶体的研究也为爱因斯坦的布朗运动理论提供了证据支持，他因此于 1926 年获诺贝尔化学奖。——编者注

② 通过离心使牛奶脱脂的装置。——编者注

研究所的半年报告中，埃弗里描述了自己和麦克劳德取得的进展，并暗示了其可能的意义：

> 本项研究仍在继续，我们希望有关这一重要细胞机制的知识能使我们更好地理解诱导活细胞产生变体的过程涉及的原理，不仅仅是肺炎双球菌细胞，还有其他生物体系中的细胞。[12]

—A · C · G · T—

当年夏天，麦克劳德离开了研究所，但年轻的医生麦克林恩 · 麦卡蒂（Maclyn McCarty）加入了埃弗里的研究组。1941 年 11 月底，麦卡蒂的研究发现，如果用一种酶去除掉多糖，那么提取物仍能保持其转化活性，这表明——不出所料——多糖并未参与这个过程。看来只剩两种可能了：要么是蛋白质，要么是 DNA。

1941 年 12 月，日军偷袭珍珠港，美国加入了二战。埃弗里研究组将工作重心转向了肺炎领域偏向应用的方面，因为这种疾病开始在美国军队中出现，不过麦卡蒂仍在继续他的研究。1942 年 1 月，他发现如果向转化要素中加入酒精，就会产生一种白色的絮状物质，其中包含着 99.9% 的转化活性。事情很快明朗起来，这种如丝如缕的东西同样包含着样品中存在的大多数 DNA。

从埃弗里的办公室上两层楼，就是世界核酸研究领域的领军人物之一阿尔弗雷德 · E. 米尔斯基（Alfred E. Mirsky）的实验室。米尔斯基给埃弗里的实验室提供了一些从传统的 DNA 提取来源——胸腺中提取的哺乳动物 DNA，他们将其与转化要素在酒精中产生的白色絮状沉淀进行了比较。两种物质看起来十分相似。麦卡蒂取了一份经过酶处理，去除了蛋白质和多糖的转化要素提取物，将它用超速离心机以每分钟 30 000 转的速度离心了几个小时。离心管的管底出现了一团胶状的“小点”，里面是提取物中质量最大的成分。这个小点里包含着原始溶液的全部转化活性，并且看起来完全是由 DNA 组成的。

1942 年，当麦卡蒂和埃弗里发现破坏转化活性的酶同样对米尔斯基的 DNA 样品有效，而对 DNA 无效的酶也不会影响提取物的转化活性时，转化要素由 DNA 构成的说法变得更加可信了。这原本应该令人更为兴奋不已才对，然而米尔斯基对此却无动于衷。他对埃弗里研究组解释道，转化要素不可能是 DNA 构成的，因为所有核酸都差不多。早在 30 多年前，他们在洛克菲勒研究所的一位已故同事菲伯斯・列文就曾在自己的四核苷酸假说中提出过一个观点，认为核酸的组分——两类碱基，嘌呤（腺嘌呤和鸟嘌呤）和嘧啶（胞嘧啶和胸腺嘧啶，在 RNA 中，没有胸腺嘧啶，取而代之的是尿嘧啶）——在数量上很相近。虽然科学界知道 DNA 是细胞核的一种组分，但它那貌似单调的理化特性意味着它不会被认为具有生物学上的“特异性”——这是时人用来描述一种分子具有独特效应的术语。与之相反，蛋白质极为丰富多样，而且就算在很低的浓度下也能表现出活性。米尔斯基解释说，即便麦卡蒂和埃弗里穷尽手段去清除他们的提取物中的蛋白质，微量的强效蛋白质分子很可能还是保留了下来。

虽然多数科学家都认为 DNA 缺少必要的多样性，因而无法产生特异性，但也有一些人并不十分确定。1941 年 7 月，在长岛的冷泉港实验室举办的定量生物学年会上，杰克・舒尔茨指出，学界假想的核酸的同质性源自单一的数据采样点——所有被研究过的基因都来自牛的胸腺。舒尔茨认为，DNA 结构完全一致的说法“只能作为一阶近似”来接受，“我们必须获得很多新的数据，才能排除核酸本身具有特异性这一可能”。[13] 但舒尔茨坚信，基因是由他称为核蛋白的物质构成的——人们已知这种蛋白质在染色体中与核酸有着紧密的联系。

1943 年，在撰写一篇意在整理当时对核蛋白的认识的论文时，米尔斯基着重强调了围绕在核酸周边，正愈演愈烈的神秘感。令人震惊的是，他对蛋白质着墨很少，而是集中讨论了核酸，主要是 DNA。米尔斯基描述了通过紫外线照射反应来识别溶液中的核酸成分的方法。这是嘧啶和嘌呤碱基导致的反应，这些环状的结构与分子的中轴垂直。用这种操作可以揭示的是，在动物和植物中，染色体很大程度是由DNA构成的，而且DNA同样存在于细菌和病毒中。最后，核酸似乎也参与了新陈代谢过程以及染色体的复制。尽管没有直接证据表明蛋白质和遗传功能之间有任何联系，米尔斯基还是给出了结论，认为与DNA出现在一起的蛋白质是遗传问题的核心：

> 染色体中大量聚积的脱氧核蛋白强烈表明，这些物质要么就是基因，要么就与基因有着密不可分的联系。

现在回过头看，米尔斯基总结的所有证据事实上都表明DNA才是遗传的根本物质，可是——和埃弗里实验室以外的所有人一样——他还是认为基因是由与DNA捆绑在一起的蛋白质构成的。他看不到如今显而易见的事情，因为DNA似乎无论如何也不可能具有那种多样性，那种产生各种各样的遗传效应必需的多样性。在米尔斯基看来，列文的观点——DNA是由4种碱基的单调重复构成的——“明确限制了脱氧核糖核酸具有多样性的可能”。[14]

尽管有这些不同观点，埃弗里和麦卡蒂还是越发确信，DNA就是转化要素，因此也是基因的主要成分。为了证明他们的观点，这种物质的产量必须上一个台阶——他们用掉了200升细菌，才制备出了40毫克这种白色絮状沉淀。这个时期，麦卡蒂被征召到海军预备役部队下属的科研单位去服役了。麦卡蒂觉得自己应该做一些与战争有关的事情，于是要求将他分配到与疾病治疗有关、偏实践应用的项目里。但他被告知不用操心，回埃弗里的实验室去。他的军旅生涯造成的主要变化，就是穿着一身军装回到了实验室。

1943年4月，在提交给洛克菲勒研究所董事会的报告中，埃弗里首次从基因角度明确阐述了转化问题。“已经有人”将转化要素“看作一个基因”，埃弗里写道，而多糖则像是“基因的一个产物”。他解释说：

> 有一个事实为这一现象的基因解释提供了支持，那就是转化一旦完成……子代细胞也会形成相应的荚膜并产生这些类似基因的物质。

然而，埃弗里还是以非常谨慎的口吻写道，仍然缺少证据，自己的所有结论都只是推测：

> 如果正如当前的证据所提示的那样，这项研究的结果得到证实，我们提取出的这种高度纯化，形式为脱氧核糖核酸钠盐的生物活性物质真的被证明就是转化要素，那么这种类型的核酸就必须不仅被看作结构层面的重要物质，还应该被视作拥有功能活性，能够决定肺炎双球菌细胞中的生物化学活动和特定特征。[15]

不久后的 1943 年 5 月 13 日，埃弗里开始给自己的弟弟罗伊（Roy）写一封信。罗伊是田纳西州纳什维尔的范德比尔特大学的微生物学教授。虽然大家往往用“费斯”来称呼奥斯瓦尔德·埃弗里，可对小 15 岁的罗伊来说，埃弗里只是“哥”。[16] 在这封字迹潦草的信中，费斯告诉罗伊自己打算退休并去南方投奔他：“跟你讲实话，要是没有这场战争，我原本应该把这边的事情收好尾，今年秋天就动身去纳什维尔的。”两周后的 5 月 26 日晚上，埃弗里终于抽出时间写完了自己口中这封“东拉西扯的书信”。在这封信的第二部分中，他一改开篇略带疲惫的私人口吻，对罗伊准确地解释了他和他的研究组的发现。埃弗里首先提请弟弟注意此前的一些发现：格里菲斯如何发现了转化现象，以及他自己的实验室在20世纪30年代为探究这一现象的化学基础做过哪些工作。他任由自己在接下来描述其中的艰苦工作时带上一丝志得意满。随后，他习惯性的谨慎又重新占了上风：

> 有些工作——而且是充满心痛和心碎的那种。但最终，我们或许制备出了它……这种物质的化学性质非常活跃，并且经过元素分析，与纯净的脱氧核糖核酸（胸腺型核酸）的分子质量非常接近。谁能猜到这一点呢？……我们提取到了高度纯化的物质，只用0.02微克就能诱导转化……这意味着一亿分之一的稀释程度——这东西效果特别强——而且高度专一。这样一来，就没有多少余地能用杂质的作用来解释了——但这个证据还是不够好。

埃弗里接下来解释了他的发现背后隐含的意义，这说明他完全清楚自己的发现的重要性：

> 如果我们是对的，当然，这还没被证实，那就意味着核酸不仅在结构上重要，更是决定细胞的生化活动和特定特征的功能活性物质——而且，通过一种已知的化学物质，我们有可能在细胞中诱导可以预知的遗传性状的改变。这是遗传学家们长久以来的梦想……听起来像是一种病毒——也许是基因吧……当然，这个问题处处牵涉着其他的问题。它触及了胸腺型核酸的生物化学性质，我们知道这种物质是染色体的主要组成部分，却被认为彼此相似，无论来自何处，属于什么物种。它还触及了遗传学、酶化学、细胞代谢和糖类的合成等领域。

但若是没完没了地兴奋下去，埃弗里就不是埃弗里了，他带着惯常的自我克制给信结尾：

空想空谈很快乐——但自己戳破这些泡影才比较明智，别等着别人来戳。所以，罗伊，这就是整个故事——不论对错，总归很有趣又很辛苦……跟［你的同事］古德帕斯丘（Goodpasture）聊聊这个吧，不过别声张……直到我们特别确定，或者至少在现有方法能够实现的范围内确定。贸然出头是很危险的——后面要是不得不收回观点，那可就尴尬了。我好困好累，怕自己说得不是很清楚。但我想让你知道——而且你肯定也能看出来，我不能彻底放下这个问题，直到我们得到确凿的证据。之后，我希望并盼望我们能团聚在一起——愿上帝和战争开恩吧——平平安安地过咱的日子。

接着，在落款处写下“大大的爱”之后，埃弗里加上了最后的附言：

晚安——现在是后半夜很晚了，明天也会很忙。上帝保佑我们，保佑所有人。困了，安好且快乐——[17]

—A · C · G · T—

时间来到 1943 年秋，埃弗里和麦卡蒂已经尽可能地确定转化要素是由 DNA 构成的了，但埃弗里仍然担心产生这一效应的可能是少许蛋白质杂质。于是他向蛋白质化学家约翰 · 诺思罗普（John Northrop）和温德尔 · 斯坦利①，以及洛克菲勒的生物化学家范 · 斯莱克（Van Slyke）和马克斯 · 伯格曼（Max Bergmann）寻求了意见。他们给出了一个相同但帮不上忙的回答。没有什么神奇的解决方案：埃弗里想要证明一种东西不存在，想要说明他的提取物完完全全不含蛋白质，这是不可能

① 诺思罗普和斯坦利因制备和纯化酶以及病毒蛋白于三年后获得了诺贝尔化学奖。——编者注

的。他能做的唯一一件事，是用各种各样的技术尽可能地搜集证据，然后发表。有趣的是，麦卡蒂记录下的他们与伯格曼的会谈内容显示，对于学界普遍认同的DNA的单调特性，这位资深的生物化学家怀着与杰克·舒尔茨1941年的表述同样的怀疑。根据麦卡蒂的笔记，伯格曼觉得此前那些对于核酸的根深蒂固的认识正在动摇：

> 就现有的知识而言，所有核酸无论来源如何全都一样的说法是荒谬的。如果它们是大分子多聚化合物，那么就会有无数种可能的组合，这些组合全都具有相同的基本组成部分，但是依然在化学结构上相互区别。核酸在生物学上的地位太突出了，不会是完全非特异性的物质。我们缺乏有关任何核酸特异性的证据只是因为一件事，那就是它们没有得到充分的研究。[18]

埃弗里和麦卡蒂花了两个月，将自己的发现写成论文发表。埃弗里在文中字斟句酌，常常将他提交给洛克菲勒研究所的报告中的材料作为自己的出发点。开篇的几句话说明了研究开展的背景，并暗示了主要发现的意义："生物学家一直试图通过化学手段在高等生命体上诱导可预期、具有特异性，并且可以作为遗传特征连续传递下去的变化。"他们给出的研究结果非常翔实，而且他们认定转化要素是DNA是基于多线的证据：化学组成；用影响DNA的酶或温度处理，提取物就会失去活性；分解蛋白质的酶不会影响其活性；没有出现蛋白质引发的典型免疫反应；对离心、电泳①和紫外线照射的反应都与DNA相同。每个结果都汇聚到了同一个结论：转化要素是由DNA构成的。

论文的讨论部分概述了他们的发现所基于的遗传学背景，用的是与

---

① 在电场的作用下，带电分子向与其电性相反的电极移动的现象。借助这种现象，可以区分、分离不同的分子。——编者注

同年早些时候提交给洛克菲勒研究所的报告相似的说法：

> 已经有人将诱导转化的物质比作基因，而随之产生的荚膜抗原则被认为是基因的产物。

此外，文中还提及了转化现象与“遗传学、病毒学和癌症研究领域的类似问题”之间潜在的关联，清晰地勾勒出了他们的发现可能具有的意义。然而，尽管压倒性的证据全都在说明转化要素由DNA构成，说明基因可能也是如此，但论文最后一段开头的说法却表明，团队没有表现出其应有的信心：

> 当然，这种物质的生物活性也有可能并非源自核酸，而是来自它所吸附或者与其紧密联系，但无法被检测到的其他微量物质。

尽管这段令人泄气的表述后面紧跟着一组意见相反的论述，但其中的语气还是容易减弱读者的信心。就连最后那句大胆的话都在不需要疑虑的地方加入了疑虑：

> 如果本研究有关转化要素化学本质的结果得到证实，那么核酸就必须被视为具有生物学特异性，该特异性的化学基础尚未有定论。[19]

11月1日，埃弗里将文稿交给了他的同事佩顿·劳斯①，洛克菲勒研究所主办的《实验医学杂志》（*Journal of Experimental Medicine*）的编辑。在发表之前，劳斯没有将文章寄出去给其他科学家评审——这在

---

① 指弗朗西斯·佩顿·劳斯（Francis Peyton Rous），美国病理学家，因发现致肿瘤的病毒获1966年诺贝尔生理学或医学奖。——编者注

当时还不是通行的做法——但也给出了一些编辑意见，包括删减了一段他认为是推测性的，有关核酸功能的文字。[20] 这些修改之后，论文被接受了。

1943 年 12 月 10 日，埃弗里在洛克菲勒研究所每周五下午的员工例会上讲述了自己的发现——这是多年来他第一次讲述自己研究组的工作。埃弗里讲完后，响起了一轮热烈的掌声，接着便是一阵鸦雀无声。没有人提问。最后，哥伦比亚大学的海德尔伯格博士（Dr. Heidelberger）① 站了起来，强调了埃弗里围绕这个问题工作的年头之多。之后他再次坐下来，接着又是一阵沉默。会议就此结束。埃弗里刚刚描述的是科学史上意义最重大的发现之一，谁也想不出什么可以置喙的地方。

—A · C · G · T—

论文刊登在了 1944 年 2 月 1 日那期的《实验医学杂志》上，但埃弗里的工作还没有结束。正如论文的结论部分表明的那样，埃弗里和麦卡蒂担心这些证据无法说服数量占多数，认为基因由蛋白质组成的那些科学家。就算所有移除蛋白质的处理都发挥了最大功效，但分子实在太小了，即使是能在他们的体系中表现出活性的最小剂量的“纯净”提取物——仅为 0.003 微克，也就是 0.000000003 克——样品中依然可能含有千百万个蛋白质分子，每一个都可能对应着一个基因。当时可以使用的生物化学和分析技术意味着不可能确信无疑地去除最后这一点蛋白质，也不能证明一份样品里完全没有蛋白质。于是埃弗里和麦卡蒂在 1944 年尝试了从另一个角度攻克这个难题。他们想要证明，即使是微量的分解 DNA 的酶也能阻止转化的发生。两人都开始感到精神紧张。

① 指迈克尔·海德尔伯格（Michael Heidelberger），美国免疫学家，现代免疫学奠基人，他与埃弗里曾展开合作，研究肺炎双球菌荚膜的多糖。——编者注

在尝试找到证据证实自己的发现的过程中，埃弗里变得越发沉默寡言甚至心情沮丧，但麦卡蒂对此无动于衷。麦卡蒂后来回忆说，埃弗里常常“形容憔悴”，“神情冷淡”，接着他又带着些许自责总结说：“我觉得自己很难用必要的克制和幽默乐观的精神来应对这种情况，而且我恐怕几乎没有用自己应有的耐心来对待费斯。”[21]

1945 年 10 月，埃弗里和麦卡蒂又向《实验医学杂志》投稿了两篇论文。论文提供了更多生物化学方面的证据，证明转化要素由 DNA 构成，并且将发现扩展到了肺炎双球菌其他形式的转化现象。[22] 两篇论文共同发表在 1946 年 1 月的《实验医学杂志》上，并且坚决地将矛头指向了可能出现的批评论调，也就是微量蛋白质才是这种效应的成因：“没有证据支持这种假说，支持它的主要是核酸缺乏生物学特异性这一传统观念。”[23] 埃弗里和麦卡蒂没有解释 DNA 是如何呈现特异性的。他们没有用“密码”这个词，也没有使用任何类似密码这一概念的说法，但他们还是清晰地指出，DNA 里一定有什么东西赋予了基因如此之大的多样性：

> 在未来的研究中，阐明具有不同特异性的脱氧核糖核酸之间有怎样的构型或结构差异仍旧是一个富有挑战性的难题。

埃弗里和麦卡蒂解释说，他们提取的 DNA 里很可能只有一小部分参与了细菌从粗糙型向光滑型的转化，但可能还存在其他大量的 DNA 分子，“决定着”这两种类型的肺炎双球菌的“结构和代谢活性”。这是概念性的进步：他们这里的论点是，这些细菌拥有的基因全部都是由 DNA 构成的。[24]

尽管战争造成了学术交流的混乱，同行对埃弗里的论文的反应还是来得很快，很正面。1944 年，《自然》杂志对埃弗里的工作不吝溢美之词，一名科学家写道：“该项工作对遗传学的启发相当可观。”三个月后，另一名科学家敏锐地指出，不同类型的DNA“分子构型上的细微差别”也许正能解释生物学活性上的差异，并总结说，“这种现象本身必然意味着一个崭新且大有可为的领域”。[25] 1944年10月，纽约医学科学院向埃弗里授予了科学院的金质奖章。虽然这主要表彰的是他数十年来对肺炎的研究，但受众甚广的美国期刊《科学》（*Science*）上刊印的授奖词也提到了他分离转化要素的工作，并总结道，“这项发现对整个生物学有着非常深远的意义”。[26] 1945年，伦敦的英国皇家学会依样行事，授予了埃弗里科普利奖章①。这同样主要是因为他在微生物学方面的工作，但也附带了对1944年的论文的高度认可：“对化学家和生物学家（可能尤其是对遗传学家）来说，这项工作的参考价值和重要意义尤其突出。”[27] 1945年11月，赫尔曼·穆勒在英国皇家学会做了久负盛名的朝圣者信托基金讲座（Pilgrim Trust Lecture）②。他的主题是“基因”，着眼于有关其物理性质的近期发现。其中一段讲的是“核酸可能扮演的角色”，并描述了埃弗里研究组那些“可圈可点的实验证据”。“如果这个结论得到认可，”穆勒抱着高度怀疑的态度说，“那么他们的发现就将是革命性的。”[28] 差不多同时，生物化学家霍华德·米勒（Howard Mueller）写了一篇综述，字里行间是掩饰不住的激动。他先概述了埃弗里的发现：

> 一种核酸的聚合物可能被吸纳进一个低级的生命细胞中，并将赋予细胞一个此前从未具备的属性……由此诱导产生的功能是永久性的，核酸本身也会在细胞分裂时复制。这些观察结果的重要性再怎么强调都不为过。[29]

---

① 由英国皇家学会授予，英国科学界历史最悠久、声誉最高的荣誉，首次颁发于1731年，有超过50名获奖者获得了诺贝尔奖。——编者注

② 由英国皇家学会和美国科学院联合组织的科学讲座，1938—1945年共举办了5次。——编者注

最重要的是，一些满怀激动之情的研究者决定要为埃弗里研究组的发现添砖加瓦。1945 年 1 月 20 日，乔舒亚·莱德伯格（Joshua Lederberg），一位刚开始在哥伦比亚大学攻读医学研究生的 19 岁青年才俊，坐下来读了一篇同学哈丽雅特·泰勒（Harriett Taylor）给他的论文。那体验就像触电一样，莱德伯格在日记中如是写道：

> 我独处了一整晚，读到埃弗里’43［原文如此］关于脱氧核糖核酸导致肺炎双球菌类型转化的记载使我特别喜悦。这太棒了，意味着无穷无尽的可能……我能看出这个发现究竟为什么能引起大家的兴奋。[30]

在埃弗里研究的启发下，莱德伯格决定转而研究其他细菌体系中的转化现象，他很快便发现，细菌可以经历一个有性生殖的阶段，由此开辟了对这些生命体进行遗传学研究的道路。1959 年，他因此项工作而获得了诺贝尔生理学或医学奖。① 同样重要的是，欧文·查加夫（Erwin Chargaff），一名时年 39 岁，逃离了纳粹魔爪，在哥伦比亚大学工作的乌克兰裔生物化学家，成了埃弗里的发现的一名勇于直言的拥护者。查加夫立刻将自己的研究聚焦在了核酸的化学组成上，并很快开始挑战列文的四核苷酸假说。

在巴黎，巴斯德研究所的副所长，50 岁的安德烈·布瓦万（André Boivin）受埃弗里的论文启发，开始探究一种完全不同的细菌——大肠杆菌（*Escherichia coli*）的转化现象。1945 年 11 月，布瓦万用法语发表了他的发现。和埃弗里一样，布瓦万发现转化要素似乎是“一种高度聚合的胸腺核酸”。布瓦万比埃弗里更大胆，他明确提出，“要想找到

---

① 此处疑似作者笔误，莱德伯格获得的是 1958 年的诺贝尔生理学或医学奖，作者在后文中也提到是在 1958 年获奖。——编者注

基因的诱导属性，我们现在应该看向构成基因的巨型核蛋白分子中的核酸组分，而不是蛋白质部分”。[31] 当有人把布瓦万的论文拿给埃弗里看时，他喜形于色，高兴地在午饭时向同事们宣布，他们现在有了“来自欧洲大陆的支持”。[32] 一切似乎都走在了正轨上。

第 4 章

姗姗来迟的革命

随着欧洲和美国从第二次世界大战中复苏，世界上兴起了一股针对核酸的结构和功能的研究浪潮，部分原因是埃弗里工作的推动。1944 年到 1947 年间，有超过 250 篇关于核蛋白和核酸的科研论文发表——大致与抗生素这个新领域的数量相当——其中多数探究的是核酸的性质和功能，而非蛋白质的。[1] 1946 年至 1948 年间，有四场国际学术会议聚焦于这个问题—— 一场在英格兰的剑桥（1946 年），两场在长岛的冷泉港实验室（1947 年和 1948 年），还有一场在巴黎（1948 年）。核酸的结构和功能正在成为战后最炙手可热的科学议题。

1946 年 7 月，实验生物学会在剑桥举办了一场关于核酸的研讨会。发言者之一是利兹大学的威廉·阿斯特伯里（William Astbury），一位用 X 射线研究晶体结构的先驱。阿斯特伯里曾经在 1937 年造访过埃弗里的实验室，充分了解他在转化现象上的工作。在埃弗里的论文于 1944 年发表几个月后，阿斯特伯里告诉一个朋友，埃弗里将造成转化的物质认定为 DNA 让他“兴奋坏了”，他认为这是“当今时代最了不起的发现之一”。阿斯特伯里写道：“我希望我能有 1 000 只手，1 000 个实验室，可以用它们仔细研究蛋白质和核酸的问题。两者共同握有生命在物理化学方面的秘密。而且，抛开战争不论，我们生活在一个英雄辈出的时代，但愿更多的人能够看到这一点。”[2]

在剑桥的会议上，阿斯特伯里展示了 DNA 的 X 射线图像。图像非常清晰地表明，DNA 纤维含有重复的组成要素，但关于纤维中这些要素的序列，他无法得出任何结论。在发言的末尾，阿斯特伯里给出了史上第一个 DNA 结构模型并解释道：

> 在任何探索复杂分子的结构的过程中，一个无法长期回避的考验是在已知大小和键间角度的基础上尝试构建一个精确的原子模型。化学式不过是一个简便的写法，看到一个分子在立体空间中的样子永远都具有揭示性的意义，而且常常令人吃惊不已。[3]

他的模型是一个形状比较均一的圆柱。这个模型既貌不惊人，也不正确。

同一场会议上，来自诺丁汉大学的马森·格兰德（Masson Gulland）教授总结了二战期间有关核酸结构的工作，并对 DNA 和 RNA 都是很单调的分子这一科学界广泛持有的观点提出了疑问：“目前没有确凿的证据表明多聚核苷酸完全——或者在很大程度上——由模式固定，作为基本结构单元的四核苷酸构成。”[4] 没有证据支持 4 种碱基像手串上的珠子一样重复排列的说法。格兰德的原话是：

> 选一个可能有些极端的例子来说明吧。同一种核苷酸的四个分子挨在一起，后面紧跟着，比如说，一串另一种核苷酸的分子，这样的情况没有道理一定不会发生。

格兰德的观点在于，DNA 分子沿线上的碱基序列是可变的。

在另一个报告中，伯明翰大学的 M. 斯泰西（M. Stacey）博士讨论了埃弗里 DNA 就是“转化要素”的观点。斯泰西承认 DNA 扮演了关键的角色，但他认为 DNA 是作为一种酶发挥作用的，用粗糙型菌株的微量多糖作为模板，合成新类型的荚膜。[5] 与此相反，来自爱丁堡大学的埃德加（Edgar）和埃伦·斯特德曼（Ellen Stedman）坚定不移地认为，核酸仅仅是构成染色体结构的一部分，蛋白质自身足以解释遗传：

> 构成染色体的物质一定……可以广泛地左右染色体的遗传功能……只有一种已知的化合物——蛋白质能够满足这些要求中的第一项。[6]

几周前，在战争造成的间断结束后，美国的冷泉港实验室重新启动了它的定量生物学年会。前两届会议都聚焦于埃弗里的工作直接衍生出的话题："微生物的遗传与变异"（1946 年）和"核蛋白与核酸"（1947 年）。在 1946 年的年会上，有三分之一的发言者引用了埃弗里的工作。麦卡蒂还分享了一篇他与埃弗里和哈丽雅特·泰勒合作的论文，他在文中大胆地将自己对 DNA 在转化现象中的角色的看法推而广之到了所有生命，得出结论："这些结果提示，核酸总体上可能具备目前尚无法论证的生物学特异属性。"[7] 会上也有来自其他研究者的反驳，比如西摩·科恩（Seymour Cohen），他在会议的另一阶段提出反对观点，认为"体现核酸与特异性的可遗传现象间直接关联的数据事实上十分稀少"。[8] 尽管与会者普遍表现出兴趣，但埃弗里研究组的发现并没有得到一致的认可。

不久后，对于埃弗里阐述的观点，出现了一个比这还要直白的批判论调。阿尔弗雷德·米尔斯基发表了一篇他与阿瑟·波利斯特（Arthur Pollister）合作的论文，读者甚众。米尔斯基与波利斯特指出，"任何制备过核酸样品的人几乎都不会怀疑，就算样品再好，里面也很可能残留有微量的蛋白质"，"'纯净，无蛋白质'的核酸样品中也可能会含有多达百分之一或百分之二的蛋白质"。[9] 这些残存的蛋白质轻易就能抢走埃弗里研究组归于 DNA 的功劳。米尔斯基专注于估测埃弗里研究组制备的DNA提取物中蛋白质的量，忽略了各式各样证明DNA是提取物中唯一活性成分的数据，比如分解蛋白质的酶对转化要素发挥作用毫无影响这一事实。米尔斯基的批评降低了学界对埃弗里的观点的信任，尤其是在那些并非研究化学出身的人中间。在接受米尔斯基的反对观点的人中，名声最显赫的是赫尔曼·穆勒。在1945年为英国皇家学会做的朝圣者信托基金讲座的文字记录版中，穆勒承认，埃弗里的发现如果为真，就将是“革命性”的，但他还表示，他个人相信米尔斯基的说法，也就是漂浮在介质当中，未被检测到的“基因蛋白质”（genetic protein）造成了埃弗里发现的结果。[10]

在1947年6月的冷泉港研讨会上，DNA这个新出现的缩写开始取代冗长的脱氧核糖核酸。[11] 在这场150人参加的会议上，来自法国，坚信转化要素由DNA构成的安德烈·布瓦万向众人讲述了埃弗里的发现对生物学的全局意义。两年来，布瓦万一直在发表基于大肠杆菌的研究，为埃弗里转化要素由DNA构成这一结论提供证据。他的研究表明，这种物质的活性能够被脱氧核糖核酸酶破坏，但破坏RNA的酶——核糖核酸酶——就不行。[12] 总结了这些证据后，布瓦万给出了自己对整个生物学未来发展的看法，他推测有可能像在细菌上那样，在更高等的生命体中实现基因转化：

> 每一个基因都可以上溯到一个特别的脱氧核糖核酸大分子……因此，在上一项分析中，细胞类型和生命物种无穷无尽的多样性如何组织这一令人惊奇的事实，就被简化成了核酸这种基础化学物质的分子结构不可胜数的变化……这就是我们对可诱导突变这个了不起的现象的切实认识所能提供的“工作假说”①，有理有据。[13]

---

① 指暂时接受，“权宜之计”式的假说。——编者注

在布瓦万报告的讨论环节，米尔斯基解释了为何他还是不信服。尽管承认化学上没有证据表明所有核酸都是一样的，但他还是强调，对于DNA在基因中扮演的角色，仅有的证据来自细菌。这让米尔斯基很难接受这个被他认为对整个生物学具有革命性意义的假说。米尔斯基的评论重复着他在上一年发表的观点：埃弗里和布瓦万的提取物中仍然可能含有少量蛋白质。“以现有的认识而论，实验得出的事实无法断言转化细菌的特异性因子就是脱氧核糖核酸。”米尔斯基说。布瓦万的回应是，他承认对任何提取物的化学组成都不可能绝对确定，但他接下来巧妙地转移了话题，强调了他和埃弗里研究组公之于世的各种各样的证据：“在我们看来，寻找证据的重担应该由那些先入为主地认为没有活性的核酸上沾着一点有活性的蛋白质的人来承担。”[14]

在会上，化学家欧文·查加夫同样对像米尔斯基这样，认为遗传物质是核蛋白的人发起了反诘。他指出，没有证据表明细胞中真的存在什么核蛋白，这些物质很可能是意外形成的，是两种化合物被分离时，外源的蛋白质被卷进了DNA里。查加夫接着赞扬了“埃弗里和他的助手具有划时代意义的实验”，并勾画出了一个未来的研究项目。项目虽然没有布瓦万的那么宏大，却也有着方便可行的巨大优点：

> 在埃弗里和他的助手十分令人信服的工作的基础上，我们可能会顺理成章地认为细菌中特定脱氧戊糖类型的核酸具备特异的生物学活性。如果的确如此，那么就应当去探索这些特异性的物理和化学成因，尽管眼下的研究可能仍完全是推测性的……构成核酸链的几种核苷酸的比例或序列也可能导致特异的效应。[15]

无论米尔斯基如何反对，埃弗里的拥护者们还是为看似很单调的DNA分子如何具有蛋白质般的多样性勾勒出了一种解释，或许，这是通过碱基序列的差异实现的。

马森·格兰德—— 一个外表精神干练的男人，留着中分头和小胡子，嘴唇饱满，眼睛四周有笑纹——前一年在剑桥做报告时也讲过类似的内容，但没有完全采纳 DNA 具有特异性的观点。“似乎有可能的是，核酸和蛋白质都可能对特异性有所贡献，而不是像通常认为的那样，由蛋白质一力承担”是他述及的程度。[16] 在讨论环节，有人问格兰德，DNA 分子是否有可能是一个螺旋结构，由碱基间相距均匀的氢键结合在一起。格兰德当时正在研究 DNA 中的氢键，他称这个想法“既有趣又令人兴奋”，但他没能更加深入地探究这个问题——回到英国几周后，他就在一场火车事故中丧生了。[17] 同样参加了剑桥会议的另外两人，埃德加和埃伦·斯特德曼，则继续批评着 DNA 在基因中扮演的角色，甚至声称核酸是染色体的基本组成部分这一点都有待商榷。[18] 无独有偶，杰克·舒尔茨也认为，虽然让·布拉谢（Jean Brachet）和托比约恩·卡斯佩松的工作提示核酸参与了对蛋白质合成的控制，但实际上的证据还“远不能服众”。[19] 20 世纪 40 年代，布拉谢和卡斯佩松双双发现 RNA 参与了蛋白质的合成，但并不清楚它具体做了些什么。[20]

也有一些科学家对核酸的重要性表现出了更大的热情。1948 年，在一本新的遗传学期刊《遗传》（*Heredity*）上的一篇论文中，时年仅 22 岁，受埃弗里的论文启发开始研究细菌遗传学的乔舒亚·莱德伯格写道：

> 不能轻易下结论说完全没有其他组分，虽然用现有的方法一个也检测不到。不过米尔斯基和波利斯特（1946 年）的批评还是值得关注。对转化要素化学性质的进一步分析是生物学领域当下最紧要的问题之一，因为它的行为很像一个能通过培养基从一个细胞转移到另一个细胞的基因。[21]

1948 年，埃弗里的第一篇论文问世 4 年后，布瓦万提出了所有基因都由 DNA 构成的观点，查加夫给出了核酸的特异性与碱基序列有关的假说，而莱德伯格则在极力向同行们主张，弄清转化要素的特性是生物学的核心任务。正如阿斯特伯里 1945 年所说，这的确是一个“英雄辈出的时代”。

—A · C · G · T—

这些事情奥斯瓦尔德 · 埃弗里一件也没有参与。他在 1948 年底离开洛克菲勒研究所，迁居到纳什维尔，与弟弟罗伊一起生活了。对于他在 DNA 遗传功能的发现中做出的贡献，埃弗里没有再得到更多的正式认可。虽然他被提名了一届诺贝尔奖，但颁奖委员会显然“很想再等等，直到对其中的机制有更多的认识”。[22] 对于发生在美国和英国的这场有关遗传物质本质的辩论，瑞典科学界没有密切关注，这可能加深了这种看法。[23] 埃弗里于 1955 年去世时，《纽约时报》上刊登的简短讣告甚至都没提到 DNA。[24] 在科学记者们开始报道科学界对 DNA 一浪高过一浪的强烈兴趣后，历史几乎刚一发生就被改写了。1949 年 1 月，《纽约时报》昭告世界，洛克菲勒研究所的一名研究者发现，“基因的组分之一是一种叫作脱氧核糖核酸的物质”。这名研究者的名字是阿尔弗雷德 · 米尔斯基博士。[25]

对转化要素的研究由洛克菲勒研究所的罗林 · 霍奇基斯和哈丽雅特 · 泰勒继续着，泰勒已经移居巴黎，她在那里嫁给了遗传学家鲍里斯 · 埃弗吕西。泰勒发现了细菌中更多可以被转化的特征，由此揭示了转化的普遍性和它与较高等生物的遗传因子之间的相似性，而霍奇基斯则通过非常精细的实验，回应着米尔斯基有关提取物中含有蛋白质的吹毛求疵的批评。[26]

霍奇基斯的新数据首次公开展示是在 1948 年 6 月底的巴黎。巴斯德研究所的细菌学家安德烈 · 利沃夫（André Lwoff）组织了一场会议名称相当浮夸的小型会议——“具备遗传持续性的生物学单元”，这些

“单元”指的是细菌和病毒。霍奇基斯描述了用多种意在消除转化要素中的蛋白质的技术得到的结果。处理后，提取物至多含有 0.2% 的蛋白质，这处在 0.0% 这个结果的误差范围之内，因此他的样品中很可能完全没有蛋白质。[27] 已经不可能更精确了。可无论事情多么一清二楚，利沃夫在总结这一周的讨论时还是坚持认为，核酸“能够并且通常应该与另一种组分相结合，最可能的是蛋白质”。[28] 老脑筋仍然根深蒂固。

虽然霍奇基斯的论文最初只是以法语发表，但有关他发现的消息在美国也不胫而走。巴黎会议的另一名与会者是美国病毒生物学家马克斯·德尔布吕克。1949 年春，在美国微生物学会组织的一场有关核酸的圆桌讨论会上，阿尔·赫尔希（Al Hershey）——德尔布吕克非正式的“噬菌体团体”的一员——将霍奇基斯的数据作为 DNA 转化现象的来龙去脉的一部分展示了出来。[29] 到 20 世纪 40 年代末，转化要素中的蛋白质水平实际为零已经广为科学界知晓。

在巴黎会议上做报告时，当时已经移居斯特拉斯堡的布瓦万开门见山地表示，虽然 DNA 的特异性只是发现于细菌当中，但这一现象背后是一个很重大的结论：“这些事实使我们相信——除非出现相反的正式证据——这种特异性是一种普遍现象的一个例证，这个普遍现象在遗传的生物化学机制中处处都扮演着主要角色。”[30] 布瓦万在最后环节报告说，在范围很广的生命体中——包括很多动物——同一个体的不同细胞的细胞核都含有等量的 DNA，而卵子和精子的 DNA 的量都只有一般细胞的一半。这是一项决定性的发现。自萨顿 1902 年观察到相关现象以来，科学界就知道，当多数有性生殖物种繁殖时，会在产生卵细胞和精细胞的过程中将通常的双份或者叫全套二倍染色体减半，这样进入每个卵子或精子的就只是一套染色体，形成所谓的单倍体细胞。当卵子和精子结合，形成新的生命体时，这两个单倍体组分又会形成一套新的二倍染色体。布瓦万观察到的现象——DNA 的量与染色体数在各个阶段相对应——与学界对基因的预期正好一致，而在任何蛋白质中都没有发现过这种现象。布瓦万的观点是，无论是在细菌、植物还是动物中，“最终的分析表明，每个基因都可以被认为是一个 DNA 大分子”。[31]

这是布瓦万一生最后的几次讲座之一。曾经折磨他的癌症又复发了，他最终于 1949 年 7 月去世。与此同时，关于他对大肠杆菌转化现象的报道，开始有人提出疑问——美国的研究者们无法重复他的发现，而且他实验用的原始菌株也遗失了。[32] 尽管——又或许正是因为——布瓦万做出了大胆的论述并表现出未卜先知的眼光，他的发现上空还是聚积起了疑云。这种怀疑多年以后才消散——他的发现最终在 20 世纪 70 年代得到证实，他对遗传的本质和生物学的未来的看法，也被证明是正确的。[33]

—A · C · G · T—

到 20 世纪 40 年代末，支持 DNA 在遗传中发挥根本性作用这一假说的力量已经有了很大的增长。1950 年夏，细胞生物学家丹尼尔 · 梅齐亚（Daniel Mazia）在伍兹霍尔海洋生物学实验室做了一场融合了很多人思想的报告。梅齐亚无法完全确定基因就是由 DNA 构成的，但事情确实看起来就是这样，他说：“遗传的‘物质基础’是染色体里的某些东西，它可能是 DNA，也可能不是，但就实际目的而言，它与 DNA 一脉相承。”[34] 梅齐亚沿用布瓦万的理论，强调了他所谓的遗传载体无论化学组成如何，都必须符合的四条标准。在一个给定的物种中，遗传载体在每个二倍体细胞内的含量都必须相等，这个含量应该在常规的细胞分裂即将发生时加倍，而在形成单倍体的性细胞的过程中减半。它应该很稳定，应该能够具备特异性，还应该能从一个细胞转移到另一个细胞，并且像基因一样行使功能。蛋白质第一关就过不了——没有证据表明一个生命体所有组织的细胞的细胞核中蛋白质水平都一样。蛋白质符合这些标准的全部特性就是科学界知道它们很复杂。查加夫和格兰德都曾指出，核酸能够通过碱基的序列产生多样性，这种多样性或许就是其复杂性的一个来源。在仍不能排除蛋白质参与其中的可能性的情况下，梅齐亚总结道："对于遗传的物质基础这个角色，DNA 是最有可能的备选物质。"[35]

几个月前的 1950 年 4 月，在一场举办于田纳西州的美国原子能委员会橡树岭实验室的特别大会上，梅齐亚主持了一个分会。发言者中有阿瑟·波利斯特，他在两年前曾经和米尔斯基一起批评过埃弗里的结论。波利斯特的口风改了。他满怀热情地报道了布瓦万实验室的数据，数据显示，一个特定物种的所有二倍体细胞中的 DNA 含量是相等的，接着他又讨论了"DNA–基因"的构想，还提出了基因结构的破解指日可待这样的可能性。然而波利斯特并没有完全信服。基因功能的复杂程度使他提出，"除了 DNA 外，仍然有重要的基因组成物质有待发现"。[36]

橡树岭会议的另一名发言人是欧文·查加夫，他正在获得一些最有力的证据，可以支持埃弗里有关 DNA 在遗传中的作用的观念。查加夫是埃弗里假说的一名早期支持者。1950 年，他展示了自己用纸层析法，根据重量来识别碱基而得到的核酸中碱基精确占比的数据。他发现，不同碱基的比例在任一物种的全部组织中都是相同的，但在不同物种之间差异极大。正如查加夫指出的那样，这些数据有力地证明了四核苷酸假说是错误的，谁也不会再认为它是对的了。[37] DNA 明显不是单调乏味的东西。

1951 年的冷泉港研讨会的主题是"基因与变异"，其中一位发言人是哈丽雅特·埃弗吕西–泰勒。借这个机会，她梳理了埃弗里、麦克劳德和麦卡蒂发表那篇里程碑式论文后 7 年来的进展。她很悲观：

> 考虑到肺炎双球菌荚膜性状的转化要素的化学和生物化学研究结果发表以来学界产生的兴趣，眼下攻关这个领域的科学家如此之少，颇令人感到意外。[38]

正如埃弗吕西–泰勒承认的那样，转化很难研究——举个例子，布瓦万的大肠杆菌体系中的转化现象“只会不太规律地出现”——而很多研究者对转化现象得到首次描述的肺炎双球菌体系也不熟悉。她郁郁地总结说，学界仍然是在孤立地研究转化现象。“到目前为止，”她说，“看不到一座跨过眼前的困难，通向经典遗传学的桥。”

埃弗吕西–泰勒痛心的表达与一个现象有关，在今天看来，这就像是20世纪40年代后半叶遗传学研究的一个古怪特征——很多生物学家，包括遗传学家，就是“弄不懂”埃弗里的研究结果的意义。他们不仅没有立刻接受基因是由DNA构成的这一观点，甚至连在自己研究的体系中检验这个假说都没有去尝试。举个例子，马克斯·德尔布吕克在1943年第一次听说了埃弗里取得的突破，当时他在范德比尔特大学的同事罗伊·埃弗里给他看了从纽约寄来的信，信中讲述了这项发现。德尔布吕克后来回忆说，“这封信是我站在他的办公室里，在春日的阳光下读的”，自己看到信的内容时“整个人都震惊了”。[39] 可是无论怎样“震惊”，德尔布吕克都没有采取行动。他和他的任何一位同事都没有动手研究DNA在病毒中的作用，虽然他们对埃弗里实验室的研究结果心知肚明。德尔布吕克后来解释说，基因是由DNA构成的这一观点让他们都茫然无措。按照他的说法，“完全不知道该怎么办”。[40] 事后诸葛亮地看，对这个引领20世纪最了不起的生物学发现的观点缺乏兴趣显得格外短视。在某种程度上也确实如此。“噬菌体团体”没有像莱德伯格、布瓦万等人那样做出反应。他们迟疑的态度是埃弗里的发现未能立即引发生物学巨变的原因之一。[41] 在今天看来，埃弗里的发现再明显不过了，但当时的很多科学家却对其报以敌意或者漠然视之。

在没有立刻拥护埃弗里的发现的科学家中，包括与德尔布吕克共事，当时还很年轻的贡特尔·斯滕特（Gunther Stent）。1972年，斯滕特使用了“尚不成熟”这一理由来解释埃弗里研究组的发现为何当时没有获得广泛的认可。[42] 这个说法言之无物，事实上它模糊了科学界对埃弗里的工作的接受度的相关历史事实，也没有说明为什么有些科学家接受而另一些科学家反对。对于埃弗里DNA是转化要素中的遗传物质这一说法，曾有两种有理有据的批评论调，但两者都渐渐地站不住脚了。第一种是可能存在蛋白质杂质的问题，这让埃弗里研究组采用了越来越精确的技术，所有的结果都表明，蛋白质杂质不是转化现象的成因。第二种是在被认为结构单调的分子中，特异性究竟是如何体现的，这也是个过不去的坎——如果DNA完全由4种碱基构成，那么它是怎样得以产生基因那近乎无穷无尽的各种遗传效应的，其中的方式仍有待发现。像格兰德这样研究DNA的顶尖化学家们乐意去想象，特异性可以通过碱基的序列或含量比例蕴含于DNA中，但这仍然未有人阐明。然而随着时间的推移，拒绝接受埃弗里发现的理由越来越少了。

一些科学家反对DNA假说的背后，有着浓重的个人原因。米尔斯基的职业生涯建立在研究核蛋白的基础之上，他显然不愿意拱手放弃自己的世界观。通过论文、讲座和在学术会议上表达自己的看法，米尔斯基在拿不准主意的人当中散播着怀疑。与此相似，温德尔·斯坦利也对埃弗里研究组的工作白眼相向，尽管他也在这项工作发表之前就对它很熟悉了。1936年，斯坦利制备出了烟草花叶病毒的结晶，并声称其为蛋白质。这种观点最终在1956年被证明是错误的——这种病毒中的遗传物质其实是RNA，斯坦利的蛋白质提取物中的少量RNA才是他实验结果的原因。1946年，斯坦利因他这一后来被证明不正确的主张获得了诺贝尔生理学或医学奖①。他后来说，自己对埃弗里的发现“不太感冒”——否则他早就去检测烟草花叶病毒RNA的特异性了。1970年，他多少有些惭愧地总结道：

回忆过往的点滴，对于没能认识到有转化作用的DNA的发现

① 作者此处有误，是诺贝尔化学奖。——编者注

的全部重大意义，我真是一点情有可原的客观理由都找不到。[43]

“噬菌体团体”的主要成员——德尔布吕克、卢里亚和赫尔希——犹豫不前的反应，则是出于一个颇为不同的原因。三个人后来都用同样的话解释了自己的行为：他们感兴趣的是遗传学，不是化学，所以他们完全没有意识到其背后隐含的意义。德尔布吕克以他标志性的直来直去的口吻说：

> 即使大家开始相信那就是DNA，也不是什么彻头彻尾的新鲜事，因为这仅仅意味着遗传特异性承载在别的该死的大分子上，不是蛋白质而已。[44]

卢里亚后来回忆说：“我认为我们没有把基因是蛋白质还是核酸这个问题看得很重，我们眼中重要的事是基因具备其必须具备的特性。”[45]赫尔希则在1994年解释说，他们的焦点根本就不在这儿：“只要你思考的是遗传，谁会在乎背后是什么物质呢——这完全无关紧要。”[46]讽刺的是，赫尔希现在最为人所知的贡献，恰恰是他为解决遗传的基础物质是蛋白质还是DNA这一问题做出的努力，今天的学生们会在课本中学到，他的实验彻底解决了这个问题，虽然实际上它并没有。

—A · C · G · T—

“阿尔”阿尔弗雷德 · 赫尔希（Alfred ‘Al’ Hershey）是一个瘦瘦高高、沉默寡言的男人，蓄着卫生胡，牙齿不太好。虽然以熬夜工作闻名，但他并不是单单专注于科学——他下午常常会抽出时间午睡，一到夏天就会连续消失几周，在密歇根湖上玩帆船。和“噬菌体团体”的所有其他人一样，赫尔希一直在关注有关埃弗里的转化要素的化学性质的讨论。1949年5月，霍奇基斯给赫尔希来信，介绍了他的最新进展：

霍奇基斯的研究排除了转化要素的DNA提取物中存在任何蛋白质杂质的可能性。看过数据后，赫尔希给这名年轻人回信："这些实验做得真漂亮……我个人的感觉是，你已经清除掉了大多数疑问。"[47]但与卢里亚和德尔布吕克一样，赫尔希对埃弗里的实验产生的最初兴趣并不专注——"噬菌体团体"的成员们看不到化学能够怎样帮助他们理解遗传学。

然而，当噬菌体的研究者们试图理解病毒的增殖方式时，化学上的问题变得越发紧迫起来。到1949年，电子显微镜的图像已经表明，病毒在感染细胞时先要附着在细胞的外表面。通过某些未知的方式，病毒随后会接管细胞的代谢系统并"失去自我"——一段时间内，细胞中检测不到病毒的存在，仍旧停留在细菌外表面的病毒结构则失去了感染力。用周围培养基浓度的突然变化来处理病毒可以把病毒"撑爆"，剩下的将全是病毒的"幽灵"——空空如也的蛋白质外壳。它们容易附着在细菌的外表面，却没有感染性。研究者们开始用放射示踪的方法来探究这个现象：在放射性标记的培养基上培养噬菌体和细菌，放射性磷会被纳入核酸中，而放射性硫则可以用来标记蛋白质。利用这种方法，研究者可以用放射性来追踪噬菌体的两个组成部分——DNA和蛋白质的去向。

到1950年末，有几位噬菌体研究者开始勾画出一个关于DNA和蛋白质在病毒复制中的作用的假说，明确承认埃弗里的观点的正确性。加利福尼亚大学伯克利分校的约翰·诺思罗普在自己一篇论文的结尾概述了他个人的思想：

> 核酸可能是整个分子中不可或缺、自体催化的部分，正如肺炎双球菌转化要素这个例子（Avery, MacLeod, and McCarty, 1944）展示的那样，而蛋白质部分的必要性可能只在于获得进入寄主细胞的许可。[48]

约翰斯·霍普金斯大学的罗杰·赫里奥特（Roger Herriott）给赫尔希写信说：

> 我一直在想——或许你也这么想过吧——病毒的行为方式可能就像一支小小的皮下注射器，里面装满了转化要素。病毒本身从来不会进入细胞，只有尾部与寄主接触，也许是用酶在外膜上开了一个小洞，然后任由病毒的核酸流入细胞。[49]

托马斯·安德森（Thomas Anderson）① 后来回忆道：

> 我记得是 1950 年或者 1951 年的夏天，在冷泉港实验室的布莱克福德大厅，我跟赫尔希，好像还有赫里奥特，在放投影仪的桌子边转来转去，讨论着这个特别好笑的事：有没有可能只有病毒的 DNA 进入寄主细胞，在里面像转化要素一样发挥作用，改变细胞中合成物质的进程。[50]

就是在这个背景下，阿尔·赫尔希和他新来的技术员玛莎·蔡斯（Martha Chase）一道，决定要解决这个难题。赫尔希刚搬到了冷泉港实验室，给自己的实验室配备了最新的放射性同位素技术。[51] 蔡斯圆脸，短发，加入赫尔希团队时只有 23 岁。平时，她和自己的老板一样矜持，但她很喜欢大声抱怨自己的工资太低。[52] 他们的实验结果于 1952 年中发表在《普通生理学杂志》（*Journal of General Physiology*）上，从此便跻身于标志性学术发现的行列。[53] 这些实验成了教科书中的案例，被当作一个转折点来讲述，因为在当今人的眼中，它们表明基因是由 DNA 构成的。事实则与此大相径庭。

---

① 美国生物物理学家、遗传学家，用电子显微镜研究病毒的先驱。——编者注

赫尔希和蔡斯的论文描述了几个实验，他们试图通过这些实验搞清楚蛋白质和核酸在噬菌体增殖过程中的功能。首先，关于噬菌体“幽灵”的功能和组成，他们证实并拓展了前人的发现。结果显示，噬菌体“幽灵”是由蛋白质构成的，没有感染性，仍然能附着在细菌上，并保护它们包含的DNA免受酶的攻击。他们随后的研究表明，当噬菌体落在一个细菌上时，会将DNA注入细菌细胞。这一切都支持赫里奥特的皮下注射器假说，但没有证据能够说明DNA事实上做了什么，他们也无法确认没有蛋白质进入细菌细胞。

最后的几个实验是学校现在最常教给学生的，但对它们的描述往往并不准确。据说实验都用到了皇庭（Waring）搅拌器，或者按照皇庭公司赋予它的商标，就叫Blendor。这个设备被用来搅拌病毒和它们的细菌寄主，那些用到它的实验如今常常被称为“搅拌器实验”。这个器械常被叫作厨房搅拌器，能勾起些许对20世纪50年代家用电器的复古回忆，镀铬加玻璃的那种。可惜事实并非如此。虽然皇庭公司确实生产厨房搅拌器，但赫尔希和蔡斯使用的器械是高度专用的实验设备。这台设备大约25厘米高，配色是朴实无华的青铜色，能以高达每分钟10 000转的速度运行——比厨房里可能出现的任何东西都快。它不单纯是一台离心机，还能产生赫尔希和蔡斯所谓的“剧烈搅拌”，以此将富含蛋白质的病毒“幽灵”从寄主细胞外表面摇下来。使用放射性硫的实验显示，通过分离噬菌体“幽灵”，可以去除他们的样品中多达82%的噬菌体蛋白。而一个使用放射性磷的类似实验则表明，多达85%的病毒DNA转移进了细菌细胞中。

学生们现在一般学到的是，这些实验给出了DNA就是遗传物质的证据。但其实还无法得出这样的结论，赫尔希和蔡斯也没有声称自己得出了这样的结论。赫尔希和蔡斯面临的问题与埃弗里和他的同事们遇到的类似，但更糟。霍奇基斯在他自己版本的埃弗里实验中已经将蛋白质含量降到了相当于零（至多0.02%），但还是有人不认可他的发现。而赫尔希和蔡斯的提取物中还漂浮着大约20%的蛋白质，这意味着这些蛋白质中的某一些完全有可能在病毒增殖的过程中扮演着某些角色。此外，正如赫尔希和蔡斯所说，这些实验最多只能证明DNA在病毒的增殖过程中“有点作用”。论文以赫尔希标志性的简练风格结尾，先是探讨了“吸附”的问题，也就是病毒如何附着在细菌的外表面：

> 至于静止态噬菌体颗粒含硫蛋白质的职责，仅局限于作为吸附在细菌上的保护性外壳以及将噬菌体DNA注入细胞的工具。在进入细胞后的噬菌体的生长过程中，这种蛋白质很可能没有作用。DNA有一定的功能，但切勿从本文描述的实验做进一步的化学推断。[54]

赫尔希仍在为自己的发现所困扰，他后来承认，“我自己对结果不太满意”。[55]第一次在冷泉港实验室的一个小型实验室研讨会上讲解自己的实验时，对于蛋白质看来并未在被感染的细胞中发挥作用这一点，赫尔希表达了他的惊讶。而当他在1953年6月的冷泉港实验室会议上首次公开讲述自己的研究结果时——紧跟在描述DNA双螺旋结构的发言之后——赫尔希依然确信DNA不会是承载遗传特异性的唯一物质。他总结了来自埃弗里、布瓦万、泰勒和他自己的如下证据，正面讨论了这个话题：

> 1. 染色体的DNA含量在一个物种中是恒定的，但在不同物种的指定组织中则不同。
>
> 2. DNA能使细菌发生转化。
>
> 3. 在一种病毒的侵染中，DNA发挥着某种未知的作用。

赫尔希接着对听众说，这样的证据并不足以支持DNA就是遗传物质的结论。他仍然确信蛋白质一定有其一席之地：

> 这些证据中的每一个，或是加起来，都不足以构成对 DNA 的遗传功能做出科学判断的基础。如此表述的证据在于，生物学家（都是人，都有自己的见解）大约等分为赞成派和反对派。我个人的猜想是，DNA 不会被证明是遗传特异性的唯一决定物质，而且在未来，只有愿意心怀相反观点的人才会给这个问题做出贡献。[56]

赫尔希的谨慎展示了他的科学思维之缜密——严格来讲，他的解读绝对是正确的。在数据不允许的情况下，他绝不会越雷池一步。这同样也展现了科学界一直以来对可能存在的污染拿不定主意——这是赫尔希和蔡斯的实验中的一个重要问题，只不过当时没有人提出来。

赫尔希后来提出的一个观点是，从埃弗里 1944 年的发现到科学界广泛接受基因是由 DNA 构成的，这段复杂曲折的道路“说明要想令人信服，需要适度过量的证据，而实验材料的多样性对于做出发现往往是至关重要的”。[57] 虽然此言的正确性毋庸置疑，但在一些人立刻拥护埃弗里的发现的同时，其他人——包括“噬菌体团体”——却不愿意承认它的重要性，这种情况同样也是事实。10 年来，科学家们将时间花在了争论一些如今看来显而易见的事情上。科学史上曾有过很多这样的时刻，只能从当时的证据和时人的态度的角度去理解它们。在这件事情上，最主要的问题是蛋白质唱主角这一旧式思想的力量，以及想象 DNA 在现实中——而不是理论中——如何产生特异性的困难。

—A · C · G · T—

在化学家和微生物学家们为基因的化学本质论战不休的同时，出现了几项探究基因功能的大胆尝试——基因是如何行使其职能的。1947 年，科特 · 斯特恩（Kurt Stern），一位离开纳粹德国来到美国的 43 岁德国生物化学家，发表了一篇关于他所谓的基因密码，有很大推测成分的论文。这是自薛定谔的书三年前出版以来第一次有人用“密码”这个词。在一个富有先见之明的猜想中，斯特恩提出，基因的基本化学物质的形态可能是螺旋体。他推想基因由核蛋白构成，不过他也承认埃弗里可能是对的，DNA 有可能独立作为遗传物质。

和查加夫一样，斯特恩提出，DNA 分子中碱基序列的多样性可能是基因特异性形成的根本原因。根据斯特恩的理论，基因是具备物质实体的分子调制结构，很像黑胶唱片上的一条小沟。斯特恩的观点是，核蛋白的作用是将 DNA 分子约束成特定的形状，移除蛋白质会让核酸回到未经调制的形态。为了证明自己的观点，斯特恩展示了他制作的实体模型的照片，模型中的 DNA 和相关蛋白质彼此缠绕在一起，形成了一个双螺旋，尽管他并没有使用“双螺旋”这个说法。虽然斯特恩的工作基于的是丰富的生物化学和相关结构的数据，但他的模型还是太过纸上谈兵，难以促使研究者开展实验，他的天才观点也没有激起什么水花。[58] 尽管斯特恩使用了“密码”的说法，但他并没有接受密码能够抽象地代表蛋白质的结构这一观点。他的眼中看到的是一个模板——基因是物质实体，蛋白质在其上被合成。

与此同时，基于托比约恩·卡斯佩松和让·布拉谢对 RNA 在蛋白质合成中的作用的研究，安德烈·布瓦万和罗歇·旺德雷利（Roger Vendrely）提出了一个假说，描述了细胞中发现的两种核酸与被认为是基因产物的酶之间的关系。[59] 布瓦万和旺德雷利的思想被《实验》（*Experientia*）期刊的编辑在英文摘要中简明扼要地传达了出来：

> 大分子脱氧核糖核酸控制着大分子核糖核酸的构建，后者又控制着细胞质中的酶的产生。[60]

换句话说，DNA 导致了 RNA 的产生，RNA 接下来导致了蛋白质合成和酶的产生。这个假说后来证明是正确的，也是展现布瓦万远见卓识的又一个例子。

1950 年，牛津大学的两名化学家，P. C. 考德威尔（P. C. Caldwell）和西里尔·欣谢尔伍德（Cyril Hinshelwood）爵士①，提出了一个物理模型，用来解释蛋白质合成是如何在一个核酸分子上进行的。[61] 他们的观点是，如果一种氨基酸的合成依赖于 DNA 分子上 5 种成分（4 种碱基，加上磷酸骨架）的成对存在，“那么就可能有 25 种不同的核苷酸间排序”。这足以产生生命体中出现的 20 种不同的氨基酸。考德威尔和欣谢尔伍德承认，DNA 是“不变的遗传性状的主座”，但在这种溢于言表的热情背后，却隐藏着对遗传学重要性的怀疑：欣谢尔伍德是后天获得性状会遗传这一观点的信徒，这是法国博物学家拉马克在 19 世纪早期提出，随后便被世人摒弃的一种关于遗传和演化的模式。最重要的是，和斯特恩一样，考德威尔和欣谢尔伍德是以蛋白质和负责合成它的核酸间的实质性联系为出发点思考这个问题的。他们认为，基因发挥的是模板作用。

1952 年，罗切斯特大学医学院的生物化学教授亚历山大·唐斯（Alexander Dounce）想到了一个类似的出发点：基因的核酸上的碱基与蛋白质上对应的氨基酸之间一定有某些结构上的关联。唐斯的观点是，核酸是蛋白质合成使用的模板。根据他提出的模型，每个氨基酸都是由三个一组的碱基决定的。尽管事实的确如此，但却并非出于唐斯指出的原因。[62] 和布瓦万一样，基于布拉谢和卡斯佩松有关 RNA 在蛋白质合成过程中扮演的角色的研究，唐斯指出，蛋白质的合成发生在 RNA，而非 DNA 上。唐斯描述这个观点的方式，如今每天都在被教授给全世界的学生：“脱氧核糖核酸（DNA）→核糖核酸（RNA）→蛋白质”。[63] 在布瓦万和旺德雷利 5 年前的研究后，唐斯是第一个阐明这一系列关联的人。他们的名字如今已经被所有人遗忘，只有少数历史学者和科学家还记得。

---

① 1956 年诺贝尔化学奖得主，获奖原因是对化学反应机制的研究。——编者注

回过头来审视，这些基因功能的理论模型最引人注意的一点是它们在本质上都完全是物理实体性的。它们都基于三维的模板结构，而不是薛定谔提出的那种抽象、一维的“密码–脚本”。它们都是模拟性的，而非一串数码。这个领域要发生变革，生物学必须引入一组新的思想以及几种不同寻常的思维方式。这一切行将到来。当生物学界开始接纳埃弗里的发现隐含的意义时，二战期间出现的有关信息、密码和控制的数学思维方面的进展也恰好流行起来。

第5章

观念变革

在1988年的畅销书《时间简史》中，物理学家史蒂芬·霍金回忆说，负责此书的编辑告诉他，书里每用到一个公式就会让潜在的读者数量减半。霍金很接地气，他在书里只用了一个公式（$E=mc^2$），而这本书则狂销了超过1 000万册。回到20世纪40年代，事情显然有所不同——诺伯特·维纳1948年的科学畅销书《控制论：或关于在动物和机器中控制和通信的科学》（*Cybernetics or Control and Communication in the Animal and the Machine*，简称《控制论》）充斥着成百上千个复杂的公式，却成了轰动全世界出版业的一部著作。

顶着一个怪异的书名，号称为近乎万事万物的运行找到了一个新的理论，《控制论》如风暴般席卷各大书店。第一版在6周内销售一空，6个月内加印了三次，直指畅销书排行榜第一名的宝座。[1]《纽约时报》的一名书评人认为，《控制论》是一本“意义重大的书……其终极的重要意义……可以比肩伽利略、马尔萨斯、卢梭或者密尔①”。[2]维纳的这本书向公众普及了二战期间开展的对控制系统和负反馈的研究，向整个科学界——尤其是生物学——推广了这种新兴的研究手段。它还催生了

① 指约翰·斯图尔特·密尔（John Stuart Mill），英国哲学家、政治学家，古典自由主义最有影响力的思想家之一。——编者注

一些新的信息术语，极大地改变了战后的世界，并塑造了一套翻天覆地的遗传学观点。我们至今还生活在这样一个世界里。

—A・C・G・T—

《控制论》诞生于巴黎。1947 年，维纳受邀参加了法国东部城市南锡的一场研讨会。此次造访欧洲，他遇到了英格兰的一些思想家，比如艾伦・图灵、J. B. S. 霍尔丹，以及曼彻斯特大学的计算机先驱“弗雷迪”威廉姆斯（‘Freddie’ Williams）① 和汤姆・基尔伯恩（Tom Kilburn）②。在一次巴黎之行期间，维纳去了“索邦大学对面一家冷清的小书店”，在那里遇到了生于墨西哥的恩里克斯・弗赖曼（Enriques Freymann），一家法国出版机构的老总。[3] 弗赖曼被维纳的思想迷住了，他向这个美国人提议，应该写一本书，把这些思想讲给普罗大众听。维纳欣然接受了这个提议，一杯热巧克力的工夫，合同就签下来了。维纳的第一个任务是为自己一直以来研究的控制和信息的新观点找到一个整体性的描述。他最终想出了一个新词——“控制论”（cybernetics），源自希腊语的“舵手”。[4] 我们如今所用的所有带“cyber”的单词都源自维纳的这项创造。

1948 年 10 月底，《控制论》在大西洋两岸同时出版。书中全是公式，又被维纳的匆忙和冒险进行的越洋审校搞得错误百出。但由于书中的数学太复杂，所以并没有人真正注意到——极少有读者能读懂《科学》杂志所说的“晦涩难懂的数学部分”，更鲜有人看出其中的破绽。读者其实并不关心什么代数。正如《纽约时报》的一位作家所解释的那样，《控制论》的成功要归功于一件事，那就是夹在公式之间的还有

① 指弗雷德里克・威廉姆斯（Frederic Williams），英国工程师，雷达和计算机技术先驱。——编者注

② 英国数学家、计算机科学家，领导建造了计算机发展史上多台具有重大历史意义的计算机，包括第一台程序存储计算机。——编者注

“一页页火花四溅、文采斐然、引人深思的文字”。[①,5] 维纳提出了一个关于信息和控制在行为中的作用的理论，强调了动物与机器间的相似性。他也勾画出了一个对未来的展望。那时，控制论将处于支配地位，自动化将主宰世界。维纳还写道：“当下的时代是交流与控制的时代。”

战后世界的一大烙印，是对技术的毁灭性力量的担忧。在这样的一个世界中，维纳的观点既似天启末日，又如圣光降临。他描述着生产中越来越多的自动化“向善或向恶的无尽可能”。鉴于工厂自动化仍处在起步阶段，而计算机还只能在它们基于真空管的记忆中储存一个简单的程序，这种想法显得相当大胆。然而在这样的背景下，维纳却预见到了一个整体趋势，这一趋势将成为 20 世纪下半叶的工业生产最典型的特征。维纳预测，将会出现一场新的工业革命，随着机器开始承担低级的脑力工作，人脑那些“比较简单和套路性”的能力的价值将会降低。他的观点是，要限制这种发展的破坏性，唯一的办法是创造“一个并非基于买卖，而是基于人类价值的社会”。归根结底，维纳对未来感到沮丧。在描述了一门新兴科学的创生之后，他感到无力和悲观：“我们只能将它交给我们身边存在的世界，而这个世界，是贝尔森[②]和广岛的世界。”[6]

《控制论》的核心观点是，所有控制系统以及蕴含其中的负反馈都是基于信息流的。维纳认为，信息是所有系统的核心——无论是机械系统、电子系统还是生命系统——而这与物理学家熵的概念关联甚密。5 年前，薛定谔曾指出，生命过程是“逆熵过程”，因为它有暂时对抗热

---

① 并非所有文字都在迸发火花，第 2 章的结尾原文如下：“在指出遍历理论是一个比上文所论述的宽泛得多的课题之前，我不希望结束这一章。遍历理论在当代有一定的发展，其中，在一组变换下需要保持不变的量是由这组变换直接定义而非事先预设的。我特别多地参考了克雷洛夫和博戈留波夫的工作，还有胡列维茨和日本学派的一些工作。”

② 指二战期间纳粹德国建立的贝尔根–贝尔森集中营。——编者注

力学第二定律的能力。现在，维纳正在将这个概念推广到所有信息上：

> 我们此处定义为信息量的这个量，是相似情况下通常定义为熵的那个量的负值。

他如是解释道："正如一个系统中的信息量是对其有序程度的一个度量，系统中的熵也是对其无序程度的一个度量，它们彼此是简单的负数关系。"维纳的观点是，信息就是"负熵"。根据这个观点，生命与信息是密切相关的。因此，在最有秩序的物质状态——生命体——和有序的非生命物质形态之间存在一个连续统（continuum）[①]，一个可以从一种新的特性，也就是信息的层面上去看待的连续统。维纳斩钉截铁地指出："信息就是信息，不是物质也不是能量。一个唯物主义观点若是不承认这一点，在当今世界就是站不住脚的。"[7]尽管这是正确的，但信息还是需要一种物质作为载体，并且正如西拉德在解答麦克斯韦妖的问题时所指出的那样，要获得或者创造信息，必须消耗能量。

《控制论》的主题并非只是关于信息，它的根基是维纳二战期间在防空武器研究中率先探索的负反馈概念。[8]对负反馈的了解古已有之，在伊斯兰教的黄金时期，它以水位调节器（类似厕所里的水箱）的形态存在，而在18世纪，蒸汽工程师詹姆斯·瓦特利用这个现象开发出了一种"调节器"来防止他的机器失控。虽然瓦特的发明催生了日常语言的新形态——它是"自调节""分权制衡"这样的词的起源——但它并没有被广泛应用，在所有系统中发挥作用。维纳对负反馈重要意义的看法，以及他将行为、生理、社会、电子、自动化的丝丝缕缕编织在一起的能力，向普罗大众展示了如何用同一个理论框架去阐明自然与机械世界的万象。这造就了一个令人痴迷的综合学科。

---

① 指两者间的差异是连续的，没有间断。——编者注

正如维纳所期望的那样,《控制论》产生了超出学术范畴的影响。《纽约时报》和《科学美国人》上有这本书的概要，从《美国人类学家》(*American Anthropologist*)到《精神病学季刊》(*Psychiatric Quarterly*)，各种各样的学术期刊上也有对此书的正面评价。[9]根据《美国政治与社会科学院年鉴》(*Annals of the American Academy of Political and Social Sciences*)的说法，这是“一本引人入胜的书，人们读它不只是出于新奇感，也不只是出于各个学科、各个哲学派系的科学家们的学术兴趣”。[10]美国《科学》杂志为“一门新学科”的诞生喝彩，法国物理学家莱昂·布里渊(Léon Brillouin)则在《美国科学家》(*American Scientist*)上将信息与“负熵”之间的联系描述为“一个全新的研究领域，一场翻天覆地的思想变革”，后来自己又写了一本关于这一主题的著作。[11]《控制论》被广泛阅读，热烈讨论——在世界闻名的伍兹霍尔海洋生物学实验室1949年开设的暑期班上，它成为学生和青年科学家们热议的话题。[12]

《控制论》在法国也产生了类似的影响。虽然以英文出版，但它在那里还是吸引了广泛的关注。1948年12月,《世界报》(*Le Monde*)刊登了一篇长文，作者是法国道明会修士、哲学教授多米尼克·迪巴勒(Dominique Dubarle)。迪巴勒赞扬了维纳这本“出类拔萃”的著作，称其宣告了“一门新科学”的诞生。[13]世界正在被重塑，但维纳仍然没有从成功中缓过神来：

> 弗赖曼当初并不是十分看好《控制论》的商业前景。而且事实上，放眼大洋两岸，谁都不看好。当它成为科学畅销书时，所有人都震惊了，尤其是我自己。[14]

—A·C·G·T—

维纳并不是这场思想革命的唯一缔造者，他也没有以此自居。在

《控制论》的前言中，维纳讲述了他是如何通过与他那些富有才学的伙伴——包括克劳德·香农——经年探讨而发展起这个关于控制论的新观点的。维纳大方地解释说，一些类似他的“关于信息量的统计学理论”的东西，同时也在美国被香农，在英国被 R. A. 费舍尔（R. A. Fisher）①，以及在苏联被安德烈·柯尔莫哥洛夫（Andrei Kolmogoroff）② 得出过。费舍尔解读信息的手段其实很不一样，而柯尔莫哥洛夫的工作又无从获知，但香农的观点事实上与维纳的如出一辙，具备必要的数学能力的读者很快就能领会到这一点。

1948 年，香农在《贝尔系统技术期刊》(*Bell System Technical Journal*)上发表了两篇厚厚的讲理论的论文。之后，他以这两篇论文为基础在 1949 年出版了一本书《通信的数学理论》(*The Theory of Communication*)③，书中还有一篇说明性质的短文，作者是洛克菲勒基金会的行政官，D–2 分部的前任主管，沃伦·韦弗。虽然《通信的数学理论》很快便为科研界所熟知，但相较于《控制论》，它在公众面的成功却无法望其项背。不同于维纳文风入时、引人深思的夹叙夹议，香农铺陈的那些枯燥的公式之间没有夹杂任何类似这样的文字，除了那些最虔诚的读者，所有人估计都会被开篇的第一句话劝退：“多种多样调制方法的近期进展，比如以带宽换取信噪比的 PCM 和 PPM，增强了对通信一般原理的兴趣。”[15] 与此相反，维纳的《控制论》的开篇是一首德国民歌。

香农的兴趣主要在通信，而非控制。他的模型极其抽象，以信息为对象，却又不涉及信息的具体内容。他在书的开篇写道：

---

① 英国数学家、统计学家、生物学家、遗传学家，现代统计学奠基人、群体遗传学奠基人。——编者注

② 苏联数学家，现代概率论的奠基人，被普遍认为是 20 世纪最伟大的数学家之一。——编者注

③ 原文直译是《通信理论》，书名事实上是《通信的数学理论》(*The Mathematical Theory of Communication*)，下文中统一译作《通信的数学理论》。——编者注

> 在本理论中，“信息”一词被用于一个特殊的意义，切勿与其通常的用法混淆。尤其要注意，信息务必不能与含义混为一谈。[16]

不同于维纳的见解，香农采用的手段中没有反馈的一席之地——这是一个线性的传播系统，消息的源头和接收端之间没有关联。这个模型无法解释行为或机械系统中的控制流，它的表述就是所有它能做的：它解释了在一个系统中，一条消息是如何——无论是否存在干扰噪声——从一个发送器传递到一个接收器的。对于香农而言，至关重要的过程是编码和解码：“发送器的功能是给消息**编码**，而接收器的功能则是**解码**。”[17]

香农的研究表明，信息可以用数学手段来赋予概念，作为在所有可能存在的信息中进行选择的自由度的量化手段。在这样的选择中，最简单的是只有两个选项，即二进制中的情况。“这个信息单位，”香农写道，“叫作‘比特’（bit），这个由约翰·W. 图基（John W. Tukey）① 首先提出的词，是对‘二进制数’（binary digit）的缩写。”香农对信息的正式数学描述基本与维纳的相同，只不过两位数学家是从不同的侧面殊途同归的：维纳将信息视为负熵，而对香农而言，信息和熵是一回事。[18]

两人对这种区别心知肚明。1948 年 10 月，香农致信维纳：

> 我思考的是，当就一个集合做出一个选择时，产生了多少信息——集合越大，信息越多。你考虑的则是，集合越大的情况下，不确定性也就越多，这意味着更少的知识，也就是更少的信息。我们观点上的差别部分源自数学的语义双关，但在任何一个具体的问题上，我们都将得到相同数值的答案。[19]

---

① 美国数学家、统计学家，数据科学先驱，20 世纪最有影响力的统计学家之一，曾获美国科学界的最高荣誉美国国家科学奖章。——编者注

无论是对这些看似相反的手段的解释，还是香农所谓的双关的来源，都在于他严格地聚焦在相对狭窄的通信问题上。而维纳则想要创造一个更大、更宽泛的理论，其中综合了通信、控制、组织和生命自身的本质。因此，维纳的模型中必须包含含义，一个香农反对的东西。两种构想上的反差因此远非数学上的双关——它反映了两人追求上的不同。

—A · C · G · T—

维纳和香农的思想对科学界产生了重要的影响。信息开始被视为物质的一个可以量化的特征，量化的最佳手段是二进制编码，而控制和负反馈则似乎成了生命和机械系统的基础特性。这些思想影响生物学家的方式之一是为创造自动机，进而测试生命体运作和繁衍的模型提供了可能性。[20] 1948 年 9 月底，《控制论》出版一个月前，在加州理工学院举办的一场有关行为的大脑机制的研讨会上，这些关联得到了探讨。这场研讨会的规模不大——只有 14 名发言者，另有 5 人旁听，其中一位是加州理工学院的化学家莱纳斯·鲍林。

冯·诺伊曼做了开场报告，题目是《自动机的一般和逻辑理论》，探讨了生命的一个标志性特征：繁殖的能力。冯·诺伊曼的出发点是艾

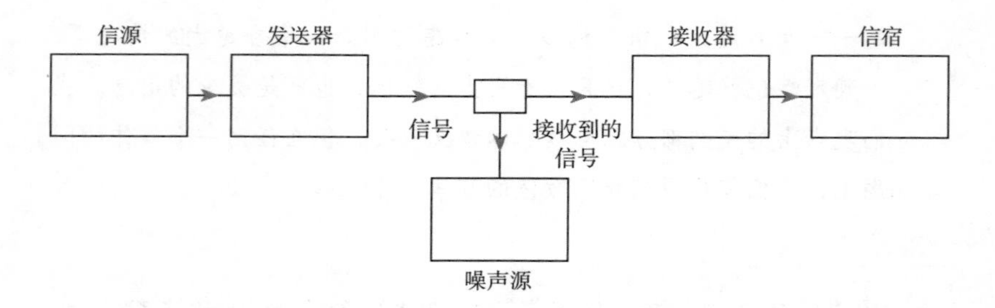

图 1　克劳德·香农的通信模型。引自 Shannon and Weaver (1949)

伦·图灵战前提出的，通过在纸带上读写来进行操作的通用机器①的理论。但这对冯·诺伊曼来说太简单了：他想构思“一个输出其他自动机的自动机”。

冯·诺伊曼的观点是，这样的一台机器需要指令来构建它的组成部分，而这些指令的效用“大致相当于基因的功能”，指令的改变就像是一次基因突变。冯·诺伊曼的解释是，“对于其促成构建出的物体”，一个真实的基因“可能并不是含有完整的描述，而只是含有一般的线索，一般的信号”。与此相反，“繁殖中的根本性活动，遗传物质的复制”可以通过抄写纸带的方式来概念化——冯·诺伊曼是在含蓄地指出，基因就像图灵的包含指令的纸带一样。[21]虽然冯·诺伊曼没有言及，但这就是薛定谔所说的含有密码脚本的非周期性晶体在计算机领域的一个版本。

没有与会的科学家们同样对控制论和遗传学的关联产生了兴趣。维纳与英国遗传学家 J. B. S. 霍尔丹有联系，后者一直密切关注着维纳的工作。1948 年 11 月中旬，霍尔丹在艰难地将这个新概念应用于自己领域的同时，写信给维纳：

> 我正在渐渐学会从消息和干扰噪声的层面去思考……我怀疑一只动物或一株植物有相当大一部分是冗余的，因为它得费一番周折才能被精准地复制，并且周围还有很多干扰噪声。突变似乎就是被融合进信息的一点点干扰噪声。如果我能从消息和干扰噪声的层面去看待遗传，就能够有所成就。[22]

伊利诺伊大学的物理学家西德尼·丹科夫（Sydney Dancoff）和他的同事，奥地利裔放射学家亨利·夸斯特勒（Henry Quastler），共同发

① 在今天被称为通用图灵机。——编者注

展出了类似的思想。1950 年 7 月，丹科夫给夸斯特勒写信，概括了两人有关遗传与信息间关联的想法。丹科夫写道，染色体可以被视为一条“承载着指令的线性编码条带”。他接着又指出：

> 整条染色体包含着一则“消息”。消息可以被分解成次级单元，可以叫作“段落”“单词”之类的。最小的消息单元可能是某种触发器，能够做出是或否的决定。如果这个是或否的决定的结果能够在成熟的生命体上清楚地看到，那我们就可以将这个最小的消息单元称为一个“基因”。[23]

丹科夫和夸斯特勒这是在将遗传学强行套入二进制模式，将生命体当作图灵和冯·诺伊曼假想的自动机的一个例子来看待。

欧洲也是如此，科学界谈论着关于信息和控制的新思想，各国都在用略有不同的手段解答这个问题。1950 年 9 月，伦敦英国皇家学会组织了一场为期三天，关于“信息理论”的会议。“信息理论”这个概念——香农或者维纳没有使用这个术语——在会后便被广为采用。大约 130 位与会者挤进了皮卡迪利大街伯灵顿庄园小小的报告厅里，探讨这个领域中数学和电子学方面的问题。香农在会上做了三个报告，但却几乎没有论及维纳的控制论方法。会上也没有遗传学家的身影。唯一一个聊到基因相关问题的发言者是艾伦·图灵，但他更感兴趣的是自然选择如何改变生命体的外形，而不是思考遗传的运作方式。[24]

信息深入科学思维和日常语言的程度在 1950 年底展露无遗，当时英国动物学家 J. Z. 杨（J. Z. Young）① 在 BBC（英国广播公司）做了享有

---

① 英国动物学家、神经生理学家，他对枪乌贼神经系统的研究直接启发了神经科学家艾伦·霍奇金和安德鲁·赫胥黎后续的电生理研究，两人因此于 1963 年获诺贝尔生理学或医学奖。——编者注

盛誉的里斯讲座，他讲座的题目是《科学中的疑点与定论》。前三场电台讲座的主题是生物学家如何研究脑的功能，里面充斥着“信息”这个词。[25] 有关信息的新观点被呈现在了听众的面前，仿佛它是理解神经系统工作方式的唯一方法。然而它展现出的真正内涵是，生物学家们思考生命的方式已经改弦更张了。①

在法国，诺贝尔奖得主、物理学家路易·德布罗意（Louis de Broglie）② 在 1950 年春天做了一系列讲座，总标题是“控制论”。而在 1951 年，巴黎举办了一场洛克菲勒基金会资助的学术会议，与会者超过 300 人，包括维纳和麦卡洛克。会议结束后，维纳留在巴黎，在久负盛名的法兰西公学院做了几场关于这个主题的报告。《精神》（*Esprit*）和《新法兰西评论》（*Nouvelle Revue Française*）等法国期刊也刊载了几篇有关控制论的文章。针对普通公众，科学记者皮埃尔·德拉蒂伊（Pierre de Latil）写了一本颇有趣的书《人工思维》（*La Pensée Artificielle*），解释了控制论的本质和诞生过程，书中包含了很多有用的图表和照片。但这本书重点关注的是反馈，并展现了法国工程师们是如何在 15 世纪和 19 世纪提出这一概念的。[26] 德拉蒂伊的书展现出了法国人和英国人在探究控制论时手段上的差异：英国人聚焦于信息，而法国人则强调这个问题中有关控制以及机器人的方面。令人惊讶的是，德拉蒂伊的书中完全没有提及香农。在英国和美国，《泰晤士报科学评论》（*The Times Science Review*）和《科学美国人》等科普杂志对“信息”——既包括抽象概念的信息，也包括香农的数学化版本——做了广泛的讨论。[27]

---

① 有趣的是，早在 20 世纪 30 年代，剑桥大学的生理学先驱埃德加·阿德里安（Edgar Adrian）就用“信息”和“密码”等术语来描述神经活动了，见 Garson, J. ‘The birth of information in the brain: Edgar Adrian and the vacuum tube’, *Science in Context*, vol. 27, 2015, pp. 31–52。

② 量子物理学先驱，因提出物质的波粒二象性获 1929 年诺贝尔物理学奖。——编者注

无论不同的课题领域之间以及不同的国家之间有怎样的差异，在英国、美国和法国，科学界的每一个人都知道，一场观念的变革正在发生。不过并不是所有人都很感冒。1948 年，马克斯·德尔布吕克受邀参加了一场控制论的会议。这是他参加的唯一一场此类会议。快人快语的德尔布吕克后来回忆说，他觉得这场讨论"太冗长了，不合我的口味，空洞至极，愚蠢无比"。[28]

—A·C·G·T—

1950 年，维纳出版了他的第二本书——这次一个公式也没有——公众对控制论的兴趣更加水涨船高。他在这本书中概述了自动化渐趋发达以后，社会将不得不面对的潜在变化。这本新书的名字很拗口，叫《论对人的人性化使用》(*On the Human Use of Human Beings*)①，解释了在 20 世纪下半叶，社会应当如何应对自动化的出现以及计算机的进步将会引发的文化和经济发展。它以信马由缰的风格涵盖了各式各样的文化，述及语言、法律和人的个性，探讨了在机器看来可以体现目的性行为诸多方面的背景下，它们不断改变的含义。维纳担心，自上而下的社会管控正在成为全世界所有经济和政治体系的典型特征。他如是解释道："我希望将本书致力于一场抗议，反抗这种对人的非人性化使用。"[29] BBC 最受听众喜爱的哲学家西里尔·乔德（Cyril Joad）教授讨厌这本书。他发表在《泰晤士报文学副刊》(*Times Literary Supplement*)上的书评完全不留情面，批评维纳"欠缺逻辑、东拉西扯的语言"，并给此书打上了"极度危险"的标签。[30]

无论乔德如何恐惧，维纳这本了不起的著作都产生了长久的影响，因为它说明了万事万物——包括人——最终都可以被彻底简化成信息的

---

① 有中文版将书名译为《人有人的用处》，未能充分体现原书名希望表达的意涵，此处按原书名直译为《论对人的人性化使用》。——编者注

模式。维纳再次强调了最新的技术发展与生命体的行为和运作方式之间的关联："我的论点在于，生命个体的运行与一些新式通信机器的运行有着精准的相似性。"[31] 维纳指出，如果人在形态和功能上的本质都是机器，那么就有可能通过计算"遗传的信息量"，用人蕴含的信息来定义一个人。维纳的观点是，如果这种信息能够以某种方式来表征，那么甚至有可能用电子手段来传送它们，并且保证个体的身份不变。[32] 虽然维纳意识到，这样一个过程在可以预见的未来只会存在于科幻小说的世界里，但他还是点出了自己的思想：人在根本上与任何其他形式的有机体并无不同。归根结底，都是信息。

维纳不是唯一一个沿着这些思路思考的人。1949 年 7 月，香农列了一个不同物品与它们的"存储能力"的清单。他认为，一张"留声机唱片"含有大约 300 000 比特的信息，一小时的电视直播的信息为 10^{11} 比特，而"人的基因要件"只有区区 80 000 比特。[33] 这些不着边际的胡乱猜想一个也不对——那份手稿一直躺在香农的资料库里，直到最近被詹姆斯·格雷克（James Gleick）① 发现——但它们表明了信息的概念如何能够被应用到世间万物上。1952 年 5 月，J. B. S. 霍尔丹给维纳写了一封信，在信中宣称自己已经"算出了一枚受精卵中的控制（= 信息 = 指令）总量"。[34] 没有人知道霍尔丹算出来了个什么数，也不知道他是基于什么做的计算——他从未将自己对这道谜题的回答公之于众。

亨利·夸斯特勒胆子更大。1952 年 3 月，他组织了一场有关生物学中的信息理论的研讨会，举办地点是伊利诺伊大学他自己的控制系统实验室。细菌遗传学界的新星乔舒亚·莱德伯格被邀请参加，但他却很谨慎，因为这场会议是由美国海军研究办公室资助的。莱德伯格担心会上的讨论会被录音，而且可能牵扯一些未来将会涉密的问题。[35] 莱德伯

---

① 著名科技作家，代表作《信息简史》《混沌》等。——编者注

格可不是神经过敏——麦卡锡主义的猎巫行动正在大张旗鼓地进行，这使美国的学者们不得不“宣誓效忠”，否则就有丢掉工作的危险，一句欠考虑的评论就能招来祸端。

研讨会上的发言者展示了科学家们正在如何将信息的新概念应用于生物学当中。一位与会者在其所含信息的层面讨论了莱纳斯·鲍林的角蛋白分子结构模型，而另一位则探讨了一枚受精卵中的信息含量，在他看来，这是“一个在基因要件的控制下，被编码进受精卵中的指令集”。甚至有两个人尝试计算了生命体中含有的信息。亨利·林希茨（Henry Linschitz）用分子和能量的计算得出结论，“一个细菌细胞的信息含量”约为 10^{13} 比特。[36] 在一篇丹科夫英年早逝[①]后才完成的合作论文中，夸斯特勒概述了他所认同的“大体近似和粗略假说”，然后计算出人类的基因组至多含有 10^{10} 比特的信息。这项计算的出发点是，每个基因和它的不同版本——也叫等位基因——是“一个独立的信息来源，其熵值取决于等位基因状态的数量，或者说不同消息的数量”。夸斯特勒承认自己“既不知道基因的数量，也不知道等位基因状态的平均数量”，而且要让这项计算有充分的可信度，两者似乎都不可或缺。但夸斯特勒仍泰然自若地总结说：“这是一个极为粗略的估算，但聊胜于无。”[37] 并不是人人都认同丹科夫和夸斯特勒的结论。1965 年，在遗传密码被破解之后，但还没完全被破译出来之前，迈克尔·阿普特（Michael Apter）和刘易斯·沃尔珀特（Lewis Wolpert）重新审视了丹科夫和夸斯特勒的数字，将其评价为“强词夺理，以至于毫无意义的数值”。对于丹科夫和夸斯特勒毫无意义的计算，他们以十分尖刻的言辞总结道：

相反，我们认为，它们丝毫不比完全不去计算强，因为这样的

---

① 丹科夫因淋巴瘤于 1951 年去世，年仅 38 岁。——编者注

估算容易产生误导，催生一种盲目的自信。[38]

事实证明，将信息的新概念应用到遗传学比很多人预想的要难。

—A · C · G · T—

看起来，控制论和通信原理将扫清道路上的一切阻碍，改变整个科学。但就在这时，它们的一些主要倡导者却由于个人原因或者政治事件身陷乱局。控制论发展的历史背景，事实上也是它大部分经费的来源，是冷战。1949 年 2 月，苏联试爆了它的第一颗原子弹，美国丧失了对核武器的垄断。1950 年，朝鲜战争爆发，冷战变成了“热战”。震惊于这些事态发展，约翰 · 冯 · 诺伊曼敦促美国政府集中所有科研力量制造氢弹。部分是由于他的游说，一个重大的研发项目启动了。冯 · 诺伊曼在其中扮演着重要的角色，没有多少时间致力于其他研究兴趣。随着 1952 年第一枚氢弹试爆成功，项目达到了辉煌的顶点，这枚氢弹的爆炸当量接近广岛原子弹的 1 000 倍。9 个月后，苏联试爆了自己的热核反应装置①，这场军备竞赛变得越发激烈。冯 · 诺伊曼放弃了创造自我复制自动机的兴趣，直到于 1957 年去世。他把余生的相当大一部分时间都花在了洲际弹道导弹的研发工作上，将他的数学天赋用在了人类未来可能的毁灭上。[39]

1951 年，维纳中断了与皮茨和麦卡洛克的联系，三人近 10 年的合作——控制论得以发展的关键——戛然而止。维纳曾经被皮茨和麦卡洛克寄来的一封无关紧要、语带戏谑的信激得大怒，但危机的导火索似乎是他妻子的恶语中伤：无中生有地声称皮茨和麦卡洛克勾引了维纳 19 岁的女儿芭芭拉。控制论研究小组遭到了重创，从此一蹶不振。[40]

其他思想家扛起了控制论的大旗。1950 年，蒙特利尔麦吉尔大学

---

① 就是氢弹。——译者注

的遗传学家汉斯·卡尔穆斯（Hans Kalmus）——他与 J. B. S. 霍尔丹有密切的合作——在《遗传学报》（*The Journal of Heredity*）上发表了一篇题为《从控制论看遗传学》（A Cybernetical Aspect of Genetics）的短文。卡尔穆斯读了《控制论》，被他所谓的为遗传现象带来有趣启发的“某些通用法则”所震撼。卡尔穆斯指出，一个基因“就是一条消息，能够超越个体的死亡，被不同世代的几个个体一次次地接收”。卡尔穆斯甚至声称，在他所谓的基因的族群记忆和计算机近期发展出的信息储存能力之间，存在着一种相似性。[41]

卡尔穆斯接着指出，学界广泛持有的基因以酶的形式发挥功能的观点与他正在倡导的控制论观念并不矛盾。卡尔穆斯的雄心甚至比这还要大，他试图揭示控制论中的反馈概念如何解释基因间在基因组和种群水平上的相互作用，以及基因与环境因子——气候、其他生命体等——之间的相互作用。然而，卡尔穆斯几乎没有言及什么细节，他的思想石沉大海了。第一个引用他文章的人是……H. 卡尔穆斯，1962 年。[42]

随着控制论和信息理论在与自动机和电子通信毫不相干的领域时髦起来，它们也开始沦为被嘲笑的对象。一个例子是一封写给《自然》杂志，言辞讥讽的信。这是 1952 年 9 月意大利阿尔卑斯山上一顿惬意午餐的工夫炮制出来的。[43] 鲍里斯·埃弗吕西和吉姆·沃森当时在和埃弗吕西的一名同事乌尔斯·利奥波德（Urs Leopold）一起吃饭，他们决定写一封简短的恶搞信，嘲弄一下乔舒亚·莱德伯格近期写的一篇综述，莱德伯格在文中夸夸其谈地提出，细菌遗传学中几个尽人皆知的术语应该换成他发明的花哨的新词。[44]

埃弗吕西和沃森的“笑话”中有一条极尽讥讽的建议：转化、诱导、转导和侵染——全都是细菌遗传学领域近期开始通行的词汇——应该一概被术语“细菌间信息”取代。有几点应该可以提醒信的读者，这封信的本意就不是认真的。信中提出的术语更换没有道理——“信息”不可能成为“转化”在语法上的替代品。此外，短信的结尾向读者担保，

Terminology in Bacterial Genetics

THE increasing complexity of bacterial genetics is illustrated by several recent letters in *Nature*[1]. What seems to us a rather chaotic growth in technical vocabulary has followed these experimental developments. This may result not infrequently in prolix and cavil publications, and important investigations may thus become unintelligible to the non-specialist. For example, the terms bacterial 'transformation', 'induction' and 'transduction' have all been used for describing aspects of a single phenomenon, namely, 'sexual recombination' in bacteria[2]. (Even the word 'infection' has found its way into reviews on this subject.) As a solution to this confusing situation, we would like to suggest the use of the term 'inter-bacterial information' to replace those above. It does not imply necessarily the transfer of material substances, and recognizes the possible future importance of cybernetics at the bacterial level.

BORIS EPHRUSSI
Laboratoire de Génétique,
Université de Paris.

URS LEOPOLD
Zurich.

J. D. WATSON
Clare College,
Cambridge.

J. J. WEIGLE
Institut de Physique,
Université de Genève.

[1] Lederberg, J., and Tatum, E. L., *Nature*, **158**, 558 (1946). Cavalli, L. L., and Heslot, H., *Nature*, **164**, 1058 (1949). Hayes, W., *Nature*, **169**, 118 (1952).

[2] Lindegren, C. C., *Zlb. Bakt.*, Abt. II, **92**, 40 (1935).

图 2　埃弗吕西等人 1953 年 4 月写给《自然》杂志的恶搞信

他们推荐的这个术语“不一定表示物质的转移”，而是说物质转移的唯一替代方式是某种像细菌间的无线电广播一样的过程。结尾的表达同样滑稽，重点强调了“控制论在细菌层面上未来可能存在的重要意义”，在单细胞生命体与当时地球上最复杂的机器之间建立起了一种看起来很离奇的类比。[45]

《自然》杂志的编辑们没看出来这是玩笑——老实说，它不是很好笑——他们在 1953 年 4 月 18 日的那一期杂志上发表了这封信。当时，降临这封信的是它应得的命运：除了眼尖的细菌遗传学家看出这是在搞笑，做了几次讽刺意味的引用外，它被世人遗忘了。[46]近来，一些历史学者开始严肃对待这个看似很高明的见解，对于一封信中突然出现了由吉姆·沃森写下的“信息”和“控制论”这两个词，他们很是着迷。曾经研究这一时期的主要历史学家、已故的莉莉·E. 凯（Lily E. Kay）诚恳地提出，这封信代表着科学界的思想的一次“视角转换”。[47]尽管“没领会到其中的梗”，但凯的说法也完全正确：埃弗吕西拿别人打趣这件事表明，概念和词汇都变了。对于埃弗吕西和他的酒肉朋友们来说，信息和控制论此时已经是老生常谈，可以被用来恶搞了。真正讽刺的是，这个抖机灵的小玩笑见刊一周后，《自然》杂志发表了三篇描述DNA结构的论文，又过了6周后，沃森和克里克将这一结构与“遗传信息”这个术语联系了起来，从而改变了我们的生命观。这一次，他们的用法无比严肃。

第 6 章

双螺旋

1945 年 8 月 6 日，当原子弹摧毁广岛的时候，莫里斯・威尔金斯（Maurice Wilkins）还是一个 28 岁的英国物理学家，在曼哈顿计划中效力。和他的很多同事一样，德国一投降，威尔金斯就对制造原子弹的道德性产生了怀疑。对日本使用核弹成了压垮他信念的最后一根稻草。刚开始不久的婚姻就陷入夫妻不和，对物理学的热爱又被广岛和长崎的恐怖所荼毒，威尔金斯回到了英国。

薛定谔的《生命是什么？》启发了威尔金斯用物理学手段去探究生物学，于是他找到自己的博士生导师约翰・兰德尔（John Randall）寻求方法，后者建议他应该去追踪细胞分裂前 DNA 数量加倍的过程。兰德尔不久前在伦敦国王学院的医学研究委员会（Medical Research Council）设立了生物物理学部，两人就在那里开展研究工作。他们了解埃弗里的工作，并且觉得 DNA 即使不是唯一的遗传物质，最起码也是核蛋白一个至关重要的组分。1947 年，威尔金斯遇见了弗朗西斯・克里克，后者攻读物理学博士的学业被战争打断了。克里克也读过《生命是什么？》，并且同样转向了生物物理学。两人成了密友，虽然他们个性迥异——克里克就像一只头脑灵光、叽叽喳喳的大喜鹊，眼睛里总能看到闪闪发光的新点子；威尔金斯则沉静内敛，有一个与人说话不正视对方的古怪习惯，他还有自杀倾向，正在接受心理分析治疗。[1]

威尔金斯和克里克的友谊催生了一个事件，很可能是20世纪科学史中被研究得最多的时刻：DNA双螺旋结构的发现。围绕着这个发现的诸多事件被以回忆录、传记、展览、电视节目、数不清的学术文章、很多不准确的博客的形式描绘，甚至还有一段说唱对决的视频。[①, 2]这个故事在科学上有着根本性的重大意义，它展示了科学是怎样一项有赖个人特质、需要通力合作、充满激烈竞争的事业，运气、野心和个性都可能在其中起到关键作用。最重要的是，这是一项前沿突破，揭示了遗传密码的存在。

—A · C · G · T—

在研究DNA结构的研究组这个小圈子里，国王学院的生物物理学部最初只是一个小角色。当时最具影响力的工作来自哥伦比亚大学欧文·查加夫领导的小组，他正在对DNA的4种碱基——腺嘌呤、胞嘧啶、鸟嘌呤和胸腺嘧啶——的相对含量做详细的生物化学分析。1948年至1951年间，查加夫的研究表明4种碱基并非等量存在。他的结论得到了埃弗里最大的批评者，阿尔弗雷德·米尔斯基的证实。米尔斯基在1949年被说服了，他承认过去的四核苷酸假说“再也站不住脚了”。[3]

查加夫的见解有了长足的进步。1951年，他对自己过去三年间发表的结果做了一个总结。从4种碱基的比例来看，同一物种不同组织中的DNA成分相同，而且DNA分子表现出了“其来源物种的组成特征”：对于一个给定的物种，DNA的成分在不同组织中完全一样，但每个不同的物种又有自己的独特之处。比这还重要的是，查加夫重申了自己在前一年得出的一个结论：

---

① 这段说唱对决的视频可以在 https://www.youtube.com/watch?v=35FwmiPE9tI 看到。

看起来，在目前为止检验过的多数样品中，腺嘌呤和胸腺嘧啶的比例、鸟嘌呤和胞嘧啶的比例以及嘌呤和嘧啶的总比例都约等于 1。[4]

查加夫实际报道的那些碱基比例并不总是像他说的那样反映问题。例如，在奶牛中，C∶G 的比例为 0.75~0.80，A∶T 的比例又集中在大约 1.16。由于查加夫的分析操作只能回收到 70% 的碱基，因此生性多疑的米尔斯基将这种可能带有误导意味的相似性视作实验错误摒弃了。[5]就连查加夫都不确定这些比例是否有什么意义：

随着符合这种规律的例子越来越多，一个关键的问题浮出了水面：这究竟只是事出偶然，还是表示某些结构法则被很多脱氧核糖核酸分子共同遵循，尽管个体组成的差异可能很大，它们的核苷酸序列也缺乏可以识别的周期性。我相信，强求一个答案的时机尚未到来。[6]

查加夫对核苷酸序列可能的重要性看得更加清楚，虽然在 1949 年夏天做一场关于这个话题的讲座时，他并不能排除基因不是由核酸，而是由核蛋白组成的这一可能性：

我们必须意识到，核酸中的微小变化，比如一百个鸟嘌呤分子中消失了一个，就可能使与之结合的核蛋白的几何形状发生重大改变。要说这种类型的重排是突变发生的原因之一，不是不可能。[7]

研究 DNA 结构的领军人物是利兹大学的比尔·阿斯特伯里①。1938 年，阿斯特伯里和他的博士生弗洛伦丝·贝尔（Florence Bell）发表了

① 就是前文中的威廉·阿斯特伯里，比尔是威廉的昵称。——编者注

DNA 的 X 射线图像，并描述了一个碱基像“一摞硬币”一般，垂直地串在磷酸-脱氧核糖骨架上的模型。然而在剑桥大学 1947 年举办的实验生物学会会议上，阿斯特伯里改变了想法，他认为碱基实际上平行于磷酸-脱氧核糖骨架，就好比“硬币”被放平了，相比他原来的观点旋转了 90° 。与此同时，诺丁汉大学马森·格兰德的研究组发表了证据，提示碱基间由氢键—— 一种在生物中广泛存在，很强的原子键——相互连接，但格兰德说不准，这些氢键是存在于同一条 DNA 链的核苷酸之间，还是不同的 DNA 链之间。[8]

与此同时，在伦敦的伯贝克学院，一位来自挪威，名叫斯文·富尔贝里（Sven Furberg）的博士生正在用 X 射线晶体学的技术举步维艰地分析 DNA 中 4 种碱基的组织结构。在这项技术中，研究者首先将一种碱基的样品结晶，然后用 X 射线连续轰击晶体几个小时。一张摄影胶片会捕捉到结果——样品的晶体结构使 X 射线发生衍射，在胶片上产生的明暗影像。借助大量的努力和不少的运气，可以用这些斑驳的影像解读出晶体的分子结构。X 射线之所以发生始终如一的衍射，正是因为这些结构。富尔贝里当时使用的是一种叫帕特森函数的高度复杂的数学方法，基于从不同角度拍摄的一系列二维 X 射线图像，计算出一个三维的分子结构。在 1950 年的一篇论文中，富尔贝里得出结论，认为阿斯特伯里最开始的看法是正确的，碱基的确间距均匀，垂直于磷酸-脱氧核糖骨架。富尔贝里的 DNA 结构模型是一个螺旋，骨架自行扭转。但他无法确定分子的具体形态：不知道骨架是在中间，碱基伸向外侧，还是骨架在螺旋的外侧，碱基全都汇集在中央。虽然富尔贝里的思想直到 1952 年才发表，但他 1949 年的学位论文却有一本流传到了附近的国王学院，那里的威尔金斯对 DNA 的分子结构正在产生越来越大的兴趣。

1950 年 5 月，威尔金斯听了从伯尔尼来访的鲁道夫·西格纳（Rudolf Signer）做的一场报告，西格纳描述了一种获得高质量 DNA 的新方法，并且慷慨地分享了样品。威尔金斯起先试图把西格纳给的纯净DNA压扁，变成一层薄薄的凝胶——他后来回忆说，它就像鼻涕一样扯不断。接着，一些有趣的事情发生了：

> 每当我用一根玻璃棒去触碰凝胶，再拿开，一根细到几乎看不见的DNA纤维就会像蜘蛛网上的一根蛛丝一样被拉出来。这些纤维完美无瑕，质地均一，这说明它们中的分子是规律排布的。[9]

威尔金斯和他的博士生雷蒙德·高斯林（Raymond Gosling）一道，用掰弯的曲别针做了一个框（后来升级成了细钨丝），把一根DNA纤维拉开搭在这个框架上，然后将样品放在一台X射线源前面。为了减少X射线造成的背景散射，照相机内充了氢气，而X光管与照相机之间的接缝用一个避孕套密封了起来。[10]在为样品的湿度摸索了一通之后，他们在一张摄影胶片上得到了很棒的X射线衍射图像。跟阿斯特伯里和贝尔在战前得到的图片一样，威尔金斯和高斯林拍出的图案是一组同心的曲线和直线，但他们的图像要清晰得多。这表明当被拉成一根纤维时，西格纳的DNA处在一个准晶体的状态：它以一种有规律的方式组织起来，所有或者大部分分子似乎都排列在同一个方向上。高斯林后来回忆了他当时的反应。他“站在这个四壁衬铅的房间外的暗室里，看着显影液，装显影液的水箱里漂上来了这张斑斑点点的美丽图像……这真是世上最美的东西……我穿过隧道，回到了物理系的办公室，威尔金斯习惯于在那里过日子，所以他还在那儿。我还能鲜活地记起给威尔金斯看这个东西时的那种兴奋，记得自己拿过杯子，喝了他的雪利酒……大口大口地喝”。[11]

威尔金斯和高斯林后来都指出，他们当时觉得基因就是由DNA构成的，认为他们因此得到了基因的结晶。但在国王学院研究组发表的文献中，没有一篇清晰地表述了这一点。即使在拍出这张图像的4个月后，

1950年8月，威尔金斯仍然在一封写给朋友的信中表达了他的不确定："当然，我们真正想做的事情是找到核酸在细胞中扮演的角色。"[12] 一年后，威尔金斯在一场讲座中展示了这张照片，却仍然指出，核蛋白才是基因的物质基础，不是核酸。[13] X射线衍射实验的成功事实上深化了DNA本身的根本矛盾。如果它是遗传物质，那么它就应该表现出多样性，只有这样，不同的基因才有可能展现出各不相同的特异性效应。但DNA纤维的衍射图像展现出的却是一种令人心焦的固定、重复、相对简单的结构。

此后不久，X光管就碎了。换一根要等上好几个月，于是国王学院研究组尝试了用其他技术来攻克这个难题。威尔金斯和高斯林注意到，当湿度升高时，DNA纤维的长度会发生剧变。这一点与被研究得最多的一种蛋白质——角蛋白很相似，后者会随着分子的伸展转换形态。1951年2月，国王学院研究组将两篇关于DNA结构的论文投递给了《自然》杂志。在第一篇论文中，威尔金斯、高斯林和他们的同事威利·锡德（Willy Seed）描述了在偏振光下观察到的DNA纤维伸展，并得出结论，认为随着分子在脱水时伸展，碱基的朝向会发生改变，变得更加平行于磷酸–脱氧核糖骨架。[14] 在第二篇论文中，国王学院研究组一位名叫布鲁斯·弗雷泽（Bruce Fraser）的博士生与他的妻子玛丽一起，用红外线的测量数据证实了富尔贝里的说法：碱基在正常情况下垂直于磷酸–脱氧核糖骨架。最重要的是，弗雷泽夫妇报道称，他们的数据可以"解读为一个与富尔贝里提出的相类似的结构"——一个螺旋。[15]

—A·C·G·T—

在蛋白质结构这个相关却又相去甚远的领域，同样有一个螺旋正在掀起一场风暴。几年前，阿斯特伯里研究了未伸展的角蛋白（被称为α-角蛋白）的X射线照片，并指出它可能具有螺旋结构。随之而来的是剑桥大学卡文迪许实验室的劳伦斯·布拉格（Lawrence Bragg）① 研究组和帕萨迪纳的加州理工学院的莱纳斯·鲍林研究组之间旷日持久的激烈竞赛，对于这个后来被简单地称为“α- 螺旋”的结构，双方都想给出一个准确的描述。在 1950 年 11 月至 1951 年 5 月发表的一系列论文中，鲍林提出了准确描述角蛋白螺旋结构的具体模型，并论证了同样的结构可以在各式各样的生物组织中找到。[16] 布拉格和他的研究组备受打击，他们输掉了一场持续数年的竞赛。

仍有一些瑕疵需要抹平，包括解释 α- 螺旋是如何自我缠绕的。但到 1952 年初，这些问题也被鲍林和卡文迪许实验室一名才智卓绝的话痨新人弗朗西斯·克里克同时摆平了。克里克正在为了拿博士学位茫然地研究血红蛋白的分子结构，包括螺旋形分子产生的 X 射线衍射数据背后的数学原理。[17]

鲍林对 α- 螺旋结构的描述堪称杰作，但它对化学家的影响远远比对生物学家的影响大。这个结构没有给出对角蛋白功能的解释。马克斯·德尔布吕克对此尤为不屑，他后来回忆说：“α- 螺旋就算是对的，也没有给生物学提供任何真知灼见。”[18]

—A·C·G·T—

兰德尔敏锐地意识到，国王学院研究组缺乏解读 X 射线晶体学数据的技能。1950 年，他招募了一名身在巴黎，正在用 X 射线衍射研究煤炭分子结构的英国女性研究者。起初的计划是，由她来研究溶液中的蛋白质的结构，但这时，威尔金斯给了兰德尔那个宿命般的提议：让她从事 DNA 的 X 射线衍射分析工作也许会是个好主意。兰德尔同意了，并给他新聘用的这名研究人员，30 岁的罗莎琳德·富兰克林（Rosalind

---

① 因为使用 X 射线衍射方法对晶体结构的研究，劳伦斯·布拉格和父亲威廉·布拉格于 1915 年获诺贝尔物理学奖。——编者注

Franklin，Rosalind 更准确的读法事实上是“Ros-lind”[19]）解释了计划的变动——“核酸是细胞中极为重要的组分，在我们看来，如果对它能有细致入微的了解，将会非常有价值”。[20]

兰德尔写给富兰克林的信——威尔金斯几十年间都没有看到过——成了威尔金斯和富兰克林之间几次悲剧性误会的根源。兰德尔在信中表示，富兰克林将会是唯一一名用 X 射线研究 DNA 的研究人员——“但凡是说到用 X 射线做实验的，眼下就只有你和高斯林”。① 可以理解，富兰克林得出的结论是她将独自掌控自己的研究。但威尔金斯仍然对用 X 射线衍射研究 DNA 有兴趣，并不知道兰德尔显然想让他把项目移交给富兰克林。富兰克林抵达实验室时，威尔金斯正在度假，回来的时候，他发现他的博士生高斯林已经在和新来的富兰克林一起工作了，而且一句解释也没有。这令人不快的状况本可以通过对话来化解，但威尔金斯和富兰克林都被彼此间势同水火的性格冲突给害了。威尔金斯沉静，内敛，不喜争论。富兰克林则很强势，越是艰苦曲折的斗智斗勇，她就越来劲。她的朋友诺尔玛·萨瑟兰（Norma Sutherland）后来回忆说：“她为人直率，有的时候咄咄逼人——很多跟她说过话的人被她得罪过，而她似乎意识不到。”[21] 威尔金斯被富兰克林的性格吓到了，又被她拒绝合作的态度搞得不知所措。与此相反，富兰克林则被威尔金斯蔫头耷脑的作风和对 X 射线衍射理论基础的无知给激怒了。他们的工作关系还没建立，就已注定是一场灾难。

没人知道为什么兰德尔用那种方式给富兰克林写信。威尔金斯后来很好奇，这会不会是试图让他在项目里靠边站，原因要么是兰德尔想据 DNA 之功为己有，要么是他对威尔金斯缓慢的进展不满。或许兰德尔是想通过这种方式让他们彼此竞争，以此激发双方最大的潜力。无论是

---

① 高斯林当时是博士生，不属于工作人员，因此说富兰克林会是唯一的研究人员。——译者注

何种情况，威尔金斯和富兰克林对各自角色截然不同的看法，以及他们单纯的无法沟通，又给两人固有的性格差异火上浇油。[22]

—A·C·G·T—

1951 年 5 月底，兰德尔原本应该去参加那不勒斯海洋生物学研究站即将举办的一场名字听起来很无趣的“原生质体亚显微形态学研讨会”并在会上发言。他无法到场，于是派了威尔金斯替自己去。在他的报告中，威尔金斯讲解了他们的工作，不过用的名目是核蛋白，而非核酸：“当生命物质以结晶态出现时，从分子水平上对生物结构和生理过程进行解读的可能性就会提升。尤其是对活细胞核蛋白结晶的研究，它可能帮助研究者更加触及基因结构的问题。”[23] 这时，他展示了自己和高斯林拍摄的 DNA 的 X 射线衍射图像。听众当中，一个身材瘦高，名叫吉姆·沃森的 23 岁美国人突然注意了起来。他后来描述了当时的一幕：

> 莫里斯干巴巴的英国口音让人打不起精神，他当时说，这幅图比此前的图展示了远远更多的细节，并且在事实上可以被认为是从一种结晶态的物质衍射而来的……我突然就对化学有了巨大的兴趣。在听莫里斯的报告之前，我总担心基因有可能是毫无规律、千变万化的。然而这时，我知道了基因能够结晶。因此，它们的结构一定是规律性的，可以通过一种直截了当的手段去破解。我立刻开始畅想，自己是否有可能与威尔金斯联手研究 DNA。

当时，沃森在哥本哈根工作，研究噬菌体的复制，毫无进展。一年前，在萨尔瓦多·卢里亚的指导下，年仅 22 岁的他就已经拿到了噬菌体遗传学方面的博士学位。[24] 沃森痴迷于基因如何自我复制这个问题，而威尔金斯的数据似乎指明了一条攻克这个难关的道路。回到哥本哈根后，沃森读了鲍林的一系列关于α-螺旋的论文，他下定决心要用X射线晶体学研究基因。在向他的资助机构一番争取后，1951年秋，沃森搬到了剑桥大学，开始在马克斯·佩鲁茨的研究组工作，这里的X射线晶体学专业水平领先世界。在剑桥，他与克里克共用一间办公室。[25]一对伟大的科学搭档开始共事了。沃森在一封写给德尔布吕克的信中这样形容他的新同事：

> 组里最有意思的人是一个叫弗朗西斯·克里克的研究生……毫无疑问，他是我共事过的最聪明的人，也是我见过的最接近鲍林的人……他总是聊个不停，想个不停，由于我很多时间都是在他家度过的（他有一位非常迷人的法国太太，厨艺了得），我发现自己处在了一种持续兴奋的状态之中。[26]

克里克则回忆说，他初见沃森就"触电了"。"了不起啊"，他说，因为他们同样着眼于弄懂基因的结构，却又具备完全不同的技能——分别是噬菌体遗传学和晶体学。1947年，克里克描述了他揭示"生物学中的化学物理学"的愿望。[27]他最初对基因或者DNA并没有特别大的兴趣——和多数人一样，他认为遗传物质会是一种蛋白质。1950年，他曾揶揄过威尔金斯在DNA方面的工作，对他说："你应该做的是给自己找一种好的蛋白质。"[28]

—A·C·G·T—

1951年夏天，威尔金斯越来越确信，X射线衍射数据表明DNA具有螺旋结构。当威尔金斯首次提出这个观点时，富兰克林的反应是让他别再研究DNA的X射线数据，"回去玩你的显微镜"。威尔金斯是实验室的副主任，他无法相信一个博士后居然敢这么跟他说话，但又一如既往地什么也没说。[29]当国王学院研究组的另一名成员，亚历克斯·斯托克斯（Alex Stokes）为威尔金斯的直觉找到了数学上的支持后，情况变得更加糟糕。在威尔金斯跟富兰克林讲述他们的成功时，富兰克林愤怒不已地说道："你怎么敢替我解读我的数据？"[30]

为了缓和威尔金斯和富兰克林之间的紧张关系，兰德尔采取了最简单的解决办法：两名研究者应该被分开。这种做法有现成的正当理由。富兰克林的研究发现，根据湿度不同，DNA 存在两种截然不同的形态，分别被称为 A 型 DNA 和 B 型 DNA。A 型 DNA 可以在比较干燥的条件下观察到，能产生准确但又高度复杂的图像；而在高湿度水平下观察到的 B 型 DNA 的图像则比较模糊，不那么迷人。X 射线晶体学要求对衍射图像进行精准测量，如果照片模糊，那就不可能得到精准的描述。兰德尔决定，富兰克林应该用西格纳的样品研究 A 型 DNA，而威尔金斯应该用查加夫那些纯度稍差的 DNA 去探究 B 型 DNA。要是能对威尔金斯和富兰克林真诚些，兰德尔或许就能解决一切问题。但他没有，事情也没有好转。

不久后的 1951 年 11 月 21 日，国王学院研究组组织了一场关于 DNA 的小型会议。会上，研究组的成员展示了自己的最新发现。听众中有吉姆·沃森，当富兰克林做报告时，他的注意力被分散了，一会儿听着她的结果，一会儿神游天外地凝思着她的相貌。富兰克林给大家看了她用实验室最新的、光束很细的精细聚焦 X 光管拍到的 DNA 照片，她描述了 A 型和 B 型两种形态的 DNA，并强调 A 型 DNA 能产生更加清晰的图像，展示了"螺旋结构的证据"。第二天，沃森和克里克兴奋地讨论了沃森能够回忆起的细节——这个美国愣头青就这习惯，他没记笔记。克里克开始确信，只有几种结构能符合富兰克林的数据，一周之内，他们就提出了一个 DNA 的模型。与此相伴的，是一份夸夸其谈的 8 页"备忘录"，克里克在其中概述了他们的策略，说到底就是"融合**最少量**的实验事实"。[31] 这相当合理，因为他俩当时谁都没有做过哪怕一次关于 DNA 结构的实验。

沃森和克里克的第一个 DNA 模型是一个三重螺旋结构——中间有三条彼此缠绕的磷酸-脱氧核糖链，碱基像手指一样伸在外面。两人炫耀般地邀请威尔金斯、高斯林和富兰克林到剑桥来参观他们的发明创造。富兰克林看了一眼模型就否定了它。她那些让沃森心醉神迷的 X 射线数据清楚地表明，磷酸-脱氧核糖基团不是在内侧，而是在外侧。另一方面，那些将沃森和克里克的三重螺旋维系在一起的镁离子也无法实现这一功能，因为它们会被水分子包围。要是这样一个结构存在，它立刻就会四分五裂。在国王学院研究组的那场会议上，所有这些她都讲过，但是沃森没有完全理解她说的话，而且什么也没记。沃森和克里克初尝建模，结果是尴尬的失败。

沃森没集中注意力的问题比他自己意识到的还要严重。根据富兰克林的笔记，在 11 月的会议上发言时，她将 DNA 晶体“单元区格”的形状（每个分子的形状）描述为“单斜的”。这个晶体学中的术语意思是分子表现出旋转对称性，并且如果在这个结构中有链状分子相互缠绕，那它们一定是反向而行的。事实证明，这是对 DNA 结构的关键理解，但沃森对晶体学懂得不够，不足以把握住它的重要意义。当克里克了解到这件事时，他立刻就懂了，但时间是 15 个月后。

当兰德尔听说这个剑桥二人组正在试图强行介入 DNA 结构的研究时，他愤怒地找到卡文迪许实验室的负责人劳伦斯·布拉格，让他告诉这两个突然冒出来的家伙，少掺和 DNA 的事。布拉格对克里克看法不好，对沃森则很可能没有看法，因为这个人还够不上让他注意的资格，因此他顺水推舟地禁止两人从事有关 DNA 的任何进一步研究。克里克回过头去做他有关血红蛋白结构的博士学位研究了，而沃森则开始研究烟草花叶病毒的核酸，并学习最基础的 X 射线晶体学。沃森和克里克的惨败也加深了富兰克林对构建推测性模型的偏见。她认为，必须通过数据来建立模型。沃森和克里克痴迷数学，并且执着地崇拜着鲍林，那个发现了 α- 螺旋的男人。他们坚定不移地相信，逻辑和“**最少量**的实验事实”将会引领他们找到答案。相反，这引来的是旁人的奚落。

无论富兰克林如何相信结果将不言自明，她的数据还是令人困惑，因为她看到的是 A 型 DNA 所产生的精准、详尽的图像。显然，富兰克林先入为主地认为，这些图像如此清晰，是因为 A 型 DNA 是一群朝向同一方向的晶体。事实上，A 型 DNA 是由诸多小区块的晶体构成的，每一个小区块内部的晶体朝向同一方向，但不同区块的朝向并不相同，这便产生了一个既清晰又复杂的图像。[32] 通过 A 型 DNA 的图像来推断 DNA 的结构将会极为困难。当克里克在 1954 年终于看到 A 型 DNA 的数据时，他告诉威尔金斯：

> 这是我第一次有机会详细研究 A 型结构的图像，必须承认，很高兴我没有在比较早的时候看到它，因为它会给我带来相当程度的困扰。[33]

最终，过于信任自己设备灵敏度的富兰克林得出了结论，A 型 DNA 不是螺旋形的，她还给实验室的成员们散发了一份言辞滑稽、镶着黑边的死亡通告：

> 我们万分遗憾地宣布，D.N.A. 螺旋（结晶态）于 1952 年 7 月 18 日星期五逝世。

此时，富兰克林已经下定决心，她受够了国王学院研究组糟糕的氛围。她与兰德尔达成一致，将在年底调往伯贝克学院，并放弃对 DNA 的研究。

尽管三重螺旋惨淡收场，但沃森和克里克并没有停止思考 DNA 的结构。克里克向一名同事求助，希望把碱基之间可能存在的化学键搞明白。当得知 A 会与 T 结合，C 会与 G 结合时，他欣喜不已。克里克瞬间意识到，这给研究基因复制提供了线索，他把复制方式称为互补复制。如果一个分子上的 A 与另一个分子上的 T 结合，那么你就会得到原始 DNA 的某种镜像。如果在“镜像”上重复一遍同样的过程，一条与原始 DNA 一模一样的新 DNA 链就会产生。要是一开始就有两条 DNA 分子结合在一起，复制甚至比这还要简单直接——只要把每条链都复制一遍，你就完成了对原始分子的复制。[34]

1952 年 5 月末，查加夫造访剑桥，跟沃森和克里克吃了一顿饭，其间聊了聊 DNA。这个天聊得不太顺。查加夫—— 一个出了名的刺头——对他们大加挖苦，因为他们对化学和他的工作一无所知。查加夫后来回忆说，他的第一印象“远谈不上看好，即使在随后的谈话中扯了很多插科打诨的闲篇活跃气氛，也没有好转……我当时的感觉是，他们希望不受任何相关化学认知的约束，把 DNA 套到螺旋结构里去，主要原因似乎是鲍林提出的一种蛋白质的 α- 螺旋模型”。[35]

尽管明显很恼火，查加夫还是跟沃森和克里克讲了 A∶T 和 C∶G 似乎都遵从 1∶1 的比例关系这个谜团。克里克后来的回忆是：

> 嗯，那感觉就像触电一样……上帝啊，我突然意识到，如果是互补复制的话，那么**预期**的比例就是一比一。[36]

克里克罕见地踏进了实验室，在接下来的一个星期中，他试图让碱基在试管里自行配对，但这种手段没能成功。克里克一念之间的领悟没有开花结果，至少眼下是如此。

—A · C · G · T—

试图弄清 DNA 结构的并不只有国王学院和剑桥大学的科学家。1951 年 5 月 28 日和 6 月 1 日，利兹大学的比尔 · 阿斯特伯里实验室的埃尔温 · 贝顿（Elwyn Beighton）拿了一些查加夫提供的 DNA，拍了几张 X 射线图像。它们都呈现出经典的 X 形，现在我们知道，这显示了螺旋的存在。但阿斯特伯里无动于衷，也没有鼓励贝顿继续他的工作。他没有能力正确解读这些图像，因为克里克此时尚未发表他那些描述螺旋所产生的衍射图案的论文。[37] 阿斯特伯里或许是觉得这份材料不如他在战前用的那些提取物纯净，或者他可能只是沮丧于图像看起来太简单了，而那段时间各方的观点都在指出 DNA 是遗传物质，是带有特异性的。这个时间前后，医学研究委员会拒绝了阿斯特伯里开设一个新院系的提案，看到国王学院那个经费充足的研究组的景象可能同样使他退缩了，不再去追求 DNA 的结构。无论何种情况，利兹大学研究组拍出的图像都成了历史上的一个死胡同，一段神秘的逸闻，而阿斯特伯里直接参与的确定 DNA 结构的工作，也到此为止。[38]

差不多同一时间，加利福尼亚大学的爱德华·荣温（Edward Ronwin）也提出了一个 DNA 的模型。这个模型和阿斯特伯里 1947 年的模型在外观上很相似——磷酸-脱氧核糖骨架在中间，碱基朝外张开。然而，荣温犯了一些生物化学上的基本错误，而且他的模型中磷太多了。莱纳斯·鲍林怒不可遏，他给《美国化学会志》（*Journal of the American Chemical Society*）的编辑写信，批评发表荣温的模型是“愚蠢的行为”，并指责编辑部“不负责任地发表不受支持的假说”。[39]

更严重的是，1952 年上半年，马里兰州国立癌症研究所的约翰·罗恩（John Rowen）用光散射电子显微镜和黏度测定法研究了这种分子。1953 年，他发表了一篇论文，将 DNA 的构造描述为“介于棍状与螺旋之间”，并下结论说，“其最突出的特性之一是螺旋、扭转，并与邻近分子相缠绕的趋势”。[40]

—A·C·G·T—

从 1952 年 8 月下半月开始，富兰克林每天都在用一台长宽约一个橙子大，沉甸甸的圆盘形金属相机给她的 DNA 样品拍 X 射线的照片。她的博士生雷蒙德·高斯林①后来回忆说，富兰克林会与他展开讨论——他所谓的“特别热烈的讨论”——她在其中扮演反方的角色，高斯林则觉得这极富启发性。[41] 富兰克林从未与威尔金斯有过这样的讨论。她开始和高斯林一起计算帕特森函数，这是斯文·富尔贝里在伯贝克学院使用的那种困难的数学手段。在这项工作中，他们要将X射线衍射照片在一间暗室里投影出来，测量图中各种各样的光斑的位置和强度，然后做很多个小时的复杂运算。1952年11月，富兰克林总结了她和高斯林获得的数据，作为兰德尔呈报给医学研究委员会下辖的生物物理学委员会的简报的一部分。富兰克林的总结只有短短几段话，而且都在上一年的国王学院研讨会上讲过，但这一次，其中的数据——包括A型和B型DNA衍射图像中重复模式的不同大小，还有最重要的，单斜单元区格的全部尺寸——都写得清清楚楚，并且更加准确。[42] 12月中旬，生物物理学委员会的委员们正式探访了国王学院的实验室，每人都获得了一份非正式的文档。其中一名访客，是剑桥大学的马克斯·佩鲁茨。

—A · C · G · T—

1952年底，鲍林终于觉醒了。虽然他仍然推测蛋白质是遗传特异性背后的原因，但鲍林已经对DNA蠢蠢欲动有些时日了—— 一年前，他曾经厚着脸皮给兰德尔写信，请求看看他们的数据，兰德尔没有理他。[43] 在沃森的心目中，鲍林成了一个可怕的对手，一个只要愿意就能抢走大奖的强有力竞争者。这年年底，正如沃森担心的那样，鲍林给美国期刊《美国科学院院刊》（*Proceedings of the National Academy of Sciences*）投了一篇论文，论文完全基于对阿斯特伯里和贝尔1938年的数据的测量。[44] 但当论文手稿于1月底寄到剑桥时，沃森和克里克长舒

① 根据能够查到的资料，威尔金斯和富兰克林均为高斯林的博士生导师。——编者注

了一口气，他们看到鲍林的这个结构与他们自己的初次尝试错得如出一辙：它同样由三个彼此缠绕的螺旋构成；它的碱基同样朝向外侧；令他们深感惊诧的是，这个模型的搭建方式意味着这个分子压根不是一种酸。按沃森后来的说法，"一位巨匠竟然把大学课本里的化学基础给忘了"。最终，这个模型没能解释基因的本质属性和基本功能：复制和特异性。它无法表达生物学功能。

读过鲍林的手稿几天后，沃森去了趟国王学院。在那里，他和富兰克林简单地争执了几句，因为她明显不愿承认 DNA 是螺旋形的。之后，他见到了威尔金斯，后者带他去了自己的办公室，给他看了一张雷蒙德·高斯林几天前交给威尔金斯的 B 型 DNA 的照片。这张照片是两人在准备高斯林的学位论文时高斯林给威尔金斯的。随着富兰克林行将离去，高斯林又转而由威尔金斯指导。这张照片——"51 号照片"——是高斯林在 1952 年 5 月拍摄的，但它还没被研究过，在抽屉里躺了好几个月。[45] 沃森震惊了——这幅图像比他此前见过的任何一张都简单得多。按他的说法："看到这张图的那一刻，我的下巴都惊掉了，脉搏狂跳不已。"[46] 图的中央是一个 X 形。虽然沃森是晶体学方面的新手，但克里克曾经从事过螺旋形分子结构的晶体学解析工作，通过此前与克里克的交流，沃森知道 X 形只可能来自一个螺旋。

51 号照片在确定 DNA 双螺旋结构的过程中的重要意义常常被人言过其实，这主要是因为沃森在自己那本世界闻名的自传《双螺旋》(*The Double Helix*) 中对它着墨甚重。事实上，这张照片提供的见解极为有限。国王学院研究组的每一个人——即使是富兰克林——现在都认可 B 型 DNA 是螺旋形的了。在没有其他任何针对这个分子的精确、细致的测量数据的情况下，事情的结果也不过就是沃森的预想得到了证实——DNA 拥有螺旋结构。除此之外，没有什么秘密行动正在悄悄进行——沃森是在完全合规的场合下看到这张照片的。雷蒙德·高斯林也完全认可这一点，他后来说："莫里斯有权全权处理这些信息。"至于威尔金斯有没有明智地使用这些信息就是另一回事了。他后来很为这个举动后悔，并在回忆录中写道："我把它拿给吉姆看，真是够傻的。"[47] 无论沃森感到多么兴奋，所有的主要问题，比如核酸链的数量，以及最重要的，DNA 分子的化学组织形式，都仍然是个谜——瞧一眼 51 号照片并不能为这些细节提供任何线索。那些决定性的信息——由富兰克林本人在不经意间提供——有着另一个来源。

鲍林插手 DNA 结构的事使布拉格解除了不允许沃森和克里克构建 DNA 模型的禁令——他绝对不会容许鲍林重演角蛋白 α- 螺旋的成功。威尔金斯勉强同意了。此后，随着沃森和克里克为解决这一问题奋力苦战，一阵狂热接踵而至，死胡同、高明的见解和巧合的机遇如走马灯般飞速变幻。最具决定性的事件是马克斯 · 佩鲁茨给克里克看了医学研究委员会的那份报告，其中有富兰克林 15 个月前对她自己的数据的简述。虽然报告中的所有内容沃森在 1951 年 11 月应该都注意到了，但它还是为克里克提供了他所需要的信息。机缘巧合之下，这些信息与克里克几个月来研究的东西正好完全对上号：DNA 中出现的那种单斜单元区格同样存在于他曾经研究过的马血红蛋白中。这意味着 DNA 有两个部分，彼此相互匹配。克里克后来回忆说："在一个分子中，核酸链一定是成对的，而不是三条，而且一条往上走，另一条往下走。"[48] 之后，沃森和克里克办公室里的另一名研究者杰里 · 多诺霍（Jerry Donohue）指出，沃森在尝试构建模型时用的碱基形态不对。根据格兰德 6 年前的报道，在正确的结构中，通过氢键，腺嘌呤与胸腺嘧啶结合，胞嘧啶与鸟嘌呤结合。

说回国王学院，布鲁斯 · 弗雷泽——和他之前的沃森、克里克和鲍林一样——正在费力地审视一个三螺旋结构，但这一次，碱基是在里面。这个模型最后无果而终。与此同时，即将离开国王学院的罗莎琳德 · 富兰克林正在给她的 DNA 工作收尾。她一路摸索着寻求解答，对剑桥发生的事一无所知。在越发孤立，无法通过与任何人交换意见获益的情况下，她独自取得的进展仍然可圈可点。1953 年 1 月，她艰难地处理着帕特森函数的数据，并在笔记本里抱怨说，她无法“调和核苷酸序列与查加夫的分析”。她的数据表明，存在一个由 7 个核苷酸构成的臃肿单元，其中嘌呤和嘧啶的比例近似 1：1，但达不到查加夫一些数据的精准度。[49] 不过富兰克林在 2 月 24 日意识到，A 型和 B 型 DNA 都是双螺旋。她还指出，任何一条链上的碱基都是可以相互替换的（A 换成 T，C 换成 G），而最重要的是，她意识到“无限变化的核苷酸序列有可能解释 DNA 为何具有生物特异性”。[50] 富兰克林眼看着就要赢得这场竞赛，但她已经没有机会更进一步了，因为沃森和克里克已经跨过了终点线。

到 1953 年 2 月底，沃森和克里克已经在双螺旋模型的基本轮廓上达成了一致，但这还仅仅是一个诱人的概念而已。它需要被转化为准确的数字、空间关系和化学键，形成一个实体模型。两人花了一周时间进行运算和紧张的工作，随后，遵从 A 与 T、C 与 G 互补配对的双螺旋，终于从一堆用夹子夹在一起，距离关系精确的金属板中浮出了水面。这是一个基于实验数据的分子模型，不像富兰克林所希望的那样单纯地脱胎于衍射数据。3 月 7 日，威尔金斯给克里克写信，宣告“黑暗女士”（富兰克林）下周就将离开国王学院，“很大一部分三维数据都在我们手里”，并承诺要“向大自然所有阵线上的秘密据点发动总攻”，信以“指日可待了”结尾。当克里克在 3 月 12 日拆开信的时候，双螺旋的模型就立在他面前。[51]

威尔金斯和富兰克林来剑桥看了这个模型，并且立刻就一致认为它一定是对的。虽然沃森把被捷足先登的威尔金斯描述得宽宏大量，但威尔金斯回忆起来却说，他觉得“相当震惊”，愤愤不平，并且“大发了一顿脾气”。[52] 无论当时情形如何，他们都达成了共识，这个模型将作为沃森和克里克的独立工作发表，而模型离不开的那些支持性数据，则将由威尔金斯和富兰克林发表——当然了，是分开发表。那年 4

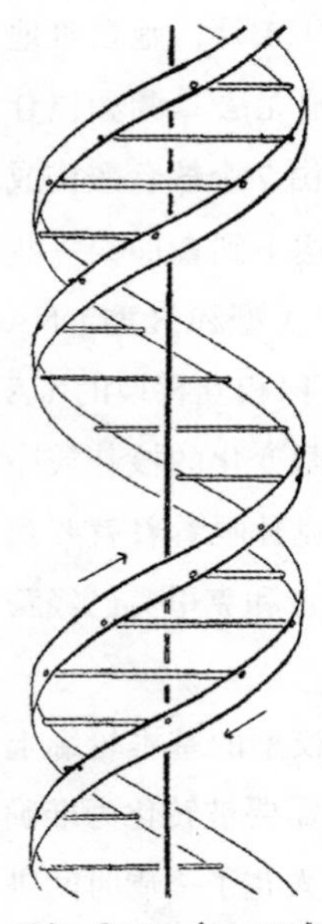

图 3　沃森和克里克 1953 年的论文中的 DNA 双螺旋模型，引自 Watson and Crick（1953a）

月，在比利时举行的索尔韦会议上，劳伦斯·布拉格爵士首次公开宣布了这项发现。在剑桥就见过这个模型并祝福过它的鲍林告诉与会者，沃森和克里克的模型“很可能基本正确”，而他的三螺旋确实错了。[53] 4 月 25 日，这三篇论文在《自然》杂志上发表的那天，国王学院举办了一场派对。富兰克林没有参加。她此时人在伯贝克学院，已经不再研究 DNA 了。

—A · C · G · T—

从来没人告诉过富兰克林，沃森和克里克在制作他们的模型时是多么地依赖于她的数据。如果说她曾经怀疑过，那么她也没有表达出任何愤懑或沮丧。后来的几年里，她对克里克夫妇变得很友善，但从未与威尔金斯和沃森走得很近，虽然她在研究烟草花叶病毒结构的时候跟沃森有过来往。[54] 1958 年，富兰克林因卵巢癌去世，4 年后，沃森、克里克和威尔金斯因在 DNA 结构上的工作获得了诺贝尔生理学或医学奖。

1968 年，吉姆·沃森出版了《双螺旋》，他在书中扣人心弦但并不完整地记述了期间的事件，并坦诚地描述了自己的恶劣行为，尤其是与富兰克林有关的那些。书的后记中有一段对富兰克林至关重要的贡献慷慨且公正的描述，沃森也承认了自己的失败。另据《双螺旋》称，在把包含富兰克林的关键照片的那份报告提交给医学研究委员会时，马克斯·佩鲁茨还给了沃森和克里克一份机密档案。佩鲁茨深受这项指控所害，最终拿出证据证明情况并非如此。毫无疑问，报告中的数据为克里克提供了他提出正确结构所需要的洞见，但这份文档并非机密，更重要的是，富兰克林早在将近 18 个月前就已经公开通告了那些关键的结果。沃森就在听众当中，但他没听出富兰克林所讲内容的重要意义。[55]

回望当年，有一件现在看来显而易见，但在当时却并非如此的主要事实，那就是有时被称为"查加夫法则"的原理的作用——A 与 T 以及 C 与 G 在数量上相等。学界当时所知的这些比例并不精确，当然就不会是"法则"。在卡文迪许实验室与沃森和克里克共用一个办公室的杰里·多诺霍后来多少有些夸大其词地回忆道：

> DNA 的最后一版模型被提出的时候——这事儿多少有点撞大运——不是查加夫法则成就了这个模型，而是这个模型成就了查加夫法则。[56]

沃森和克里克发表在《自然》杂志上的那篇论文怯生生地总结道："我们没有忽视，我们假定的这种配对法则直接提示了遗传物质可能使用的一种复制机制。”[57] 这便是沃森一直在追寻的解决办法——碱基的互补配对为基因的复制机制提供了一个呼之欲出的领悟：有一个 DNA 分子，就可能创造出两个一模一样的子代分子，只需要依据互补配对原则把 DNA 分子的每条链复制一遍。比这还重要的是这三篇发表在《自然》杂志上的论文没有提到的——它们都没有涉及基因的工作方式，也没有提到碱基序列的重要性。世上还是没有遗传密码。

第 7 章

遗传信息

1953 年 3 月 19 日，双螺旋模型完工的两周后，弗朗西斯·克里克给他正在上寄宿学校的 12 岁儿子迈克尔写了一封信。克里克告诉迈克尔自己发现了什么，并附上了一幅 DNA 结构的简笔画。接下来，他解释了双螺旋的重要意义：

> 它就像一段密码。如果你有了一组字母，就可以写下其余的部分。现在我们认为，D. N. A. 就是一段密码。也就是说，碱基（字母）的顺序让一个基因不同于另一个（正如一页纸上印刷的字不同于另一页）。[①, 1]

尽管碱基序列可能是遗传特异性的来源这个观点的形成和传播已有时日，但这还是第一次有人说 DNA 含有密码，而克里克的儿子则是第一个读到它的人。2013 年，这封信在一场拍卖会上以 600 万美元成交。

---

① 克里克后来认识到，从密码学的观点来看，遗传密码是一个加密算法，不是密码。克里克脑子里想的是莫尔斯电码之类的东西，从技术角度看，这同样不算密码。克里克后来写道："'遗传密码'比'遗传加密算法'听起来带劲多了。"（Crick, 1988, pp. 89-90）。遗传密码这一术语首次在书面上出现是 1958 年，由杰弗里·祖鲍伊使用（Zubay, 1958）。

在1953年5月30日与沃森合作发表在《自然》杂志上的第二篇论文中，克里克更进了一步。和他们发表的第一篇论文一样，这篇论文完全没有数据——只是纯粹讲理论。正如论文的标题解释的那样，其目的是探讨“脱氧核糖核酸的结构在遗传上的含义”。[2]论文开门见山地指出，DNA是“携带染色体一部分（如果不是全部的话）遗传特异性的物质，由此便携带着基因本身”。4月发表的那三篇关于DNA的论文里都没有这种“宏观视野”，它们都只涉及这种分子的结构化学，而非其功能，除了那句欲语还休的结语“我们没有忽视……”。在他们的第二篇论文中，沃森和克里克将大部分篇幅用于展开论述这种大胆的观点。他们描述了在基因复制的过程中，双螺旋可以如何解旋，每条链分别作为构建一个新分子的模板，造就两条相同的子代双螺旋。[3]

这些讨论当中有一段欲言又止的话，一段几乎是漫不经心的评述，它与克里克写给儿子的信中所用的术语相呼应，但又将它们扩展到了一个宽广得多的概念，并将生物学推入了现代之门：

> 我们模型中的磷酸-脱氧核糖骨架完全是规则的，但任何成对碱基的序列都能被置于这个结构当中。由此可以得知，在一个长分子里，可能存在很多不同的排序。因此，似乎碱基的准确序列就是携带遗传信息的密码。

除了埃弗吕西和沃森7周前写给《自然》杂志的那封不好笑的恶搞信，这是第一次有人将基因的内容描述为一种信息。没人知道“遗传信息”这个词从何而来——根据沃森的回忆，论文草稿的大部分都是克里克在4月底不到一周的时间里写成的，其格式和内容都更贴近克里克而非沃森的风格。[4]鉴于“信息”这个词越来越多地出现在诸多学科的科研论文中，以及公众对通信原理和控制论的兴趣，这个想法可能只是作为时代风潮的一部分，自然而然地浮现在了克里克的脑海里。没有证据表明克里克或者沃森读过香农或者维纳的书，也没有证据表明克里克和沃森用这个术语是在指涉香农和维纳的数学思想。和“密码”这个词一样，“信息”似乎是被用作了一种极其形象的比喻，而不是一个精准的理论构架。

过去，科学家也曾论及遗传特异性，但随着 DNA 序列包含“承载遗传信息的密码”这一观点的引入，一整套概念性的新词汇出现了。基因不再是特异性的神秘化身，它们是信息—— 一段密码——可以被传输（另一个源自电子时代的词汇）。而其中的核心假说是，密码由一系列字母——A、T、C 和 G 构成。这种密码究竟如何发挥作用，它可能表征什么，这些问题此时都还没有被阐明。然而，这个克里克和沃森如此漫不经心地使用的词，改变了科学家们谈论和思考基因的方式。最终，在这套新词汇的帮助下，基因与电子通信和处理之间得以建立起一种新的类比。

在当时，这些都不是显而易见的。这篇文章发不发表，沃森并不是很挂怀，他在 5 月对德尔布吕克如此解释道：

> 克里克特别希望把这第二篇小短文投给《自然》杂志。为了安宁，我同意了，因此它很快就会发出来。[5]

威尔金斯也不是很感冒。他后来回忆道：“但弗朗西斯和吉姆的一些朋友觉得第二篇论文有些‘过了’。”这些朋友就包括威尔金斯本人。[6] 尽管存在这些疑问，克里克的想法还是有其好处的，它明确了双螺旋的两大革命性含义：碱基互补配对解释了基因如何复制，而碱基序列则解释了遗传特异性从何而来。如果正确，这将是两项为生物学带来革命的假说。

克里克认识到，双螺旋的发现与薛定谔 10 年前的思想存在联系。1953 年 8 月 12 日，他将发表在《自然》杂志上的那两篇论文给薛定谔寄去了一份，并附上了一封短信：

> 沃森和我曾经聊过我们是怎样进入分子生物学这个领域的，我们发现，我们都受到了您的小书《生命是什么？》的影响。
>
> 我们觉得您或许会对信封里的论文复印件感兴趣——您会看到，论文似乎表明，您的“非周期性晶体”这个说法是一个非常恰当的词。

—A·C·G·T—

1953年7月，沃森和克里克收到了一封从美国寄来的奇怪信件。这封信用斗大的字写在密歇根大学学生会的抬头信纸上，涂涂改改，错字满篇，看起来像是一个怪人写的。事实上，写信的人是俄裔宇宙学家乔治·伽莫夫。他是马克斯·德尔布吕克的老友，曾经主持过1946年的“生命体的物理学”会议。[7]虽然是一名核物理学专家，但伽莫夫没能通过曼哈顿计划的安全审查，完全没有参与原子弹的研发。美国联邦调查局在战后继续监视着伽莫夫，迟至1957年还曾找过他面谈，但从未发现任何对他不利的证据。[8]

伽莫夫是一个50岁的怪人，喜欢喝威士忌，业余写一些科普书，这些书围绕着一个名叫汤普金斯先生的普通人物角色展开。在这封古怪的信里，伽莫夫紧紧围绕沃森和克里克碱基序列含有“密码”的这个说法，大胆地试图破解这种密码。伽莫夫的出发点是，每个生命体都可以被“一个长长的数字”所定义，这个数字与DNA序列中位置的数量相对应。随后，他摒弃了经典遗传学几十年来那些表明基因处在染色体上确定位置的研究。他认为，与此相反，基因“由整个数字的不同数学特征决定”才显得更符合逻辑。为了努力把自己的观点阐释清楚，伽莫夫在信中——一如既往地满是错别字——写道：

> 如果一种动物DNA链上的腺嘌呤后面总是跟着胞嘧啶，那么这种动物就是猫，而腓（鲱）鱼的特征是鸟嘌呤忠（总）是沿着链成对出现……这会开启一种很有意思，基于组何（合）数学和数论的理论研究的可能！[9]

伽莫夫说，他秋天时会去英格兰，并问他们能不能见面。沃森和克里克都在准备离开剑桥，追求各自的职业发展——沃森要去帕萨迪纳，而克里克一旦完成有关血红蛋白结构的博士学位研究，就将前往布鲁克林理工学院。所以两个人直接无视了伽莫夫的信。[10]或者说，他们没有回信。克里克并没有无视它：伽莫夫已经给他根植了一个挥之不去的想法。

伽莫夫没有轻易放弃。接下来的两个月里，他理顺了自己有关遗传密码的观点，并在10月给《自然》杂志寄去了一篇小短文，这篇论文最终于次年2月发表。他还尝试在《美国科学院院刊》发表一篇有关这一课题的论文，比《自然》上的那一篇更长，共同作者是他笔下的虚构人物汤普金斯先生。但《美国科学院院刊》的编辑识破了这个玩笑，而且并不觉得这好玩，于是伽莫夫又把汤普金斯的名字删去，把论文寄到了丹麦皇家科学院。[11]伽莫夫在论文中探讨了DNA密码与蛋白质之间的联系。他指出，其中的核心问题是基因中的四位数（four-digit）的“数字”（A、C、T和G）是如何被翻译成一个蛋白质中的氨基酸“字母表”的。

伽莫夫的回答很巧妙，与考德威尔和欣谢尔伍德三年前发表的模板观点大同小异。伽莫夫先是假设蛋白质是直接在DNA分子上合成的，这样碱基随着DNA分子的扭转而形成的形状就会发挥某种模板的作用，让氨基酸在上面排列。由于DNA的螺旋形状，两排碱基之间会有一个菱形的“洞”，这个菱形各条边上的4个碱基便由此构成了密码。

伽莫夫指出，可能存在20种不同的“洞”，并接着写道：“可以

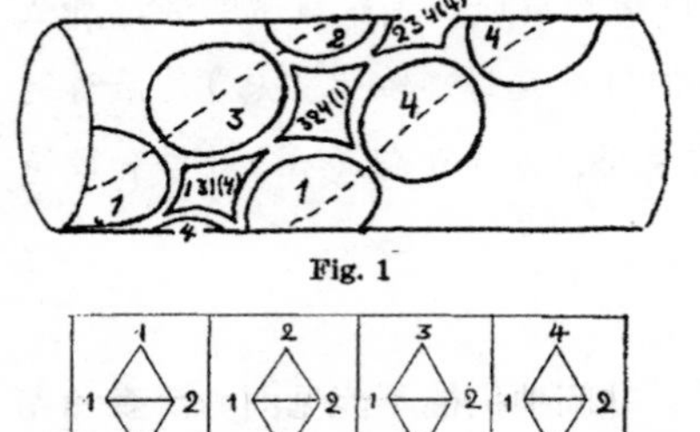

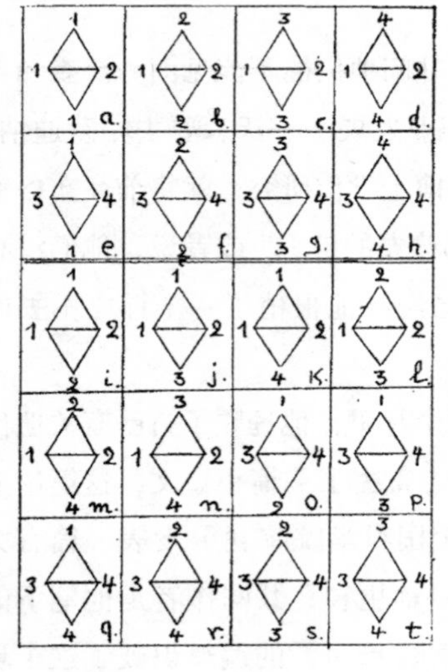

图 4　伽莫夫的遗传密码“菱形”模型，引自 Gamow（1954）。标号 1—4 的圆形结构是碱基，标号 a—t 的菱形为 20 种天然氨基酸

顺理成章地将这些‘洞’与生命体必需的20种不同的氨基酸关联起来。”伽莫夫甚至提出了一个可以检验他的模型的预言：由于每个碱基都在决定不止一个氨基酸的“洞”的形状时起作用，所以“既然相邻的两个洞有两个共用的核苷酸，那么蛋白质分子中相邻的两个氨基酸必定存在一定的关联”。[12] 伽莫夫将密码当作一个数学问题，而不是生物学问题来处理，开启了学界多年间对遗传密码本质的推测。他还犯了物理学家的典型错误，认为生命系统是依据优美、符合逻辑、可以通过数学手段阐释的法则来设计的。事实上，它们都是历史的产物，背负着过往演化的包袱，完全不是被设计出来的。它们往往远没有什么逻辑，通常也并不优美，只要有效就够了。

伽莫夫给克里克寄了一份他的论文。最终，两个人于 1953 年 12 月在布鲁克林见了面。与克里克同一个办公室的同事维托里奥·卢扎蒂（Vittorio Luzzati）后来回忆道：

> 那一幕太美妙了。这两个精力旺盛的男人不停地辩论，阐述自己的观点，披荆斩棘地深入探索遗传密码的话题，处理了一个又一个问题，聊至兴起时，他们嗓门一提，就会嚷起来。[13]

克里克并不信服伽莫夫的观点——首先，他不认为蛋白质的合成像伽莫夫假设的那样发生在 DNA 分子上。现在大家都知道，DNA 出现在细胞核里，是染色体的一部分，而 RNA 则游离于细胞中，蛋白质合成是在 RNA 上进行的。克里克和沃森继承了卡斯佩松、布拉谢、布瓦万、旺德雷利和唐斯的观点，认为 RNA 发挥着基因与蛋白质之间的媒介作用。这就是 DNA → RNA →蛋白质这条公式的含义。菱形密码从一开始就错了。

但伽莫夫触及了一个关键且引人遐想的问题：天然存在的氨基酸数量（20 种）与 A、C、T、G 这 4 种碱基可能形成的密码的组合数之间的潜在关联。伽莫夫立刻意识到，如果密码是由两个字母的“单词”（AA、AT、AC、AG 等等）构成的，那么就会有 16 种可能的组合——不足以为每一种不同的氨基酸提供一个对应的“单词”。可如果密码由 3 个字母构成（AAA、AAT、AAC 等等），那么就会有 64 种可能的组合——又过剩了。

克里克口中的“魔幻二十”成了衡量一切可能存在的密码的准则。[14] 所谓的“编码问题”开始有了一丝数字命理学的味道——大家构想发展着编码的方案，目标永远是拿出 20 种可能的组合，以便与 20 种普遍存在的氨基酸相对应。对于 DNA 上的碱基序列与氨基酸序列间的关系，克里克和沃森此前并没有想过太多——他们更多是着眼于双螺旋如何在基因复制时解旋的问题。他们认为DNA的序列是“承载遗传信息的密码”，但并没有做超越这一基本观点的思考。正如沃森在1953年夏天的冷泉港实验室会议上说的那样，他和克里克无法解释基因是如何控制细胞的活动的。[15] 伽莫夫的介入让编码的问题成了每个人优先思考的对象。对克里克而言，它占据了他随后15年人生中很重要的一部分。[16]

—A · C · G · T—

在致信沃森和克里克后的几个月里，伽莫夫组织了几次非正式讨论，参与者有生物学家，以及一小群物理学家和数学家——包括爱德华·特勒（Edward Teller，“氢弹之父”）和未来的诺贝尔奖得主迪克·费曼（Dick Feynman）①——他们是被伽莫夫那富有感染力的激情，以及穿插着笑话、吐槽和漫画的巧言令色的通知函吸引来的。伽莫夫花了些时间在各大实验室之间流窜，将他那些略带疯癫的信写在酒店或者铁路公司的抬头信纸上，把回信地址搞得像婚礼上的碎彩纸一样遍地开花。[17] 伽莫夫是个与众不同的人——他身高超过6英尺②，嗜好烈酒、恶作剧、魔术戏法和泡妞，说话带着浓厚的俄语口音，常常很难听懂。[18] 跟他相处是件挺累的事——1955年2月，沃森给克里克写信说：“伽莫夫在我这儿4天了——很折腾人，我又不是靠喝威士忌过活的。”[19] 克里克则回忆道：

> 他就是大伙儿说的那种适合搭伴的人，这就是伽莫夫。我不太想说他是一个小丑，不过——对，有点儿那个意思，但你需要

---

① 即理查德·菲利普斯·费曼（Richard Phillips Feynman），1965年诺贝尔物理学奖得主，迪克是他的昵称。——译者注

② 约1.83米，1英尺≈0.305米。——编者注

尽量往好的方向想。只要晚饭时间跟伽莫夫一起过，你就知道，又会有“乐子”了。但你知道吗，在所有这些的背后，还是有点儿东西的。[20]

一聊到编码，伽莫夫便难以自拔。只要一个构想在确凿的化学事实面前碰了壁，他立刻就会拿出另一个。因此，当他基于DNA的菱形模型明显丧失了正确的前景后，他又不畏困难地转而思考起了RNA的编码。这种分子跟菱形模型不太配套——它的准确结构尚不清楚，但很可能是某种单螺旋，那么这就意味着伽莫夫最初的构想行不通。

1954年3月，伽莫夫和沃森灵光一闪，产生了组建一个非正式研究团体的想法。在这里，极少数的一些科学家——数目又是20——可以天南海北地讨论有关编码问题的观点。这个完全由诙谐滑稽的男性科学家组成的团体被称为“RNA领带俱乐部”，名字来源于发给每个人的绣着RNA分子单螺旋的手工刺绣领带。[21]每个成员都被赋予了一个名字，对应于20种氨基酸中的一种，还发了一个金质的小领带夹，上面有持有人的氨基酸三字母缩写（所以伽莫夫就是ALA，表示丙氨酸；克里克是TYR，表示酪氨酸；等等）。“俱乐部”的成员们从未真正地全员会齐过，但他们会一小群一小群地聚在一起喝酒聊天，伽莫夫往往在其中扮演领头人的角色。俱乐部最突出的特点是允许成员们给出半成型的想法，不会有发表论文或者在学术会议上正式汇报的那种压力——克里克后来把它类比于学术想法在现在的科学家团体中通过转发的电子邮件得以传播的行为。[22]读着散布于世界各地的RNA领带俱乐部成员间慢悠悠往来的信件——有时要好几天才能寄到，有的通信人甚至在地球的另一边——你没法确定他们若是有了现代电子通信的便捷，是会受益还是受害。[23]在这种情况下，邮件的往来会快得多，但通信人用来思考和发展自己想法的时间就少了。

超过一半的RNA领带俱乐部的成员是物理学家、化学家或者数学家，但他们都没有涉足过数学与生物学的两个主要交叉点——控制论和此时已经有了名字，被称为信息理论的领域。[24] 虽然伽莫夫在 1956 年确实参加了一场有关生物学中的信息理论的会议，但除了冯·诺伊曼之外，他并没有与研究控制论或者信息理论的科学家有过任何实质性的直接往来。

在研究遗传密码的这个阶段中，伽莫夫的角色是奠基性的。通过将一群形形色色的人聚到一起，他为这个项目赋予了形体——事实上，正是他使之成为一个项目。RNA 领带俱乐部的成员亚历山大·里奇（Alexander Rich）后来回忆道：

> 伽莫夫所做的，是将一份热情、一份勇猛和一份专注带到了这个问题当中。[25]

伽莫夫同样带来的，还有对信息所扮演的角色的强调。天生爱出风头的他还确保自己的影响力不局限于 RNA 领带俱乐部的 20 人当中。1955 年 10 月，他在《科学美国人》上发表了一篇文章，让科学界和公众得以对这个精英团体的思考管窥一二。

伽莫夫的文章的标题是《活细胞中的信息传导》，文章开篇便以一种激进的新眼光描述了生命的基本单位①，其写法绝对能吸引读者。他写道："活细胞的细胞核是一个储存信息的仓库。"伽莫夫总结了科学界提出的各种关于编码的构想，并向读者展示了遗传密码的相关工作与其他正在发生的科学大变革——计算机和控制论的发展——有何种关联。伽莫夫把细胞描述为"一个自我激活的传输器，将非常准确的消息传递出去，指导相同的新细胞的构建"，这参考了冯·诺伊曼关于自我复制自动机的工作。事实上，伽莫夫在文章中对冯·诺伊曼表达了感

---

① 指细胞。——编者注

谢：在 RNA 领带俱乐部的成员们试图通过不同氨基酸在各种蛋白质中出现的频率来寻找某种规律时，冯·诺伊曼帮助做了相关的运算。伽莫夫解释说，密码参与了信息的传递，他努力将细胞比作一个工厂，基因是工厂里的蓝图，保存在文件柜（染色体）里，由工人（酶）在厂房（细胞质）里使用。在伽莫夫看来，信息是细胞的核心。至于这个信息是什么，他并没有说。

接下来的一年中，伽莫夫、特勒等 RNA 领带俱乐部的成员提出了很多遗传密码的理论模型，目标始终是构想出一个能产生 20 种独特组合的方案，从而与每一种常见的氨基酸相对应。[26] 伽莫夫甚至成功地把洛斯阿拉莫斯实验室的一名同行拉拢了过来。这名同行用一台当时仍属凤毛麟角，可以用于科研工作的计算机——名叫 MANIAC①，使用时间很宝贵——破解了无数种可能的组合。[27] 没有测试任何一种模型的直接办法——就连最原始的 DNA 测序都是 20 年后的事情。

在兴奋地叨叨了一年之后，克里克对密码狂热的热情开始消退了。1955 年 1 月，他写出了 RNA 领带俱乐部的第一份非正式文件，整理了那些被翻来覆去探讨的各种想法，“将它们转化为冰冷的铅字，静静地等待学界的审视”。[28] 利用历史上第一份蛋白质氨基酸序列的数据，克里克测试了伽莫夫的模型。科学界能获得这份数据要归功于同样就职于剑桥的弗雷德·桑格（Fred Sanger）② 的一些复杂精妙的化学手段。1951 年，桑格发表了一篇描述胰岛素分子的氨基酸序列的论文。他先是描述了 B 链，长度为 30 个氨基酸。两年后，桑格发表了长度更短，但更考验技术的 A 链序列（21 个氨基酸）。[29] 事实证明，这项工作极其重要，

① MANIAC 是 Mathematical Analyzer Numerical Integrator and Automatic Computer 的英文首字母缩写，直译的意思是“数学分析仪数值积分器和自动计算机”。——编者注

② 指弗雷德里克·桑格，英国生物化学家，弗雷德是弗雷德里克的昵称。——编者注

桑格在仅仅 7 年后①就获得了诺贝尔化学奖。

克里克用牛胰岛素和羊胰岛素的氨基酸序列证明了伽莫夫的菱形密码不管用。两种胰岛素在序列上只有一个氨基酸的差别，位于链的中间。但根据菱形密码理论，任何一个碱基的变化都会至少改变两个氨基酸，这表明菱形密码理论不对。克里克不无讽刺地写道：

> 稍稍动一动脑子，一个方案就这么快地被否决了，真是让人惊讶。电脑算几天，还不如人脑转几分钟。[30]

虽然有这样的嘲弄，克里克对伽莫夫的贡献的评价仍然是极为正面的。他写道："要是没有我们主席②，整个问题都不会有人关注，我们中没几个人会尝试对它稍加探索。"克里克赞扬了伽莫夫的三大主要贡献：他引入了"简并"的想法（几种不同的碱基序列可能编码同一种氨基酸）；他提出密码中的"单词"可能发生重叠（克里克承认，他和沃森都没想过这种可能性）；他还专注于将编码作为一个抽象概念来思考，"尽量不去考虑不同的要素间可能如何相容"。[31]

对于"不同的要素间可能如何相容"，克里克的理解比伽莫夫的更深。他意识到，必须构想出一个符合生物学现实的编码机制。然而蛋白质合成——编码最终关联的过程——的具体细节当时尚不清楚。但在灵光一闪间，克里克描述了一个他与西德尼·布伦纳（Sydney Brenner）探讨过的想法。布伦纳是一名来自南非的年轻研究者，RNA 领带俱乐部里的小兄弟。克里克和布伦纳把他们的理论称为"转接器假说"（adaptor hypothesis）。克里克的观点是，核酸的物理化学结构表明，无

---

① 此处的 7 年后指的是 1951 年的 7 年后，即 1958 年。——编者注

② 此处的英文是 president，RNA 领带俱乐部是伽莫夫在沃森的建议下创立的，因此此处翻译为主席。——编者注

论 DNA 还是 RNA，都没有被生命体用作构建蛋白质的直接模板——在核酸结构和蛋白质的形态之间，根本就没有什么实质性的对应关系。克里克因此提出假说，认为存在一些小的“转接器”分子，每一种“转接器”都专一地对应于一种特定的氨基酸。“转接器”结构中的一个部分会与 DNA 或 RNA 结合，另一个部分则会与一个相应的氨基酸结合。不过克里克意识到，当时并没有这种分子存在的证据，但他的猜想是，这种分子在细胞中非常少，所以很难被检测到，因此便轻松愉快地将这个问题抛在了脑后。

如果转接器假说是正确的（后来证明它确实是正确的），这就意味着 DNA 和 RNA 的功能被缩减到了单纯地承载遗传信息：它们没有直接作为模板的结构性功能，只是一种媒介。如果大的核酸分子并不发挥蛋白质合成中实体模板的作用，那么可以想象，遗传密码有可能是更加复杂的重叠性密码：每个“单词”包含前一个“单词”的一部分字母。这种密码造成的一个结果是，某些成对的氨基酸会比预期的概率更加频繁地一起出现——密码中的各个“单词”并不是严格独立的，因为它与 DNA 序列两边的“单词”共用一些字母。尽管——或者不如说正因为——涌现出了这些被克里克称为“多得令人眼花缭乱”的新密码，克里克的结论还是不乐观，他写道：“在剑桥这样相对封闭的环境中，我必须承认，我有不止一次对解决密码问题失去了兴趣。”[32]

—A·C·G·T—

克里克的兴趣或许发生了动摇，但 RNA 领带俱乐部之外的其他思考者却仍旧很热忱。来自橡树岭国家实验室的德鲁·施瓦茨（Drew Schwartz）提出了一个复杂的模型，这个模型对沃森和克里克的 DNA 结构做了一些调整，可以只允许特定种类的氨基酸嵌入类似伽莫夫的菱形密码的那种“洞”中。施瓦茨承认，这个假说只是一种推测，但它将密码（施瓦茨没用这个词）的思想与此前的蛋白质合成模型联系了起来。在这些蛋白质合成模型中，基因——无论由什么构成——被认为通过发挥模板的作用，决定了一个蛋白质分子的形状。[33]尽管多数人都意识到蛋白质不是在DNA上合成的，但这一点似乎并没有让施瓦茨费心去思考。

伽莫夫则仍然一如既往地坚定。与亚历克斯·里奇①和马蒂纳斯·伊格斯（Martynas Yčas）②一起，伽莫夫总结了科学界当时提出的所有编码方式，并解释了它们为何都失败了。[34]之后，在对密码可能的本质进行预测的一次巧妙尝试中，利用烟草花叶病毒的蛋白质中不同氨基酸出现的频率数据，在已经测量出病毒RNA中每种碱基占比的情况下，三个人预测了64种可能的"三连数"（比如AGC）各自出现的频率可能是多少。但将这种方法应用到不同的病毒上时，却产生了完全不同的结果：按照烟草花叶病毒的数据，丙氨酸应该由GCU或者AAG编码，可如果用的是芜菁黄化花叶病毒的数据，就是由AAC或者GGC编码了（两种病毒都以RNA为遗传物质，所以U代替了T）。如果遗传密码是通用的——当时所有人都认可这一点——那么这种聪明的手段似乎就存在问题。最终，伽莫夫和他的同侪能够得出的全部结论是，密码之间看起来不太可能重叠，而且每个"单词"至少包含3个碱基。相比沃森和克里克最开始提出的碱基序列就是密码这一模糊的说法，这很难称得上是一个大的进步。

对重叠密码观点的最后一击是由西德尼·布伦纳做出的，当时的他刚回到金山大学（Witwatersrand University）③。1956年夏天，布伦纳搜集了所有已知的氨基酸序列数据，想看看其是否与当时最流行的一种编码模型相吻合。这种编码模型同样基于三个一组的字母，也叫三

---

① 就是亚历山大·里奇，亚历克斯是亚历山大的昵称。——编者注

② 立陶宛裔微生物学家，RNA领带俱乐部的成员。——编者注

③ 南非著名研究型大学。——编者注

联体（比如 ATC），它是重叠式的，每个三联体的后两个字母构成了下一个三联体的前两个字母。所以，举例来说，ATCCG 的碱基序列就包含 3 个三联体"单词"——ATC、TCC 和 CCG。此外，用当时的语言来说，它还是"简并"的—— 一个氨基酸可以被不止一种三联体编码。[35] 由于密码是重叠的，所以紧跟在任何一种三联体后面的那个重叠三联体只可能有 4 种（**ATC** 后面只能是 **TCA**、**TCC**、**TCG** 或 **TCT**），前面的那个三联体也只可能有 4 种（**AAT**、**CAT**、**GAT** 或 **TAT**）。当时所有人的推测都是每种三联体对应着 1 种氨基酸，这就意味着某种氨基酸——比如半胱氨酸——的任何一个密码，在其序列的前后两边都只能有 4 种不同的氨基酸。但布伦纳搜集的序列数据表明，实际的序列多样性比这丰富得多——以半胱氨酸为例，它的前面出现了 15 种，后面出现了 14 种不同的氨基酸。布伦纳计算了一下，如果密码的序列有重叠，那么仅仅是截至当时搜集到的几十条序列，就需要超过 70 种三联体才能编码，而全部的组合只有 64 种。由于氨基酸序列组合的全部范围很可能要多宽有多宽（换句话说，20 种氨基酸，任意一种都可以出现在任意另一种的前面或后面），布伦纳得出了一个简单明了的结论："不可能存在任何重叠的三联体密码。"他写道："事情似乎很明显，核酸与蛋白质之间一定存在非重叠的对应关系。"可这究竟是怎样一种对应关系，却仍然丝毫不明朗。[36] 布伦纳揭示的是密码不会是什么样，而非它是什么样。

伽莫夫很大程度上欣然接受了布伦纳这项颠覆性的工作，他一路保驾护航，让这个后辈将论文稍加扩写后于翌年发表在了《美国科学院院刊》上。布伦纳后来回忆说："我为那篇论文感到骄傲，因为它能够问世真的只需要归因于我会算四的除法！"[37] 在将这篇论文改写为适合大众读者的体例时，布伦纳使用了最抽象的方式来描述这个问题——鉴于尚不确定蛋白质的合成是如何进行的，也不清楚 DNA、RNA 和蛋白质之间的具体关系，他在文章中小心翼翼地避开了这个话题，并给文章加了一个新的副标题，副标题取自伽莫夫一些着眼于三联体密码在“从核酸到蛋白质的信息传递”中的作用的文章。[38]

这便是 RNA 领带俱乐部在尝试为编码问题提出理论性解答的三年间所取得的巨大进步和其中的致命缺陷。俱乐部的工作将编码问题提升到了一个完全抽象的层面，远远超越了地球上每个细胞中的分子每分每秒都在要弄的小把戏。这意味着这些密码不是简单直白地代表蛋白质合成的机制——它代表的是信息的传递，尽管尚未有人搞清楚这种信息究竟是什么。然而，除非转化成生物化学的反应过程，否则所有这些抽象概念都只能停留在空谈的水平。说到底，能够一锤定音的是实验数据，而不是伽莫夫和 RNA 领带俱乐部里他那些聪明的酒友们提出的理论构想。

—A · C · G · T—

鲍里斯 · 埃弗吕西曾经问倒过弗朗西斯 · 克里克两次，两次都问的是同一个问题。第一次是 1954 年，在伍兹霍尔海洋生物学实验室；第二次是一年后，在巴黎的一家咖啡馆。每一次，埃弗吕西都想知道为什么克里克如此确定编码氨基酸序列的是 DNA 的序列。[39] 这个尖锐的问题直指科学界在沃森和克里克发现双螺旋后所做的一切工作的核心，这也是沃森和克里克一直在回避的中心议题：碱基序列究竟起什么作用，或者换句话说，它们含有何种信息。当时每个人的推测都是，在一个 DNA 分子的碱基序列和其所对应的蛋白质的氨基酸序列之间存在着所谓的共线性。但基于当时已有的证据，埃弗吕西的疑问强调的是，信息同样可能与一些和蛋白质整体形态同样神秘的物质相关联，或者它可能根本就是别的东西。克里克后来回忆说：

> 你瞧，没有证据，完全没有证据表明，基因可以实实在在地让你确定氨基酸的序列，没有证据表明一次突变就会导致它发生改变。[40]

在埃弗吕西的挑战的刺激和启发下，1955年春，克里克开始寻找一个可以与遗传变化相关联的蛋白质变化的案例。他寻找的这种蛋白质不仅要很容易获取，而且要来自一种可以在遗传学层面研究的生命体。克里克最终选取的蛋白质是一种叫溶菌酶的酶，这种酶出现在鸡蛋和人的眼泪中。他与德裔生物化学家弗农·英格拉姆（Vernon Ingram）携手，试图从几种鸟蛋中结晶出溶菌酶，还用洋葱来让自己流泪，使自己成为一个获取眼泪的来源。但这个项目失败了——他们只制备出了鸡的溶菌酶，其他物种的则不行，这意味着无法做物种间的比较。于是他们试图在鸡的不同个体的溶菌酶之间寻找差异，希望最终能将这样的差异与遗传上的不同关联起来。他们还是一无所获。克里克在给布伦纳的信中说道：

> 弗农·英格拉姆和我试图找到两只拥有不同溶菌酶的鸡，但至今完全没有结果……整件事情都相当令人气馁。就算找到了不同之处，我们还需要证明这是氨基酸组成以及遗传的原因导致的。[41]

但接下来，英格拉姆提出了一些远更激动人心的想法，这些想法不仅为埃弗吕西的问题给出了答案，还揭示了克里克和他的同行们正在进行的工作的应用前景。1949年，《科学》杂志上发表了两篇论文，报道了有关镰状细胞贫血的一些新发现。这是一种主要影响非裔人群，致人虚弱无力甚至死亡的遗传疾病，患者的红细胞呈奇特的镰刀状，镰状细胞贫血这个名称即源于此。这种病首次被描述为遗传疾病是在1917年，但直到1949年7月，密歇根大学的詹姆斯·尼尔（James Neel）① 的研究

① 美国著名遗传学家，对镰状细胞贫血、地中海贫血、原子弹轰炸对人的辐射效应等诸多领域有重大贡献，曾获拉斯克基础医学奖（被普遍视为诺贝尔奖的“风向标”）、美国国家科学奖章等重要奖项。——编者注

才表明，这种性状由单一基因导致是镰状细胞遗传模式的最佳解释。[42] 4个月后的1949年11月，莱纳斯·鲍林和他的研究组发表了一项有关镰状细胞贫血患者血液中的血红蛋白分子的研究，标题很拉风，叫《镰状细胞贫血，一种分子疾病》。[43] 他们描述了两种形态的血红蛋白，一种与镰状细胞贫血相关（后来被称为S型），另一种则与正常个体相关（A型）。两种形态可以通过电泳来区分——将两种形态的血红蛋白放在同一块凝胶中并置于电场的作用下，它们会以不同的速率移动，因此在一定时间后，不同形态的血红蛋白将出现在不同的位置。鲍林研究组的结论是，两种血红蛋白分子的形状不同，S型带的正电荷多于A型。这是第一次有人证明，一种疾病具有分子层面的基础。

剑桥的马克斯·佩鲁茨的研究组已经研究血红蛋白多年，并且已经开始关注S型血红蛋白的结构。在克里克和佩鲁茨的鼓励下，1956年夏，弗农·英格拉姆研究了另一名研究者托尼·艾利森（Tony Allison）弃置未用的一些S型血红蛋白样品。基于自己在乌干达的实地研究，艾利森提出了一种观点来解释一个现象：尽管拥有两份镰状细胞基因有可能导致患者死亡，但镰状细胞贫血这种疾病却没有消亡。艾利森的解释是，拥有一个正常基因和一个镰状细胞基因的人更不容易被疟原虫感染。[44] 在疟疾肆虐的地区，拥有一个镰状细胞基因其实是件好事。

对于S型和A型血红蛋白分子结构的差异，鲍林只是做了笼统的描述。英格拉姆的目标是检测出两者的具体差异。血红蛋白分子太长了，无法用弗雷德·桑格那种仍然相对原始的测序方法测序。英格拉姆不得不首先用一种酶将这些分子切成小段。接着，他在滤纸上将这些组分分离，先是像鲍林那样，用电流把两种类型的血红蛋白分开，然后在与电流呈90° 的方向上施加一种溶剂①。之后，他向滤纸上喷洒一种化学药品，这种药品可以让血红蛋白分子中原本不可见的组分变成紫色显形，

---

① 通过这种手段，可以使不同的物质在这个方向上进一步地分离开。——编者注

从而形成这种分子的一个二维“指纹”。[45]

两种类型的血红蛋白在电荷上的差异有两种可能的解释。鲍林认为，分子的整体形状最有可能是两者差异的来源，而形状又是在蛋白质的合成过程中由折叠和构形的方式产生的。他在 1954 年指出：

> 存在一种有趣的可能，导致镰状细胞异常的基因是一个决定多肽①链折叠方式，而非其组成成分的基因。[46]

另一种可能是，电荷的差异只是单纯地与两种形态之间氨基酸序列的差异有关。

英格拉姆获得的两种类型血红蛋白的“指纹”各自在滤纸上产生了约 30 个标记。除了一个地方外，两者一模一样：S 型中的一小块斑点在 A 型中没有。于是他极为详细地分析了这个特别的组分，并成功证明两种类型的分子的区别在于蛋白质中很小的一个部分。在 1956 年发表在《自然》杂志上的一篇论文中，英格拉姆总结道：

> 在这些多肽链的一个小区段中，存在一项氨基酸序列的差异。S 型血红蛋白的形成是由单个基因上的一个突变导致的，这一点有了遗传学的证据，从这个角度来看，这尤为有趣。至于多肽链中有多大的部分受到了影响，序列如何不同，仍然有待发现。[47]

论文发表前不久，不列颠科学协会于 1956 年 8 月在谢菲尔德召开了一次会议，英格拉姆在会上展示了他的发现。当时在场的一名《泰晤士报》的科学记者立刻嗅到了故事的气味，以一定的细节报道了英格拉姆的工作，并突出强调了它的重要意义：

---

① 多肽是指由数量不多的（通常是几十个）氨基酸相连形成的分子链。——编者注

> 他描述了在过去的6周里，自己首次揭示了单个基因——也就是遗传的单位——的一个突变能够改变其在身体中所负责的物质的化学结构。[48]

不到一年，在《自然》杂志上发表了又一篇论文后，英格拉姆再次登上了《泰晤士报》。这篇论文阐明了两种类型的血红蛋白间多肽差异的具体原因：全都是因为区区一个氨基酸。[49] 在S型血红蛋白中，一个缬氨酸分子取代了正常的A型血红蛋白中的一个谷氨酸。蛋白质最基本组分中这项小小的改变引发了血红蛋白分子行为的改变，进而导致了这种使人衰弱的疾病。虽然遗传密码仍然是个谜，但英格拉姆的工作表明，由DNA构成的基因中的突变与蛋白质的氨基酸序列的改变存在关联。埃弗吕西的问题得到了回答。在《泰晤士报》看来，这项发现足以与孟德尔奠定遗传学基础的那些观察结果比肩。文章总结道：

> 英格拉姆博士展示了他发现的血红蛋白间由基因决定的一处差异，这无疑是人类迄今观察到的孟德尔学说中有关基因如何运转的最直接结果。这项发现是一座当之无愧的里程碑。[50]

英格拉姆的发现巧妙地证实了学界对基因功能的新认识。研究者此前认为是基因塑造了蛋白质，就像一个三维铸模。而现在，在克里克的启发下，英格拉姆证明了一个基因可以改变蛋白质一维序列中的一个氨基酸，进而改变蛋白质的功能。关于蛋白质的合成，一种新的观点开始浮出水面，这种观点还影响到了学界如何看待基因和遗传密码。[51] 如果基因含有信息，而这种信息的一个改变就会导致氨基酸序列的一个改变，那么这说明遗传信息对应的无非正是一个基因所产生的蛋白质中的氨基酸序列。

第8章

“中心法则”

1957年9月，弗朗西斯·克里克在伦敦大学学院（University College London）做了一次报告。他是应实验生物学会之邀，在一场题为“生物大分子的复制”的研讨会上发言的。[1]近一年来，克里克都在为基因的实际运作方式冥思苦想，思考着蛋白质合成的机制，尝试厘清其生化反应的各个步骤和理论结果。伦敦的这次会议为他提出自己有关蛋白质合成的观点提供了机会。这是他做过的最有影响力的一次报告。

法国分子遗传学家弗朗索瓦·雅各布（François Jacob）也在听众当中，在回忆起自己对克里克的印象时，雅各布说：

> 克里克身材高挑，面色红润，鬓角很长，看起来就像19世纪那些关于菲利亚·福格（Phileas Fogg）①或者英国大烟鬼的书籍插画中的英国人形象。他滔滔不绝地讲个不停，喜形于色，口若悬河，就好像时间不够，言恐不尽似的。他会把自己要表达的内容重复一遍，确保大家听懂了。报告常被他爽朗的大笑打断。重新开讲时，他便重新充满了活力，语速之快让我常常难以跟上……克里克迷得令人头晕目眩。[2]

---

① 法国科幻小说家儒勒·凡尔纳的小说《八十天环游地球》的主角。——编者注

克里克本人的回忆倒没那么正面——他觉得“我讲超时了，收尾也收得不好”。[3]

克里克的报告形成了两篇文章——一篇与报告同时发表，刊登在《科学美国人》上，另一篇更加详尽，发表在1958年出版的研讨会论文集上。第二篇文章目前已经被引用了超过750次，并且仍在被频繁引用。[4]在现当代有关遗传密码和演化过程的争论中，克里克在报告中大胆提出的观点始终扮演着关键性的角色。

顶着《论蛋白质的合成》这样一个乏味的标题，克里克的报告解释了一些有关基因的功能和工作方式的新潮观点，这一切都以一种优雅、聊天式的语言风格呈现出来，至今仍令读者陶醉。在每一个环节，克里克都坦承自己知识的不足，并对既成事实和逻辑推断加以清晰的区分。正是这些推断在日后产生了极大的影响力。克里克的出发点是他的一个假设：基因的职能是控制蛋白质的合成。不过他和蔼而坦率地表示，“这一观点的实际证据相当匮乏”：

> 我希望……提出这样一个观点，遗传物质的主要功能是控制（但未必是直接控制）蛋白质的合成。支持这一观点的直接证据有那么一点点，但在我的内心里，提出这个假说的思想动机暂时与这些证据无关。蛋白质核心、独一无二的地位一旦得到认可，似乎就没什么道理再说基因承担的是其他功能了。[5]

克里克声称，核酸参与蛋白质合成这件事“得到了广泛（虽然并不是所有人）的接受”。[6]这句话中蕴含着警告——就算在此时，世界上仍有人很难认同所有基因都是由DNA构成的。一年前，在1956年6月举办的一场关于“遗传的化学基础”的研讨会上，本特利·格拉斯（Bentley Glass）① 就记录下了一些遗传学家在抛弃旧式的核蛋白遗传理论中的蛋白质部分时的勉为其难，不过他仍然确信，"多数人"都已经接纳了DNA（或者一些病毒中的RNA）是主要遗传物质的理论。[7]但这还是明显保留了一种可能性：世上可能存在另一种次要的、非核酸的遗传形式。在这场会议上，第一个做报告的乔治·比德尔着眼讨论了这个问题。他强调，在除了病毒和细菌以外的生命体中，尚无实验证据表明DNA就是遗传物质。生物化学家斯蒂芬·柴门霍夫② 曾与查加夫共事，并且是埃弗里"DNA是细菌的遗传物质"这一观点的早期支持者。他在自己的报告中承认，虽然"大量证据"支持肺炎双球菌的转化要素是DNA这一观点，并且"并未有人提出过反向的证据"，但仍然"没有绝对的证据"。[8]在这样一个学界同行仍然疑虑不已的时刻，比德尔指出，"主要遗传物质是DNA而非蛋白质，这被认定为一个工作假说"。[9]如今看来显而易见的事，在1956年仅仅是一个"工作假说"。

正如克里克在他的研讨会发言和《科学美国人》上的那篇文章中同时强调的那样，核酸参与蛋白质合成的直接证据来自不久前的两项研究：一个是英格拉姆发现的镰状细胞贫血的分子基础，另一个是当时已知以RNA为遗传物质的烟草花叶病毒的相关工作。1956年，加利福尼亚大学伯克利分校的生物化学家海因茨·弗伦克尔-康拉特（Heinz Fraenkel-Conrat）发现，可以将烟草花叶病毒的RNA和蛋白质成分分离，再将它们重组，组装出有功能的病毒。弗伦克尔-康拉特再接再厉，将一种烟草花叶病毒毒株的蛋白质与另一种毒株的RNA重组。他的研究发现，组装出的毒株增殖产生的病毒拥有RNA贡献方的典型蛋白质，从来不会出现蛋白质贡献方的蛋白质。在1957年的报告中，克里克描

---

① 美国遗传学家。——编者注

② 作者此处的原文是Steven Zamenhof，但根据能够查到的资料（包括其发表的论文），这名科学家的姓名事实上是Stephen Zamenhof，因此中文版改译为斯蒂芬·柴门霍夫。——编者注

述了这项发现，并总结说："病毒 RNA 似乎至少携带了一部分决定病毒蛋白质的信息。"[10] 克里克随即第一次阐明了信息这个词在遗传学中的准确含义："我这里所说的信息指的是蛋白质具体的氨基酸序列。"[11]

这不是香农所描述的信息——克里克指的不是一条特定消息中不确定性的数学度量。他讨论的是一些远远更为具体、直白、通俗易懂的东西：蛋白质中的氨基酸序列。一个基因以某种方式携带着可以产生特定氨基酸序列的密码，并且还能将密码传递给下一代。确保某种氨基酸出现在一种蛋白质中的信息是由构成基因的 DNA 的碱基序列来编码的。

之后，克里克再次给出了那个他近期一直在各大会议上推广的论断：决定蛋白质功能的关键信息只有氨基酸序列一项。虽然蛋白质的三维结构才是特异性和蛋白质无数功能的最终解释，但这些复杂的结构事实上蕴含于 DNA 的一维信息当中。克里克指出，蛋白质的三维结构不过是 DNA 的一维密码在蛋白质合成过程中的产物罢了。除了氨基酸序列，别的都不重要，而氨基酸序列又是由 DNA 分子的碱基序列——也就是遗传密码——决定的。根据克里克的说法，"氨基酸链当然可能有一种特殊的折叠机制，但更有可能的假说是，**折叠只是氨基酸序列的一项功能**"。[12] 克里克将这种观点称为序列假说：

> 最简单的形式是，它假设一段核酸的特异性完全由其碱基序列决定，并且这个序列是一个特定蛋白质的氨基酸序列的（简单）密码。看起来这个假说得到了相当广泛的认同。[13]

克里克或许觉得这个假说得到了"广泛的认同"，但也有很多科学家对克里克的观点深表怀疑。

1956 年 6 月，欧文·查加夫用他那标志性的尖酸刻薄、专唱反调的态度发出了抱怨，认为太多的关注被倾注到了核酸上。他仍然在思考，是否有一些 DNA 之外的东西赋予了蛋白质最终的形状：

> 很显然，序列不可能是生物学信息的唯一因子。即使写下整条多聚核苷酸的排序，也仍然欠缺第三个维度：这个分子集合执行其功能的三维结构，其中或许不只有大量核酸分子的参与，还有蛋白质，甚至可能有其他多聚化合物。[14]

另一名怀疑者是麦克法兰·伯内特。他刚刚出版了一本小书，名叫《酶、抗原和病毒：对大分子活动规律的研究》（*Enzyme, Antigen and Virus: A Study of Macromolecular Pattern in Action*）。伯内特的书给克里克留下了印象，因为在很多问题上它都与克里克立场相反。伯内特在书中宣称，设想核酸如何决定一条多肽序列的特异性“在当下是相当不可能的”。和查加夫一样，伯内特希望“给一些相关因子保留存在的可能性，可能是组蛋白，它提供了足够的复杂性，可以承载氨基酸序列所需的编码”，而不是完全依靠 DNA。[15] 就连科学界的领军人物们也秉持着这样的观点，认为蛋白质一定在遗传中发挥着根本性的作用。

问题部分在于，没有人确切地知道，一个细胞是如何将一段核酸序列转化成一团由氨基酸构成的蛋白质的。已经知道的是，蛋白质合成的主要步骤在细胞核周围的细胞质中进行。一方面，研究者知道 DNA 一直待在细胞核里，因此它明显没有直接参与蛋白质的合成过程。另一方面，RNA 以各种形态出现在整个细胞当中，显然与蛋白质的合成有关。事情看起来似乎是遗传的信息从 DNA 传到了 RNA，但不清楚这是如何进行的。同样不确定的是，氨基酸链是如何装配成蛋白质的，不过一种近期发现的微小结构似乎有所参与。这种结构被称为微粒体颗粒（microsomal particle），富含 RNA。1958 年一场会议上的非正式讨论让这些颗粒改名换姓，成了“核糖体”，也就是它们如今的名字。[16] 克里克演讲的几周前，哈佛大学的马伦·霍格兰（Mahlon Hoagland）和保罗·查美尼克（Paul Zamecnik）发现，如果将氨基酸进行放射性标记，整个细胞的蛋白质就会最终表现出放射性，这说明氨基酸被组装成了蛋白质。[17]不过在较短的一段时间内，只有核糖体会表现出放射性，这强烈说明，氨基酸必须穿过核糖体才能装配成蛋白质。[18]核糖体中的RNA似乎是蛋白质生成的确切位置。这便将DNA与RNA联系的本质，以及每个氨基酸是如何来到核糖体的这两个问题提到了台面上。

在报告中，克里克将自己的聪明头脑转向了这两个问题，公开描述了自己与布伦纳发展起来的一个想法：一定存在一类未知的，被他们称为转接器的小型分子，这些分子能够搜罗起全部20种氨基酸，并将它们带到核糖体，从而使蛋白质在那里被合成。最可能成立的假说是，每一种氨基酸对应一种转接器，转接器中含有一小段核酸——这是一小段遗传密码，能够与核糖体中的RNA模板相结合，就像DNA双螺旋两条链上相互配对的碱基一样。与此同时，在大西洋的彼岸，霍格兰和查美尼克正在分离一种后来被证明是克里克的转接器的物质——它最终被称为转运RNA或者tRNA——尽管他们对克里克的假说一无所知。[19]

为了将全部的推测汇聚成一个理论框架，克里克向听众们解释说，要理解蛋白质合成涉及的诸多过程，有三种途径——“能量流、物质流、信息流”。[20]克里克着眼的是最后一个，也是最难以捉摸、最激进的那个方面——信息流。在他的报告和同时刊登在《科学美国人》的文章中，克里克用了一个容易记住的术语来描述基因的一项基本特征：他概述了自己所谓的遗传学的“中心法则”（central dogma）。对于这条法则，克里克解释说：

> 信息（此处意味着一条决定单元序列的消息）一旦被输入一个蛋白质分子，就不会再转出，无法形成这个分子的拷贝，也无法影响一条核酸的构架。然而这个观点尚未被普遍接受。事实上，在近期出版的一本非常有趣的小书中，澳大利亚杰出的病毒学家麦克法兰·伯内特爵士颇有说服力地提出了另一种观点。[21]

基于已有的分子证据，克里克指出，日常可能发生的信息传递过程有 4 种：DNA → DNA（DNA 复制）、DNA → RNA（蛋白质合成的第一步）、RNA →蛋白质（蛋白质合成的第二步），以及 RNA → RNA（他预料会有这样的过程，因为存在像烟草花叶病毒这样的 RNA 病毒，它们既用 RNA 来储存信息，也用其合成蛋白质，并且能够自我复制）。克里克承认，还有两种信息传递过程想来是可能的，但还没有相关证据：DNA →蛋白质（如果蛋白质直接在 DNA 分子上合成的话，那么这样的过程就会发生，但这似乎不太可能），以及 RNA → DNA（没有相关证据，似乎也没有哪个生物学过程需要用到它，但从结构上来看，这并非不可能）。

关于遗传信息的传递，克里克和同侪认为有几个过程不可能发生：蛋白质→蛋白质（埃弗里、赫尔希、蔡斯等人的研究已经证明这是不可能的），蛋白质→ RNA，以及最关键的，蛋白质→ DNA。没有证据表明这些信息流中任何一种的存在，也没有任何靠谱的机制来解释氨基酸序列如何被翻译回 DNA 或者 RNA 密码。克里克后来写道："因此我决定稳妥起见，将［这些］信息传递过程不存在这一点也纳入这种新的分子生物学基本假定中。"[22] 这就是"中心法则"：信息一旦从 DNA 传至蛋白质，就无法从蛋白质流出，回到遗传密码了。

—A · C · G · T—

克里克第一次产生"中心法则"及其背后概念的想法是在 1956 年 10 月，他把这些想法记在了一组题为"关于蛋白质合成的想法"的笔记中。[23] 这些笔记没有被传阅——就连 RNA 领带俱乐部的成员们都没看过——但它们是接下来几个月中他与同事讨论以及个人思考的基础。在这些原始记录中，克里克用了一幅小小的示意图来展示自己的想法，不过在他的报告的两种版本的发表物中，都没有这幅图。

在原始笔记中，克里克先是玩笑般地用了"三合一学说"的说法

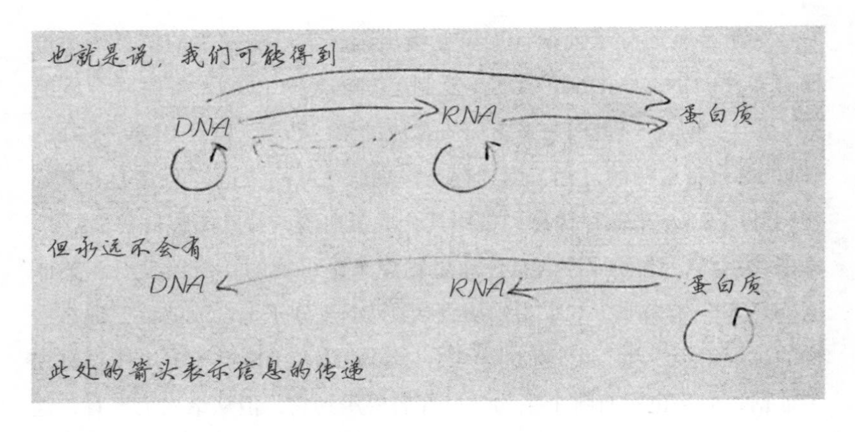

图 5　克里克最早勾勒出的“中心法则”，1956 年。引自 http://profiles.nlm.nih.gov/ps/access/SCBBFT.pdf

（“三”指的是 DNA、RNA 和蛋白质），但他很快就创造了一个更大气的术语——“中心法则”。从他 1957 年对这个思想的陈述明显可以看出，严格来讲这不是一个法则（一种不容置疑的基本信仰），而是一个假说，它并非基于任何先验的立场，而是单纯地基于现有的数据。克里克后来回忆道：

> 之所以把这种思想称作“中心法则”，我想有两个原因。在序列假说中我已经明确地用到了“假说”这个词，除此之外，我还想表明这个新的猜想更加核心，更加有力，我觉得这个名字可以强调其作为推测性理论的本质。然而结果是“法则”（dogma）这个词招来的麻烦几乎比它应得的还要多。多年后，雅克·莫诺（Jacques Monod）向我指出，看来我不懂“法则”这个词的正确用法，那是一种不容置疑的教条[①]。我对这个词含义的理解确实很模

① dogma 这个单词更普遍的意思是不容置疑、不容更改的教条，英文版中此处和下文的部分地方都暗含着这种意义上的双关。——编者注

糊，但由于我认为所有宗教信仰都没有什么严肃的基础，所以我以我自己的理解——而不是世界上大多数人的想法——使用了这个词，给一个尽管有可能，但仍然几乎没有任何直接实验证据的宏大假说命名。[24]

除了预言未来的实验结果外，克里克还在不经意间支持了 20 世纪生物学的两项核心准则。首先是奥古斯特·魏斯曼于 19 世纪 90 年代提出的一项猜测：动物体内含有两个完全分离的细胞系，一个致力于身体的发育（体细胞系），另一个致力于繁殖和遗传性状的传递（种细胞系）。（植物中不存在这样的区分。很明显，单细胞生命体中也没有。一些动物中也不存在。）根据魏斯曼的理论，这两种细胞不会发生相互作用。其结果是，动物后天所获得的影响体细胞系的任何性状，都不可能对种细胞系，或者说遗传，产生任何影响。如果用克里克的语言来表述，就是信息不能沿蛋白质→ DNA 的方向流动。

通过为魏斯曼的立场提供分子层面的基础，克里克还强化了原本就广泛存在，针对 19 世纪博物学家拉马克（以及达尔文①）提出的一个观点的反对意见。这一观点认为，一个生命体后天所获得的性状可以通过改变其遗传构成来影响后代。在魏斯曼的模型中，这种事情根本就没有发生的途径。20 世纪二三十年代，随着遗传学与演化论领域观点的融合，科学家看待自然选择驱动的演化的方式也开始改变，魏斯曼对细胞类型的划分成了所谓的新达尔文主义综合理论（neo-Darwinian synthesis）的一块基石。1957 年，克里克表达了与魏斯曼基本相同的观点，不过用的是最时新的语言，并且带着远更重要的意义，因为它适用

① 很多人认为达尔文的学说与拉马克的学说水火不容，实际不然。达尔文的自然选择学说解释的是遗传性状如何保留或淘汰（去向问题），而对于遗传性状如何产生（来源问题），他仍然接受的是拉马克“获得性遗传”的观点。——译者注

于所有生命体，不只是动物：信息一旦进入蛋白质，就再也出不来了，它无法回到 DNA 当中。虽然不是一条法则，但它也是一句掷地有声的断言。克里克后来回忆说："回想当年，我也很震惊……我们哪儿来的勇气，竟然胆敢宣告一条放之四海皆准的自然法则。"[25]

克里克并非有意要去支持新达尔文主义的立场——要是那样就真的很教条了。相反，他是在实验数据的基础上发展自己的观点，数据表明没有潜在的机制能让信息从蛋白质传递回 DNA。[26] 克里克后来回忆道：

> **没有人**试图从蛋白质序列回溯到核酸，因为完全就没这么回事。明白吧。不过我认为根本就没有人**探讨**过这件事。[27]

正如克里克在《科学美国人》和他的报告中解释的那样，面对麦克法兰·伯内特在《酶、抗原和病毒：对大分子活动规律的研究》中所持的颇为不同的立场，自己大受震撼。伯内特后来把这本书描述为"野心过大，非常糟糕"，这主要是因为在这本书的主题领域——抗体产生的机制——他很快就改变了自己的观点。[28] 不管这本书的价值何在，里面总归有一幅概述他的观点的示意图，而这幅图可能就是克里克构想的灵感来源。

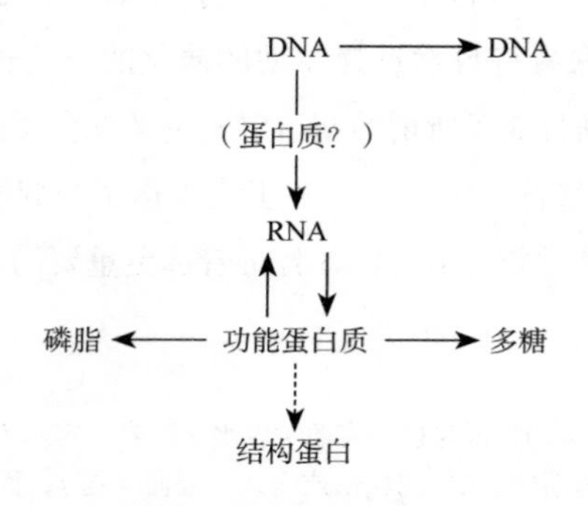

图 6　伯内特有关 DNA 到蛋白质的路径的观点，引自 Burnet（1956）

鉴于伯内特表示自己正在尝试将信息原理应用到细胞通信当中，我们应该注意，他图中的箭头并没有展示信息的流动，而是代表他所谓的特异化图样（一个相当模糊的概念，似乎是指某种类似特异性的东西）。在图注中，伯内特描述了这个体系如何“将一个介质中一种形式的编码信息传递给另一种介质，产生一种不同形式的编码”。[29] 除了赋予酶（在示意图中以“功能蛋白质”表示）全方位的重要性外，伯内特与克里克的观点的另一个主要不同是，基因的产物可以改变以 RNA 为形式的遗传消息。在伯内特的构想中，信息能够从蛋白质进入 RNA，并由此进入遗传信息的表达路径。虽然在克里克的口中，伯内特的观点是蛋白质能够影响 DNA，但这事实上并不是伯内特想表达的意思。伯内特对自己假说的解释很复杂，并且是基于他提出的一个流行于当时的模型。这个模型被用于解释身体如何产生种类繁多的不同分子，从而在免疫反应中被用于区分自身与外源物质。伯内特的观点是，外源的蛋白质，或者叫抗原，会通过与 RNA 结合促使身体产生一种特异性的抗体。这就是图中从“功能蛋白质”指向 RNA 的那个箭头的本质。[30] 不到三年，伯内特就摒弃了这个观点，转而支持自己新提出的，关于抗体如何产生的克隆选择理论。这是在他因病毒和免疫反应方面的工作获得诺贝尔生理学或医学奖一年以后的事情。

20 世纪 60 年代，克里克的“中心法则”被吉姆·沃森渲染成了真正的法则。在他编纂的教科书《基因分子生物学》（*Molecular Biology of the Gene*）中，沃森加入了法则的一个简化版本，将它转变成了布瓦万 1949 年首次概述，唐斯 1952 年再次提出的那种形式：DNA → RNA → 蛋白质。[31] 尽管可能性不太大，但克里克原本的观点并未排除信息从 RNA 传递到 DNA 的可能性。然而这个观点在很大程度上被遗忘了。克里克夸张且招致误解的用词最终伤及了他的目的——在一些科学家看来，“中心法则”成了一种教条，而不仅仅是一个假说。[32]

—A · C · G · T—

和伯内特一样，克里克后来批评起了自己的工作。在自传中，克里克将“论蛋白质的合成”形容为“一场兼具好观点和坏观点，真知灼见和无稽之谈的报告”。[33] 与伯内特类似的是，克里克的自我批评着眼的是蛋白质合成机制中那些被他搞错的细节。从宏观来看，克里克无懈可击。而且在一个具体的领域中，他和伯内特都颇具远见卓识。虽然伯内特和克里克都不是演化生物学家，但他们对演化影响遗传信息的方式都有深刻的见解，这种见解在今天仍然成立。在 1957 年的报告中，克里克把注意力指向了当时已被测序，来自不止一种生命体的几种蛋白质，并做出了一次思维上的飞跃，这最终改变了我们研究演化的方式：

> 生物学家们应该认识到，不久后就会出现一个可以称为“蛋白质分类学”的学科，研究的是一种生命体的蛋白质的氨基酸序列，以及物种之间序列的比较。可以说，这些序列是一个生命体的表型的最为精细的表达，关于演化的巨量信息可能就隐藏在它们当中。[34]

克里克是对的。今天，来自遥远历史的蛋白质片段，比如霸王龙的一点点胶原蛋白，可以被用来研究演化。[35]

伯内特对演化生物学的贡献没那么显眼，却同样深刻。在《酶、抗原和病毒：对大分子活动规律的研究》的字里行间，伯内特将沃森和克里克提出的遗传密码模型——核酸中 4 种碱基的序列与近乎无穷无尽的蛋白质结构之间的关系——形容为“稍稍有些不令人满意”。[36] 至于“不令人满意”到底指的是什么——除了遗传密码尚未被破解之外——伯内特并没有解释。相反，在对一个普通细胞中的 DNA 含量做了一些快捷粗略的计算后，他提出了一个难题。假设一个人类细胞含有 40 000 个基因，每个基因由 3 000 个碱基构成，那也仅占一个人类细胞核中预估 DNA 含量的 1%。这便引出了一个新问题：剩下的 99% 是做什么用的？[37] 虽然伯内特基因的平均长度为 3 000 个碱基的猜测完全没有根据（事实上，基因往往比这长得多），但他的问题却完全站得住脚——我们细胞中的很多 DNA 似乎是完全没有用处的。直到 20 世纪 70 年代，当科学界清楚地意识到这的确是个问题时，伯内特的见解已经被遗忘很久了。

无论是其蕴含的思想还是使用的语言，克里克 1957 年的报告和与之相伴的文章都产生了极大的影响力。克里克的理论框架——从信息流的角度看待基因和蛋白质——很快被科学界接受了，成了理解细胞基础生理过程的方式。可能有人会觉得，伴随这项变革而来的，将是研究者一窝蜂地把信息理论应用在分子生物学领域——克里克所说的信息一定会被人用香农和维纳的公式来研究。事实上，在克里克提出“中心法则”这一思想的同时，事情便开始明显起来，信息理论不会引发生物学的巨变。

—A · C · G · T—

1942 年，在阿巴拉契亚山脉橡树岭附近的一块高地上，3 000 名在那里工作和生活的居民被美国政府命令搬离他们的家园。一年之内，美国政府就在原址上修建了一座小城，致力于生产武器级的铀和钚，这是原子弹制造工程的一部分。这项绝密工作花费了 10 亿美元，数千名工作者参与其中。战后，橡树岭国家实验室着眼于开发核反应堆，生产用于医药和科研的放射性同位素，偶尔还有诸如建造核动力飞行器这样疯狂的计划。实验室中设立了新的研究组，包括一个研究辐射效应的生物学分部和一个数学与计算分部，后者配备了最新的冯·诺伊曼计算机，以分析橡树岭国家实验室获得的数据。橡树岭的研究者们有着广泛的科学兴趣。1950 年，一些人组织了一场有关核酸化学性质的会议，正是在这场会议上，查加夫论证了 DNA 并非一种单调的分子。

1956年10月末，继亨利·夸斯特勒1952年组织的会议后，橡树岭国家实验室的科学家举办了一场有关信息理论与生物学的关联的研讨会。研讨会由参与过曼哈顿计划的物理学家休伯特·尤基（Hubert Yockey）主持，会议名称为“健康物理学与放射生物学中的信息理论研讨会”，会上有半数发言都着眼于辐射和衰老如何影响生物组织和生理过程。[38]其他一些报告则雄心勃勃地尝试为肝再生中的负反馈找到证据，或是研究了蛋白质合成和信息传递在鸡胚发育过程中的作用，但没有人得出任何真正的结论。身处秋高气爽的阿巴拉契亚山脉当中，与会者讨论的主要话题与将信息理论应用到遗传密码上有关。伽莫夫和伊格斯参会了，但他们是研究密码的圈子中仅有的与会成员——那些涉身其中，试图破解密码的实验家们都没来。

尤基的开场四平八稳，他概述了自己所谓的编码链：蛋白质的特异性由氨基酸的排序来编码，氨基酸又由碱基对的顺序来编码，而这又表明存在一种能从4种“字母”（A、C、G和T）翻译出20种“单词”（氨基酸）的密码。之后，带着一名理论家不受制于实验实际结果的自信，尤基指出，破解遗传密码不是生物学家的难题，而是数学家的：

> 因此，循着这些纯生物学，又或许是生物化学问题的逻辑顺序，我们就直接抵达了一个纯粹的数学问题。[39]

尤基声称，“本文的核心观点很大程度上独立于沃森和克里克的论文中所包含的数据”——他似乎是想提出，编码问题与生物化学的现实没有必然的联系。不过他还是大胆地宣称，“信息理论将在生物学中发挥与热力学定律在物理和化学中发挥的类似作用”。[40]

伽莫夫和伊格斯没有这么乐观。伊格斯考察了蛋白质中的信息含量，将其作为一段文本来处理，并采用了密码学的技术来破解其背后的遗传密码。令伊格斯黯然的是，蛋白质分子在组织和长度上没有明显的一致性。他大胆尝试通过 RNA 的多样性来预测蛋白质的多样性，却不幸失败了。[41] 在与伊格斯合作的一篇论文中，伽莫夫总结了从沃森和克里克的工作中衍生而来的关于基因功能的分子模型，但最终也只能老调重弹地表达自己的信念：随着更多的蛋白质序列为研究者所知晓，“这个问题将以某种方式得到解决”。伽莫夫能够想出的破解遗传密码的唯一方式，是继续将它视为一道数学难题。用足够的才智去不断探究，答案就终将浮出水面。

与此相反，那些直接涉足信息理论研究的与会科学家却开始质疑，从信息的角度出发到底是不是解决生物学问题的正确方法，并试图借此撼动香农原创性观点中的一些要点。众所周知，香农并不热衷于将自己的思想应用于严格意义上的通信领域之外的其他地方。亨利·夸斯特勒是 1952 年那场会议的组织者，并且在思想上推动了香农的理念在生物学中的应用。他反对这些批评观点，理由是信息理论是研究生物学的一个合适的工具：生物系统涉及控制，控制有赖于通信，而通信则需要信息。这条简洁的总结符合控制论的思想，却也带来了另一个问题：含义。

控制论的关键在于，在决定一个系统的运作方式时，某些信号——例如负反馈——的重要性大于其他信号。含义曾是香农深恶痛绝的一个词，他坚持认为，要让自己的理论充分发挥效力，就必须在完全抽象的层面上去思考信息。但在生物学体系中，含义似乎是无法回避的。在 1953 年的一场控制论领域的会议上，这曾是哲学家耶霍舒亚·巴尔-希勒尔（Yehoshua Bar-Hillel）① 展示的一篇批判性很强的论文聚焦的问题。[42] 在 1956 年的橡树岭会议上，物理学家勒罗伊·奥根斯汀（Leroy Augenstine）接过了话锋，他指出，并非所有“比特”的信息都同等重

① 以色列哲学家、数学家、语言学家，机器翻译、形式语言学等领域的先驱。——编者注

要——它们的含义和语境都必须纳入考虑：

> 很可能的是，1比特具有潜在结构性意义的信息并不总是传递出等量的信息。相反，传递的效率取决于其被度量时所处的环境……某种程度上，这种差异类似于以下两种判定在难度上的差别：判定一个字符是0还是1，以及决定一个人是否应该结婚！[43]

要理解消息，信息理论家们需要的不只是比特，他们必须将语境和含义引入自己的运算当中。夸斯特勒用两个人对话的例子来强调了这一难题。乍看上去，在一场对话当中，信息是通过词句来传递的。这是毫无疑问的，但其中还牵涉了很多其他的要素，比如从各种各样可能存在的同义表达中选取特定的词汇、语气语调、说话的时机、声音的大小等等。将所有这些可能包含信息的层面都一一甄别似乎是不可能的。一个看似简单的信息传递的例子实际上极为复杂。夸斯特勒总结说："在这样的情况下，要对信息含量做出精准、明确、不容争辩的度量，显然断无希望。"[44]

在分子层面上，也遇到了类似的问题。勒罗伊·奥根斯汀的观点是，在任何化学通信的系统中，计算信息量都是徒劳的，因为"分子表面潜藏的信息中，只有一小部分在信息传递时得到了积极的利用"。[45]夸斯特勒随后对这种情况做了总结，这一总结削弱了信息是一种严格客观的量化指标这一思想的影响力："信息的应用是相对而非绝对的。因此，与给定的一组生物学实体相关的任何信息度量都将不仅取决于这组实体本身，还取决于进行估测的科学家。"[46]显得匪夷所思的是，潜在信息如此过剩反而使研究者几乎不可能将信息的概念应用于生物学的背景当中。正如夸斯特勒所说的那样：

> 每一种结构，每一种过程，都有其包含信息的一面，可以与

信息的功能相关联。在这种情况下，信息理论的领域是无所不包的——就是说，信息分析可以被应用到一切事物。问题只是在于，什么样的应用才算有用。[47]

夸斯特勒意识到，像这样对信息原理有实用价值的应用，实打实的例子事实上不仅少而且还互不关联。研讨会结束后，一小群与会者在晚上碰面，讨论了他们的感受。略带沮丧的夸斯特勒总结了大家普遍的感觉：

信息理论……至今还没有产出太多成果。它尚未引导研究者发现新的事实，在已知事实上的应用也没有得到严格的实验检验。目前，要确切可靠地判定信息理论在生物学中的价值是不可能的。[48]

如果信息理论的几位大人物都无法确定它的用处，那么正如伽莫夫所指出的那样，通过把它简单地应用到蛋白质序列上来破解遗传密码，这种想法似乎就不太可能成功。

生物学家们同样对信息理论的用处表示怀疑。动物学家 J. Z. 杨（J. Z. Young）曾在 1950 年的里思讲座上对信息大谈特谈，他在 1954 年探究了这个领域并总结道：

尽管学界对信息理论在生物学上的应用有诸多讨论，但对于应该将这种类比置于何种地位，以及这项理论究竟有何用途，目前仍然存在着相当大的不确定性。[49]

1955 年，乔舒亚 · 莱德伯格和冯 · 诺伊曼开始了一段时间的书信往来，两人探讨了冯 · 诺伊曼的自我复制自动机模型与有关生命起源的众多理论的相似性。他们很快意识到，双方都没有理解对方所说的“信息”指的是什么，莱德伯格最终得出结论，这是因为他们“在不同的层面上”思考。莱德伯格指出，对于生物学家来说，“复杂生命体的繁殖以及在演化上的巧夺天工是不言自明的”——他们感兴趣的是这样一个系统的运作方式的细节。然而作为逻辑学家的冯·诺伊曼则是在“为繁殖的一个普适原理寻求基础”——这远远更加抽象，而且或许与生物学完全没有关联。总结了冯·诺伊曼的观点后，莱德伯格坦承，他“没法下定论说它们可以在遗传分析中发挥作用”。虽然两人约定了要见面进一步深聊这个问题，但冯·诺伊曼的观点并没有对莱德伯格的生物学思想产生什么明显的影响。[50]

麦克法兰·伯内特在撰写《酶、抗原和病毒：对大分子活动规律的研究》时遇到了类似的困难。他解释说：

> 在开始构思这本专著时，我是想尝试去发展某种东西，类似一套可以应用在普通生物学概念中的通信原理。然而，对于信息理论中那些已经得到长足发展的概念，严格来说，目前我还没有发现任何真正的应用。[51]

伯内特将自己失败的主要原因归结为，“对于严格意义上的信息理论如何能被应用于生物学，目前只是勾画出了最整体的轮廓”。

J. Z. 杨则想通了，他不赞成将生命体视作香农的简单传输线的例子，而是倾向于将其看作某种更像计算机的东西来思考，并由此解决了这个问题。[52] 在 1959 年实验生物学会一个关于“生物学中的模型”的研讨会上，布里斯托尔大学的心理学家弗兰克·乔治（Frank George）也探讨了这种类比。乔治的观点是，控制论主要的贡献在于类比和隐喻，尤其是“反馈的核心要义——生命体可以由此被比作非生命的系统，并以相同的方式加以描述”。但乔治并没有使用一种基于信息理论的手段，而是认为“适当按需稍加调整，计算机的类比就会是一个很好的类比，而且完全可以被检验”。[53] 这种模糊的隐喻，无论它看似多么可检验，都已经远远偏离了维纳和香农的公式的严格约束。

与此同时，麻省理工学院的电气工程师皮特·伊莱亚斯（Pete Elias）试图从密码、通信和控制论等领域去理解信息理论在过去 10 年间的诸多变迁方式。虽然伊莱亚斯相信香农的思想与电子通信的相关性，但在将信息理论扩展到包括生物学在内的其他领域这个问题上，他和香农一样不是很确定。1958 年，伊莱亚斯恳求他的理论家同行，不要随随便便地将信息理论应用于其他学科。[54] 一年后，伊莱亚斯表达了自己对用信息理论去理解化学特异性的怀疑。他指出，在这个领域中，信息“要么被用作一种讨论纯组合学问题的语言，要么是作为一串实用的统计数字，但是……［信息的使用并不］具备任何编码上的意义，无法表明对信息的处理是必要或者独特的”。伊莱亚斯甚至更加不屑于将信息理论应用于遗传密码。“虽然信息的思想或许在这里有用，”他写道，“但似乎也不太可能是不可或缺的。”[55] 一个共识逐渐开始形成了，尽管既没有拥趸和死忠，也没有人公开宣扬：将信息理论应用于生物学中——即使是遗传密码中——就算不是不可能，也是很困难的。

但有个独一份的例外：1961 年，日本理论种群遗传学家木村资生发表了一篇题为《作为适应性演化中遗传信息积累过程的自然选择》（Natural Selection as the Process of Accumulating Genetic Information in Adaptive Evolution）的论文。在一个遗传密码的确切本质尚不清楚的时代写作，木村便着眼于一个基因形态（“等位基因”）通过自然选择被另一个所取代的过程（这正是演化的理论定义），以此揭示了遗传信息产生的方式。木村用一些并不太可靠的数据做了一个估算，他的结论是，从寒武纪生命大爆发至今，见证了大多数动物类群出现的约 5.4 亿年间，在通向高等哺乳动物的动物支系中，总共积累了 10^8 比特的遗传信息。

有意思的是，木村指出，人类的染色体可能包含大约 10^{10} 比特的信息，因此他得出结论，要么是遗传密码有高度的冗余性，要么就是我们积累起的遗传信息只是我们的染色体能够储存的信息量的一小部分。现在我们知道，人类基因组包含约 3×10^9 个碱基，也就是木村估测量的三分之一。不考虑木村的计算可靠与否，他的两个解释都是正确的，他也将自己职业生涯所余的大部分时间花在了尝试去理解基因组作为一个整体的演化，而这似乎并不是自然选择直接塑造的结果。①

无论信息的引申含义在分子遗传学中发挥了何等基础的作用，也无论它在克里克的“中心法则”中处于多么关键的地位，1956 年的橡树岭会议都是信息理论在生物学中影响力的终结。到此时，还在关注生物学问题的控制论研究者都转而研究精神病学和人类行为了，而这些问题很可能是最不容易产出重要成果的研究，因为它们太复杂了。[56] 神经生理学家沃伦·麦卡洛克在 1942 年听过维纳讲解他那篇关于“行为、目的和目的论”的论文，但他拒绝了 1956 年橡树岭会议的邀请，他认为，关于信息——也包括基因——在生物系统中的真正栖身之所，此时尚不确定：

> 对于信息理论是否得到了恰当的调整，使其足以适应生物学问题的复杂性，我持怀疑态度。除非用最粗略的方式，否则如果我们想在目前的状态下应用这一理论，就需要把遗传学中的密码破解得一清二楚，像我们对中枢神经系统做的那样。[57]

---

① 木村资生是奠定现代演化理论最重要的科学家之一，确立了随机演化在生物演化过程中的主要地位。大多数突变所产生的等位基因是中性的，并不会明显降低或提升生命体的环境适应性，这些等位基因的出现频率会在漫长而缓慢的演化过程中随机波动。与之相对，只有少数突变产生的，能直接影响生命体适应性的等位基因才会表现出自然选择的效应，但它发挥作用的速度更快，更容易被观察到。——译者注

如果仅有香农和维纳的那些复杂公式，生物学密码是不会吐露自己的秘密的。研究者还需要实验，而非理论。10 多年间，信息理论和控制论这两项理论手段令研究者们陶醉，并向大众展示了一种看待世界的新方式的前景，使人着迷，它们将生物学与正在渗入社会方方面面，不断高涨的电子设备浪潮联系了起来，从战争到工作，无所不包。但最终，这两项理论似乎都没有导致任何实实在在的结果。研究者没有通过信息理论或者控制论的发展建立起新的学科——没有出现新的交叉学科刊物，没有研究机构，没有年会，没有聚焦于这一领域的新的经费来源。[58]

这并不意味着控制论和信息理论对生物学的发展和遗传密码的破解没有产生影响。两者都造成了一些影响，不过并非以它们的研究者所希望的方式。1961 年，马蒂纳斯·伊格斯承认，"在实践当中……并未对信息理论做过明确，尤其是量化的应用"。[59] 与此相反，正如 1956 会议闭幕时与会者建议的那样，伊格斯认为，生物学家"更倾向于用半量化的方式使用信息理论"，将它作为一种隐喻。[60] 在这个隐喻的形态下——在数学家和哲学家的眼中很模糊，很不精准，令人抓狂，但对于生物学家来说却极为有力——信息开始主宰关于遗传密码及其含义的讨论，直到今天。虽然控制论的这个研究团体此时已经分崩离析，但在科学家理解基因功能以及遗传密码的意涵方面，这个群体的根本思想确实在那些激进的新观点的发展过程中扮演了重要的角色。这要归功于一些受控制论方法影响的巴黎研究者的工作。

第 9 章

如何控制一个酶？

1947 年夏天，法国细菌学家雅克·莫诺造访了冷泉港实验室，马克斯·德尔布吕克关于噬菌体遗传学的培训课程正在那里如火如荼地进行。莫诺相貌英俊，活泼外向，额头宽阔，浓密的头发向后梳成了背头，二战中他还参加过法国抵抗组织，是一个魅力四射的人物。[1] 莫诺后来回忆道，在听其中一场讲座的时候，听众前排有一个“矮胖的男人”，看上去睡着了。在莫诺眼中，这个人“圆脸蛋，肥肚皮，看着就像一个抠门的意大利水果小贩在自己的店门口打盹儿一样”。[2]

这个“水果小贩”是物理学家利奥·西拉德，那个在 1929 年将信息与熵联系起来的人。1933 年，这名逃离希特勒之手的犹太难民提出了核链式反应的想法，并在 6 年后与爱因斯坦共同署名，给罗斯福总统写了一封信，呼吁美国研发核武器。这则动议催生了曼哈顿计划，而西拉德也大量地参与其中。但在德国于 1945 年 5 月投降后，西拉德和其他众多参与曼哈顿计划的物理学家一样，内心发生了深刻的动摇，竭力反对用原子弹打击日本。在广岛和长崎被摧毁后，西拉德便远离了物理学。人到中年，他决定研究生物学，并且很快发现，自己的兴趣与莫诺不谋而合。[3]

莫诺想要弄明白，细菌在被放到不同类型的食物上时会有何反应：从 1900 年起，研究者便知道，细菌能够开始产生一种酶，这种酶可以分解一种特定的糖，即使它们此前从未接触过这种食物。这个现象在当时被称为酶适应，没人知道它是如何运作的，细菌似乎能感觉到在特定的环境中生存需要什么。除了本身很有趣之外，对于任何感兴趣于研究蛋白质合成时基因的确切功能的人来说，酶适应现象都是一个极有吸引力的系统，因为它为研究者提供了一个在可控条件下开启这一过程的工具。

当西拉德和莫诺在冷泉港实验室被人相互引荐时，莫诺惊讶地发现，西拉德读过他的所有论文。西拉德接连提出了几个“不同寻常、令人震撼、近乎找碴”的问题，这让这个法国人不知所措，却也欣喜于这位新朋友的知识和志趣。[4] 1954年，西拉德遇见了莫诺未来的同事，弗朗索瓦·雅各布，会面的结果一模一样。雅各布后来回忆道：

> 我们第一次碰面是在美国的一次学术讨论会上，他领着我去了一个角落，询问了我的工作。我的每次回应都被他打断，他将我的回答改头换面，去适应他自己的风格，去强迫我说他听得懂的话，去用他的词汇、他的表达。他仔细地将每一条回答都记在了一个笔记本里。最后，他说：“在这儿签个字！”两年后，另一次碰面时，他问我：“你几个月前跟我说的东西还对吗？”然后他记录道：“还对！”[5]

莫诺对酶适应的研究聚焦于生长在乳糖上的细菌如何能够合成一种可以分解乳糖的酶，这种酶叫β-半乳糖苷酶。事实证明，要弄清这个反应很难：莫诺和他的团队发现，其他不能被β-半乳糖苷酶分解的糖，却发挥着β-半乳糖苷酶的诱导物质的作用。这意味着，即使在没有乳糖存在时，细菌还是会产生β-半乳糖苷酶，但由于没有乳糖，所以这种酶无法行使其功能。[6] 由于这个令人困惑的结果——细菌可以被诱导产生看似无用的酶——酶适应这个术语被抛弃，换成了一个更加中性的词，诱导。① 从 1953 年起，这些蛋白质便被称为诱导酶。[7] 整个情况很快变得更加让人迷惑：几年内，莫诺就创造了一些变异的菌株，正如不同的诱导物可以导致同一种酶的产生，同一种诱导物——乳糖——也可以诱导产生不同的酶。新的数据没有让诱导变得更简单，而是更复杂了。

—A · C · G · T—

克里克 1957 年的“中心法则”报告强调，破解遗传密码的竞赛与理解蛋白质合成的努力是密切相关的。虽然莫诺和西拉德都未涉足于密码的问题，但他们都确信，对细菌的研究可以增进对基因主要功能——赋予细胞产生蛋白质的能力——的认识，从而为基因发挥功能的方式提供见解。在 1952 年的一次会议上，西拉德和他芝加哥大学的同行阿龙 · 诺维克（Aaron Novick）描述了他们关于蛋白质合成调控的假说，着眼于细胞如何知道何时停止合成一种特定的氨基酸：“每一种氨基酸的浓度上升，都会以某种方式抑制这种氨基酸的合成过程中各个步骤的反应速率。”[8] 随着某种特定的氨基酸产生得越来越多，其合成的速率就会慢下来。诺维克和西拉德认为，蛋白质合成涉及一个负反馈的信息环，就像维纳几年前研究的那些控制论设备中出现的那样。

1954 年，西拉德向莫诺解释了自己的观点。这名法国人后来承认，他觉得这是“一项相当令人震惊的总结”，而且并不认同。这种反应挺令人惊讶的，因为就在一年前，莫诺的研究发现，某些酶的生物合成过程会受其终产物的抑制—— 一个负反馈环——但他无法解释自己的发现。[9] 莫诺花了几年才意识到自己的发现的重要意义。到 20 世纪 50 年

---

① 这是 Cohn *et al.* (1953b) 给出的解释，正是他提出了这项术语变更。历史学者们则认为，这项变更可能源于莫诺对李森科的说法的高调反对，后者认为，生命体能够通过直接改变自己的遗传组成来适应新的环境。虽然这有可能正确，但没有直接证据的支持。

代末，西拉德的观点很大程度上融入了莫诺的思想，并最终影响了我们对基因功能的理解。

其他科学家同样在关注细菌的蛋白质合成，并且摸索着走向了与诺维克和西拉德同样的解读。1954 年，加利福尼亚大学伯克利分校的理查德·耶茨（Richard Yates）和亚瑟·帕迪（Arthur Pardee）描述了一项对大肠杆菌中尿嘧啶和胞嘧啶生物合成的研究。他们发现，一旦嘧啶开始出现在细胞当中，它们的存在就会导致生物合成反应链中酶水平的下降。他们 1956 年的实验报道总结道：

> 由自己的终产物来抑制，看起来是细胞中的一种常见的调控机制。[10]

虽然耶茨和帕迪明显描述了一个负反馈的机制，但他们却只是在文章的标题中用了“反馈”的说法，而除了断言这样的系统在细胞中广泛存在之外，他们没有更多地探讨这个问题。大约与此同时，哈佛医学院的埃德温·昂巴杰（Edwin Umbarger）用负反馈阐释了一项针对大肠杆菌的研究，在这项研究中，一条生物合成路径中的终产物的存在抑制了它自身的合成。1956 年，昂巴杰在《科学》杂志上发表了一篇论文，其开头的陈述显示了维纳的控制论对人称分子生物学家的新一代科学家们的影响：

> 得益于自动化近来的发展，工业上开始使用一些机器，这些机器足以完成某些近似人类活动的操作。和生命体一样，在内部调节的机器中，各种过程是由一个或多个反馈环调控的，这些反馈环会防止过程中的任一阶段走向灾难性的极端。在一只活动物身上所有级别的组织架构中，这种反馈调控的结果都可以观察到。[11]

对昂巴杰来说，细菌的生物合成过程这个相对简单的系统提供了一个机会，可以探究负反馈中涉及的分子机制。他确信自己所描述的例子——异亮氨酸的生物合成——只是众多案例中的一个。

尽管所有这些研究者对有关蛋白质合成运作方式的思想转变都有贡献，但将反馈与遗传信息联系起来，改变了我们对生命和遗传密码的看法的人，还是新成立的巴黎团队——雅各布和莫诺。

莫诺意识到，要想完全理解蛋白质合成，他需要一位遗传学家的帮助，于是他联系了一位在巴黎的巴斯德研究所工作的同行，弗朗索瓦·雅各布。雅各布，一位于 1940 年参加了戴高乐的“自由法国”运动，并曾在诺曼底登陆后受过重伤的内科医生，在 1950 年加入了巴斯德研究所安德烈·利沃夫的实验室，研究噬菌体和它们的单细胞寄主之间的相互作用。[12] 雅各布有丰富的细菌遗传学技能和对哲学的广泛兴趣，莫诺则更加偏重生物化学的研究手段，同时对存在主义感兴趣，两人形成了完美的互补。合作造就了一对才华卓越的搭档，可以与沃森和克里克相媲美，而说到为全世界的青年研究者树立榜样，在某些方面犹有过之——克里克本人将其称为“伟大的合作”。[13]

雅各布和莫诺的合作研究始于 1957 年，地点在巴黎市中心，巴斯德研究所阁楼里一间被戏称为“鸽子笼”的实验室。雅各布此前在和埃利·沃尔曼（Élie Wollman）① 研究细菌交配（“接合生殖”）如何影响噬菌体病毒的生长，而和莫诺在一起，他现在是用接合生殖探究细菌中诱导现象的遗传学基础。1957 年底和 1958 年初，他们与研究所的众多美国访客之一——亚瑟·帕迪共同开展了这些实验。这些研究很快便被广泛地称为帕雅莫实验（帕迪、雅各布和莫诺），甚至被更口语化地叫作帕雅玛（甚至还有皮雅玛）。[14]

帕迪于 1957 年 9 月抵达巴黎，之后便开始研究雅各布和莫诺的一

---

① 法国著名遗传学家。——编者注

个细菌变异体如何对诱导做出响应。[15] 正常的细菌能够通过产生 β-半乳糖苷酶来消化乳糖。这些细胞被称为 lac$^+$——lac 是乳糖（lactose）的缩写，指的是细菌染色体①上的一个区域，其中有参与这一复杂现象的几个基因，“+”则表示这是正常型，也叫野生型。变异的细菌——被称为 lac$^-$——无法在乳糖上生长，除非通过与一个 lac$^+$ 个体交配从而获得相关的基因。帕迪的研究显示，当产生 β-半乳糖苷酶的 z$^+$ 基因被转移进一个 lac$^-$ 个体中时，它在几分钟内就具有了活性。这表明，有一个片刻不停的化学信号从转入的基因直接传递到了宿主细胞的蛋白质合成系统里。在此后一年左右的时间里，巴黎研究组开始聚焦于这种神秘信使分子的本质，他们称之为 X。[16]

帕雅莫实验同样探究了在没有外源诱导分子时继续产生 β-半乳糖苷酶的细菌。这些被称为构成性菌株，因为它们产生酶作为自己基本结构的一部分。似乎有一个叫作 *i* 的基因参与其中：i$^+$ 细菌可以被诱导，而 i$^-$ 个体则是构成性的（这个系统还涉及另一个基因 *y*，它调控着一种允许乳糖进入细胞的酶——通透酶的活动）。在研究组探索 *i* 基因和允许细菌产生 β-半乳糖苷酶的 *z* 基因间的相互作用时，有意思的地方来了。当帕迪将 i$^+$ 和 z$^+$ 基因双双转入携带 i$^-$ 和 z$^-$ 基因型的细菌中时，细菌起初会产生高水平的构成性 β-半乳糖苷酶，这表明 z$^+$ 基因在活动。但接下来发生了奇怪的现象：β-半乳糖苷酶的产量骤然下降了。i$^+$ 基因似乎开始抑制 z$^+$ 基因的活动了。[17] 在外行人的眼中，这一组复杂的结果看上去要么令人困惑，要么无聊乏味，也可能是两者兼有。但雅各布和莫诺对这些数据所做的事情——他们解读这些数据的方式——却改变了我们对基因功能的理解。

这种新的生命观向前迈出第一步是在 1958 年初，利奥·西拉德当

① 此处应为作者笔误，细菌的 DNA 不会形成染色体。作者指的是细菌的 DNA 分子。——译者注

时正在巡游各大实验室，分享自己的蛋白质合成负反馈模型，此刻他来到了巴黎。[18] 5 年前，西拉德曾对莫诺提出，诱导或许可以解释为一种形式的负反馈。此时他又提出了一种烧脑的观点，在更复杂的层面上表达了这种思想。他说，或许，“诱导可以被某种抗抑制因子所影响，而不是被某种抗诱导因子所抑制”？[19] 西拉德提出的观点在于，诱导可能是通过细菌细胞内一种在正常状态下抑制酶产生的分子（抑制因子）停止活动而得以进行的。其效果有点像松开刹车。这可以被理解为一个负负得正的例子，或者如莫诺在他 1965 年的诺贝尔奖讲座中说的那样，一个“双重欺骗”。[20]

这个观点不是西拉德自己想出来的。1957 年 4 月，细菌学家沃纳·马斯（Werner Maas）曾经在芝加哥做过一次报告，西拉德当时在场。正在研究可诱导酶的马斯提出了这样的假说：

> 在被加入一个生长中的菌落时，提升一种酶的产量的诱导物质之所以能做到这一点，可能是因为细胞中存在某种抑制物，而诱导物所做的可能仅仅是阻止某些酶发挥作用。[21]

马斯后来讲述道，听及此处，西拉德“对这个假说如获至宝……并且变得十分激动”。[22] 西拉德想要直接发表这个观点，但马斯拒绝了，因为他没有证据支持。与此同时，耶鲁大学的亨利·福格尔（Henry Vogel）投稿了一篇论文，他在文中指出，一个共同的理论框架就能同时理解诱导现象和生物合成中的负反馈抑制——它们都涉及福格尔所称的调节分子。[23] 虽然马斯的抑制物观点和福格尔的调节分子理论框架都基于蛋白质，而不是基因间的相互作用，但调节和抑制的思想已经伸手可及。

等到西拉德在不到一年后来到巴黎时，他已经想得很透彻了，诱导很可能不是一个正向效应，而是一个“去抑制”的过程。巴黎研究组受到了这种说法的启发，他们在发表帕雅莫实验结果的第一篇论文中简要地概括了这一概念（1958 年 5 月发表在一本法国期刊上，这一概念在文中被描述为一个“乍一看很令人惊讶的假说”），之后在雅各布 1958 年 6 月的一次报告中又再次提及了这一概念。虽然巴黎团队已经准备好将这个观点公之于世，但他们尚未用实验去验证这个假说，也不确定它能否跨出细菌遗传学的小小天地，揭示出什么普世通行的内涵。[24]

据雅各布后来回忆，那个决定性的时刻出现在 1958 年 7 月下旬一个星期天的下午。同事们都在休假，而他则和妻子利斯（Lise）一起留在巴黎，准备一场将要在纽约做的报告，报告的主题是噬菌体病毒如何劫持寄主的遗传部门。雅各布干不进去活，就和妻子一起去了电影院。电影也看不进去，于是他闭上了眼睛。突然，“一个念头闪过”，他意识到，自己所思考的两个实验——帕雅莫实验和他自己与埃利·沃尔曼关于噬菌体繁殖的实验——在根本上其实是相同的。此时他明白了，它们当中都包含通过直接影响 DNA 来调节基因活性的过程。对于认识到这两个困难重重的实验的相通之处，雅各布后来这样描述那段近乎奇幻的经历：

> 一样的情况。一样的结果。一样的结论。在两件事情中，都有一个基因控制着一种细胞质产物，一种阻断其他基因的抑制物的生成，从而要么阻止半乳糖苷酶的合成，要么阻止病毒的复制……抑制物要在哪里发挥作用，才能立刻停止一切？唯一简单，唯一不牵涉一连串复杂假说的答案是：在 DNA 本身上！……这些假说仍然很粗糙，仍然是大致的轮廓，构想并不完善，就这样在我的脑海中交缠。它们几乎还没有浮现，我便能感到一股强烈的喜悦袭来，一种狂野的快乐。还有一种力量感，浑身是劲儿。就好像我在爬山，登上了一座顶峰，辽远的景色一览无余。我不再感到平庸，甚至觉得自己不是凡人。我需要空气。我需要走一走。[25]

一个多月以后，雅各布才得以将他的见解分享给了莫诺。当两人于 1958 年 9 月终于见面时，莫诺起初并不信服。两个实验间的关联很牵强，而抑制物直接作用于 DNA 的观点则显得很荒诞。基因此前被视为纯净且抽象的实体，稳坐在细胞的后台，被动地储存着信息，仅此而已——如莫诺后来所说，它们被认为“像银河物质一样”看不见摸不着。[26] 根据雅各布的新观点，基因密切地参与着现实中庞杂纷乱的细胞过程。在成周累月越来越激烈的争论和循环往复的实验中，雅各布和莫诺探究着他们的思想，通过创造新的突变体并预测它们在模型正确的情况下会有何行为来验证一个个假说。按照雅各布后来的回忆，他们的讨论“全速运行，时常爆发出简短的反驳，就像一场乒乓球比赛”。随着他们在黑板上龙飞凤舞，模型和它所预测的结果开始变得越发清晰。[27] 他们使用的语言也发生了改变。

莫诺开始用信息传递的概念来描述基因的功能，他明确地接受了控制论的思维，将蛋白质的合成描述为调控的来龙去脉。1958 年底，莫诺开始和华盛顿大学的梅尔文·科恩（Melvin Cohn）共同撰写一本题为《酶的控制论论文集》（*Essays in Enzyme Cybernetics*）的书，他思想上的转变在这本书的写作计划中体现得最为清晰。[28] 虽然这个项目从未完成，但它的存在本身就说明了很多事情。埃弗吕西和沃森 6 年前戏耍《自然》杂志编辑的那个略带讽刺的玩笑成真了：控制论被用来理解生物学了。这不是在反映某种时兴的潮流，而是一个解读能力强大的手段，在理解生物学过程上具备实实在在的优势。然而，和信息理论一样，用到的是控制论的总体理论框架，而不是精确的数学细节。对生物学家们来说，控制论成了一个类比，一种隐喻，一种用控制流和信息流的概念思考生命的方式，一种思考基因如何运转的方式。

雅各布用了一个军事上的类比来解释他和莫诺发现的基因“回路”，不知不觉中回到了维纳在研究防空火控的过程中初次认识到的反馈的作用：

我们将这个回路视为由两个基因构成：一个细胞质信号——也就是抑制物——的传递基因和接收基因。在没有诱导物时，这个回路会阻断半乳糖苷酶的合成。因此，每个让其中一个基因失去活性的突变，其结果都一定是组成性合成①。这很像地面的一台发射器向一架轰炸机发送信号："不可投弹。不可投弹。"如果发射器或者接收器坏了，那么飞机就会扔下炸弹。但如果有两台发射器和两架轰炸机，情况就变了。破坏一台发射器不会有效果，因为另一台会继续发出信号。然而破坏一台接收器，就会导致有轰炸机投弹，不过只有接收器坏了的那架会投。[29]

几个月后，莫诺在德国做了一场报告，更加精细入微地描述了这个模型，并套用了信息和控制当中的词汇："可以想象一下，z 位点包含与半乳糖苷酶的蛋白质结构相关的遗传信息，而 i 位点则决定了这个信息在什么条件下才有可能被传递到细胞质中去。"莫诺含蓄地表达了自己的观点，认为"一个基因一个酶"的思想——诞生还不到 20 年——无法解释蛋白质合成复杂的现实情况。相反，他提出可能有两类基因存在：一种是结构基因，包含合成蛋白质所必需的信息；另一种是调节基因，通过合成一种阻止结构基因表达的特异性抑制物，来决定信息何时被使用。[30]

1959 年 3 月，帕雅莫实验最后一个版本的结果被投递到了一份新创的学术期刊，期刊的刊名就像是这门新兴学科的一份宣言：《分子生物学报》(*Journal of Molecular Biology*)。在这篇比初始的法语版本更进一步的论文中，三名作者承认自己"在与利奥 · 西拉德教授富有启发性的探讨中获益良多"。论文展示了实验中多如牛毛的细节，概述了抑制物假说，提出了这是蛋白质合成的一个通用模型，并说明了其与弗朗索瓦 · 雅各布和埃利 · 沃尔曼的噬菌体研究的相似之处。最重要的

---

① 此处指抑制物脱离 DNA，基因可以发挥功能，合成相应的蛋白质。——译者注

是，他们强调了自己无法回答的两个点：抑制物的本质为何，以及它如何发挥作用。[31] 随着对这些问题的探究，雅各布和莫诺改变了研究者在谈论和思考基因以及它们——包括它们包含的密码——的功能时所使用的词汇。

—A·C·G·T—

20世纪50年代的大部分时间里，科学家们都对“基因”这个词感到无所适从。1952年，在格拉斯哥工作的意大利遗传学家圭多·蓬泰科尔沃（Guido Pontecorvo）强调指出，这个词存在四种不同的定义，它们都常常被科学家们使用，有时还相互矛盾。基因可以指染色体中一个自我复制的部分、染色体中表现出突变的最小部分、生理活动的单元，最后还有基因最早的定义——遗传特征向下传递的单元。[32] 对于基因是否能被继续视为染色体中边界清晰的一个部分，蓬泰科尔沃表示怀疑，他转而提出，最好将它视为一种过程，因此基因只应该被用来描述生理活动的单元。

虽然蓬泰科尔沃的建议没有被采纳，但科学家们还是认识到了这个问题。在1956年6月举办于约翰斯·霍普金斯大学的“遗传的化学基础”研讨会上，关于用词和概念的辩论仍在继续。此时，所有生命体的所有基因都由DNA构成，沃森和克里克的双螺旋结构是正确的，这两点已经被学界作为工作假说普遍接受。乔舒亚·莱德伯格非常拘泥于术语，他宣扬着“‘基因’已经不再是确切论述中的有用术语”这一暴论。[33] 要是知道这个词在半个多世纪以后仍在被使用，他无疑会万分惊讶。同一场会议上，西摩·本泽（Seymour Benzer）① 提出了一个解决办法：

---

① 著名分子生物学家、行为遗传学家，一项重大科学贡献是使用果蝇作为模式生物，发现了很多控制行为的基因，比如控制昼夜节律的基因，这方面的发现最终使杰弗里·霍尔（他也是本泽的学生）、迈克尔·罗斯巴什和迈克尔·杨于2017年获诺贝尔生理学或医学奖（此时本泽已去世）。——编者注

“基因”这个词一度被用来描述遗传重组、突变以及功能的单元，这种传统用法已经无法满足需要了，这些单元需要分别被定义。[34]

从1954年起，本泽就在研究基因的结构，着眼于T4噬菌体病毒的*r*II遗传区间。[35]今天回过头来看，值得注意的是，在1956年的会议上，本泽仍然在T4遗传物质的本质问题上左右逢源：他在此时准备说的不过是，在这种病毒中，DNA“看起来携带着遗传信息”。[36]本泽筛选了这种病毒DNA的*r*II区间的数百个突变体，做了数千次杂交，观察它们是否属于同一个功能单元，并由此构建出一张极为详细的遗传图谱，精确到每一对核苷酸。就像卢瑟福通过20世纪初在曼彻斯特大学的工作揭示了原子具有内部结构一样，本泽也揭示了基因不是不可分割的单一单元。[37]不同于绳线串珠式的传统基因图像，本泽将基因视为DNA的一维延伸，将它剖析至分子水平，就可以揭示它的秘密。他发现，基因并非所有部分都是均一的——有些区域更倾向于自发地产生突变，不同区域的突变的效果也不同。在DNA测序技术发展出来之前很久，本泽一马当先，艰苦卓绝的研究就已经说明了基因具有内部结构。

在这项工作的基础上，本泽提出了很多新词汇，聚焦于基因实际上的行为：基因重组的单元是“重组子”，突变的最小单元是“突变子”，行使功能的单元是“顺反子”。①虽然只有“顺反子”一度被学界保留并通用（它现在也渐渐式微，快要无人问津了），但本泽在分子层面上重新思考基因的努力却影响深远。本泽的方法在当时广受赞誉——在约翰斯·霍普金斯的研讨会上，乔治·比德尔将它形容为“非常漂亮的

---

① 本泽后来回忆道，在1956年的会议上，他对术语的选择遭到了一名法国遗传学家的批评：“在约翰斯·霍普金斯那个会上，我被埃利·沃尔曼刁难了，他说这些名字都太倒霉了，因为不太好翻译成法语——顺反子（cistron）听着像柠檬，突变子（muton）听着像绵羊，重组子（recon）是句脏话。[大笑]但这名字我提都提了，那就坚持用吧。[大笑]沃尔曼多少有点不爽。”（Benzer, 1991, p. 51）

工作”——推动了沃森和克里克对结构的见解与传统遗传学手段的融合，开创了分子遗传学这门新学科。[38]

这个新领域在1957年又迎来了生力军，这是两名博士生，马修·梅塞尔森（Matthew Meselson）和弗兰克·斯塔尔（Frank Stahl），他们做出了曾被形容为“生物学中最美的实验”的研究。[39] 由双螺旋结构衍生出来的其中一个问题是，DNA分子如何复制自己。双链上碱基对的互补性表明，细胞将两条链各用作一个模板，去创造两个相同的双螺旋，但它的运行方式仍不清楚。还是在本泽发言的1956年约翰斯·霍普金斯会议上，马克斯·德尔布吕克概述了DNA复制的三种模型：“保留式”，初始DNA双螺旋保持原样，然后被整个复制成一个全新的分子；“半保留式”，每个分子有一条链被复制，产生两个子代分子，每个当中包含一条旧链和一条新链（这是沃森和克里克提出的模型）；还有一种是德尔布吕克倾向的观点，“弥散”复制，每条DNA链被东一块西一块地复制，然后重新拼合起来，产生两个双螺旋，其中每条链都由旧链和新链混合组成。[40] 梅塞尔森和斯塔尔设计这个实验的目的，就是要分辨这三种假说。

两人于1954年开始筹划这个实验。他们决定用氮的一种重同位素（^{15}N，常规的氮原子的原子质量是14）来区别初始链和拷贝链。氮是DNA成分中的一种重要原子，因此，用^{15}N合成的DNA就会比用^{14}N合成的略重。在三年的预实验之后，他们将大肠杆菌在富含^{15}N的培养基上培养了几代，由此创造出了一个DNA所含的氮是^{15}N的菌株。接下来，他们把这些细菌转移到含有正常的^{14}N的培养基上，允许它们繁殖几轮，然后提取其DNA。梅塞尔森和斯塔尔随后将样品在超速离心机里以每分钟44 700转离心了20小时——任何含有^{14}N的双螺旋在离心管中的最终位置都会与含有^{15}N的双螺旋不同，很简单，因为它们更轻。

结果非常清楚。细菌在一轮繁殖中只会将它们的DNA拷贝一次，在这之后，有两种 DNA 被检测到：一个由初始的含 ^{15}N 的 DNA 构成的重条带，还有一个由既含 ^{14}N 又含 ^{15}N 的 DNA 构成的稍轻的条带。这说明“保守型”复制不对，因为这个模型的预估结果是新合成的 DNA 分子中只含有 ^{14}N。接下来的一步是决定性的：如果允许细菌再繁殖一轮，就会出现一个由只含 ^{14}N 的 DNA 构成的，更轻的新条带。这些分子一定是通过拷贝第一轮复制后产生的一整条含 ^{14}N 的 DNA 链产生的。这说明沃森和克里克是对的，而德尔布吕克错了：DNA 复制是“半保留”的，最可能的情况是，每条链都同时被作为整体复制，产生新的子代分子。

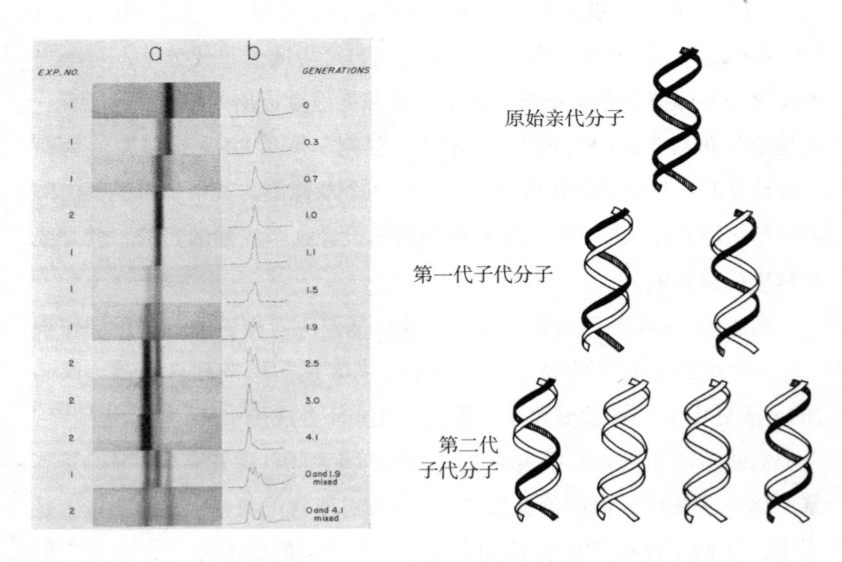

图 7　梅塞尔森和斯塔尔 1958 年论文中的插图。左图：两次相同实验（1 和 2）得到的 DNA，以条带（左侧）和峰图（右侧）显示。最初只有含 ^{15}N 的 DNA。随着细菌在富含 ^{14}N 的培养基上繁殖，两种更轻的形态出现了，其中一个在一代以后出现，另一个则在两代以后出现。等到第 4 代时，多数 DNA 已经是最轻的型了。右图：梅塞尔森和斯塔尔的阐释。在每一轮繁殖中，细菌 DNA 都会用 ^{14}N 基质中的氮来复制。一代以后，每个 DNA 双螺旋都由一条新的 ^{14}N 链和一条旧的 ^{15}N 链构成，在第二代中，一些分子完全由富含 ^{14}N 的 DNA 构成，因此就又轻了一些

梅塞尔森和斯塔尔这个优美而精准的实验解决了 DNA 复制的棘手难题，从而给 DNA 双螺旋结构的重要意义下了定论。在终结分子生物学一个历史阶段的同时，它又开启了另一个新阶段，它表明，DNA 分子——由此也推及它们所包含的基因——可以用最新的分析技术来探究。

由此，20 世纪 50 年代后期的三项研究为未来指明了道路：梅塞尔森和斯塔尔证明 DNA 可以被标记并逐代追踪，本泽那一丝不苟的工作揭示了通过探索最细微的组分来探查基因的分子结构是可能的，而英格拉姆的发现——血红蛋白基因的镰状细胞突变会改变单个氨基酸——则提醒我们，遗传密码的内在本质或许是可以触及的。

—A · C · G · T—

甚至在 1961 年最终描述他们有关基因功能的观点之前，雅各布和莫诺的工作就促成了一项重要发现。1960 年的耶稣受难日，包括克里克和雅各布在内的一小群研究者聚集在剑桥大学国王学院西德尼 · 布伦纳的房间里，这算得上是在前一日伦敦的大会之后开的一场“会后”小会。虽然剑桥研究组和巴黎研究组之间秉持着非常友好的态度，但他们说的话却并不完全在一个频道上。根据布伦纳后来的回忆：“你看，巴黎人感兴趣的是调控。我们感兴趣的主要是密码。所以我们的手段有一点点不一样。”[41] 但是在那一天，雅各布解释了来自巴黎的最新成果，于是这两种手段突然就融合起来了。他重点介绍了一个令人困惑的现象：让细菌能够产生 β–半乳糖苷酶的 z^+ 基因是如何做到在被转入 z^- 细胞后不久便合成出如此多的这种酶的。巴黎研究组简单思考了可能的原因，其中之一是，基因合成了一批非常高效的核糖体，这些核糖体又以很高的速率生产着酶。但根据雅各布的解释，帕迪近期刚做了一个实验，它表明 z^+ 基因并不产生任何稳定的物质，只会产生一种过渡性质很强的信息传递分子。

“这时，”克里克后来回忆说，“布伦纳大叫一声——他看到答案了。”[42] 对于接下来的几分钟，雅各布有绘声绘色的描述：

> 弗朗西斯和西德尼一跃而起，开始连比画带说，情绪激昂，语似连珠地争论起来。弗朗西斯面红耳赤，西德尼剑眉倒竖。两个人是顶着牛地说，几乎嚷了起来。他们都在尝试堵住对方的话头，好把自己突然想到的东西讲给对方听。这些都发生在一瞬之间，我的英语水平完全跟不上。[43]

那一刻，克里克和布伦纳都意识到，帕雅莫实验中的信息传递分子能够解释各大研究组近期的一类研究结果。这些研究表明，在噬菌体繁殖过程的特定时间点上，会产生一种短寿命形态的 RNA。这种 RNA 和噬菌体 DNA 具有相同的 A：G 碱基比例，说明它是从噬菌体复制来的，并且不同于寄主细胞中出现的核糖体 RNA。这种短暂存在的 RNA 可能就是巴黎研究组在假说中提出的神秘的信息传递物质，剑桥的两人立刻就捕捉到了这一点。这会让核糖体成为细胞中一个不活跃的结构——克里克将它形容为一个读取头，就像录音机中的那种。[44] 雅各布和莫诺在那年秋天将这种 RNA 称为信使 RNA（很快就缩写成了 mRNA），它是一条从 DNA 复制信息，并将信息搬运到核糖体去的“磁带”，核糖体接下来会读取它的信息，并依照指令来生产适当的蛋白质。

雅各布和布伦纳立刻开始计划如何检验这一假说。那天晚上，爱聚会的克里克夫妇举办了一场派对。雅各布清楚地记得当时的场面：

> 那是一场英伦氛围浓厚的晚会，剑桥的精英们汇聚于此，美女如云，桌子上供应各色饮品，放着流行音乐。不过西德尼和我太忙也太兴奋了，没有积极参与到庆祝中去……这么精彩又热闹的一场聚会，这么多人围在我们身边，聊天的、叫喊的、大笑的、唱歌的、跳

> 舞的，我们很难从里面脱出身来。可是在被挤到一张仿如荒岛的小桌子旁后，我们找到了自己的兴奋节拍，继续讨论我们的新模型和实验的准备工作……欣喜的西德尼将算式和图表写满了好几页纸。弗朗西斯有时会探过头来，解释一下我们应该做什么。我们俩时不时会有一个出去搞点饮料和三明治，然后我们的二人转就又开始了。[45]

雅各布和布伦纳提出的实验需要用到梅塞尔森在加州理工学院的超速离心机，以此判断噬菌体的侵染是导致了新核糖体的产生，还是如他们所预料，产生了一种新的过渡形式的RNA，直接用旧核糖体来将它的信息转化成蛋白质。在加利福尼亚，雅各布、布伦纳和梅塞尔森不停地调整实验条件，紧锣密鼓地忙了一个月，终于把实验做成了。正如他们所期待的，没有新的核糖体出现。相反，从噬菌体DNA上复制而来的RNA与寄主细菌体内早已存在的旧核糖体联系在了一起。其他研究者也在沿着相同的道路探索。这年秋天，在听说了来自加利福尼亚的第一份结果后，吉姆·沃森告诉这三人，他在哈佛大学的研究组也在研究一些类似的东西。与此同时，马蒂纳斯·伊格斯声称，酵母同样会产生一种不稳定的RNA，A：G的比例也与酵母的DNA相同，这说明它是从酵母的染色体复制来的。[46]

1961年5月，在沃森研究组用不同的技术得到了相似的发现，想与三人同时发表而造成了些许耽搁之后，布伦纳、雅各布和梅塞尔森的论文发表在了《自然》杂志上，同刊上还有沃森实验室的论文。[47]正如布伦纳这篇论文的标题指出的那样，他们发现了“从基因携带信息到核糖体以合成蛋白质的一种不稳定媒介”。这个媒介就是信使RNA。DNA如何输出遗传信息的故事完整了。①

---

① 尽管这项发现很重要，但参与的人都没有获得诺贝尔奖。可能单纯是因为有太多人具备同等的获奖资格了——一项诺贝尔奖的共同获奖者不能超过三人。

—A·C·G·T—

1961 年，雅各布和莫诺因为三项关于蛋白质合成的有力工作得以青史留名，他们总结并发展了自己关于基因调控的本质的观点，其中的热情、优雅和活力至今仍令大多数科研论文汗颜。首先，他们在《分子生物学报》上发表了一篇长综述（这篇论文投稿于 1960 年 12 月，刊登于翌年 5 月）。接着，1961 年 6 月，在主要聚焦负反馈和抑制案例的冷泉港实验室“细胞的调控机制”研讨会上，他们先是为自己的综述拿出了一个数据更为丰富的版本，然后又由莫诺对他们的方法的重要意义做了总结，为大会闭幕。[48] 这三篇论文加在一起被引用了超过 5 500 次——多于沃森和克里克关于 DNA 双螺旋结构的论文。

在 1961 年的综述里，雅各布和莫诺将他们之前用法语和德语发表的一系列不起眼的论文中的观点整合了起来，在这些论文中，基因被根据功能分为两个类型。他们先写的是传统认知中编码蛋白质的结构基因，接着又描述了自己在细菌中发现的那种调控基因。最终，他们有关基因的实际功能以及遗传密码含义的观点被置于了信息和控制的框架之下：

> 让我们假设一个基因中包含的 DNA 信息是描述一个蛋白质结构的充分且必要条件。于是，在促进或者抑制蛋白质合成的选择效应上，结构基因本身之外的因素就必须被描述为控制结构性信息从基因到蛋白质的传递速率的操作。[49]

文章将基因的活动描述为涉及调控机制，并指出一种诱导物“会以某种方式加快信息从基因向蛋白质传递的速度”。抑制的作用是阻止酶的合成，但它的方式与耶茨和帕迪，或者诺维克和西拉德描述的负反馈环都不相同。传统意义上的负反馈涉及一种反应的终产物通过某种蛋白质与蛋白质的相互作用减缓这个反应的过程。根据雅各布和莫诺的说法，发挥抑制物作用的因子是被他们称为调控基因的另一个基因的产物（RNA 或蛋白质）：

> 一个调控基因不会为它所控制的蛋白质贡献结构性的信息。一个调控基因的特异性产物是一种存在于细胞质中的物质，会阻止信息从一个（或数个）结构基因传递到蛋白质。与传统意义上的结构基因不同，一个调控基因可能控制着好几种不同蛋白质的合成："一个基因一个蛋白质"的法则不适用于它。[50]

抑制和诱导都是由调控基因控制的。

雅各布和莫诺还揭示了寄主对病毒侵染的反应是由调控基因控制的，这将细菌的遗传学与噬菌体的世界联系了起来，并且表明其中有一个同样适用于其他生命体的基础过程在运转。他们最终给出了一个解释基因如何协作的理论框架，结构基因和调控基因作为一个个生理单元在框架下相互作用。他们给自己的发现取了一个名字："这个**协同表达的遗传单元**应当被称为'操纵子'。"[51] 雅各布和莫诺的观点在于，操纵子是达尔文演化理论中的一种适应：构成操纵子的多个基因被选择到一起，以完成某项工作。

随着信使 RNA 被发现，蛋白质合成的机制变得更加清晰了。最重要的是，基因如今已经不再只被视作能够产生蛋白质，而是还会控制一个协作单元——操纵子中的其他基因的活动。此时尚不清楚的是，抑制物是由 RNA 还是蛋白质构成（他们倾向于 RNA 这个选项，但最终揭晓的答案表明，在这个特定的案例中，不是 RNA），以及它是直接作用于操纵基因（operator gene）的 DNA 还是作用于它的 RNA 产物。

对于自己发现遗传调控这件事的意义，雅各布和莫诺心知肚明。正如他们指出的那样，生命最核心的一个奥秘是细胞为何不一直表达它们的全部基因，而是会分化，变成具有不同功能的不同结构。他们关于基因调控的思想提供了一把我们至今仍在应用和探索的概念钥匙。他们同样意识到，在解释正常发育的同时，基因调控还能为癌症提供见解。他们写道："恶性肿瘤完全可以被描述为一个或多个生长调控系统的崩溃，这种崩溃的根源是遗传这一点几乎是不容置疑的。"[52]

他们文章的结论转变了我们对基因功能的看法，将他们复杂的研究发现置于了一个融合了分子遗传学、控制论和计算机技术的创新性理论框架中，而这又在不知不觉间呼应了薛定谔"基因是建筑师的蓝图，

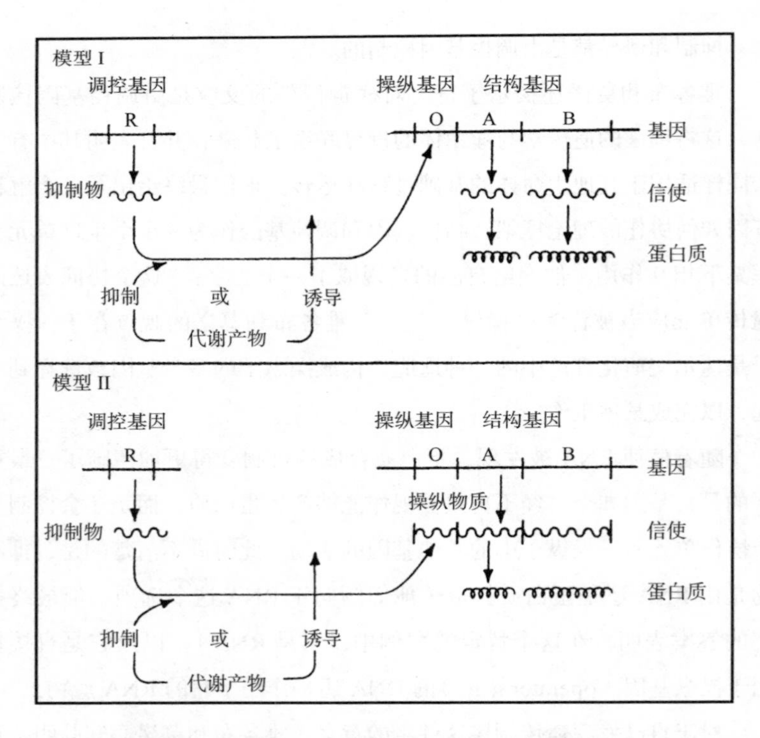

图 8　雅各布和莫诺的操纵子模型。在上面的模型中，基因调控是通过 RNA 来实现的；在下面的版本中，则是通过蛋白质来实现的。引自 Jacob and Monod (1961a)

也是建筑工人的技艺——集两者于一身”的观点。雅各布和莫诺写道：

> 根据严格结构性的概念，基因组被认为是制造一个个细胞组件的分子蓝图的综合体，彼此独立。然而在执行这些方案时，协作显然有着绝对的生存价值。调控基因、操纵基因，以及结构基因活性的抑制性调控的发现表明，基因组不只拥有一系列蓝图，还有一套相互协调的蛋白质合成程序以及控制其执行的手段。[53]

雅各布和莫诺指出，基因不单纯是一堆蓝图。相反，它们包含决定基因表达的物质和时间格局的程序，并且还能与环境相互作用。这项论断是时隔20年后对薛定谔理论见解的证明，从此为生物学定下了基调。

在1961年6月的冷泉港实验室会议上，莫诺指出，调控基因的发现还表明了一种改天换地的新型遗传学存在的可能性：

> 用于核转移的过硬技术，结合对可能存在的诱导或抑制因子的系统性研究，再分离出调控基因突变的个体，可想而知，在遗传-生化水平上对细胞分化现象进行实验分析的道路也许就此打通了。[54]

直到几十年后，这一对基因操纵的远见才得以成为现实，但最终，它让操纵生命体的基因和理解像癌症这样的疾病成为可能，从而改变了生物学和医学的形态。

操纵子的发现和基因调控的思想既是运气和慧眼的复杂结晶，也是大量辛勤工作的结果。为了纪念发现操纵子50周年，雅各布写了一段关于他和莫诺如何做出此项发现的生动描述，让我们得以管中窥豹，了解参与这样一个过程是一种怎样的感受：

我们的突破是“夜猫子科研”的成果：这是对大自然的一场跌跌撞撞、信马由缰的探索，它一半靠直觉，一半靠“日间科研”那种冷冰冰、循规蹈矩的逻辑。[55]

在 2013 年为雅各布写的讣告中，马克·普塔什尼（Mark Ptashne）①以一种相似的笔触展现了那段让雅各布和莫诺大彻大悟的三年工作的艰苦卓绝，描写了鲜有科学家有幸与之共度的一段经历：

在抑制物的发现中，雅各布和他的同事们起到的作用没有人们想象的那么大——这个事物让互不相干的现象有了一个相通的解释，被一种相似的深层现实联系了起来。[56]

—A · C · G · T—

虽然 1961 年的冷泉港研讨会的主要焦点是基因调控，但莫诺和布伦纳还是稍有触及编码问题。学界近期刚发现了信使 RNA，这让布伦纳很乐观，觉得很快就会出现一项突破。尽管没有任何真正的进展，莫诺仍然信心满满地指出，阐明 DNA 序列与蛋白质序列的关系（共线性）近在眼前。[57] 在这些简短的讨论期间，来自马里兰州国立卫生研究院的戈登·汤姆金斯（Gordon Tomkins）静静地坐着，一言不发，虽然他当时一定快要憋炸了。汤姆金斯跟房间里的每个人都不一样，确切地说，是跟这个星球上的其他所有人都不一样，他知道遗传密码在三周前已经被破解了。他是世界上第一个听到这个消息的人，发过誓要保守秘密。在这个闷热的礼堂中，没有其他人知道遗传密码被破解了。事实上，对于做出这一发现的两位研究者，其他人连听都没听说过。

① 美国著名分子生物学家，曾任哈佛大学生物化学和分子生物学系主任，并获拉斯克基础医学奖等著名奖项。——编者注

第 10 章

圈外人上场

1961 年 5 月 27 日是个星期六，这天凌晨 3 点，海因里希·马特伊（Heinrich Matthaei）开始了生物学历史上一场至关重要的实验。马特伊是国立卫生研究院——位于马里兰州的贝塞斯达——马歇尔·尼伦伯格（Marshall Nirenberg）实验室的一名研究人员，32 岁，来自德国，正是他即将破解遗传密码。马特伊正和只比他大两岁的生物化学家尼伦伯格一起，在试管中研究蛋白质的合成。时值深夜，他拿起自己的蛋白质合成混合体系，向不同的试管中加入了两种带放射性标记的氨基酸，苯丙氨酸和酪氨酸，然后又引入了一条仅由一种碱基——尿嘧啶（U，替代的是 T 在 DNA 中的位置）——构成的长长的人工合成 RNA。因此，这条 RNA 分子读作"UUUUUUUU……"，并且被称为多聚（U）。马特伊要看的是哪一种放射性标记的氨基酸会被多聚（U）变成蛋白质链，并希望借此读出遗传密码的第一个"单词"。无论一组密码用的是一个、两个、三个、四个还是更多的碱基都没关系：试管中"无细胞"（cell-free）[①] 的蛋白质合成体系都能读取其中的信息。

当实验室的领导戈登·汤姆金斯在上午 9:00 左右走进实验室时，马特伊已经有答案了。试管中产生了带有放射性的蛋白质，由苯丙氨酸

---

① 指这个体系中没有完整的活细胞，只有细胞的一些组分。——编者注

构成。这必然意味着几个U的组合编码的是苯丙氨酸。1961年5月27日，海因里希·马特伊读出了生命之书的第一个“单词”。

—A·C·G·T—

尼伦伯格和马特伊的发现彻底改变了对遗传密码的研究，这既是因为它的成功，也是因为它使用了一种打破常规的手段。在这次突破之前，破解密码的征途已经显出了山穷水尽之势。1959年，在布鲁克黑文实验室举行的一场会议上，克里克总结了他所谓的“编码问题的现状”。他将对编码的研究分为三个阶段：模糊阶段（截至1954年）、乐观阶段（由伽莫夫开启）和克里克称之为“迷茫阶段”的“现状”。[1]

迷茫是因为众多的理论模型都吻合不上越发复杂的实验发现。举个例子，一项针对19种不同细菌的研究表明，其DNA中碱基的比例大不相同，但RNA和氨基酸的构成却基本相似。[2]克里克为这项发现概括出了几种“没有吸引力”的解释，包括遗传密码可能并非通用，或者一个生命体中的DNA可能只有一部分编码蛋白质，另一部分“没有意义”云云。不过克里克却很乐观，他和布伦纳一直在尝试创造病毒突变体，好让自己能理解遗传密码。这种方法在1960年夏天得到了助力。加利福尼亚大学伯克利分校的海因茨·弗伦克尔-康拉特当时描述了烟草花叶病毒的氨基酸序列，并开始制造突变体，寄希望于能观察到氨基酸的变化。虽然这种方法要花很长时间，也尚未提供关于密码的任何实际见解，但媒体产生了兴趣，开始铺天盖地地宣扬密码不久将被破解的论调。1960年5月，《时代》周刊刊登了两篇关于这个话题的文章：第一篇的题目是《逼近谜团》，而第二篇则宣称弗伦克尔-康拉特的工作代表了“遗传学的罗塞塔石碑”。

与此同时，仍然有数学家相信仅靠思考就可能破解密码。就在马特伊完成这项决定性实验的6周前，纽约举办了一场“生命科学中的数学问题”的研讨会，马克斯·德尔布吕克和亚历克斯·里奇这样的分子生物学家也有参加。其中一名发言者是来自喷气推进实验室——位于帕萨迪纳——的数学家所罗门·戈洛姆（Solomon Golomb），他之前和德尔布吕克一起工作过。戈洛姆描述了各种各样与实际的遗传密码可能对应的理论构想，然后总结道："来看看吧，最终答案有多少会在实验派发现之前就被数学家们提出来，这会很有意思。"[3] 答案花了接下来 7 年左右的时间才彻底揭晓，但结果很干脆：一点也没有。

由于完全是圈外人，与过去 8 年间拼命想解决编码问题的任何研究组都没有关联，尼伦伯格和马特伊解决编码问题所用的前卫的实验方法显得尤为可圈可点。他们不是剑桥、哈佛、巴黎，这个到目前为止做出了所有主要发现的金三角的一员。[4] 尼伦伯格实在太没有名气，连参加 1961 年 6 月冷泉港会议的申请都被拒掉了。讽刺的是，当分子生物学的圣贤们在对遗传密码侃侃而谈时，尼伦伯格和马特伊正在破解它。

—A · C · G · T—

在尼伦伯格早期的职业履历中，没有一样表明他会成为那个破解遗传密码的人。1951 年，他通过研究石蛾的生物学获得了理学硕士学位。之后，他更换课题，读了一个生物化学博士。接下来，在华盛顿特区西北方向几英里①之外的贝塞斯达，他在国立关节炎和代谢疾病研究所（国立卫生研究院的一部分）做了两年博士后。在弗朗索瓦·雅各布和乔舒亚·莱德伯格双双拒绝了他的工作申请后，尼伦伯格成了国立卫生研究院贝塞斯达代谢酶分部的一名生物化学研究人员。他的上级是颇具个人魅力的爵士乐发烧友戈登·汤姆金斯，后者时年 35 岁，几乎没比尼伦伯格大多少。

在贝塞斯达的最初几年，尼伦伯格尝试过诱导一种叫作青霉素酶的酶在蜡样芽孢杆菌中的合成。尼伦伯格保留了详细的实验笔记，记

---

① 1 英里 ≈1 609 米。——编者注

下了自己的思路和想法，这让后人可以对他设计实验方法的思路有一些了解。[5] 这些笔记表明，在最终得出结果之前，尼伦伯格已经为自己破解遗传密码的革命性方法思考超过两年了。1958 年 11 月末，他描述了自己在试管中进行蛋白质合成的想法，并概述了自己想要实施的理想实验：

> 要解开编码的问题，不用把多核苷酸合成得特别长。30 个核苷酸和等量的 AA① 很可能就够了。**就能破解生命密码！**[6]

尼伦伯格的方法脱胎于保罗·查美尼克和塞韦罗·奥乔亚（Severo Ochoa）实验室近期的研究成果。20 世纪 50 年代初，查美尼克取得了一项非常了不起的技术成就：在试管中实现蛋白质的合成。查美尼克的“无细胞”体系基于的是大鼠肝脏细胞的内含物，并用放射性标记的氨基酸来证明新合成了蛋白质。[7] 尼伦伯格方法中的第二个要素来自出生于西班牙的塞韦罗·奥乔亚的研究。他在纽约工作，并因为发现多核苷酸磷酸化酶（polynucleotide phosphorylase）—— 一种参与 RNA 代谢的酶——获得了 1959 年的诺贝尔生理学或医学奖。[8] 分离出多核苷酸磷酸化酶意味着奥乔亚能够通过将这种酶与 RNA 的 4 种碱基一同温育来创造人工合成的 RNA 分子。要确定这些核苷酸的排列顺序是不可能的，但创造一条只由一种碱基构成的 RNA 分子——被称为多聚（A）、多聚（U）等——要相对简单一些。

对多数人来说，用这种反自然的分子能做什么并不是显而易见的事情——任何细胞中都未曾观察到过这样的东西——但尼伦伯格却瞥见了机遇。尼伦伯格很聪明，也很幸运：奥乔亚正在和贝塞斯达生物化学分部的领导利昂·赫佩尔（Leon Heppel）一起合成多聚（A）、多聚（U）

---

① 指氨基酸（amino acid）。——编者注

等物质。赫佩尔的实验室也开始与贝塞斯达的另一位研究者玛克辛·辛格（Maxine Singer）①合作，产出人工合成的RNA分子。[9]尼伦伯格发现，世界上仅有两个地方在制造这些自然界中不存在的RNA链，而自己正身处其中之一。

尼伦伯格想要立刻攻关遗传密码问题，这种想法可以理解，但即便如此，他还是尽量将注意力聚焦在自己该做的研究上。他在1959年春天的一条实验笔记中提醒自己："我主要的目标不是攻克蛋白质的合成，而是做好研究酶诱导的一切准备。"[10]在1960年春天美国实验生物学会联合会（Federation of American Societies for Experimental Biology，简称FASEB）的会议上，尼伦伯格做了一个有关他在诱导方面的研究的简短报告。[11]他的目的是想看看同样的基因是否参与了两种非常类似的诱导酶的合成，或者如他所说，"一个基因的一个局部是否包含着合成一个蛋白质亚基的信息，而这个亚基又会成为两种或两种以上的酶的必要部分"。令尼伦伯格失望的是，没有证据支持他所谓的"共享遗传信息"的存在。

虽然这项发现并不是特别令人感兴趣（这场报告从未被引用过），但尼伦伯格解决这一问题的方法却很重要，因为它点出了此时愉快共存于全世界的实验室中的两种看待生命的方式。人人都认为基因包含信息，但这种抽象的特质还有一个具象的形体，那就是一段可以有所作为，产生结果的核苷酸序列。在尼伦伯格的这个例子中，它便是尼伦伯格所谓的"合成一个蛋白质亚基的信息"。无论将基因当作信息来思考的新方式有何优势，归根结底，这些思想都必须被转化成烦琐难缠的生物化学过程。

---

① 著名分子生物学家和科学管理者，不仅对破解遗传密码做出了重要的贡献，在应对重组DNA技术（基因工程）的伦理和监管问题中也扮演了重要的角色，曾获美国科学界的最高级别荣誉美国国家科学奖章。——编者注

1960 年 8 月，尼伦伯格的想法彻底改变了。查美尼克当时的研究表明，在一个含有尼伦伯格很偏爱的生命体——大肠杆菌的内含物的试管中，蛋白质的合成过程也有可能发生。[12] 尼伦伯格立刻便开始在贝塞斯达尝试这种实验。他在笔记中写道："赶紧做实验。应该花不了一周就能知道这个体系管不管用。工作、工作、工作。"[13] 但它不管用。接下来，他撞上了两次大运：首先，哈佛大学的阿尔弗雷德·蒂塞雷斯（Alfred Tissières）和弗朗索瓦·格罗（François Gros）发表了查美尼克体系的一个优化版本，比以前好用得多；接着，一个竹竿身材、早早谢顶，名叫海因里希·马特伊的德国人加入了他的实验室。[14] 马特伊获得了一项北约的研究资助，得以用放射性标记的氨基酸来研究无细胞体系中的蛋白质合成。[15] 他起初是用胡萝卜做研究，但状况百出，这最终使他被分派给了尼伦伯格。他所具备的技术正是尼伦伯格所需要的。

马特伊抵达后不久，尼伦伯格就放弃了自己在细菌细胞中观察诱导过程的想法，并投身于用大肠杆菌无细胞体系来探索蛋白质的合成。几周之内，两人就完成了一项技术突破。他们成功制备出了大量的含酶提取物并将其储存起来，这样就不必每次实验都制备新鲜的提取物了。这很快便大大提升了他们能够开展的实验的次数。[16]

到 1960 年 11 月底，尼伦伯格的笔记中已经写满了讨论，关于无细胞体系，关于信使 RNA 的重要性，以及人工合成 RNA 作为一把"钥匙"的用途，他写道："你能往体系里灌满信使 RNA 吗？"[17] 这是相当惊人的，因为布伦纳、雅各布和克里克，以及格罗和沃森首次公开使用信使 RNA 这个说法的那两篇《自然》论文发表于 1961 年 5 月，而尼伦伯格写下这些是在他们之前好几个月。"细胞质信使"在 1959 年的帕雅莫论文中被使用过，而在 1960 年底，雅各布和莫诺形成了信使 RNA 的概念，此时研究者们正在各大会议上围绕这个概念争论不休。[18] 但这个表达还没有在出版物上出现过。尽管尼伦伯格不是分子生物学核心圈子中的一员，他还是在有决定性证据表明这种物质存在之前就在使用这个术语了。

从一方面讲，与研究遗传密码的几大人才中心离得比较远，事后来看也是一项优势。天赐好运，尼伦伯格并不知晓那些研究编码问题的人围绕所谓的“无逗点密码”（commaless code）招致的结构限制展开的争论。1957年，克里克、莱斯利·奥格尔（Leslie Orgel）和J. S. 格里菲斯（J. S. Griffith）提出了一个理论，假如密码如很多人所想的那样，是由3个碱基组成的“单词”构成的，并且“单词”间没有碱基行使分词的逗点作用，那么同一碱基构成的“单词”（例如AAA或UUU）就不能存在，因为细胞的分子机器将会不知道该从哪儿开始读取。克里克的理论构想还有其他很多各式各样的限制条件，其中一部分是基于化学的，这让64种可能的碱基组合中仅有20种被允许出现。由于天然存在的氨基酸有20种，这让这种理论从美学上看相当令人舒心，但它仍然完全是一种推测。正如克里克当时的记述，这“得出了那个神奇的数字——20——刚好匹配上”，但这个理论背后的“争议和假设又给我们带来了太多的不安全感，让我们无法对它抱有太多信心”。[19]几个月后，克里克承认：

> 我觉得自己没法对这个思想形成任何深思熟虑的评判。它也许完全是胡说八道，又或许正是问题的关键。只有时间才能给出答案。[20]

时间表明，这完全是胡说八道。更重要的是，这一思想可能局限了研究者们头脑中的可能性，尤其是它排除了同一种碱基构成一个“单词”的可能。这意味着对大多数尝试破解密码的人来说，探究一条只由一种碱基构成的多聚核苷酸的表达效果是毫无意义的。

—A · C · G · T—

1960年底，尼伦伯格和马特伊一直在通宵达旦地研究大肠杆菌提取物中的蛋白质合成。1月中旬，尼伦伯格的一段笔记被加上了“**有想法了，破解密码的方法**”的标题，并概括了多聚（A）、多聚（U）、多聚（C）、多聚（G），以及多聚（AG）等的用途。多聚（AG）将包含等量的A和G，但序列未知。尼伦伯格的目标是将多聚核苷酸置于他的无细胞蛋白质合成体系中，并利用其产出物来解读遗传密码的本质，首先是要确定编码一个氨基酸所需的碱基数量：

> 应该可以得到足够的信息来确定密码中的碱基数上限……如果需要全部4种碱基的话，那就不可能是三位密码了。[21]

在1961年2月的FASEB会议上，马特伊和尼伦伯格做了一个简短的报告，描述了他们的体系是如何将^{14}C标记的氨基酸（缬氨酸）安插进一个蛋白质中的。[22] 几周后的3月22日，他们将一篇关于这个问题的论文投递到了《生物化学和生物物理研究通讯》（*Biochemical and Biophysical Research Communications*）。[23] 这份期刊一年前刚创刊，以快发短文的方式来响应这个领域越发激烈的竞争——它用作者们提供的影印好的文稿来代替传统的打字排版，由此加快了整个发表过程。

这篇论文指出，他们的无细胞体系中发生的氨基酸结合过程“具备蛋白质合成的诸多应有特征”，核糖体RNA对这一过程来说是必需的，并且“所有活动看起来都与RNA有关”。[24] 我们并不完全清楚尼伦伯格和马特伊具体指的是哪种RNA。他们多少有些含混地总结道：“我们研究中所使用的部分或者全部核糖体RNA，或许对应于模板或信使RNA。”[25] 他们说的“核糖体RNA”指的并不是构成核糖体本身的RNA，而是一种附着于核糖体的RNA分子。“模板或信使RNA”的说法中所包含的模棱两可，也不单纯是不确定该选哪个词的问题。正如历史学家莉莉·E. 凯所指出的那样，尼伦伯格和马特伊“模板或信使

RNA”的这个用法表明，他们在用语上举棋不定，卡在了有关特异性实体层面的旧式思维（将它作为一个结构模板来思考）和信息由信使传递这种抽象的新式观点之间。[26] 可想而知，这些咬文嚼字的东西在当时没有得到关注，这篇论文也没给学界留下什么印象——论文直到 1963 年才有人引用，那时一切都已经尘埃落定了。

1961 年 5 月初，尼伦伯格和马特伊决定加入烟草花叶病毒的 RNA，观察它们是否能让无细胞体系合成出这种病毒的蛋白质。效果好得就像梦境。根据尼伦伯格在 20 世纪 70 年代的回忆，实验结果“**超棒……特别漂亮**……活性超强”。[27] 尼伦伯格意识到，如果要充分利用这一新方法，他们就需要与加利福尼亚大学伯克利分校的烟草花叶病毒专家弗伦克尔-康拉特合作。与此同时，他们继续攻坚克难，探索从隔壁利昂·赫佩尔实验室借来的各种人工合成 RNA 分子能够产生的效果。

5 月中旬，尼伦伯格离开实验室，在加利福尼亚大学伯克利分校弗伦克尔-康拉特的实验室待了一个月，进修烟草花叶病毒领域的技能。在贝塞斯达，马特伊开始了一组实验，研究无细胞体系在被加入人工

27-Q incub. 5-27-61, 3 a.m. for 60' at 36°, 10% TCA for 60', shot side. (see M1-p.107) 9/

#	System	Special treatment	H2O	min for 10,240 cts.	cpm (+bckgd.)	cpm −bckgd.
1	Complete with .48 Comp 7.8, .3 27.1 S30, 15λ 20AA-Phe., 25λ Phe-C14, 10λ NaCl 2M		640	50.53	202 >206	167 >156
2			640	48.69	210	144
3		+10γ Poly-U	550	2.69	3810	3748 26x (23x)
4		+100γ RNAase	540	261.73	39.2 >?	
5		at 0-t.	540	164.12	62.4	
6	Complete like 1/2, but 20AA-tyr, 25λ C14-tyr		640	113.29	90 >92	36
7			640	108.39	94	
8		+10γ Poly-U	550	94.81	108 108	52 1.45X
9		+100γ RNAase	540	181.87	56 56	0
10		at 0-t.	540	184.48	55.5	

图 9 马特伊的笔记本，上面记录着那场关键实验的结果。引自 Kay (2000)

RNA 后的反应。5 月 15 日（这天是他的 32 岁生日），马特伊开始了一场测试多聚（A）、多聚（U）、多聚［（2A）U］（A 和 U 的比例为 2：1，随机排布在整个 RNA 分子上）和多聚［（4A）U］（A 和 U 的比例为 4：1，随机排布）的效用的实验。当加入试管的全部 20 种氨基酸都有放射性标记时，马特伊用多聚（U）温育得到的蛋白质产物的放射性上升了 12 倍，用多聚（AU）得到的产物的放射性略有上升，而用多聚（A）得到产物的放射性则几乎毫无变化。这说明多聚（U）的试管里一定发生了什么，并且能够用来解释遗传信息是如何让一种特定的蛋白质被创造出来的。为了检测是哪一种放射性标记的氨基酸被合成进了无细胞体系产生的蛋白质中，马特伊必须系统性地测试全部 20 种氨基酸。他的做法是向试管中加入 10 种放射性标记的氨基酸——加入的另外 10 种氨基酸则是没有标记的"冷"版本。接下来，他再做一遍多聚（U）的实验。如果放射性增加了，那么参与其中的就明显是"热"氨基酸中的某一种。通过重复这一过程，马特伊最终得以将生效氨基酸的范围缩小到两种中的一种：苯丙氨酸或酪氨酸。

5 月 27 日星期六的凌晨 3 点，马特伊开始了最后的实验。实验用到了 10 支试管，在他的实验笔记本中标注为"27–Q"。在 3 号试管中，他加入了 19 种未标记的氨基酸和放射性标记的苯丙氨酸，而在 8 号试管中，是 19 种未标记的氨基酸和放射性标记的酪氨酸。剩下的 8 支试管里是各种各样的对照组，以证明其效果确是由多聚（U）和两种放射性氨基酸之一造成的。马特伊让这个混合体系在 36℃下温育了一个小时，接着便开始了冗长乏味的任务——分离反应生成的蛋白质并测量其放射性。含有放射性标记的苯丙氨酸的 3 号管产生了一种放射性水平高于对照组 20 倍的蛋白质，而含有放射性标记的酪氨酸的 8 号管产生的蛋白质则没有表现出放射性升高。几个小时后，当戈登 · 汤姆金斯走进实验室时，马特伊告诉了他这个消息：多聚（U）编码的是苯丙氨酸。遗传密码的第一个"单词"被读出来了。

尼伦伯格当时人在伯克利，是通过电话听说这项突破的，于 6 月 11 日便回到贝塞斯达做实验了。马特伊后来回忆起实验室当时的情绪氛围时说："当然是很激动啊，因为我们**明明白白**地知道我们得到了什么结果，而且我们也知道我们希望得到什么结果。"[28] 每个人都发了誓要保守秘密——在结果发表之前，不能把这项发现告诉任何人。这造成了一些困难——6 月初，西德尼 · 布伦纳在贝塞斯达做了一场报告，他在报告中说，在无细胞体系中研究信使 RNA 是不可能的。当马特伊问布伦纳他是怎么知道的时，布伦纳机智地把问题抛回给了马特伊，问马特伊对这个问题是否有什么见解。马特伊什么也没说。[29] 更要命的是，在布伦纳来访一周后举办的冷泉港会议上，素来话痨的汤姆金斯不得不全程紧咬牙关。会议结束后，汤姆金斯最终还是没能挺住。7 月底，他在波士顿把事情告诉了亚历克斯 · 里奇。消息没有进一步传开，因为里奇忙着处理自己的工作，没空聊闲篇，而且其他人也要么在度假，要么在赶赴在莫斯科召开的国际生物化学大会的路上。

马特伊同样发现自己很难严守秘密。6 月底，他在冷泉港参加了噬菌体的相关培训课程。每位学员都在课程期间讲述了自己的研究。马特伊起初是拒绝的，但最终还是概述了自己的发现。教这门课的德尔布吕克欣喜异常，立刻告诉了纽约大学的杰瑞 · 赫维茨（Jerry Hurwitz）①。赫维茨转头又给汤姆金斯打电话，得到了肯定的答复。[30] 秘密泄露了，到 8 月初，纽约的塞韦罗 · 奥乔亚实验室的研究者们已经听到了这则传讹了的消息，"麻省理工学院有人"已经破解了密码。[31]

与此同时，尼伦伯格正准备赶去莫斯科参加生物化学大会，他计划

① 指 RNA 聚合酶的发现者之一，生物化学家杰拉德 · 赫维茨（Jerard Hurwitz），杰瑞是他的昵称。——编者注

在那里披露自己的发现。在走之前，他得先安顿好两件事。一件是与巴西生物化学家佩罗拉·扎尔兹曼（Perola Zaltzman）结婚，一件是向《美国科学院院刊》投递两篇论文，宣示自己发现的优先权。在当时，《美国科学院院刊》上发表的论文必须有美国科学院院士的担保。听闻美国科学院院士利奥·西拉德当时就在华盛顿，尼伦伯格花了一整个下午在杜邦酒店的大堂和他讨论实验结果。西拉德不太愿意帮忙。“这离我的领域太远了，”他说，“不好意思，我没法为它担保。”[32] 很难想象西拉德会以同样的方式回应雅各布或者莫诺的请求。尼伦伯格明显是个圈外人。

1961 年 8 月 3 日，这两篇论文在国立卫生研究院副院长约瑟夫·斯马德尔（Joseph Smadel）的支持下被投给了《美国科学院院刊》。随后，尼伦伯格径直飞往了莫斯科。两篇论文以背靠背的形式刊登在了 10 月的那一期上，此时，圈内任何有点地位的人都已经知晓了论文那振聋发聩的内容。两篇论文都细致入微地描述了其中的实验流程，它们最大的特点是使用了精心构思的对照实验，这使作者们能够排除其他可能的解释，让自己的结论无可辩驳。

第一篇论文比较偏重技术，描述了大肠杆菌无细胞提取物中进行的蛋白质合成的特点，复述并扩充了这一年早些时候发表的结果。重要的是，马特伊是这篇阅读量注定较少的论文（只被引用了不足 300 次）的第一作者。这篇论文表明，蛋白质的合成能够被攻击 RNA 的 RNA 酶（RNase）打断，并且——最终且程度较低地——能够被破坏 DNA 的 DNA 酶（DNase）打断。马特伊和尼伦伯格为这一结果给出了一种正确的解释：完好无损的 RNA 的存在是蛋白质合成的必要条件，而 DNA 酶造成的抑制是因为“DNA 遭到了破坏，导致其无法再承担模板 RNA 的合成模板这一功能”。[33]

第二篇论文的标题很含混——《大肠杆菌无细胞蛋白质合成对天然或人工合成多聚核糖核苷酸的依赖性》（The Dependence of Cell-free Protein Synthesis in *E. coli* upon Naturally Occurring or Synthetic Polyribonucleotides）。尽管开篇很乏味，但论文中包含了那个在多聚（U）与放射性标记的苯丙氨酸被一同温育的情况下，放射性蛋白质的含量将会上升的实验——在优化了流程后，他们能够得到比对照组升高约1 000倍的结果。这篇被引用了超过1 400次的论文通篇用生物化学和蛋白质合成的语言加以表达，以一种颇为古早的方式探讨着“将苯丙氨酸特异性地合成进蛋白质中”。只有在最后一段，尼伦伯格和马特伊才用生命科学的新式语言讲述了他们的发现，强调了遗传密码的完整细节仍然未知：

> 由此可见，一个或多个尿苷酸残基是苯丙氨酸的密码。密码究竟是单个碱基的还是三联碱基的（或者其他形式的），这个问题尚未搞清楚。多聚尿苷酸似乎是在发挥一种合成模板或者信使RNA的功能，而这个稳定的大肠杆菌无细胞体系也很可能可以合成与加入其中的RNA所蕴含的有意义的信息相对应的蛋白质。[34]

当时多数人的推测是密码是基于三联碱基的，这单纯是因为这样可以形成64种可能的组合，对应20种天然存在的氨基酸，但此时尚没有证据表明它的正确性。尼伦伯格和马特伊话留余地是对的——严格来讲，像单独一个碱基U编码苯丙氨酸这种不太可能的可能，放在他们的数据里也能说得通。虽然再次提到了信使RNA，但他们并没有引用首次使用这个术语的那三篇已发表论文中的任何一篇（两篇《自然》论文，还有雅各布和莫诺发表在《分子生物学报》上的那篇综述，都见刊于5月）。事实上，出于某些至今仍不清楚的原因，尼伦伯格从未引用过这几篇论文。[35]在论文行将刊印前补充的一段说明中，他们加入了尼伦伯格在莫斯科期间由马特伊刚取得的结果——多聚（C）编码脯氨酸。遗传密码中已经有两个“单词”被读出来了，但仍然不清楚每个“单词”含有几个字母。①

—A·C·G·T—

第五届国际生物化学大会于1961年8月10日至16日在莫斯科举行。这是苏联历史上举办过的规模最大的会议——与会者超过5 000人，包括来自58个国家的3 500名外宾——苏联还专门发行了一款纪念邮票。整个大会有接近2 000场报告，高峰时有18个同时进行的分会，不过很多报告都听者寥寥。[36] 莫斯科大学的各座大楼中举办了8场大型研讨会，其中一场由马克斯·佩鲁茨组织，名称是“分子水平上的生物学结构和功能”。

大会的开幕式在莫斯科近郊的列宁中央体育场的体育馆举行，幻灯投影效果很差，几乎什么也看不清。有一个研讨会不得不缩短，因为要给环绕地球飞行的第二人，25岁的盖尔曼·蒂托夫（Gherman Titov）开媒体见面会，他刚在太空中度过了超过一天时间，于8月7日回到地球。随后，与会代表们齐聚阳光暴晒下的红场，观看了庆祝蒂托夫返回的游行。[37] 此时正值冷战的高潮，苏联在空间领域的领先地位极为显著。此外，在大会召开的同时，冷战又趋热了一点点，因为8月13日，柏林墙开始修建了。

和这场大型会议的其他非全体会议发言人一样，尼伦伯格只有短短10分钟的时间来介绍他的发现。报告集中讲解了第二篇《美国科学院院刊》论文的材料，并且在最后一刻修改后，尼伦伯格用他和马特伊

① 不过研究这个话题的主要历史学者莉莉·E. 凯——她完全不赞同“英雄”史观——写道：“尼伦伯格和马特伊破解遗传密码是现代科学史上最令人震惊的事件之一。它代表着唯物的天才头脑对毕达哥拉斯式的理想世界的一次胜利，是一场大卫对决哥利亚的故事，一位籍籍无名的青年科学家击败了物理学家、数学家、生物化学家和遗传学家们——其中一些还是诺贝尔奖得主——那庞大的脑容量。”（Kay, 2000, pp. 254-55）。

在论文中用过的说法结尾："由此可见，一个或多个尿苷酸残基是苯丙氨酸的密码。"[38] 小小的报告厅被一台巨大的老式投影仪占去了一大块，听众席中只有二三十人。[39] 沃森后来说，他"听人传言，马歇尔·尼伦伯格可能会做一个让人意想不到的重磅报告"——这可能是跟德尔布吕克或者其他人聊天时听来的，但根据尼伦伯格的说法，他在报告前不久向沃森做了自我介绍，并且概述了自己的发现。[40] 不管是哪一种情况，沃森明显不够感兴趣，没有去听，只是派去了自己的博士后阿尔弗雷德·蒂塞雷斯。马修·梅塞尔森也在那儿。比尼伦伯格还年轻的梅塞尔森后来回忆道：

> 那个报告我听了。真是自愧不如啊……我赶紧找到弗朗西斯[·克里克]，然后跟他说，他必须和这个人私下聊聊。[41]

第二天早上，沃森给雅各布讲了尼伦伯格和马特伊的发现。雅各布还以为这是沃森爱搞的那种无聊的恶作剧，不愿意相信他。[42] 克里克则要敏锐一些——从梅塞尔森那里听到这个消息之后，他立刻决定邀请尼伦伯格在第二天那场由佩鲁茨组织，预定由克里克主持的关于分子结构和功能的研讨会上，把他的报告再讲一遍。克里克正在以自己标志性的慷慨风度为尼伦伯格提供一次机会，让他能以遗传密码破解人的身份被载入史册。

根据沃森的说法，尼伦伯格在全体会议上的报告是"一个非同凡响的时刻"。克里克则报道说，听众当时对尼伦伯格宣告的结果震惊不已——克里克后来将之形容为"触电般的感觉"。① 就连谦虚的尼伦伯

---

① 为了回应这种说法，爱开玩笑的西摩·本泽给克里克寄了一张大会的照片，里面的听众看上去百无聊赖（Crick, 1988, p. 131）。我没能找到这场研讨会的任何照片——本泽很可能故意寄了一张别的会议的照片。

格回忆起来，也说听众“特别热情”。[43] 梅塞尔森的回忆则是，在尼伦伯格的第二场讲座后，“我跑向尼伦伯格，拥抱了他，然后对他表示祝贺……这一切都太让人激动了”。[44] 尼伦伯格被这种姿态深深触动了：

> 我第二次讲这篇论文是在一大群听众面前。那个规格和待遇真是了不起，棒极了。我记得马特·梅塞尔森①，他就坐在前排。我当时不认识他，但他听了这些东西之后大喜过望，兴冲冲地跳了起来，抓住我的手，然后结结实实地给了我一个拥抱，祝贺我做出了这些发现。我这是加入摇滚乐队了吧！这对我的意义很大很大。它的意义真的超过所有奖项，因为它是真情流露，发自内心的。[45]

梅塞尔森同样回忆了这场报告对听众造成的影响：“它让一些研究这个领域的人产生了一种急不可耐的冲动，想要赶紧离开莫斯科，回到实验室去。”[46] 回实验室单纯是为了做一件事——他们必须将尼伦伯格的技术收为己用。尼伦伯格在莫斯科的两场报告杰瑞·赫维茨都听过，他最近向我讲述了这项新方法是如何改变一切的：

> 我记得自己思考过尼伦伯格和马特伊的发现可能引发的结果。在 1961 年 6 月初的冷泉港会议上，明显有一大堆实验室在用特异性蛋白……来探究遗传密码。我记得自己当时想，这些努力这下都得付诸东流了。[47]

尼伦伯格的报告改变了哈罗德·瓦穆斯（Harold Varmus）的一生，而当时的他甚至还不是一名科学家。瓦穆斯是一个学英语的学生，他是陪着他参会的生物化学家朋友阿特·兰迪（Art Landy）来的。不难想象，

---

① 就是马修·梅塞尔森，马特是马修的昵称。——编者注

尼伦伯格发言的那天，瓦穆斯是在“乘着莫斯科传说中金碧辉煌的地铁，游览苏联各大美术馆”中度过的。但那天晚上，他听说了一些事，令他怀疑起了自己的职业选择：

> 那天晚上，在莫斯科国立大学我们的房间里，听着阿特·兰迪满怀激动地介绍，我渐渐明白刚刚发生了一些奠定历史的重要事件，我觉得一颗羡慕别人职业的种子被种下了。科学家们似乎很容易发现有关这个世界的新颖观点、深度思想和有用的事物，而其他科学家则会为这些发现感到兴奋，盼望着以它们为基础，更上一层楼。[48]

这种感觉越发强烈，瓦穆斯很快便弃文从医了。1989年，他凭借在基因和癌症方面的研究获得了诺贝尔生理学或医学奖。

不过不是所有人都信服。当杰瑞·赫维茨在8月中旬回到纽约时，他给同事们讲述了尼伦伯格的报告，但随后又说：

> 有好几个人不相信这些数据的可靠性。看起来虽然尼伦伯格已经做了最初的基本实验，但运用这种极为灵敏的新方法，依然能有很多收获。[49]

别管那“好几个人”是谁，几周之内，他们的疑虑就都被打消了。[50]

马修·梅塞尔森后来从科学的社会传播的层面解释了人们为何对尼伦伯格的成功普遍感到讶异：

> 人们的势利眼是很可怕的，这个发言的人得是圈子里的一员并且你认识他，否则他的结果就不太可能是对的。然后出现了一个叫马歇尔·尼伦伯格的哥们儿，他的结果就不太可能是对的，因为他不在圈子里呀。没人愿意费神去听他说话。[51]

诺贝尔奖得主弗里茨·李普曼（Fritz Lipmann）① 1961年11月写给克里克的一封私人信件再次佐证了这种解释。李普曼在信中赞扬了尼伦伯格的发现造成的影响，却又将他称为“这个尼伦伯格”。[52] 1961年10月，亚历克斯·里奇给克里克写信，称赞了尼伦伯格的贡献，但也提出了合理的疑问：“既然这个实验这么顺理成章，显而易见，为什么花了过去一两年的时间才有人尝试它呢？”[53] 据雅各布后来称，巴黎研究组只是把它当成了一个玩笑——“我们绝对相信，那样的实验得不出什么结果。”他说。——这估计是因为克里克的无逗点密码理论表明单碱基重复的多聚核苷酸的信号是毫无意义的。[54] 布伦纳倒是很坦率：“我们没想到可以用人工多聚物。”[55] 尼伦伯格和马特伊看到了遗传密码破解竞赛的主要选手们无法想象的一些事情。后来的一些反响就没那么大度了：在他所写的教科书中，“噬菌体团体”的贡特尔·斯滕特向一代又一代的学生们暗示，整个事情的发生多多少少有点撞大运；其他人则把马特伊和尼伦伯格的工作的各个阶段搞混了，这些人指出，当初加多聚（U）是作为阴性对照，本来没指望它起作用。[56]

事实上，尼伦伯格和马特伊并非唯一想到用人工合成的多聚核苷酸来破解密码的人。② 塞韦罗·奥乔亚实验室至少有两个人分别独立地

---

① 犹太裔美国生物化学家，因发现辅酶A及其在代谢中的重要作用获1953年诺贝尔生理学或医学奖。——编者注

② 1914年，经验丰富的德国化学家埃米尔·费歇尔（Emil Fischer）实际上就已经提出了尼伦伯格和马特伊所做的那种实验，一模一样。在费歇尔写下这些想法的那个时代，研究者已经知道核酸是细胞核的重要组成部分，但对其作用尚不清楚。费歇尔探讨了人工合成核酸这一领域的近期发展：“我们现在能够获得很多或多或少类似于天然核酸的化合物。它们对各种生命体会有何种影响？它们会被排出来，还是代谢掉，抑或是参与到细胞核的构建中去？只有实验才能给我们答案。我大胆地展望，如果条件合适，会出现最后一种情况，人工合成的核酸可以被吸纳，分子不被降解。这样的整合应该会导致生命体的深度变化，也许类似于永久性的改变，或者此前在自然界中观察到的那种变异吧。”（引自McCarty, 1996）。费歇尔的观点没有引发什么结果。

想到了这种策略。1957 年，南斯拉夫科学家米尔科·贝连斯基（Mirko Beljanski）正在奥乔亚的实验室休学术假①。近一年的时间里，贝连斯基一直在尝试让多聚（A）在无细胞体系中指导蛋白质合成，但都未能成功。[57]据保罗·查美尼克后来回忆，奥乔亚曾经给他寄过一些多聚（A），用于无细胞体系中的研究，当有关尼伦伯格和马特伊的发现的消息传来时，它们还在冰箱里躺着呢。[58]如果查美尼克试了这些多聚（A），不好说会发生什么。1961 年，尼伦伯格和马特伊跟贝连斯基一样，没能用多聚（A）产出任何蛋白质。根本原因相当简单：多聚（A）所产生的蛋白质—— 一条赖氨酸多聚体——与无细胞体系中初始用到的一些化学物质发生了反应，没有得出明显的结果。[59]要想让多聚（A）起效，需要在生物化学上动点手脚，但没有多聚（U）的成功在前，这件事不会明摆在那里。

1961 年夏天，尼伦伯格和马特伊开展他们的实验的同一时期，在冷泉港会议上聆听西德尼·布伦纳关于信使 RNA 的报告时，奥乔亚实验室的一名青年研究人员彼得·伦吉尔（Peter Lengyel）想到了利用人工合成多聚核苷酸的点子。当奥乔亚在欧洲度假的时候，伦吉尔和三位年轻的同事策划了这套实验，但 8 月初，事情发生了巨变，他们通过小道消息听说尼伦伯格和马特伊已经用多聚（U）生成了多聚苯丙氨酸。纽约的研究组立刻重复了这一实验并得到了相同的结果。因此，当尼伦伯格在莫斯科震撼全场时，伦吉尔也亲手证明了多聚（U）可以让放射性标记的苯丙氨酸被合成进蛋白质当中。等奥乔亚于 9 月初回到纽约时，他的实验室已经准备就绪，要去收复输给贝塞斯达的捷足先登者的失地了。

---

① 西方大学和研究机构为研究者提供的带薪休假，时间通常较长，研究者可以休养、旅行，也可以做学术访问。——编者注

—A·C·G·T—

9月下旬，尼伦伯格在纽约的一场会议上报告了他的工作。自从莫斯科的事情以来，他就几乎没有什么进展——在一小段一反常态，精神不集中的日子里，他把工作时间花在了填补多聚（U）试管里激活的蛋白质合成路径中的一点小纰漏上。他甚至和新婚妻子一起，在哥本哈根给自己放了“两周惬意的假”。[60] 因此，当奥乔亚在纽约的会议上站起身来，拿出了一些表明奥乔亚研究组正在紧追不舍的数据时，尼伦伯格便被击垮了。奥乔亚实验室取得了巨大的进展——在大约6个星期的时间里，他们成功地让无细胞体系运转了起来并复现了尼伦伯格和马特伊的实验结果。最重要的是，他们的研究还表明，另外的两种人造多聚核苷酸——多聚（UA）和多聚（UC）——同样有效。奥乔亚后来解释道：“在听说了莫斯科的消息后，我们立刻便开始尝试，还尝试了我们冰柜里放着的其他多聚物和共聚物。我们立刻就得到了其中四五种的结果。”[61] 遗传密码中又有新“单词”被读取出来了，但不是在尼伦伯格的实验室里。奥乔亚报道称，多聚（UC）使放射性标记的苯丙氨酸、丝氨酸和亮氨酸被合成进了蛋白质，而多聚（UA）则使苯丙氨酸和酪氨酸被加入到了蛋白质当中。奥乔亚后来这样形容发现时的那种兴奋感：

> 伦吉尔、斯派尔和我看着工作台，激动不已。这个全世界第一次得到的结果表明，用除U残基外还含有C或A的共聚核苷酸在大肠杆菌提取物中进行温育，会促使体系合成丝氨酸、亮氨酸、酪氨酸以及苯丙氨酸并存的多肽。在我的记忆中，这是我一辈子最兴奋的时刻之一。[62]

可以想象，尼伦伯格的反应没那么热情：“奥乔亚取得了这样的进展，让我很受打击。事情进展的速度比我做梦都快。”[63] 他后来回忆道：

> 我十分沮丧地飞回了华盛顿，因为虽然我只花两周就弄清了氨酰 tRNA 是蛋白质合成中的一个媒介，但我应该把时间集中在遗传密码这个更重要的问题上。很明显，我要么得跟奥乔亚的实验室竞争，要么就得停止研究这个问题了。[64]

一名同事记得那一幕：

> 那是 1961 年小阳春时节的一个周六下午，周围几乎没人在场。马歇尔独自坐在桌前，低着头，眼神呆滞，难过和沮丧溢于言表……马歇尔和海因里希怎么跟一个有近 20 名科学家的实验室竞争呢？[65]

尼伦伯格和奥乔亚进行了一次友好的探讨，事情变得很明显，合作是没有可能的。尼伦伯格随后决定反击（他后来说，“可怕的是，我发现自己喜欢竞争”），他拉上了国立卫生研究院的鲍勃·马丁和比尔·琼斯，请他们帮忙合成多聚核苷酸，用于破解剩余的密码。[66] 竞赛开始了。

—A · C · G · T—

弗朗西斯·克里克对尼伦伯格取得的突破印象极佳—— 4 个月后，他在 BBC 上将之形容为“精彩绝伦”——但他丝毫也没有改变自己的关注点。[67] 莫斯科大会前，他刚在摩洛哥度了一个月的假，放松了身心，随后就又为探索发现开启的全新阶段兴奋不已。回到剑桥大学后，克里克便下定决心要解决研究者们争论不休的那个问题：遗传密码是不是由 3 个碱基组成的。他和布伦纳一起构想出了研究 T4 噬菌体的 *r*II 区间突变体的思路，突变可以通过一种化学物质来诱发，删除掉DNA上的单个碱基。根据克里克和布伦纳的想法，删除单独的一个碱基会改变信息的读取方式，可能会导致删除点后面的信息失去意义，因为他们所谓的信息阅读框将会步调紊乱。例如，如果有一条像ATG CAT CCC TGA……这样的三联碱基密码序列，而其第一个C被删除了，那么序列就会变成ATG ATC CCT GA……第一个密码子还是一样的，但其余的密码子就被改变了。克里克这样写道：

> 我们能做的最简单的推测是，阅读框的错位会产生一些读取结果“不可接受”的三联体密码。例如，它们可能变得“没有意义”，或者代表“链条的终点”，或者因为其他某种原因而不可接受，无法形成完整的蛋白质结构。[68]

他们发现，*r*II区间中一些点位的删除确实阻止了噬菌体的运行。这种研究的窍门在于，把这样的几处删除叠加起来，从而让阅读框重新对齐。如果3处删除就可以让被操纵的噬菌体恢复致病功能，使其能够侵染细菌（这可以通过被侵染的细菌在培养皿中形成的菌斑观测到），那么这就给出了非常强有力的证据，表明遗传密码是基于三联碱基的。

1961年秋天，布伦纳去了巴黎，留下克里克和42岁的微生物学家莱斯莉·巴尼特（Leslie Barnett）一起做实验。克里克在回忆起那段时光时说：

> 我们整天就是盯着一块板子[①]。看看上面有没有菌斑。于是我们大半夜，晚上10点什么的，走进来。板子上有菌斑！我就跟莱斯莉说：“让我检查一下，咱们可能把板子搞混了。”接着她检查

① 生物学家对培养皿中的培养基的俗称。——译者注

了一下，然后我告诉她："知道密码是 3 个字母的只有咱们俩！"[69]

这些发现于 1961 年 12 月末被发表在了《自然》杂志上，论文的标题满含克里克的敏锐眼光——《蛋白质遗传密码的共通本质》（General Nature of the Genetic Code for Proteins）。论文结合了 *r*II 突变体研究的实验细节和对编码问题研究的总结（包括尼伦伯格和马特伊的工作），并且加入了克里克和布伦纳在理论上的见解。论文包含 4 项基本结论，今天，全世界的中学教室和大学报告厅里教的都是这些：

（a）三个一组的碱基……编码一个氨基酸。

（b）密码不重叠。

（c）碱基序列从一个固定的起始点开始读取……

（d）密码很可能是"简并"的，也就是说，一般来说，一个特定的氨基酸可以被好几种三联碱基中的任意一种编码。[70]

严格来说，这些结论并非都得到了证实。正如论文中解释的那样，每组密码中的碱基数理论上也可能是 6，或者 3 的其他倍数，不过这样的可能性很低。其次，虽然他们还没有证据表明密码是"简并"的，但这"也能解释编码问题中遇到的那个主要难点——在不同微生物 DNA 的碱基组分大不相同的同时，其蛋白质在氨基酸组成上的差异却可以没那么显著"。[71]

克里克后来并不认为这篇论文有太大的重要性，他指出："事情本来就很明显，密码**很可能**就是三联碱基的……事实上，要是我们证明了密码是**四联碱基**的，那才是真正的发现呢。"他甚至提出，"我觉得就算把整个工作都删掉，遗传密码的事情仍然不会有多大的改变"。尼伦伯格则不认同。在 1962 年 1 月写给克里克的一封信中，他把这篇论文形容为很"漂亮"。后续有 700 多篇论文引用过它，原稿于 2004 年在佳士得拍卖行以 13 145 英镑卖出。克里克在论文中的结论很大胆，传达出了自尼伦伯格和马特伊引发这个领域发生巨变后科研界盛行的乐观态度：

> 如果正如我们的结果提示的那样，编码的比例确实是 3，又如果密码在整个自然界中是通用的，那么遗传密码很可能在一年内就会被破解。[72]

尼伦伯格也持同样的观点，他在不久后宣称，“再过 6 个月左右，大部分的遗传密码就都将被破解”。[73] 两个人都严重低估了前方的困难。

—A · C · G · T—

1962 年 1 月，克里克在 BBC 做了一次访谈，简明地叙述了尼伦伯格的发现的重要性。在节目结束前，他结合大背景做了总结，并抛出了一些问题，其中的一些我们如今已经知道答案，而另一些则至今仍未得到解答：

> 我们仍然不知道密码是不是通用的。整个自然界，从病毒到人类，都使用相同的 20 种氨基酸，但尚不确定它们在所有生命体中是否都由同样的三联碱基来编码，虽然初步的证据表明这很有可能。若是如此，我们应该就拿到了解锁地球上所有生命体分子架构的钥匙。
>
> 但我想问，在火星上呢？火星上是否会有生命或者生命的遗迹？那样的话，是否又一样是 DNA、RNA 和蛋白质呢？或许有同样的语言、同样的密码联系着它们？谁知道呢？[74]

此后的岁月里，克里克始终慷慨地对待尼伦伯格和马特伊，认可他们的发现改变了历史进程，并且不吝溢美之词地赞扬这两个圈外人的工作的重要意义。如他在 1962 年所说：

> 我们来到了分子生物学一个纪元的终点。如果说 DNA 结构的发现是开幕式的结束，那么尼伦伯格和马特伊的发现就是闭幕式的开始。[75]

左上图: 1869 年，弗里德里希 · 米舍发现了核酸，他当时称其为核质

右上图: 被忽视了近 20 年后，格雷戈尔 · 孟德尔对豌豆的重要研究于 1900 年受到了关注，遗传学的世纪开始了

左图: 1909 年，丹麦遗传学家威廉 · 约翰森创造了“基因”这个术语，来指代决定遗传性状的因子

左图: 20 世纪初，菲伯斯·列文提出四核苷酸假说，认为 DNA 由腺嘌呤、胞嘧啶、鸟嘌呤和胸腺嘧啶四种碱基等比例组成

左下图: 20 世纪初，通过研究一种小小的昆虫——果蝇，托马斯·亨特·摩尔根和他的学生们证明基因是以线性的形式排列在染色体上的，但科学界仍然不清楚基因具体是什么

右下图: 20 世纪 20 年代，苏联遗传学家尼古拉·科尔佐夫提出每条染色体由一对蛋白质分子链条构成，两条链完全相同。在细胞分裂过程中，每条链都可以作为模板，用于产生另一条链

左图：1935年，美国病毒学家温德尔·斯坦利制备出烟草花叶病毒结晶，基因的蛋白质中心观得到加强

下图：1941年，乔治·比德尔（左）和爱德华·塔特姆用脉孢菌开展的诱变实验表明，突变会影响脉孢菌的酶促步骤。这些发现催生了“一个基因一个酶”假说

埃尔温·薛定谔（左）与爱尔兰总统道格拉斯·海德（乘轮椅者）和总理德·瓦莱拉（最右）出席都柏林高等研究院的官方揭幕仪式，都柏林，1943 年

诺伯特·维纳，背后是他的几个晦涩难懂的公式，20 世纪 50 年代

参加 1947 年冷泉港研讨会的芭芭拉 · 麦克林托克

参加 1947 年冷泉港研讨会的芭芭拉 · 麦克林托克和雅克 · 莫诺

参加 1953 年冷泉港研讨会的詹姆斯·沃森

奥斯瓦尔德·埃弗里在实验室 1940 年的圣诞节派对上

青年时期的克劳德·香农

萨尔瓦多·卢里亚和马克斯·德尔布吕克，冷泉港，1953 年

莫里斯·威尔金斯与一台 X 射线晶体衍射设备，20 世纪 50 年代

参加 1951 年冷泉港研讨会的哈丽雅特·埃弗吕西-泰勒、鲍里斯·埃弗吕西和利奥·西拉德

参加 1947 年冷泉港研讨会的阿尔弗雷德·米尔斯基（左）和马森·格兰德。4 个月后，格兰德死于贝里克镇以南的一场火车相撞事故

参加 1947 年冷泉港研讨会的安德烈·布瓦万（左）和乔舒亚·莱德伯格在讨论问题

参加 1951 年冷泉港研讨会的利奥·西拉德（左）和阿尔·赫尔希站在雨中。他们看上去就像科恩兄弟[①]电影中的人物

① 美国著名电影人，代表作《老无所依》《冰血暴》等。——编者注

阿尔·赫尔希实验室的团队合影。左二为玛莎·蔡斯，赫尔希站在她身旁，冷泉港，1952年

度假中的罗莎琳德·富兰克林，托斯卡纳，1950年

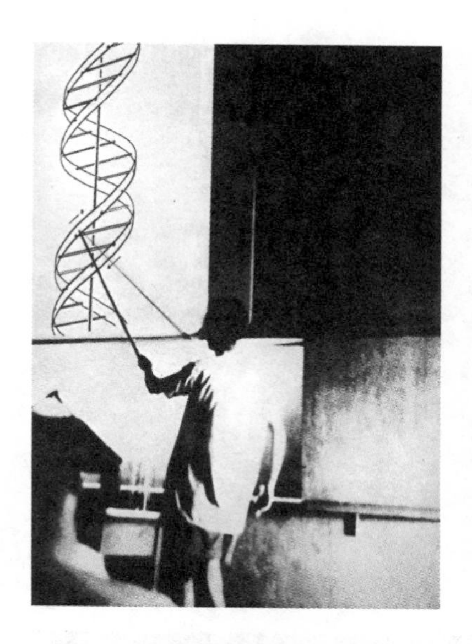

吉姆·沃森在热烈进行的冷泉港研讨会上描述 DNA 的双螺旋结构，1953 年 6 月

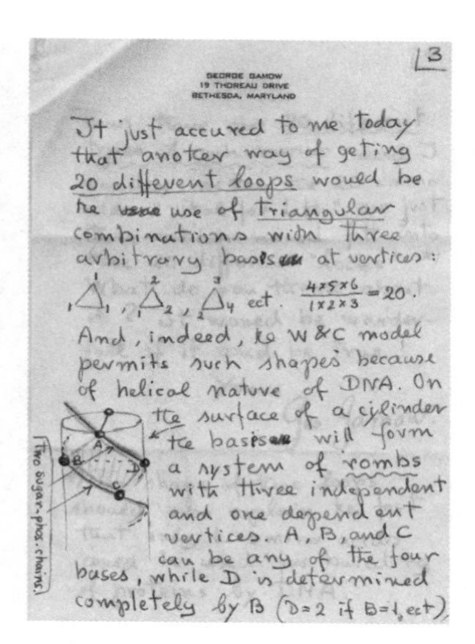

GEORGE GAMOW
19 THOREAU DRIVE
BETHESDA, MARYLAND

3

It just accured to me today that anoter way of geting 20 different loops wouled be the use of triangular combinations with three arbitrary basis at vertices:

$\triangle_1$, $\triangle_2$, $\triangle_4$ ect. $\frac{4\times5\times6}{1\times2\times3}=20$.

And, indeed, the W&C model permits such shapes because of helical nature of DNA. On the surface of a cylinder the basis will form a system of rombs with three independent and one dependent vertices. A, B, and C can be any of the four bases, while D is determined completely by B (D=2 if B=1, ect).

Two sugar-phos. chains

乔治·伽莫夫寄出的众多信件之一。在这封 1953 年 11 月写给莱纳斯·鲍林的信中，伽莫夫解释了他的遗传密码“菱形”模型

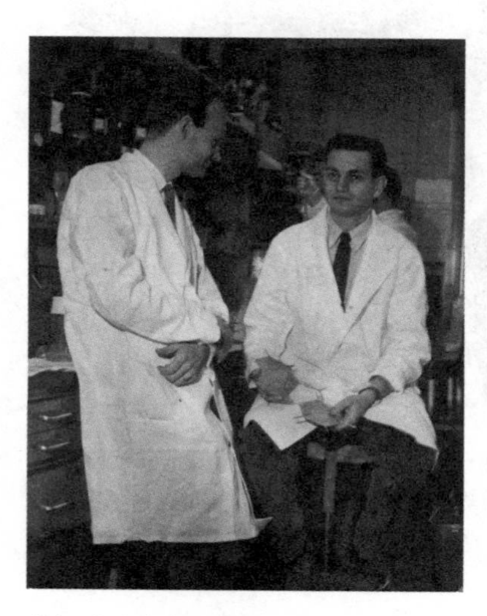

破解遗传密码后的海因里希·马特伊（左）和马歇尔·尼伦伯格，1961 年

20 世纪 50 年代的 RNA 领带俱乐部。上图：乔治·伽莫夫，系着俱乐部领带，别着领带夹。下图从左至右：弗朗西斯·克里克、亚历山大·里奇、莱斯利·奥格尔、吉姆·沃森，1955 年。奥格尔看上去没跟着他们玩——他没有系自己的 RNA 领带俱乐部领带

1961 年的莫斯科国际生物化学大会。上图：大会纪念邮票。下图：克里克（左）和本泽（左二），以及雅各布（右二）。五个人都戴着大会的徽章

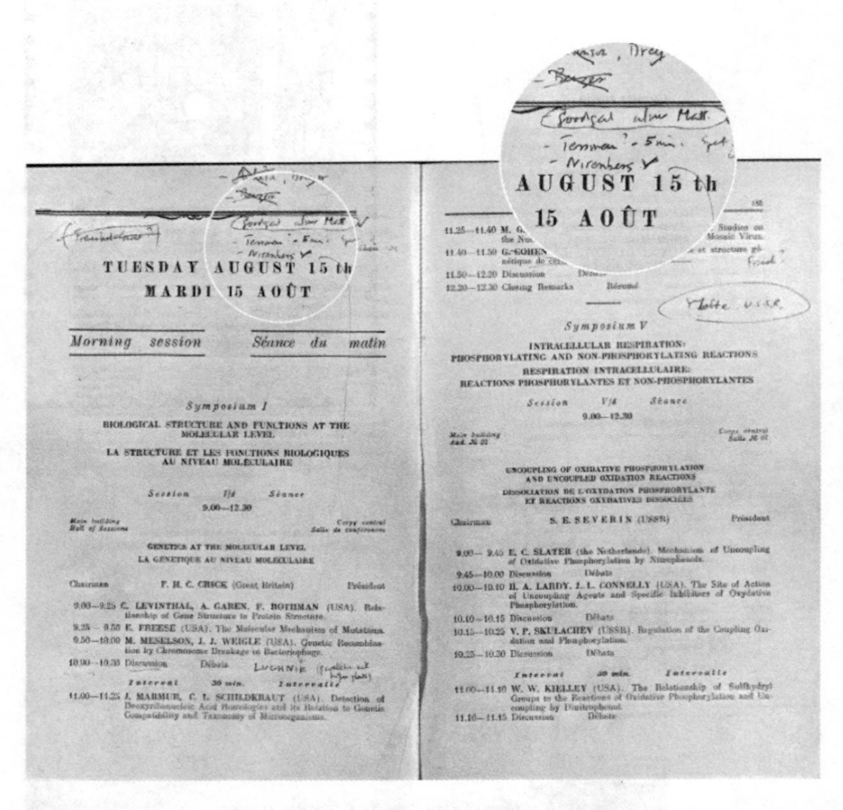

TUESDAY AUGUST 15 th
MARDI 15 AOÛT

Morning session *Séance du matin*

Symposium I

BIOLOGICAL STRUCTURE AND FUNCTIONS AT THE MOLECULAR LEVEL

LA STRUCTURE ET LES FONCTIONS BIOLOGIQUES AU NIVEAU MOLÉCULAIRE

Session I/4 *Séance*

9.00—12.30

Main building *Hall of Sessions* *Corps central* *Salle de conférences*

GENETICS AT THE MOLECULAR LEVEL

LA GÉNÉTIQUE AU NIVEAU MOLÉCULAIRE

Chairman F. H. C. CRICK (Great Britain) Président

9.00—9.25 C. LEVINTHAL, A. GAREN, F. ROTHMAN (USA). Relationship of Gene Structure to Protein Structure.

9.25—9.50 E. FREESE (USA). The Molecular Mechanism of Mutations.

9.50—10.00 M. MESELSON, J. J. WEIGLE (USA). Genetic Recombination by Chromosome Breakage in Bacteriophage.

10.00—10.30 Discussion Débats

Interval 30 min. *Intervalle*

11.00—11.25 J. MARMUR, C. L. SCHILDKRAUT (USA). Detection of Deoxyribonucleic Acid Homologies and its Relation to Genetic Compatibility and Taxonomy of Microorganisms.

AUGUST 15 th
15 AOÛT

11.25—11.40 M. G. … Studies on the Nu… Mosaic Virus.

11.40—11.50 G. COHEN … et structure génétique de …

11.50—12.20 Discussion Débats

12.20—12.30 Closing Remarks Résumé

Symposium V

INTRACELLULAR RESPIRATION: PHOSPHORYLATING AND NON-PHOSPHORYLATING REACTIONS

RESPIRATION INTRACELLULAIRE: RÉACTIONS PHOSPHORYLANTES ET NON-PHOSPHORYLANTES

Session V/4 *Séance*

9.00—12.30

Main building *Corps central*

UNCOUPLING OF OXIDATIVE PHOSPHORYLATION AND UNCOUPLED OXIDATION REACTIONS

DISSOCIATION DE L'OXYDATION PHOSPHORYLANTE ET RÉACTIONS OXYDATIVES DISSOCIÉES

Chairman S. E. SEVERIN (USSR) Président

9.00—9.45 E. C. SLATER (the Netherlands). Mechanism of Uncoupling of Oxidative Phosphorylation by Nitrophenols.

9.45—10.00 Discussion Débats

10.00—10.10 H. A. LARDY, J. L. CONNELLY (USA). The Site of Action of Uncoupling Agents and Specific Inhibitors of Oxidative Phosphorylation.

10.10—10.15 Discussion Débats

10.15—10.25 V. P. SKULACHEV (USSR). Regulation of the Coupling Oxidation and Phosphorylation.

10.25—10.30 Discussion Débats

Interval 30 min. *Intervalle*

11.00—11.10 W. W. KIELLEY (USA). The Relationship of Sulfhydryl Groups to the Reactions of Oxidative Phosphorylation and Uncoupling by Dinitrophenol.

11.10—11.15 Discussion Débats

克里克给他 1961 年 8 月 15 日主持的莫斯科国际生物化学大会分会议程做的笔记，上面是他手写的提醒，要在 10:00 的讨论阶段加上尼伦伯格。这件宝贝是鲍勃·戈尔茨坦（Bob Goldstein）发现的

弗朗索瓦·雅各布和妻子利斯在法国西海岸的滨海拉特朗什海滩，1962 年 8 月

雅克·莫诺（左）和西德尼·布伦纳，20 世纪 60 年代

弗朗西斯·克里克在 1963 年的冷泉港研讨会上发言，黑板上是“中心法则”的示意图

弗朗西斯·克里克（左）和西摩·本泽在印度海得拉巴举行的一场关于核酸的研讨会上，1964 年 1 月

~~Dr. A. Lwoff~~
✓ Dr. J. Monod
~~Dr. F. Jacob~~

Mon cher collègue,

Please accept my sincere condolences on the occasion of your being forced to share the Nobel Prize with those other two jerks when, in my opinion, you alone fully deserve it.

With love,

Seymour

Seymour Benzer

SB:bl

31.12 65

6

Dr. Seymour BENZER
Division of Biology
California Institute of Technology
PASADENA, Calif. 91109

Dear Dr. Benzer,

You alone understand just as I alone deserve the Prize.

F. Jacob A. Lwoff J. Monod

弗朗索瓦·雅各布、安德烈·利沃夫和雅克·莫诺1965年获得诺贝尔奖时西摩·本泽与这三名法国人的往来信件。本泽以幽默著称，在给三人的信件中，他画掉了雅各布和利沃夫的名字，并写道："在这个你不得不与两个蠢蛋分享诺贝尔奖的时刻，请接受我诚挚的慰问。在我看来，你完全配得上独得这个奖。"雅各布、利沃夫和莫诺在共同署名的回信中写道："亲爱的本泽博士，正如这个奖应该授予我一个人一样，这一点也只有你一个人懂。"

马歇尔·尼伦伯格获得1969年诺贝尔奖的消息传来时，他位于马里兰州贝塞斯达国立卫生研究院的实验室挂出的横幅，上面写着“马歇尔你你你真棒”

关于重组DNA的阿西洛马会议，1975年。从左至右：玛克辛·辛格、诺顿·津德（Norton Zinder）、西德尼·布伦纳和保罗·伯格。由于CRISPR基因编辑技术有可能被用于改变人的生殖细胞，相关人士近来呼吁举办一场“新阿西洛马会议”，讨论涉及的伦理和技术问题

第 11 章

竞　赛

就在尼伦伯格揭开惊天秘闻之后的几个星期里，一场为破解剩余的遗传密码而狂飙突进的科学竞赛开始了。尼伦伯格和马特伊的论文于 10 月发表在了《美国科学院院刊》上，而奥乔亚实验室的一篇论文也紧随其后，发表在同一期刊上。这是奥乔亚研究组以《人工合成多聚核苷酸与氨基酸密码》(Synthetic Polynucleotides and the Amino Acid Code) 为共同标题的 9 篇论文的第一篇。[1] 奥乔亚实验室的产出速度惊人，系列中的前 5 篇是以大约 18 周的时间间隔投递的，如今已经很难想象一个研究组在开始一个新领域的工作时会有如此级别的产量。暂且不论这些论文不会经过任何形式的同行评审——在当时，像奥乔亚这样的美国科学院院士多少有点把《美国科学院院刊》当成自己的论文发表机——这仍然是科研活力的惊人大爆发。这几乎压垮了尼伦伯格，他在这段时间还经历了双亲去世之痛。[2]

奥乔亚的优势地位既体现在他的数据上，也体现在他研究组论文的口吻和细节上。尼伦伯格和马特伊的贡献被淡化了——其中有好几篇甚至没引用他们的论文——这一组 9 篇论文的连番轰炸的第一篇以这样一段陈述作为结尾，仿佛在宣告这项突破只属于奥乔亚一人：

看起来，本文报道的这些以及其他结果将为研究蛋白质生物合成的编码问题确立一种实验手段。[3]

面对奥乔亚研究组步步紧逼的产出，尼伦伯格对如何展示自己的工作变得更加用心了——他 1961 年的最后一篇论文的标题是《遗传密码的核糖核苷酸构成》。相比他最初采用的那种描述技术的标题，这个标题对他工作所隐含的意义的表达远更清晰。[4]

这一波发现，再加上克里克 1961 年 12 月发表在《自然》杂志上，有关“蛋白质遗传密码的共通本质”的论文，终于吸引了全世界媒体的关注。将近 6 个月的时间里，科学界都深陷于兴奋的喧嚣当中——罗林·霍奇基斯拿 1960 年美国一架 U–2 侦察机在苏联领空被击落的事件开涮，说道：“U–2 事件开启了冷战（cold war），U3 事件开启了密码战（code war）。”[①, 5] 现在，该让普通大众听说这件事了。1961 年的圣诞前夜，《纽约先驱论坛报》宣布“生命密码终被破解”，并用“消息直到上周才被透露给报界”解释了在尼伦伯格于莫斯科公布发现之后，媒体为何在 4 个月里一言未发。几天后，《星期日泰晤士报》采用了类似的话术——“科学家已破解生命密码”——但选择了重点强调英国科学家的贡献以及克里克近期的《自然》论文的重要性。[6] 克里克为这则报道感到很难堪，他给尼伦伯格写信，解释说他已经尽力纠正媒体的报道了。[7] 尼伦伯格的反应一如既往地淡定。这同样说明，媒体对待科学突破的方式并没有多少改变：

> 我没看英国报纸，不过美国报纸说这类工作的结果可能是：（1）治愈癌症和相关疾病；（2）导致癌症，终结人类；（3）对上帝的分子结构有更好的了解。哎呀，这可都是同一天写出来的啊。[8]

---

① 霍奇基斯此处的 U3 指的是由 3 个 U 组成的遗传密码。——编者注

在破解密码的竞赛的飞速进展面前，人们普遍的兴奋之情被煽动得越发高涨了。随着新的焦点从操纵 DNA 转移至操纵 RNA，研究者思考密码的方式此时也发生了不言自明的改变。它不再局限于双螺旋里，而是同样出现在基因的分子转录过程中，出现在信使 RNA 的形态中。因此，密码的字母被越来越多地用 RNA 分子的碱基——A、C、G 和 U——来表示。今天，在研究基因组和它们的 DNA 所蕴含的内容时，研究者则更倾向于用 DNA 的碱基来代表密码。

尼伦伯格和奥乔亚两个研究组用的是同一种方法：他们合成了碱基比例已知但序列未知的 RNA 多聚核苷酸，将它们放进无细胞蛋白质合成体系中，然后依据加入碱基的比例来阐明其结果。例如，如果"编码单元"是一组三联体的话，那么一条由 5 份 U 加 1 份 C 构成的多聚核苷酸——"多聚（5U1C）"——就会含有占比各不相同的几种编码序列：UUU、UUC、UCU、CUU、UCC、CUC、CCU① 和 CCC。CCC 组合出现的数量会远小于 UUC，因为混合体系中的 C 比 U 少得多。然而，"2U1C"② 的 3 种三联体——UUC、CUU 和 UCU——存在的占比期望值相同，因此它们产生的效果就无法被区分。

在报道他们用多聚（5U1C）得到了高水平的苯丙氨酸以及较低水平的脯氨酸和丝氨酸时，奥乔亚实验室从可能出现的三联体密码的相对占比的角度对其进行了分析。从 UUU 编码苯丙氨酸这个已知事实出发，他们指出，脯氨酸由 1 个 U 和 2 个 C（CCU、UCC 或者 CUC）编码，而丝氨酸由 2 个 U 和 1 个 C 编码（UCU、UUC 或者 CUU）。[9] 虽然

① 作者原文中此处漏写了 CCU 这一组合。——编者注

② 注意作者此处没有使用"多聚（2U1C）"这一表达，所以这里"2U1C"的意思是一个三联体中包含 2 个 U 和 1 个 C。——编者注

这离真相不是很遥远——脯氨酸事实上由 CCU 编码，而丝氨酸由 UCU 编码——但在这两个案例中，奥乔亚研究组所使用的方法都无法区分开 3 种可能的组合。此外，如果其中一种组合也编码苯丙氨酸，那么这就将检测不到，因为基本的假设是苯丙氨酸由 UUU 编码，这也差不多是密码中唯一得到公认的部分。然而真实情况恰好正是如此——UUC 和 UUU 一样，也编码苯丙氨酸。把不同三联体组合理论上的比例与它们看上去所编码的氨基酸的占比进行比较，就只能帮你破解到这一步了。[10]

1962 年初，竞赛当中的两个实验室已经识别出了几乎全部 20 种天然氨基酸的 RNA 密码可能的碱基构成。[11] 但他们不知道这些核苷酸的排列顺序，也不知道每个编码单元中有几个核苷酸。虽然多数人都假定密码是基于三联碱基的，但还是没有绝对的证据证明这一点。1962 年 2 月，奥乔亚告诉克里克，他估计不到“30 种三联体会代表氨基酸”——当时的普遍观点是，密码总的来说是一个 RNA 编码单元决定一种氨基酸的一一对应关系，而其他 40 多种可能存在的三联体则编码“标点符号”，或者什么也不管。[12] 但几周后，情况就水落石出了，很多氨基酸都是由不止一种 RNA 编码单元编码的，这说明密码是冗余的，或者按我们现在的说法，是简并的。[13]

还有一些怪事儿。正如奥乔亚研究组在 1962 年 3 月记录的那样：“三联体密码的一个惊人特性是，它们都含有 U。”[14] 一个月后，尼伦伯格的实验室发现了同样的现象：“目前为止，在编码单元中观察到的 U 的占比异乎寻常地高。”[15] 用不含 U 的多聚核苷酸来产生氨基酸链的尝试不断地失败，这使一些研究者得出结论，认为不含 U 的 27 种可能的三联体是“无义”三联体，没有含义。但当研究者研究病毒 RNA 的构成时，他们发现 U 的占比水平并不是特别高，这表明不含 U 的编码单元一定存在于自然界的某处，或者试管中发生了一些奇怪的事情。当奥乔亚和尼伦伯格的实验室都报道称，大家公认会让苯丙氨酸合成进蛋白质的多聚（U）似乎还编码亮氨酸和缬氨酸时，大家就更糊涂了。[16] 大家都猜测这一定是实验失误（确实是），但在将它解释清楚之前，情况真的很危险：如果一种三联体能编码不止一种氨基酸，那么现有的所有关于编码的观点就都得推翻重来了。遗传密码的整栋大楼都可能垮掉。

—A · C · G · T—

接二连三的新数据，加上缺少对这些数据含义的明确解释，让理论家们积极地回到了编码问题上。根据克里克 1966 年的说法，这段时间的“理论文章呈井喷之势，其中大多数都最好被忘掉”。[17] 它们或许是过目就忘的东西，但却体现了科学家们当时的思考，尤其是展现了他们如何向着正确的答案摸索前行。1961 年 9 月，理查德 · 埃克（Richard Eck）① 重新提起了密码重叠的可能性，也就是一个编码单元同时构成下一个单元的一部分（因此，举例来说，CACGU 这个序列就包含 3 个三联体——CAC、ACG 和 CGU）。②, [18] 布伦纳已经在 1957 年证明了这种观点是错误的，大多数人也都已经信服。他的反对观点还得到了另一个现象的佐证：病毒的突变实验表明，单个碱基的变化从来都只改变一个氨基酸——如果密码是重叠的，那么就会有两个或两个以上的氨基酸被改变。[19] 然而，正如克里克后来说的那样，如果构思巧妙，也是有可能想出一套复杂的重叠密码的。[20] 另一位理论家的出发点则是跨 DNA 分子双链存在的互补密码组，例如 TAC 和 ATG。他的观点在于，两者一定编码的是同一种氨基酸，以规避细胞必须知道该用 DNA 的哪条链这一难题。[21] 这种大胆而偏颇的观点低估了细胞的能耐，它的确能够分辨两条链。

在通过理论方法破解密码的尝试中，思考最周密的当数卡尔 · 乌

---

① 美国数学家，生物信息学奠基人之一。——编者注

② 埃克在论文开篇首先表示，遗传物质由核蛋白而非 DNA 构成还是有一点点可能性的。这是我能找到的对 DNA 遗传功能最晚近的怀疑。

斯（Carl Woese）。他的出发点在于，任何密码都必须与各种各样生命体 RNA 的核苷酸构成相吻合，而当时已知的一点是，它们都并不富含 U。在一系列复杂的运算之后，乌斯拿出了一套只用到 64 种可能的三联体中的 24 种的密码，其中多数氨基酸都同时由一种 G+C 含量很低的三联体和一种富含这两种碱基的三联体来编码。和其他所有的理论构想一样，这个构想精巧独到，但也是错的。[22]

也有人假想出了其他一些不那么复杂的理论密码。对于奥乔亚和尼伦伯格实验室的数据富含 U 这个问题，理查德·罗伯茨（Richard Roberts）找到了一种简便的解答——U 根本无关紧要，因为密码实际上只由两个碱基构成。虽然这与病毒 RNA 并不富含 U 这一已知特征相符，但它的缺点在于只能形成 16 种可能的组合，而编码天然氨基酸需要至少 20 种。为了从这个死胡同里跳出来，罗伯茨指出，密码由二联体和三联体共同构成，其中一些二联体，比如 AA 或 GG，表示一个三联体的开端。没有证据支持这种说法，但罗伯茨精明地指出，也没有证据反对它。[23] 1963 年初，托马斯·朱克斯（Thomas Jukes）提出了这种观点的一个变体，他的说法是，每个三联体中有一个他所谓的“中枢”碱基，它的变化不会改变其所编码的氨基酸。朱克斯宣称，在所有含 U 的三联体中，U 就是那个“中枢碱基”（然而它不是）。

埃克回过头去，用上了在 20 世纪 50 年代主宰编码问题研究的数字命理学，在《科学》杂志上发表了一篇四页纸的论文。他在文中声称，在三联体与氨基酸的对应关系上发现了一种对称性——有 4 种氨基酸由 4 种三联体编码，而剩下的 16 种则分别由两种三联体编码。[24] 埃克说，自己所做的不过是将已知的三联体分布列成表，“难题自己就迎刃而解了”。但这种解法完全以将此时还未对上号的三联体 / 氨基酸组合套进图表里为基础。这套格局来自埃克的脑子，并非数据。

最终，将信息理论应用于生物学的先驱亨利·夸斯特勒拿出了一张图表，图表基于的是突变所引发的氨基酸变化的数据。夸斯特勒对无细胞体系的研究并不感冒，表示它们未必能够定量检测蛋白质的合成。最重要的是，他强调了在多数情况下，多聚核苷酸的确切性质是未知的。[25] 克里克对夸斯特勒的论文嗤之以鼻，声称它完全是“对一些非常可疑的数据的牵强附会”，基于的是“一种没有详细说明的技术”。除了 UUU= 苯丙氨酸外，夸斯特勒预测的三联体全都错了，而前者也谈不上是什么预测。

核苷酸 U 为何在无细胞体系的数据中占据主要地位，这道难题的真正答案是所罗门 · 戈洛姆在不经意间给出的。[26] 在做了各种各样的计算后，他得出结论，关于不含 U 的序列的作用，不做实验就主观臆断是行不通的。实验，这正是生物化学家们所做的事情，而到 1962 年年中的时候，已经有实验表明不含 U 碱基的 RNA 可以编码氨基酸了。[27] 事实上，富含 U 的多聚核苷酸在数量上占据优势，这一令人困惑的现象是无细胞体系最初使用的溶剂导致的假象。[28]

—A · C · G · T—

每个人都嗅到了竞争的味道。与此同时，1962 年的夏天举行了两场会议，探讨了破解密码的进展。7 月，一场“当代科学中的信息讨论会”在巴黎北部建于 13 世纪的罗亚蒙特修道院（Royaumont Abbey）富丽堂皇的环境中召开。根据一位与会者的回忆，“花园、音乐晚会和烛光晚宴”几乎和学术讨论平分秋色。[29] 会上出现的人包括哲学家、数学家、社会学家和生物学家，这是世界上跨学科探讨信息理论用途的最后几次努力之一。

在一段关于“分子生物学中的信息概念”的简短介绍中，巴斯德研究所的安德烈 · 利沃夫简明有力地摆出了自己的立场，不知不觉间重复了几年前出现在美国几场类似会议上的对将信息理论应用于生物学的批评。利沃夫指出，无论是用香农的方程还是维纳的负熵（利沃夫沿用了布里渊的叫法，逆熵），计算一条 DNA 序列中所含的信息都是没有用的，因为这样的计算算不出生命体中这条信息的含义和功能。他是这样说的："用香农的方程式计算逆熵，无论如何也应用不到生命体上。"利沃夫说，那就像是试图计算拉辛①一部悲剧当中的信息含量。他表示，对一名生物学家而言，信息的唯一含义就是"一条小分子的序列及其所行使的一组功能"。[30] 维纳和在场的哲学家们看不出问题所在，从而在不经意间展现出了信息理论家与生物学家间的分歧。

类似这样的互不理解在其他会议上也有体现，常常闹得剑拔弩张。数学家伯努瓦·曼德尔布罗特（Benoît Mandelbrot）② 指出，像这样着眼于信息的跨学科会议毫无意义：

> 信息的严格意义所表明的含义已经得到了充分的探索，它所能产生的结果已经相当明了。剩下的问题则又太难，只能在私下讨论才有用……我们必须想到，它在科学上的用处已经不见了，至少目前是如此。[31]

除了这些很没营养的全体讨论外，还有专题讨论会，各个领域的专家们在讨论会上更加详细地探讨他们的课题。关于生物学中的信息理论的专题研讨会包含一个有关遗传密码的小会，由德尔布吕克主持，克里克、尼伦伯格、乌斯，以及奥乔亚的学生彼得·伦吉尔都有参加。在讨论中，克里克引入了"密码子"这个说法，来描述编码一个氨基酸的那一组碱基。这个词是布伦纳发明的，明显有调侃本泽以及雅各布和莫诺创造的其他那些带"子"（-on）的词③ 的意味。[32] 偏偏它却立住了，而且一直用到现在。

---

① 17 世纪法国著名剧作家让·拉辛。——编者注

② 波兰裔美国数学家，研究兴趣广泛，最大的成就之一是创立了分形几何。——编者注

③ 比如前文中提到的"操纵子"（operon）。——编者注

专题研讨会上的大部分时间都被用来讨论无细胞体系中得到的结果的不确定性了：一些与会者质疑，那些多聚核苷酸中的碱基比例是否真如奥乔亚和尼伦伯格两个研究组所预计的那样。乌斯概述了他提出的密码，将其表述为不同碱基所含有的信息，而雅各布则用一种“信息传输与调控的理论”来描述蛋白质的合成。无论这些报告包含什么样的观点，它们都没有得到发表，也没有在后续研究中留下痕迹。多数人认同的是，信息理论对分子生物学的影响已经在走下坡路了。信息已经成了一种模糊却又不可或缺的隐喻，而不是一种确切的理论构架。

这一点在新泽西的罗格斯大学于 1962 年 9 月初举办的“信息大分子研讨会”上得到了反映。虽然顶着这个名称，但对 DNA、RNA 和蛋白质这些作为会议主题的大分子的信息内涵，大会却很少有直接的探讨。在致开幕词时，奥乔亚提及了“DNA 分子中所编码入的信息”，它们“被转移到了一条 RNA 磁带上”。虽然肯定了这些新词汇的意义，但他真实的立场在第一句话中便表露无遗：“本次研讨会主要探讨的是蛋白质合成的遗传控制与调控的分子机制。”[33] 会议的焦点是生物化学，不是信息。

在两场关于遗传密码的分会中，第一场是由资深遗传学家埃德·塔特姆①主持的，他重提了自己 20 年前和乔治·比德尔一起发现“一个基因一个酶”原理的往事：

> 回想多年以前我们开始那项工作的时候，我觉得我们当时没法预料到，自己会在一段不太长的时间之后，出现在一场关于信息大分子的研讨会上。这对在座的多数人来说是理所当然的事情，但我可以向各位保证——而且我觉得我也可以替比德尔博士说这番话——这真的是分子生物学发展史上一个非同凡响的现象。[34]

---

① 就是前文中提到的爱德华·塔特姆，埃德是爱德华的昵称。——编者注

参加这场会议的有大约250人，但只有13人来自美国以外的国家。克里克和布伦纳没有参加，沃森研究组一个人也没去，只有来自巴斯德研究所的弗朗索瓦·格罗在场。镇场的明星是遗传密码领域的新王者：尼伦伯格和奥乔亚。

几十位发言者汇总了来自一系列物种（包括细菌、小鼠和藻类）的数据，这些数据表明遗传密码是通用的。他们勾勒出了研究界越发确信的一个事实：在DNA双螺旋的两条链中，只有一条被用来通过RNA合成蛋白质。他们还描述了不含U的多聚核苷酸也能编码氨基酸这项近期的发现。但对于这些问题之上的问题——遗传密码的本质——大家却仍未达成共识。在茶歇和用餐时间，与会者们争论着遗传密码算不算是已经被破解了。[35] 除了UUU编码苯丙氨酸，AAA编码赖氨酸，CCC编码脯氨酸外，什么都不确定。

会议期间，奥乔亚和尼伦伯格都以半认真的态度谈论过罗伯茨的二联体和三联体混合密码。尼伦伯格估计密码是基于三联体的，但又提醒道："眼下是不可能区分三联体和二联体密码的。"[36] 他的说法坦率清晰，令人无法反驳："几乎所有已经被测试出的氨基酸都可以由只有两个碱基的多聚核苷酸编码。"奥乔亚说得更清楚，他在讨论尼伦伯格的论文时说：

> 我必须说，我对迪克·罗伯茨①的二联体密码这个想法感受很深……第三个碱基几乎看起来是可有可无的，从这一点出发，我不由自主地思考起了罗伯茨提出的观点可能存在的重要意义。[37]

在一本收录这场会议诸多报告的书中，有一篇对于会议的总结，研讨会的组织者们在其中指出，遗传密码此时的状况有点像门捷列夫初次

① 迪克是理查德的昵称。——编者注

发表时的元素周期表——支离破碎，预测也并不全是对的，但“不失为发现了一个奠基性质的系统！”。[38]

—A·C·G·T—

含糊不清的实验方法，轻率提出的理论和猜想，这些东西交织在一起，开始有害于遗传密码的研究，这令弗朗西斯·克里克感到沮丧。1962年夏天，参与解码竞赛的科学家们有的正在罗亚蒙特的会议结束后休养，有的正在准备赶赴罗格斯大学，也有的这两件事都在做，就在这段时间，克里克写了一篇关于这个话题的言辞犀利的综述。文章的标题是《遗传密码问题的近期热潮》，带着他那标志性的贵族气息。克里克总结了奥乔亚和尼伦伯格实验室的工作，称赞他们的结果“具有非常可观的价值”，但随后话锋一转，不留情面地写道：

对这类实验的批评可以有很多，让人不知道从何谈起。[39]

克里克的批判掷地有声：除多聚（U）、多聚（A）等几种外，多聚核苷酸的构成是完全未知的（研究者甚至不确定，不同的碱基是否真是随机地被添加入人工合成RNA分子的），“无细胞”实验中氨基酸被合成入多肽的水平常常低得令人担忧，而就连可信度最高的效应——多聚（U）编码苯丙氨酸——也因为多聚（U）有时似乎会编码亮氨酸而变得不那么可信了。在勉强承认有两个密码子能够被可靠地识别出来之后（事实上只有一个——UUU=苯丙氨酸的铁律——是对的），克里克得出了结论，他所概述的这些方法性的问题“让其余三联体的编码功能变得扑朔迷离”。[40]他继续写道：

虽然没有一种密码子称得上是完全已知的，但我们还是知道了一些现象：一种编码苯丙氨酸的密码子含有U，一种编码脯氨酸的含有C，等等。编码问题已经脱离了捕风捉影的推想，进入了艰难困苦的实验阶段。[41]

克里克甚至不相信那些表明密码具有简并性的证据。他指出，这些证据“有两种，直接的和间接的，但除了一个例子以外，都不能令人满意”。[42]审视过包括罗伯茨密码在内的各种各样的选项之后，克里克一针见血地点出了事情的真实情况：“如果密码真的都是纯粹的三联体，那么它的冗余性有时就会让它看起来更像一个二联体。”[43]

克里克并不是在嘲讽那些理论，毕竟，在过去的9年间，是理论为关于编码问题的多数研究打下了基础，其中还包括很多他自己的研究。但最终，科学界需要的是更加精确的实验设计。无论一个理论性的解答有多么优雅，只有数据才能决定它是否正确。克里克认识到，自己对无逗点密码这样的理论模型的追寻没有造成任何突破。（他后来将无逗点密码形容为“那类聪明漂亮却又完全错误的观点之一”。[44]）关于这项课题的研究该如何推进，他向读者概述了自己的想法：

> 长期来说，我们不想去猜测遗传密码，我们想知道它的真面目……很快，严重的问题就将不再是，比如说，UUC是否可能编码丝氨酸，而是什么样的证据能够经得起合理的质疑，让我们接受这个观点的正确性。简单讲，怎么样算一个密码子的证据？理论有没有用，能否指明密码的普遍结构，这仍然有待观察。如果密码确实有一个可用逻辑推导出的结构，那么它的发现无疑将极大地帮助实验工作。如果做不到这一点，那么它的主要用途将是提出新的证据形式，给出更加尖锐的评判标准。在最终的分析中，起决定性作用的将是实验工作的质量。[45]

投递出文章的一周后，克里克听闻自己、吉姆·沃森和莫里斯·威尔金斯凭借对核酸结构及其对生命物质信息传递的重要意义的研究获得了 1962 年的诺贝尔生理学或医学奖。[46] 诺贝尔奖委员会内部的辩论是不公开的，但看上去很可能的原因是，密码的破解提升了 DNA 序列结构的重要意义，科学界对它重新燃起的兴趣使委员会相信，该是沃森、克里克和威尔金斯获奖的时候了。

—A · C · G · T—

1963 年 6 月初，尼伦伯格和马特伊做出发现的仅仅两年后，冷泉港实验室就以“大分子的合成与结构”为题举办了年会。这一次，尼伦伯格不但被允许参会，还被摆在了最显要的位置。自从瘦高个吉姆 · 沃森在冷泉港实验室沉闷的报告厅中介绍了 DNA 双螺旋结构之后，10 年间，分子生物学领域已经发生了深刻的改变——这是冷泉港有史以来举办的最大规模的会议，有超过 300 名科学家出席，其中约有五分之一来自美国以外的国家。

会上的 74 场报告聚焦于 DNA、各种形态的 RNA 和蛋白质的合成，并坚持在生物化学的理论框架内进行。尼伦伯格报告的标题是《论遗传信息的编码》，但在引入环节之后，他就沉浸在了生物化学的细枝末节当中，甚至重新用上了关于特异性的那套含糊不清的语言，对信息思想只字未提。正如克里克指出的那样，尼伦伯格的报告反映出破解密码的竞赛已经卡在了实验方法的瓶颈上。其所采用的技术——未知序列的人工合成 RNA，加上来自病毒突变产生的影响的数据——无法破解密码。更糟糕的是，研究者就连密码是由两个、三个还是更多个碱基构成的这个问题都搞不定。此外，针对那项自己赖以成名的技术，尼伦伯格还发出了一条警示。他的观点是，细胞中出现的天然信使 RNA 也许不会使用全部 64 种可能的三联体密码子。因此他说，随机排序的人工合成分子可能“会考验到细胞识别密码‘单词’的潜力”。[47]

进展当然还是有的——越来越细致的实验以及越发精确组装出的

人工合成 RNA 让尼伦伯格研究组得以提出，包括脯氨酸和苯丙氨酸在内的很多氨基酸都是由不止一种密码子编码的，但这仍然没有绝对可靠的证据。真正的密码仍然触不可及，因为无细胞体系中所用的 RNA 分子的序列仍然未知。在报告的结尾，尼伦伯格描述了他的研究组和威斯康星大学的印度裔生物化学家戈宾德·科拉纳（Gobind Khorana）研究组如何分别用两种技术合成了短片段的 DNA，也叫寡脱氧核苷酸（oligodeoxynucleotide，oligo- 是一个希腊语词根，意为少）。当这些 DNA 小片段被转录成 RNA 时，实验显示，只含 4 个碱基的分子仍然能够在无细胞体系中产生可检测水平的氨基酸。尼伦伯格低调保守的结论指出了前进的道路：

> 指定序列的寡脱氧核苷酸可能会在确定 RNA 密码"单词"的核苷酸序列和方向上发挥作用，对于研究 DNA 指导的蛋白质合成的相关控制机制同样如此。[48]

接下来的报告来自奥乔亚实验室的乔·斯派尔，他简述了他们历时两年，尝试将一条人工合成 RNA 分子中不同三联体的理论比例与不同氨基酸的水平相关联的努力。[49] 报告几乎没有什么新东西，只是总结了一系列不同物种上的研究，表明了密码是通用的。奥乔亚研究组对这个领域有过重要的影响，他们从尼伦伯格那里夺回了主动权，并且向世人展示了集中于一点的大规模分子研究能够取得何种成绩，但他们技术的局限性现在已经显露无遗了。两周后，奥乔亚在瑞士做了一场报告，不经意间勾画出了他的研究组所陷入的困境。不同于尼伦伯格的是，他对这道难题束手无策。[50]

1963 年的夏天标志着遗传密码破解竞赛的两重改变。研究者已经开发出了合成已知序列的小型 RNA 分子的新技术，而参与竞争的实验室也变了。在尝试弄清哪些三联体编码哪些氨基酸的工作中，奥乔亚研究组正式出局。而戈宾德·科拉纳，这位 RNA 合成方面的专家，接替了他们的位置。

在接下来的两年间，科拉纳研究组优化了合成已知序列小型 RNA 分子的技术，而尼伦伯格实验室则在 1964 年从另一个方向解决了这个问题——对于一段刚刚将某一种特定氨基酸合成进一条蛋白链的 RNA，他们研究出了识别其核苷酸序列的方法。在这项繁重的生物化学实验操作中，需要用一张微孔滤膜（Millipore filter）收集一系列分子的混合体——带放射性标记的转运 RNA（tRNA，这就是克里克和布伦纳所说的转接器分子）、核苷酸以及核糖体。通过这项技术，尼伦伯格和他的同事菲尔·莱德（Phil Leder）得以证明，UUU 三联体会结合搭载苯丙氨酸的 tRNA，而 UU 二联体则不会。[51] 过去几年间时髦的二联体密码一个也没有得到证据支持——密码子是由 3 个碱基构成的。

在国立卫生研究院的同事以及玛丽安娜·格伦伯格-马纳戈（Marianne Grunberg-Manago）这样技艺精湛的访问学者的帮助下，尼伦伯格的实验室很快就可以使用各种技术来合成组分已知的三联体，然后让它们穿过微孔的“过滤管”装置，进而弄清它们编码的是哪种氨基酸了。尼伦伯格非常信任的一名技术员诺玛·希顿（Norma Heaton）后来回忆说，这一时期，实验室里的气氛“紧张……忙碌……拥挤……人人争先”。她描述了他们如何用嘴吸走带放射性的试剂（“放到今天这是绝对不允许的。”她说），描述了实验室的成员们如何聚拢在放射性测定仪上显示的数字周围，迫不及待地想知道又发现了什么新的密码子，“然后你就会听见大家大呼小叫起来，比如‘哦，又发现一个新的了’”。[52]

希顿还使我们得以一窥实验室里枯燥乏味的工作——要想获得那些经科学家分析，认为产生了科学突破的数据，非这么做不可。她所描述的实验室日常很像流水线工人的那种精确、重复的动作，某种程度上来说，她就是一名流水线工人：

一开始我们用的是单根过滤管。就是一种圆圆的小不锈钢管，刚好够装下微孔滤膜，差不多这么高吧，拧在一个底座上。有一个玻璃烧瓶连在抽风机上，然后顶上有一个橡胶垫圈，然后把这东西嘭地往下一套。

然后把抽风机打开，拿起实验用的其中一支试管，用三氯乙酸沉淀这些复合物。之后把它倒入过滤管过滤，这些复合的沉淀物就会被收集在滤膜上。

接着，把它拧下来，用镊子把微孔滤膜夹出来，然后按顺序放在一张铝箔上。最开始，我们用的是核子芝加哥（Nuclear-Chicago）放射性测定仪。你要把干燥后的滤膜放在铜或者铝的小测定盘上，差不多这么大吧，带点小翘边，你可以把滤膜放在上面，然后摞起来，接着放到核子芝加哥里，然后它们就会掉下去，它们穿过去的那会儿，放射性的水平就会被测出来……

这些都得掐着时间。熟练之后，你就知道自己把单根过滤管拧下来，取出滤膜，放下，再装上新的滤膜需要多少秒了。我觉得我练到了每 30 秒就能完成一轮，也可能是 25 秒。[53]

随着数据从尼伦伯格的实验室喷涌而出，克里克和之前的很多人一样，也试图用单纯的思考去探寻某些氨基酸由不止一种密码子编码的原因——密码子简并性背后的逻辑。他想知道，信使 RNA 分子上的密码子是如何与小小的转运 RNA 上的一组互补的碱基——他称之为反密码子——结合的。① 研究者当时尚不清楚，是每种 RNA 密码子都对应着一种 tRNA 分子（那么就有 64 个不同的版本），还是一种分子对应一种氨基酸（这种情况的话，就是 20 个不同的版本），抑或是某种介于两者之间的情况。一些实验证据表明，与苯丙氨酸相连的 tRNA 能够同

① 例如，mRNA 上的一个 ACU 密码子会与 tRNA 分子上的 UGA 反密码子结合。

时识别 UUU 和 UUC 两种密码子。为了解释这个奇妙的现象，克里克采取了 1953 年初发现 DNA 分子结构的竞赛期间，自己专注于使用的精确分子建模方法。他提出了一个想法，认为当 RNA 密码中的第三个碱基与 tRNA 反密码子中的对位碱基结合时，某种程度上会发生他所谓的“分子摇摆”。对于这种状况，克里克开展了当时来说很高明的探查，然后微笑着总结说：“作为结论，在我看来，初步的证据似乎颇为支持这一理论。如果事实证明它是正确的，我不会感到惊讶。”[54]

克里克是正确的——我们现在知道，多数生命体的 tRNA 多于 20 种，但少于 64 种（举个例子，人类中有 48 种 tRNA“反密码子”，而在细菌中只有 31 种），其原因正是反密码子识别能力的摇摆，使其能够在密码子的第三个位置识别不止一种碱基。

到 1965 年年中，尼伦伯格的研究组已经识别出了 64 种 RNA 密码子中的 54 种的功能。大约同一时期，科拉纳也用已知序列的人工合成密码子证实了这些结果。[55]研究者在过去 10 年间费尽心思发展出的那些理论构想原来没有一个是对的。遗传密码是高度简并的，于是在很多情况下，一个密码子中一个碱基的改变并不会改变其所编码的氨基酸。在 DNA 中，大多数此类沉默的改变发生在第三位碱基上——这就是为什么理论家们会好奇，密码会不会基本上是二联体的。在某些情况下，第三位碱基不提供任何额外的信息，因为无论这个碱基是 4 种可选碱基中的哪一种，这个密码子都编码同一种氨基酸，这是密码子–反密码子结合时的摇摆所造成的。

有三个彼此相关的问题仍未解决：弄清遗传信息的读取方向，搞懂细胞如何知道遗传信息从哪里开始，在哪里结束。一段碱基序列可以从两个方向被读取，产生完全不同的含义：一个 DNA 密码子，读为 AGG 则编码丝氨酸，读为 GGA 则编码脯氨酸。此外，由于 DNA 双链互补的特性，一段特定的 DNA 有 4 种可能的组合——在这个例子中，一条链上可能是 AGG 或 GGA，互补链上则是 TCC 或 CCT。遗传密码似乎正在变得愈加复杂，但这个秘密很快就被解开了。

1963 年，一系列用放射性标记的 mRNA 开展的研究表明，每个基因中只有一条链被细胞的运行机制所读取，而在 1965 年，奥乔亚的研究组发现，mRNA 被核糖体读取的方向与其在 DNA 链上合成的方向相同，也就是人们所说的 5’ → 3’ 方向（读作“五撇端”和“三撇端”）。[56] 这些数字指的是由 5 个碳原子排成一环构成的核糖分子在 DNA 和 RNA 中串联的方式，其中一个核糖分子的第五个碳连接着磷酸分子，第三个碳则连接着下一个核糖分子的第五个碳①，以此类推（碱基——A、C、G 和 T/U——连接在每个核糖分子的第一个碳上）。

遗传信息读取的方向现在弄清了，人们似乎有理由猜想，这则消息一定有某种办法设定其阅读框，让自己能够被正确地读取。让所有人惊讶的是，有研究者在 1966 年发现，编码甲硫氨酸的唯一密码子——AUG——如果处在一段序列的开头，就会同时起到起始密码子的作用。[57]

最后的谜团是三种看上去不编码任何氨基酸的 RNA 密码子——无义密码子的存在。第一种是一个于 1962 年在噬菌体上被识别出来的突变，被赋予了一个神秘的名字“琥珀”，这明显是源自参与该研究的一位美国科学家的名字，伯恩斯坦（Bernstein）的德语原意。其他两个无义密码子是布伦纳实验室识别出来的，他们沿用第一个名字的风格，用两种颜色给它们命名——赭石（UAA）和欧珀（UGA）②。[58] 布伦纳的研究组在 1964 年发现，琥珀密码子——UAG——编码的是终止信号。这同样提供了一份证据，支持分子遗传学领域的一个广泛猜想，即基因和它产生的蛋白质是共线性的。通过在编码噬菌体头部蛋白的基因的不同

---

① 原文此处表述有省略，前一个核苷酸的核糖的第三个碳原子连接的是一个磷酸基团，而这个磷酸基团再与后一个核苷酸的核糖的第五个碳相连。——译者注

② 英文分别是 ochre 和 opal，对应于棕黄色和乳白色，但赭石和欧珀已经是生命科学领域的惯用译法。——编者注

位置制造琥珀密码子的突变，布伦纳的研究组证明，每种突变体对应的蛋白质片段的长度与琥珀突变的位置有关。差不多在同一时期，由查尔斯·亚诺夫斯基（Charles Yanofsky）率领的一支斯坦福大学的团队给出了来自大肠杆菌的证据，证明 DNA 序列与蛋白质结构间存在共线性的关系。[59]

过去这些年来，遗传密码研究所基于的所有假设原来都是正确的：密码是通用的，它具有简并性，它的基本单元——密码子——由 3 个碱基构成，其中的信息有特定的读取方向，存在一个阅读框，基因和蛋白质是共线性的，此外，序列中包含开始读取和停止读取的简单指令。细节上经常出错，但随着研究者们用理论上的洞见配合巧妙的实验，朝着真相摸索前进，他们所秉持的核心法则都被证明是正确的。

遗传密码 64 个“单词”中的最后一个直到 1967 年才被解读出来，弗朗西斯·克里克是论文的共同作者之一，这显得合情合理。[60] 这个密码子是欧珀密码子——UGA。与琥珀密码子和赭石密码子一样，它的意思是“终止”。

—A·C·G·T—

1966 年 6 月的冷泉港研讨会完全着眼于遗传密码。开幕讲话是尼伦伯格、马特伊和科拉纳做的。组织者们——包括沃森和克里克在内——选择这三位发言人，其用意是回溯这个领域在过去几年中的巨变。各个分会探讨了密码的读取方向、“标点”（起始和终止，不是逗点）的作用、基因表达的调控、tRNA 结构与功能的细节，以及突变与错误（这个分会题为“信息传递的保真性”）。会上的报告标题甚至一个都没提到“信息”，所有的报告都被置于生物化学，而非信息理论的框架下。在为破解遗传密码而进行的庆祝中，大家主要感谢的是生物学，不是数学。最后两个报告概括性地展望了未来的两大发展方向，它们在领域内的主流地位一直延续至今：用 DNA 序列来阐释演化的格局，以及用 DNA 序列来阐释遗传密码的起源和演化。[61]

这次会议出版的论文集以克里克的一篇文章作为开篇，这是对过去 15 年研究的一份权威总述，题为《遗传密码——昨天，今天和明天》。克里克回顾了随着 DNA 双螺旋结构的发现，“编码问题”突然成为学术焦点时的一些早期观点，包括考德威尔和欣谢尔伍德在 1950 年，唐斯在 1952 年，还有最重要的，伽莫夫在 1953 年提出的观点。克里克没有提及薛定谔的密码脚本思想——他显然不觉得这一观点对后来的事件有什么直接影响。他也没有引述布瓦万对于 DNA、RNA 和蛋白质之间关系的看法，这可能是因为他不知道布瓦万有过这样的观点。

克里克开篇的话就准确地总结了当时的情况：“这是一个历史性的机遇。”[62] 遗传密码得到了全方位的揭示，可以用于全方位的用途。密码的破解为实验的力量添上了浓重的一笔：破解密码的理论性尝试一个都没有对。克里克认为，它们的失败是不可避免的：

> 通过已知的密码，我们现在可以看到，要想在当时将它们推演出来几乎是不可能的。

理论家们空想出来的假说式密码没有一个是正确的，因为他们做出了逻辑缜密的假设，错得毫无悬念。物理学家对于简洁的追求和生物化学家关于自然选择的幼稚想象让他们先入为主地以为密码一定是极为经济的，认为它一定是贴合着逻辑法则设计出来的。但生物学并不这么运转。遗传密码是生物学的产物，它乱七八糟，毫无逻辑，也并不简洁。它有高度的冗余性，可是冗余程度又千差万别，令人困惑：一种氨基酸（亮氨酸）有 6 种密码子，而另一种（色氨酸）则只有 1 种。要在化学、物理学或者数学法则的基础上去解释这种现象，目前为止都显得很困难。无论这背后有怎样的逻辑，这些逻辑都已经被数十亿年的演化和偶然事件所掩盖了。正如雅各布 1977 年说的那样，自然选择不会设定道路，只会因地制宜。[63]

在那些对破解遗传密码有所贡献的工作中，很多都赢得了世界级的声望。诺贝尔奖被频频授予那些做出了重大突破的科学家。乔舒亚·莱德伯格、乔治·比德尔和埃德·塔特姆因微生物遗传学方面的工作获得了1958年的诺贝尔奖，这项工作改变了人类理解和研究基因的方式。而沃森、克里克和威尔金斯则因发现DNA的双螺旋结构于1962年获奖。1965年，雅各布、莫诺和利沃夫因对蛋白质合成中的抑制物和遗传调控的研究而获奖。而尼伦伯格、科拉纳和罗伯特·霍利（Robert Holley）则在1968年分别因遗传密码、核苷酸合成和tRNA结构方面的研究获奖。为了庆祝，尼伦伯格实验室在一个走廊里挂了一条横幅，上面写着“马歇尔你你你真棒”（UUU are great Marshall）。[64]第二年，“噬菌体团体”的创建者们——德尔布吕克、赫尔希和卢里亚——又因病毒遗传学方面的工作赢得了这一奖项，通过这些工作，他们为分子遗传学的很多根本性发现奠定了基础。①竞赛中的其他参与者或是没有获奖（本泽、马特伊），或是因其他工作获得过一次（布伦纳②、奥乔亚）。到20世纪60年代末，一个时代终结了。很多领军人物，如克里克、本泽和尼伦伯格，将注意力转向了神经生物学，而布伦纳则对发育生物学产生了兴趣。1968年，“噬菌体团体”的成员贡特尔·斯滕特发表了一篇回顾这一时期的文章，它有一个哀婉的标题，叫作《这就是曾经的分子生物学》。[65]

—A·C·G·T—

这一阶段的这些科学发现改变了整个生物学，并使我们在新型医疗

① 以上提到的研究者获得的都是诺贝尔生理学或医学奖。——编者注

② 布伦纳后来使用线虫作为模式生物，在发育生物学领域做出了一系列重要的发现，于2002年获诺贝尔生理学或医学奖。——编者注

手段的开发上取得了巨大的进步。在掀起一场知识革命的同时，将埃弗里和薛定谔的时代与克里克、尼伦伯格、雅各布和莫诺的时代分开的这 22 年也引发了我们思想的一场革命。今天，每个人都知道基因含有信息，知道它们作为复杂网络的一部分发挥着作用，控制着蛋白质的合成和其他基因的活动。20 世纪四五十年代大行其道的信息和控制理论在当今科学家的思维中没有留下多少直接的痕迹，但它们的影响仍然存在。这种影响体现在我们思考生命的大多数基本特征时都会用到的一些隐喻和概念。对一名 20 世纪 30 年代的科学家来说，我们今天看待基因及其工作机制的方式听起来会很难理解。在理解自然，理解我们在其中的位置方面，破解遗传密码是人类的一次飞跃，可以与伽利略和爱因斯坦在物理学领域的发现，或者达尔文《物种起源》的出版相比肩。这种相提并论的说法不是后知后觉，而是当时就有人提出来的。[66]

遗传密码的发现不是一个人的天才洞见，甚至不是一小群人的思想结晶。相反，它需要明晰的观点、大胆创新的实验，最重要的是还需要很多很多人大量的辛苦劳作。研究中用到的技术涵盖极广，尤其着重于物理学和生物学的交叉。最重要的是，密码的破解代表着实验探索对理论构想的一次胜利。纯理论手段没有一个能解开这个秘密，秘密最终是通过实验研究者们的摸索水落石出的，不是靠理论家们在那里咬笔杆子。

不同于此前那些众人合力完成的科学突破，比如曼哈顿计划，也不同于载人登月、大型强子对撞机、人类基因组计划等后来者，这项研究中没有统一的组织。英国的医学研究委员会、美国的国立卫生研究院、法国的巴斯德研究所和国家科学研究中心等机构都为关键的研究者提供了支持，但这些工作并未得到整合，没有一个委员会或者理事会主管这个项目。那些催生了控制论和信息理论的战时工作有经费支持，但当时，除了战争中的直接应用外，科学界并不知道这些研究的潜在内涵。而在冷战时期，各国政府将真金白银和大量资源投入核能研究与火箭科学，私立机构则把几十上百亿的钱花在研发计算机和新型药物上，流向分子生物学和破解遗传密码的钱却寥寥无几，好几位研究者——埃弗里、沃森和克里克、尼伦伯格——最初都只收到了极少的钱来支持他们的工作。

除了冷泉港的各次会议外，研究者们甚至没有一个固定的会议场所来讨论进展，而这些会议那种小圈子的性质还曾将两位最终完成此项突破的人拒之门外。同样地，也没有一个公认的领袖，以清晰的视野推动项目前进。伽莫夫曾启发了 RNA 领带俱乐部，但他缺乏更大范围的影响力。克里克无处不在，但对于研究领域或具体的研究者，他无力推动或调整其方向，也无权左右经费。

最重要的是，和集体研究的其他很多伟大案例不同，研究者事先并不知道怎样才算解决了问题——这不像曼哈顿计划，终点从一开始就很清晰。遗传密码的研究不是一个工程性的问题：它是纯粹的研究，仅靠努力工作并不能将它破解，不能将问题分成小部分交给一个个研究者去解决，并且还知道这会为最终的成果添砖加瓦。克里克不是遗传密码领域的奥本海默。他的才智、批评和鼓励为那些塑造了学科发展路径的观点的产生起到了很大的作用，可是虽然他提出了“碱基的准确序列就是携带遗传信息的密码”这一观点，但破解密码的 13 年远征却不是由他引领的，而他也没有预见到最终答案的雏形。

曾投身于编码问题的众多研究者所采取的路线也和密码本身一样看似不可预测，偶尔还同样不合常理。破解密码是雅各布所谓的“夜猫子科研”的一个例子，严谨的逻辑与直觉和大胆的猜想相伴。[67] 1966年，冷泉港实验室的主任约翰·凯恩斯（John Cairns）恰如其分地总结了刚刚发生的事情的重要意义：

> 无论是大家投入这场解码行动的努力，它奇特的紧迫感，还是最终促成问题解决，八仙过海般的各种手段，这些在生物学的历史上一定都是无可比肩的。[68]

新进展

自遗传密码的最后一个“单词”被破解后，时间已经过去了将近半个世纪。在此之间的这些年里，科学取得了很多重大的进展，其中一些似乎在挑战着研究者在 1944—1967 年这段风起云涌的岁月中所做出的基础性发现。本书的最后几章将为读者讲述遗传密码及至今日的发展史，让读者看到中间这几十年所发生的事情。

第 12 章

惊奇与序列

所有参与破解遗传密码的研究者都认同两条基本定律。第一，他们认为一个基因的 DNA 序列和相应的氨基酸序列之间是一种一一对应的关系——克里克称之为共线性。第二，他们认为遗传密码和基因行使功能的方式是通用的，因此，正如雅克·莫诺 1961 年在冷泉港实验室所说，“在大肠杆菌上被证实的任何规律一定在大象上也有效”。[1] 这两条定律都不是遗传学的运行和遗传密码的破解所需要的，但它们有道理，并且为研究者正在发展的模型和诠释赋予了广泛的重要性。同样，它们确保了分子遗传学这门新学科能够被纳入达尔文主义的理论框架中，而根据这套理论，所有生命都是单一起源的，因此可以被假定为拥有相同的基础生理过程。克里克后来说，那些正在研究遗传密码的人拥有“一种无边无际的乐观精神，认为其中的基本概念特别简单，很可能在所有生物中都差不多一样”。[2]

在遗传密码最后一个“单词”被破解后的 10 年间，事情变得显而易见，这种无边无际的乐观是毫无根据的，因为共线性和遗传密码通用性的假设都被证明是错的。

—A · C · G · T—

1977 年秋天，几篇彼此关联的论文发表在了《美国科学院院刊》

和新期刊《细胞》（*Cell*）上。后者三年前刚创刊，并定下了一个雄心勃勃的目标：成为“一本展现生物学精彩纷呈的期刊”。[3] 现实一度没有辜负这样的期望，因为根据这些论文，在病毒中，基因不一定是一段连续的 DNA，也可以是散布在一条序列上，断裂成好几段的。[4]

断裂基因（split gene），这个沃森口中的爆炸性发现，是在 1977 年夏天的冷泉港实验室会议上被首次提出的，学界为它所隐含的意义吵成了一团。很快有人发现，哺乳动物的基因也具有这一特性，这与细菌基因严格的连续排布方式大相径庭。在那一期的《细胞》中，周芷（Louise Chow）、理查德·罗伯茨及其同事的第一篇论文描述了病毒核酸“一种令人惊奇的序列排布”，这一标题前所未有的表达方式将研究者们内心的惊喜和兴奋表露无遗：科学家们很少在专业出版物中使用“惊奇”这样的字眼。

兴奋的原因很简单：学界近 25 年来有关基因结构的假设被一项完全出人意料的发现推翻了。几个月的时间里，科学家们沉醉在这项被广泛描述为一场革命的发现当中（克里克称之为一场袖珍革命）。[①, 5] 在真核细胞（即具有细胞核的细胞，也就是所有多细胞生命体的细胞，以及类似酵母的单细胞生命体）中，研究者发现基因常常含有很多不用来合成蛋白质的碱基。因此，DNA 序列和蛋白质的氨基酸序列之间往往没有共线性。在一个基因的起始和终止密码子之间，可能存在着大段大段与最终合成的蛋白质无关的非编码 DNA。在《自然》杂志的一篇论文中，沃利·吉尔伯特（Wally Gilbert）[②] 将这些看起来无关紧要的非编码序列命名为内含子（intron，名称来源于“基因内区域”）；而那些被

---

① 历史学家扬·维特科夫斯基（Jan Witkowski）曾在 1988 年指出，尚没有针对这一时期的历史研究。虽然这在 1988 年不算反常，但令人惊讶的是，在这项发现的近 40 年后，仍然没有关于这项革命及其后续影响的研究。

② 指生物学家、物理学家、1980 年诺贝尔化学奖获得者沃尔特·吉尔伯特（Walter Gilbert），沃利是他的昵称。——编者注

表达为蛋白质的 DNA 序列则被称为外显子（exon）。[6] 真核生物的多数 DNA 都是外显子和内含子拼接而成的。内含子的长度一般在 40 个碱基上下，但它们也可以非常庞大——举个例子，人类肌萎缩蛋白基因中有一个内含子的长度超过了 30 万个碱基。[7] 在一些罕见的例子中，一个基因的内含子中甚至可以含有一个完全与之独立的编码蛋白质的基因。[8]

内含子的存在意味着细胞必须先处理遗传信息，才能将它转化为蛋白质。DNA 转录为 RNA 的第一步产物叫作前信使 RNA（pre-mRNA）——它最开始包含所有不相关的内含子，但这些会立刻被剪切掉，而 mRNA 分子新形成的两个末端会连接（“剪接”）在一起，形成一条对应于这个基因最终的氨基酸产物的信使 RNA 序列，这条 mRNA 序列的开头和末尾还有不会被翻译的区域，它们告诉细胞这个基因将被如何表达和处理。这个剪接的过程是由一种微小的细胞内结构完成的，它们由 RNA 和蛋白质组成，名字有些拗口，叫作剪接体（有一些 RNA 分子可以自我剪接，不需要剪接体的帮助）。内含子的开头和末尾由专门的序列标记，能被剪接体识别，从而表明前信使 RNA 分子中的哪些部分需要被剪切掉。[9]mRNA 这个经过剪接的版本被称为成熟 mRNA，正是它包含着与一个蛋白质的氨基酸序列共线性的 RNA 序列，被细胞用于蛋白质的合成。

尽管科学界一开始很惊奇，但真核生命体中存在的所有这些非编码 DNA 很快就得到了研究者们的欢迎，因为对于伯内特 1956 年提出的那条令人不得安宁的疑问—— 一个基因组中并非所有 DNA 都真正参与合成蛋白质——它似乎给出了一个回答。[10] 如果基因组中的一些重要区段是由沃利·吉尔伯特所谓的“沉默 DNA 的矩阵”构成的，那么这就能解释这种状况了，即使克里克曾在 1959 年将这描述为一种并不太具有吸引力的可能解释。[11] 在吉尔伯特的首次描述之后，关于内含子从何而来，曾有一段旷日持久的辩论。一些科学家认为即使最早的基因组也有内含子，而现在的多数研究者则认为，内含子是随着真核生物的演化而出现的，因为任何原核生命体——没有细胞核的单细胞生命体——都没有证据表明其曾经拥有内含子，或是具备剪掉内含子所需的复杂细胞机制。[12] 我们仍然不清楚，内含子为何会在演化中出现。

剪接这件事，不仅仅是剪掉几个无关的碱基。它使一个基因能够产生不同的蛋白质，因为在不同的条件下，不同的外显子会被剪接在一起——这被称为选择性剪接（alternative splicing）。因此，一段 DNA 序列能够产生好几种 RNA 序列，这取决于各种外部因素，包括基因在何种类型的细胞中被表达。目前，一个基因可以产生的 mRNA 的已知最大数量是 38 016 种。这些 mRNA 由果蝇的 *Dscam* 基因编码，它具有 4 簇外显子，分别有 12、48、33 和 2 个剪接版本。[13] 在这 38 016 种可能出现的 Dscam 蛋白中，很多之间只有很微小的差别，但这种多样性在功能上相当重要，因为它们意味着果蝇的神经元间彼此有别。其结果是这些 Dscam 蛋白在决定神经元间复杂精巧的连接上起到了作用，帮助果蝇塑造了它的脑。[14] DNA 序列所能达到的复杂程度令人震惊。

在内含子被发现之前，研究者一直认为基因突变主要是点突变，也就是单个碱基的改变。一种情况下，它会导致一个不同的氨基酸被插入蛋白质。另一种情况下，如果这个碱基被删除掉了，就会产生移码突变（frame-shift mutation）：基因序列中其后的那些碱基将被读取为一系列全新的密码子，正如克里克在 1961 年指出的那样，其中往往会出现无义密码子。随着内含子的发现，研究者意识到，发生在一个内含子开头或末尾的突变会允许来自内含子的新的 DNA 序列被囊括进这个基因的编码区，从而可能极大地改变其所翻译出来的蛋白质，由此为新遗传信息的产生提供了一个额外的来源。做出这项发现——最初被称为“断裂基因”或“碎片化基因”——的两位主要研究者是冷泉港的理查德·罗伯茨和麻省理工学院的菲利普·夏普（Phillip Sharp），他们因这项工作于 1993 年获得了诺贝尔生理学或医学奖。

—A · C · G · T—

在内含子被发现的两年后，科学界又被震撼了一次。在遗传密码中，人类破解的最后一个“单词”是终止密码子 UGA（绰号欧珀），时间是 1967 年。然而，剑桥大学的一个研究组在 1979 年 11 月发现，在人类的线粒体中——线粒体是所有真核细胞中都存在的负责产生能量的小型结构，里面有它自己的 DNA 和核糖体——UGA 编码的不是终止信号，而是一种氨基酸，色氨酸。[15] 遗传密码不是严格通用的。更让人惊讶的是，同一个生命体——你——身上含有两套不同的遗传密码，一套存在于你的基因组 DNA 中，另一套则存在于你的线粒体 DNA 中。

这一事实为我们提供了一些关于这个星球生命史的最基本信息。1967 年，美国生物学家林恩 · 马古利斯（Lynn Margulis）开始提出一种观点，认为线粒体不仅仅是真核细胞中的微小结构，而且很可能是几十亿年前出于共生关系与所有真核生物的祖先相融合的一类单细胞生命体的残余。她不是第一个提出这种观点的人——在20世纪早期，保罗 · 波尔捷（Paul Portier）和伊万 · 瓦林（Ivan Wallin）就都曾指出，线粒体可能是共生生物。[16] 马古利斯的观点是，这些共生细菌后来被困在了我们的每一个细胞里，失去了其独立性，但仍保留了它们自己的那份单独存在的基因组—— 一段小小的环状 DNA，长度约为 16 500 对碱基（相比之下，人类的核基因组含有大约 30 亿对碱基）。（基因和基因组以“碱基对”为单位衡量，因为 DNA 双螺旋有两条链—— 一条链上的每个碱基在另一条链上都有一个互补碱基，构成一个碱基对。）

看起来，地球上所有真核生物的所有线粒体都有一个生活在超过 15 亿年前的共同祖先。植物的祖先后来又通过相同的方式融合了另一种微生物，因此得到了它们产生能量的叶绿体，以及从阳光中获得能量的能力。[17] 在线粒体和叶绿体这两个案例中都存在争论：究竟是什么样的微生物与什么发生了融合？以及最重要的，融合进行的速度如何？

但多数科学家现在认为，两个案例中都发生过一次单一事件，让一个事实上的杂交生命体得以长得更大，获得了更复杂的生命体所需的能量。[18] 线粒体基因组极其微小的特点，以及它对密码子的奇特用法，都可以通过这种共生关系的历史加以解释。线粒体基因组编码的蛋白质非常少——其他大多数基因都在与我们的祖先融合前或融合后不久就丢失了，或是被融入了宿主的基因组 DNA——因此，如果线粒体 DNA 中的一个密码子通过突变而出现了新的功能，那么对这个大多数需求都由宿主细胞满足的共生生物来说，并不会造成重要的影响。

拥有非标准遗传密码的并不只有线粒体。1985 年，有研究者发现单细胞纤毛虫—— 一类微小的生命体，例如草履虫——核基因组的遗传密码在演化过程中出现了多次分化。在一些种类的纤毛虫中，UAA 和 UAG 编码的是谷氨酸，而非终止信号，这些纤毛虫只有 UGA 一个终止密码子。在其他种类中，UGA 则编码色氨酸。[19] 有时，在自然选择的作用下，UGA 和 UAG 的含义被更改了，编码的是生命中不常发现的额外氨基酸——分别为硒代半胱氨酸（selenocysteine）和吡咯赖氨酸（pyrrolysine）。[20] 只需要改变特定基因中的遗传密码，就能出现这种情况。举个例子，人类基因组中就有一些基因的 UGA 被挪用来编码硒代半胱氨酸。[21] 在这些案例中，这些基因的 mRNA 的一部分在读到 UGA 时会命令细胞插入硒代半胱氨酸，而在我们的其他所有基因中，UGA 都保持着正常的终止功能。[22]

近期有一项研究分析了从包括人体在内的自然环境中分离出的超过 1 700 份细菌和噬菌体样本，总量达 5.6 万亿对碱基。分析表明，在这些序列的很大一部分当中，终止密码子都被重新指定为编码氨基酸，而一份针对此前从未被研究过的微生物的分析则表明，在其中一个类群里，UAG 已经被重新指定功能，由终止信号变为了编码甘氨酸。[23] 甚至有一些用新密码子来启动翻译的案例，比如有研究者在 2012 年发现，在哺乳动物免疫系统的一些非正常环境下，基因信息的起始信号并不是惯常的 AUG 密码子，而是一个正常情况下编码亮氨酸的 CUG 密码子。[24]

目前已知的特殊或非标准遗传密码（non-canonical genetic code）已经超过 15 种，可以预料，还有更多等待研究者去发现。[25] 非标准密码一般与终止密码子功能的重新指定有关。这或许意味着终止密码子的相关机制中有一些东西让它们尤为容易改变，也有可能是因为只要生命体能用另一种密码子来编码终止指令，那么将一种终止密码子的功能重新指定为编码一种氨基酸就不会使这些生命体陷入任何生理或演化上的重大困难。[26]

密码子变化发生的具体过程是大量理论和实验研究的焦点，学界已经提出了好几种假说来解释多样化的密码是如何出现的。目前最被认可的假说叫作密码子捕获模型（codon capture model），于 1987 年由朱克斯和大泽省三首次提出。根据这个模型，像遗传漂变这样的随机影响有可能导致某个特定的密码子从一个特定的基因组中消失。接下来，类似的影响会导致这个密码子被编码另一种氨基酸的某种 tRNA 所"捕获"。[27] 近年一项针对经过基因工程改造，某些密码子被人为替换掉的细菌的实验研究支持这一模型，甚至还表明密码子功能的重新指定在某些环境中能够带来优势，为生命体提供额外的功能。[28]

遗传密码的非通用性和内含子的存在都完全出人意料，违背了当时研究遗传密码的所有研究者的推测。这些发现表明，严格来说，莫诺错了——大肠杆菌中的情况不一定在所有方面都适用于大象。然而，在破解遗传密码时期所建立的基本认知仍然屹立不倒。密码的严格通用性和基因的线性结构都不是定律，甚至都不是必要的。唯一必要的是，任何偏离这些基本假设的情况都可以在演化的框架内，通过有关生命史的可验证的假说得到解释。在密码的非通用性和内含子的存在上，这一点都得到了充分的满足。

虽然遗传密码不是严格通用的，但这丝毫没有改变我们对于演化的基本过程的看法。无可争议的是，我们目前所知的生命在演化上是单一起源的，我们都演变自一群生活在超过35亿年之前，被称为最后普遍共同祖先（Last Universal Common Ancestor）或LUCA的细胞。[29] 因为所有生命体使用的都是左旋氨基酸①，并且RNA被广泛地用于将氨基酸串联成蛋白质，所以科学家们相信这个假说是正确的。2010年，科学家道格拉斯·西奥博尔德（Douglas Theobald）经过计算得出结论，所有生命互有亲缘的假说的“可能性比其次可能的竞争性假说的可能性大 $10^{2\,860}$ 倍”。[30]

研究者目前在密码中发现的这种多样性事实上非常微弱，要么可以通过真核生物的深度演化史来解释——并由此揭示出一件令人细思极恐的事情：我们之所以在演化中出现，靠的是两个细胞偶然融合并形成真核细胞——要么可以用一群像纤毛虫这样特定类群的生命体的生命史中的某些现象来解释，这些现象在演化上更晚近，并且更局限于部分类群。与此类似，虽然真核生物的基因因为“断裂”的特点而与原核生物的基因有着显著的不同，但它们仍然依据同一套法则来运行。事情的来龙去脉在于，研究显示，有一个生命类群，它的细胞读取基因组DNA中的信息并将其转化为蛋白质的机制十分复杂，我们对这个类群特别感兴趣，因为人类自己也是这个类群的一员。我们对一段DNA序列中的信息如何变成一段蛋白质序列的基本理解并没有改变。虽然事情比研究遗传密码的先驱们能够设想的复杂得多，但他们发展出的基本理论框架仍然成立。20世纪五六十年代发展出的简单模型并非放之四海皆准，但它们是我们发展出目前的认识所必须走过的一步。并且对于这个星球上最古老、数量最多的生命体——原核生物来说，它们仍然适用。

① 除了一种氨基酸（甘氨酸）外，其他氨基酸的中心碳原子（α碳）都连接的是4个不同的基团，这导致这些氨基酸可以有两种呈手性对称的空间结构，分别为左旋型和右旋型。——编者注

最后这一点突显出了克里克、德尔布吕克、莫诺等人所采用的简化主义方法的力量。他们选择使用可能存在的最简单系统——细菌和病毒——来理解这些基础过程。他们这样做是在赌博，寄希望于他们的发现可以适用于所有生命。他们提出的模型简单、优雅，容易被实验检验。如果他们研究的是哺乳动物和这些物种中交错复杂的诸多分子以及从 DNA 到蛋白质的生理过程，那么就不太可能取得这样的进展。

—A · C · G · T—

最近几十年间，由于生物学历史上最重要的技术变革之一——测定 DNA 和 RNA 分子序列的能力——遗传密码研究的形态已经发生了翻天覆地的变化。这项突破出自弗雷德 · 桑格之手，他曾两次获得诺贝尔化学奖，第一次是在 1958 年，因确定了胰岛素等蛋白质的结构，接下来是在 1980 年，因开发出核酸的测序技术。（第二次是与沃利 · 吉尔伯特分享诺贝尔奖，吉尔伯特开发出了一种较少被人使用的 DNA 测序技术。）①

桑格不是第一个测定核酸序列的人——1965 年就有人测定了一条小小的转运 RNA 的序列，使用的技术类似于研究者之前给蛋白质测序所用的那些。[31] 但桑格的方法是用带放射性的含磷碱基（A、C、G 或 T）标记各种不同长度的 DNA 链，然后在一块电泳凝胶上显示这些片段，这让我们可以测定长达 300 个碱基的 DNA 片段的序列（在实际应用中，上限通常是 200 个碱基）。桑格的方法需要进行 4 次独立的 DNA 复制反应，由此得到这些 DNA 链。每支试管中包含 4 种常规状态的碱基（A、C、G 和 T）、用来复制 DNA 分子的酶，还有一种被放射性标记的碱基

① 1980 年的诺贝尔化学奖还颁给了保罗 · 伯格（Paul Berg），但获奖原因不同于桑格和吉尔伯特，获奖比例是伯格占二分之一，桑格和吉尔伯特分享另二分之一。——编者注

（因此需要4次反应）。在具有放射性的同时，这些特殊碱基的化学结构也经过了改造，可以在随机地被合成入一条新DNA链的时候终止这个化学反应。因为一份典型的DNA提取物中含有这一DNA分子的大量拷贝，而放射性碱基又是被添加到每条新链的随机位置上的，因此这将生成大量长度各异的放射性DNA分子，从而可以在凝胶上被检测到。反应结束后，将每种体系（共4种）并排点入一块凝胶中并通电。不同长度的DNA会以不同的速度移动，最终分布在凝胶上截然不同的位置，用肉眼就可以读出DNA的序列。

这项技术有几个不同的名字：链终止法、双脱氧测序法，或者更直白地被称为桑格测序法。桑格后来将它形容为"我想到过的最牛的点子"。[32]科学界的其他人似乎也很认同——桑格1977年描述这一方法的论文被引用了65 000多次，这是一个令人瞠目的数据，让它成为科学史上被引用次数第四多的论文。[33]

1978年，桑格和他的同事用这项技术测定了历史上第一套全基因组序列。这是一种噬菌体的基因组，有5 386对碱基，整个工作耗时好几个月。[34]虽然单调而重复，但这项技术很快便广为研究者所接纳。它同样很危险：除了无处不在的辐射，电泳凝胶还是用有毒物质制成的，并且整个过程中有很多步骤都要用到一些烈性化学药剂，这些药物不仅可以解开样品中DNA的双螺旋，也可能解开实验者身体中的DNA双螺旋。尽管有这些危险，到1984年时，研究者已经测定了3种病毒——两种噬菌体和造成人类腺热病的EB病毒——的全基因组序列。剑桥大学研究者描述的EB病毒序列的长度为172 282对碱基，是第一个测定的基因组序列的32倍。这是一项了不起的成就，是多年工作的回报，有12位研究者参与其中，这在当年算得上是规模很大的队伍了。

桑格法在20世纪80年代末得到了广泛的应用，这要归功于能在试管中扩增少量DNA样品的聚合酶链式反应（PCR）的发展。这一方法是凯利·穆利斯（Kary Mullis）发明的，他当时正在加利福尼亚的生物技术公司赛特斯（Cetus Corporation）工作，一天晚上开车载着女朋友时，他灵光一闪地想到了这个主意。[①,35] 在 PCR 的过程中，需要先将一份样品加热到很高的温度（高达 95℃），这会让互补的 DNA 双链分开。接下来，将样品稍稍降温，DNA 聚合酶就会开始复制 DNA 分子，互补的双链将配对起来。一个循环会让样品中的 DNA 含量加倍。将这个加热和降温的循环重复几十次，即使是微量的 DNA 也能在两个小时内被扩增几百万倍。

不过穆利斯也有一个难题——他需要一种能够耐受实验所需的较高温度的聚合酶。无巧不成书，这样一种酶近期刚在水生栖热菌（*Thermus aquaticus*，俗称 Taq）—— 一种生活在海底热泉附近的细菌——中被发现。[36] 这个反应流程的最后一项要素，是向试管中加入一些 15~20 个碱基的短片段 DNA，对应于研究者希望获得的一段 DNA 序列的起点和终点，这样一来，就可以为 PCR 设定目标，只扩增研究者感兴趣的那段 DNA。

PCR 迅速取代了以前的技术，也就是把一个 DNA 片段插入噬菌体基因组，再侵染细菌，让细菌繁殖，由此扩增 DNA。PCR 比这要简单得多，就连彻头彻尾的初学者也能很快扩增微量的 DNA。1993 年，在做出这项发明不到 10 年后，穆利斯就获得了诺贝尔化学奖。这项技术最初被应用于疾病诊断。而在如今的医学领域，它被日常用作识别疾病的工具，不论是传染病还是遗传病。PCR 与测序技术双剑合璧，改变了生物学和医学的工作形态。

DNA 技术的实际应用真正起飞是在 1984 年，这一年，莱斯特大学的亚历克・杰弗里斯（Alec Jeffreys）发现了可以被轻易识别，代表每个

---

① 穆利斯在诺贝尔奖的获奖感言中说，当他意识到自己构想出的是什么东西时，他把车停在了 128 号公路的 46.7 英里标志处，写写画画地记下了这项技术的几个要点。

生命个体并且独一无二的小片段 DNA“指纹”。杰弗里斯立刻察觉到了这些被称为“小卫星”（minisatellite）的小片段 DNA 的重要性，他当即写下了一系列潜在的应用方向，包括法医学、保护生物学和亲子鉴定。不到一年后，这项技术就被用于裁定一件移民案，证明一名加纳小男孩确实是声称是他母亲的一名女子的儿子，这一结果使这个孩子被批准回到英国。[37]

事实很快表明，杰弗里斯的技术比之前的方法更灵活、更简便。之前的方法要用到一类被称为限制性内切酶的特殊的酶，这些酶可以在特定的位置切下一些小片段 DNA，如果被研究的人群限制性内切酶两个作用位点之间的 DNA 长度存在差异，那么这些个体差异就可以用电泳凝胶检测出来。这种方法在 1980 年首次被大卫·博特斯坦（David Botstein）和他的同事使用，他们当时正在研究遗传病亨廷顿病（Huntington’s disease）。[38] 在医学领域以外，无论是基因图谱的构建还是重组 DNA 生物技术的发展，限制性内切酶的应用价值都被证明是不可估量的。

放眼全球，DNA 指纹技术现在已经融入司法系统的日常应用中，可以用于给罪犯定罪，也可以为受到错误指控的人洗脱罪名。警方对 DNA 样品的例行化采集，以及个人身份识别数据库的存在，引发了持续不断、围绕自由与正义之间的矛盾的道德争议，国家政府认为只有有罪的人才会躲躲藏藏，而偏向自由意志主义（libertarianism）① 的观点则强调着其中潜在的危险。

到 20 世纪 80 年代末，机器已经能够读取 DNA 序列了，它们用的是一个基于荧光而非放射性的体系，但仍然在使用桑格的测序方法。[39] 这个时期，检测序列已经不是在又大又沉的凝胶上，而是在小

① 把自由奉为核心原则的政治理念及运动，主张把人的政治自由及自主权最大化。——编者注

小的毛细管里，这让研究者有可能同时并行读取很多条序列，而且序列可以随着反应的进行实时阅读，不用等着电泳跑胶，再用显影板去检测上面的放射性产物。20 世纪 90 年代初，这些技术发展让人类开启了一系列多细胞生物基因组的测序计划，其最终目标是测定人类基因组的序列。第一个动物基因组完成于 1998 年，是秀丽隐杆线虫（*Caenorhabditis elegans*）的，紧随其后的是小小的黑腹果蝇（*Drosophila melanogaster*），完成于 2000 年。这些项目得以为研究者提供两种广泛使用的实验生物的关键信息，也成为基因组测序的各种技术和商业手段的试验场。约翰·萨尔斯顿（John Sulston）领导的秀丽隐杆线虫项目完全由公共资金资助，① 而果蝇基因组则是一个联合项目，有公费支持下的研究者，也有由分子生物学家转为企业家的克雷格·文特尔（Craig Venter）领导的一家名为赛莱拉基因组学（Celera Genomics）的公司。

尽管公立机构和私立机构的研究者的动机大不相同，但果蝇基因组项目仍然取得了成功。相反，与之同时开展的人类基因组计划则成了科学与商业前景冲突以及个性碰撞的焦点。[40] 人类基因组含有大约 30 亿对碱基，远远多于秀丽隐杆线虫（1 亿对碱基）和果蝇（1.4 亿对碱基）。人类基因组的体量和其中包含的大量重复序列为测序提出了新的难题，公立机构和私立机构研究者所采用的截然不同的方法又进一步增加了这些问题的难度。

公费资助下的国际人类基因组测序联盟（International Human Genome Sequencing Consortium）先是由吉姆·沃森，后来由弗朗西斯·柯林斯（Francis Collins）领导，它从 1990 年就开始了测序工作，目标是测出基因组中包含每一个碱基的完整序列，其成员坚决反对为基因申请专利。

① 萨尔斯顿后来因为用线虫做出的一系列有关发育和细胞程序性死亡的发现于 2002 年获得了诺贝尔生理学或医学奖，西德尼·布伦纳也于这一年获得了该奖。——编者注

与此相反，克雷格·文特尔和赛莱拉最初的着眼点是只测序那些已知在特定组织里和特定条件下表达的基因，寄希望于找到可以申请专利的产品。他们的做法是采集感兴趣的细胞或组织中存在的成熟 mRNA，将它反转录为所谓的互补 DNA（cDNA），再测定这条 cDNA 分子的序列。

这种手段的优势是聚焦于那些在特定组织中显得很重要的基因，它意味着研究者们没有浪费时间去测定基因之间可能存在的大段非编码区中成百上千万碱基的序列，甚至不用测定有用基因的内含子的序列，这些东西已经在从基因组 DNA 到 RNA 的合成过程中通过细胞的运行机制被剪掉了。文特尔通过这种方法向世人表明，识别关键生理过程中的相关基因是可能的，其背后还隐含着洞悉新的医疗手段的可能性，令人神往。一方面，这种做法的产出率极高，并有着良好的经济收益前景，但另一方面，它又与公共资助项目测定人类基因组每一个碱基序列的目标背道而驰。

接下来，文特尔的研究组换了一种手段，它最初为公共资助的研究者们所反对，但最终又成了这个领域中的主流方法，此后被应用在很多生命体的基因组测序上。这项技术被称为鸟枪法，其过程在于识别很多 DNA 短片段上的碱基，再将它们拼接成大的长序列。给 DNA 短片段测序比较容易，但它又会导致一个重大的难题：得到的几十万段短序列，哪段接着哪段——这个拼图要怎么拼？当要处理基因间大量看上去并无功能的 DNA 小片段时，问题就尤为棘手，它们可能包含毫无特点的双碱基重复序列，比如 ACACACAC……

为了解决这个问题，文特尔和他在赛莱拉的同事们聘请了计算机专家来开发组装序列的算法，并且在果蝇基因组上证明了他们的方法的可行性。虽然面对着全世界很多科学家的敌意，但文特尔的观点却很可能是对的，他认为这种方法会让这个项目的完成成为可能。然而，仍然有问题存在——即使用世界上最聪明的算法，也不可能把所有序列片段拼接起来。为了攻克这个难关，他们将基因组中难以破解的部分导入细菌中扩增，试图填平这些裂缝。这并不总是管用——在这些序列被发表的15年后，人类和果蝇基因组中的一些部分仍然没有被拼接起来。

虽然冲突不断，但美国总统比尔·克林顿还是于2000年宣布人类基因组草图测序完成，尽管事实上还远未结束。在白宫，柯林斯和文特尔分立在克林顿的左右两边，观众席中则是英国、日本、德国和法国的大使。与此同时，英国首相托尼·布莱尔，以及弗雷德·桑格、马克斯·佩鲁茨等英国科学家出现在了一段从唐宁街发来的录像的结尾。尽管这场活动褒扬的是人类的创造力和演化的伟力，但克林顿却以反差强烈的言辞宣告："今天，我们正在读懂上帝创造生命所用的语言。"[41]柯林斯和布莱尔都是虔诚的基督教徒，估计他们会同意吧。

人类基因组草图于2001年以两个版本发表：赛莱拉公司的结果刊登在《科学》杂志上，而公共资金赞助的结果则发表在《自然》上。[42]国际人类基因组测序联盟的序列现在被视作权威版本，它最开始时可谓一团乱麻，由来自100多位向这个公费资助项目捐献DNA的个人（其中一位是吉姆·沃森）以及赛莱拉的工作中所有的5个人（其中一位是克雷格·文特尔）的信息组成。随着越来越多的基因得到有效注释（annotated）①，它一直在更新，而功能或相似性也能更加可靠地被定位到DNA的特定区间上了。

然而，世界上并没有"标准"的人类基因组这样的东西。平均来说，在我们每个人的基因组之间，每1 000对碱基中就有1对不同，因此总共就有约300万个不同的碱基对。这些差异多数都位于没有编码功能的DNA序列当中，并且那些存在于编码序列中的差异通常也是"沉默"的——它们并不会改变相应蛋白质的氨基酸序列。然而，人类基因组的整体结构、编码与非编码序列混在一起的格局，以及编码序列在时空

① 指利用生物信息学的方法和工具，对基因组所有基因的信息做高通量的标注。——编者注

中的表达方式，都构成了生而为人的一部分特征。而根据公费资助的研究者们的意愿，人类基因组序列是一项公共财富，在互联网上向所有人开放，免费获取，不在专利律师的业务范围内——2013 年，在多年的争论之后，美国联邦最高法院最终裁定，人类基因均不得被申请专利，并取缔了米利亚德基因公司（Myriad Genetics）曾获得的用于诊断性检测的 *BRCA1* 基因专利（这个基因中的突变能够增加乳腺癌的风险）。[43] 但这种情况在未来可能会发生改变：2014 年，澳大利亚法院支持了米利亚德基因公司的主张，认为人类基因序列可以被申请专利。[44]

—A · C · G · T—

自 21 世纪初和人类基因组计划胜利实施以来，基因组测序已经从一项高度复杂、人力财力耗费巨大的国际事业，转变为了一种对极冷门的生命体感兴趣的小型研究团队也能开展的工作。这种变化的背后是所谓第二代测序技术的出现，其基础是人类基因组测序完成后发展起来的机器人技术和强大的计算机。[45]

世纪之交时，市面上最好的测序仪能够用桑格法同时测序 100 条 DNA，每条 DNA 的读数最多为 800 个碱基。第二代测序技术则非常不同。它能使用各种各样的技术，在 DNA 复制期间让机器可以在每一个碱基被加入新合成的 DNA 链时检测到它。这项技术一直在升级，截至 2014 年，几十万条短链 DNA——每条 75~125 个碱基——能够被同时测序，这意味着每秒钟能检测到几百万个碱基（当我在 20 世纪 90 年代手动测序时，一天能测出 400 个碱基就很开心了）。这些片段是被从基因组中随机选取出来的，将这个过程进行几百万遍之后，就能覆盖到整个基因组。接下来的工作是用计算机算法拼接这些序列，这意味着第二代测序中的数学成分和分子生物学成分一样多。

随着测序仪和计算机价格的下跌，基因组测序的价格也降了下来。人类基因组测序花掉了大约 30 亿美元的公共资金——差不多每对碱基 1

美元——并使用了超过 1 000 台测序仪。2010 年，中国科学家利用第二代测序技术，只花了区区 90 万美元——每个碱基不到 0.04 美分，或者说人类基因组测序花费的 1/2 500——就分析了大熊猫基因组的 23 亿对碱基。整个项目耗时不到一年，所用设备量只相当于 30 台测序仪。[46]

目前已完成测序的多细胞生命体的基因组大多都被发表在几本顶尖期刊之一上。这种情况将不可避免地改变。根据基因组在线数据库（Genomes Online Database），截至 2014 年底，仅非人类脊椎动物的测序项目就有超过 700 个。响尾蛇、红头美洲鹫和秘鲁夜猴，再加上其他几百种动物的基因组，无疑都很迷人，也无疑将为演化和医学提供新的见解，但它们——以及正在被测序的几百种节肢动物和几千种真菌——都不太可能获得与鸭嘴兽和大熊猫同等的关注。顶尖期刊将聚焦于在商业或科学上具有高度影响力，因此能够保证未来的高引用率的基因组。对于自然界的其他物种，将会有基因组方面的纯电子期刊——已经出现的情况是，大多数被测序的细菌会收到一份一页纸的简单声明，上面附有链接，通向储存这些信息的在线数据库。[47]

测序技术的更多发展也近在眼前：2014 年，牛津纳米孔技术公司向全世界的研究者们推出了纳米孔测序仪的早期机型，用于前期测试。这台设备有一部手机大小，可以通过 USB 接口插在电脑上。不同于依赖算力和并行处理的第二代测序技术，这项技术号称能在你的桌面上创建长度可达 10 000 对碱基的一整条 DNA 序列。如果它不是言过其实，那么 DNA 测序就将成为司空见惯的事情，甚至可以在野外立即对采集到的样品展开测序，鉴别特定的遗传品系。目前，第二代测序技术已经被用在了海洋研究的科考当中。[48]

与此同时，第二代测序仪的市场引领者因美纳（Illumina）公司宣布，其最新的设备将能在三天内测定出相当于 16 个人类基因组的序列，并且将测定一套人类全基因组序列的成本降至不到 1 000 美元。但这里有个玄机：这家公司坚持要求，要获得他们的技术，使用者必须购买

10 台他们的测序仪，总花费至少 1 000 万美元。[49] 无论未来怎样，序列数据的价格都会持续下降，而序列的数量则将持续增长。

根据我们个人的遗传构成开发的个性化医疗最终将得到广泛应用。因美纳的总裁弗朗西斯·德索萨（Francis de Souza）曾预测，到2015年，以医学为名被测序的人类基因组数量将达到惊人的228 000个。英国政府目前正在资助一个测定 10 万个基因组序列的项目，目标是改善疾病的诊断、预防和治疗。[50] 德索萨的野心是将因美纳的技术引入医院，抢占一块据他估计有 200 亿美元的诊断市场。不管他这番豪言中有多少夸大，我们对个体间细微的遗传差异——被称为种内变异（intraspecific variation）①——重要性的理解正在随着全世界的政府和科研机构意识到它对健康的益处而增加，同样增长的还有我们对人类族群的历史和人口统计学的认识。[51] 对特定癌症中出现的遗传变异的分析已然开启了更精准的新式疗法的道路。举个例子，乳腺癌药物赫赛汀（Herceptin）只作用于HER2表达谱为阳性（HER2-positive）的癌症女性患者②，而肿瘤中表现出 *EGFR* 基因突变的肺癌病人则可以用两种叫作易瑞沙（Iressa）和特罗凯（Tarceva）的药物来治疗。[52]

对遗传变异的研究导致了崭新的药物疗法的出现，这将改变全球千百万人的健康。21 世纪初，研究者注意到，在一些表现出极高胆固醇水平的家族中，一个名叫 *PCSK9* 的基因形态特别。之后，又有研究发现，一些具有低胆固醇水平的人在这个基因上有一个突变。在极短的时间内，以 PCSK9 蛋白为靶标的药物就被研发了出来，将在 2015 年投入使用。[53] 科学家目前正在对来自世界各地人群的数据开展拉网式研究，寻找与特定健康问题相关联的遗传变异，它们将为新药的研发提供一些

---

① 此处和下文中的变异强调的都是不同个体或群体间一个基因在序列上的微小差异，这种差异可能使人获益，也可能有害，还可能没有明显的影响。——编者注

② 此处的意思是这些女患者的细胞中 HER2 蛋白的表达水平比其他女性高。——编者注

认知。测序技术已经开始改变医学的形态了。

这些技术发展突显了分子生物学家、工程师和计算机科学家们的聪明才智，但它们也创造了一个有意思的新问题。我们现在已经完成了几千个基因组的测序，测序的完成速度正在以指数级加快，这超出了我们分析这些数据的能力。[54] 2011 年 7 月，只有 36 种真核生物的基因组完成了测序。一年后，又新添了 140 种。到 2014 年，5 628 种真核生物的基因组测序或是已经开始，或是已经完成，并且有 36 000 种原核生物的基因组已经测序完成。[55] 在我写作本书时，人类已知最大的基因组是火炬松的，有惊人的 220 亿对碱基——大约是人类基因组的 7 倍。[56] 与之相反，微生物 *Nasuia deltocephalinicola*① 的基因组则只有 112 000 对碱基——这种生命体很独特，出现在叶蝉的肠道里，因此它的代谢工作多半由宿主完成。[57] 由于要处理的化学反应比较少，在生活于这种昆虫体内的 2.6 亿年间，它的基因组体量逐渐缩小，失去了不必要的蛋白质编码基因，就像一种寄生动物失去了不必要的解剖结构一样。科学家们经过计算得出，这样的共生生命体最少只需要 93 个蛋白质编码基因就可以活下去，它们大概可以装进一个仅有 70 000 对碱基的基因组里。[58]

至少与先驱们在研究中的艰苦努力相比，测出一个基因组序列现在已经比较简单了。当你试图了解基因组的实际功能时，问题才算刚刚开始。基因组完成测序后的主要任务之一是对它加以注释，识别基因以及它们的外显子和内含子。还有最重要的一点：找到各基因在其他生命体中相等位的基因，等位的基因如果已知具备某种功能的话更好。鉴定一个基因的功能所基于的唯一信息，往往是它在 DNA 序列上与另一种生命体的某个基因具有相似性，而后者的功能在第二种生命体中已经被揭示。这已经催生出了一个叫作基因组学的新学科，内

① 这一物种没有相应的中文俗名，因此此处用学术研究中使用的双命名法物种名。——编者注

容是获取基因组序列，弄清它们的本质和演化。它采用了一套新技术，统称为生物信息学，这门科学通过结合计算机技术和种群遗传学来推测演化格局，让我们能够确定哪些基因具有共同的起源或同样的功能。在21世纪的科学教育中，对生物学家们的计算机技术训练将成为重要的一环。

测序技术在科学上影响最深远的结果之一来自卡尔·乌斯的工作，他在20世纪60年代意识到，可以用地球上所有生命体中都很常见的，存在于核糖体中的RNA（rRNA）来研究演化格局。乌斯开始研究一系列细菌16s rRNA的序列差异，到20世纪70年代中期，他已经测定了约30个物种这段rRNA的部分序列——这项工作极为缓慢而艰巨。1977年，乌斯和乔治·福克斯（George Fox）一起发表了两篇论文，他们在文中宣称，原核生物——没有细胞核的单细胞生命体——不是一个具有共同演化历史的单一类群。基于他们对rRNA序列的分析——这项手段比研究者此前采用的混合了形态学、生理学和生态学数据的方法严谨得多——乌斯和福克斯提出将细菌分为两个类群：真细菌类（Eubacteria）① 和古细菌类（Archaebacteria）。[59] 数据清楚地表明，古菌域（Archaea，这是它们现在的叫法）与细菌的关系并不比它们与你我这样的真核生物的关系更近。这让乌斯最终提出，生命在演化中分为了他所谓的三个域：细菌域（Bacteria）、古菌域和真核域（Eukaryota）。

在过去20年左右的时间里，这一观点得到了广泛的接受，出现在了大学级别的教科书中。但它看起来似乎很可能错了。对核糖体RNA和蛋白质编码基因更加大量的分析表明，生命只有两个最初级的域——古菌域和细菌域，真核域是随着一种古菌域的微生物吞噬了线粒体的细菌祖先形成的。[60] 根据这种观点，古菌域和细菌域构成了生命的两个主

---

① 注意是真正的细菌，不是真菌。——译者注

要枝干，而真核域则是两者之间突然形成的一座遗传桥梁。

用基因序列开展的演化研究已经解答了一些困扰生物学家们好几十年的有趣问题。举个例子，我们现在已经清楚，狗只不过是驯化后的狼，而关于它们在何时何地因为什么第一次被驯养，甚至还出现了几种相互争鸣的推测。[61] 与此同时，太平洋侧腕水母（*Pleurobrachia bachei*）—— 一种栉水母①，也叫箱水母——的基因组显示，其神经和肌肉组织是独立于其他动物演化出来的，这表明动物解剖结构中的这两项基本特征很可能演化出现了至少两次。[62] 有一些结果很令人惊讶：昆虫似乎不过是甲壳类动物的一种形式。不论外观如何（昆虫有三对足，不生活在海里；甲壳类一般有很多附肢，大多为海生），序列分析都表明，昆虫的位置处在甲壳类演化树的一个非常庞大的分支里。[63]

类似这样的发现每周都有人发表，它们验证着克里克在 1957 年的“中心法则”演讲中做出的高瞻远瞩的预测——氨基酸序列的研究能揭示“关于演化的巨量信息”。[64] 克里克观点中唯一的错误之处在于他还不够大胆：我们现在可以直接比较 DNA 序列了。甚至还有一个网站和配套的免费 App，叫 Timetree，普通公众可以在上面查询各大序列数据库，发现不同生命体类群是在多久之前分化开的，这让你得以平息那些关于演化的七嘴八舌的争论，比如河马是与犀牛还是与鲸的亲缘关系更近。②, [65]

—A · C · G · T—

过去几年中的一项重要发展会被克里克和其他几乎每一位 20 世纪的科学家当成科幻小说，不予置信。我们现在可以深远地回溯演化事

① 需要注意，栉水母已单成一门，即栉水母门，不属于一般水母所属的刺胞动物门。——译者注

② 出人意料的是，答案是鲸。

件的时间了：如果条件有利于保存（最好很冷，非酸性），并且用极为细致的技术来避免污染，那么我们就能从70万年的古老样品中获取到可靠的DNA序列——这个实例来自研究者分析的一块在加拿大育空（Yukon）永久冻土中发现的马的骨骼。[66] 未来很可能将有更加古老的样品得到分析，虽然从恐龙化石或是恐龙时代的琥珀中提取DNA的前景几乎仍然属于科幻小说的范畴。[67]

这个学科被称为古基因组学，它的出现掀起了一股针对已灭绝生物的演化基因组学研究浪潮，这些研究尤其着眼于人类支序中与我们最近的亲戚——尼安德特人。他们是人类支序中的灭绝成员，生活在欧洲，于大约30 000年前消失。其结果真可谓令人震惊。[68] 大部分工作背后的推动力量来自在德国工作的瑞典-爱沙尼亚裔科学家斯万特·帕博（Svante Pääbo），他花费了近30年的时间开创了古DNA研究领域。[①, 69] 1997年，就职于莱比锡马克斯·普朗克演化人类学研究所（Max Planck Institute for Evolutionary Anthropology）的帕博测定了尼安德特人的线粒体DNA序列，震惊了科学界。2010年，帕博的又一项雄心壮志成为现实：尼安德特人核基因组的全部30亿对碱基序列被发表。[70]

尼安德特人基因组的测序是一项技术上的绝活，并且为人类历史提供了令人震惊的信息。它揭示了让包括帕博在内的每个人都惊讶的事实：在历史上的某个时间点，尼安德特人曾与人类交配。这种性活动——我们现在认为它最早在58 000年前第一次发生——产生了存活且留有后代的婴儿。[71] 这些人的遗传印记可以在全世界除非洲人以外所有人的基因组中找到：非洲以外的人类族群的祖先离开了非洲，然后遇到了尼安德特人，非洲人则从未遇到过尼安德特人。在这个物种的最后阶段里，尼安德特人生活在欧洲各地星罗棋布的种群中。而在一段至多5 400年的时期中，人类与尼安德特人的生活范围相互重叠

---

① 帕博因为这些贡献于2022年获得了诺贝尔生理学或医学奖。——编者注

并产生了互动。[72] 这样的一些互动在遗传上造成的结果就存在于我们体内。

在非洲以外人类族群的基因组中，有3%由尼安德特人的基因构成，涉及一些与肤色和免疫反应有关的形状，这似乎赋予了我们的祖先一定的优势。另一方面，当一些尼安德特人的基因处在人类的遗传背景中时，会造成男性生育力的降低。[73] 我们还只是刚开始探索我们的过去中这段出人意料的部分，以及它对我们对于生而为人的理解造成了何种结果。只有大约90处遗传差异造成了人类和尼安德特人之间氨基酸的不同——因此我们至多有90种蛋白质不同。[74] 无论我们之间存在何种差异，这些差异很可能更多是来自我们基因组中负责调控的部分的变异，这些部分控制着基因表现出活性的时间、位置和方式。

2011年出现了一项古基因组学力量最惊人的证明，帕博在这一年以确凿的证据宣告了一群被称为丹尼索瓦人的已灭绝人类近亲的存在，这种新描述的古人和尼安德特人一样，与智人有杂交。[75] 这项发现完全基于对40 000年前一名小女孩一截小小的指骨的DNA分析，指骨发现于西伯利亚地区丹尼索瓦的一个山洞中。丹尼索瓦人于大约30万年前从尼安德特人分化出来，但仍旧与智人杂交，将他们的痕迹留在了今天的波利尼西亚族群中，双方可能是随着波利尼西亚人的祖先慢慢穿过东南亚迁徙而相遇的。我们不知道丹尼索瓦人长什么样子（我们只有那截指骨、一颗牙齿和一根脚趾骨），但我们知道他们曾与智人杂交，将他们DNA的痕迹留在了我们身上。自然选择在人类基因组中最清晰的一项例证——现代藏族人群中存在的一种对高海拔生活的适应——后来证明是源自丹尼索瓦人。[76] 在某个时间点，藏族的祖先与丹尼索瓦人发生了杂交，获得了一种让他们当今的后人能够生存于低氧条件下的基因。[77] 有趣的是，现代人、丹尼索瓦人和尼安德特人之间的基因组比对研究表明，在亚洲和撒哈拉以南非洲，可能还发生过与我们支系中其他未知成员的杂交。[78] 当下是人类演化研究的黄金时代，这要归功于古DNA

测序技术问世所带来的突破。①

—A · C · G · T—

对一般公众来说，比我们的祖先与尼安德特人交配这件令人细思极恐的事情更有意思的是，我们 DNA 序列中的这几十亿个字母如何让我们因同属人类而相似，又因各有特点而不同。对遗传密码组织架构的研究产生了一些出人意料的神秘发现，也导致了一大堆科学上的争论。

2000 年，尤安 · 伯尼（Ewan Birney）博士设了一个赌金全赢（sweepstake）② 的赌局，邀请科学家们猜一猜，人类基因组测序完成后，会发现多少蛋白质编码基因。刚发表的果蝇基因组包含大约 13 500 个基因，而赌局的参与者们选择的数字在 26 000 和 140 000 之间。2003 年公布的数字出乎所有人的意料，是 21 000 个左右（奖金最后被分成了三份，虽然没有参与者的估计与真实数字的误差在 5 000 以内）。[79] 尽管当时有很多人声称这个数字将会攀升，可能达到 40 000 之多，但目前被认可的人类蛋白质编码基因数量是大约 19 000 个。[80] 选择性剪接可能会产生很多不同的蛋白质变体，但即便如此，这仍然是一个有悖直觉的小数目。我们基因组的大约 10%——前者的两倍——由控制蛋白质编码基因活性的调控基因构成。在所有物种中，生物学上的丰富性不仅存在于蛋白质编码基因的纯粹数量或多样性上，最主要还是在于这些基因如何在不同的时间点、不同的组织中以及应对不同的环境刺激时被激活。

当雅各布和莫诺于 1961 年提出他们的操纵子模型时，他们最初

---

① 2004 年，另一种远古人类弗洛勒斯人（*Homo floresiensis*）的遗骸在印度尼西亚弗洛勒斯岛的一处热带洞穴中被发现（Brown *et al.*, 2004; Morwood *et al.*, 2004）。弗洛勒斯人更流行的叫法是“霍比特人”，他们生活在洞穴里，直至约 18 000 年前。目前还无法从在这样富含细菌的条件下保存下来的骨骼中提取 DNA，但未来或许会有可能（Callaway, 2014a）。

② 参与者只需少量下注，赢家赢得所有赌金。——编者注

表示 *lac* 操纵子的抑制物，那个影响 *lac* 基因活性的基因产物，是一种 RNA 分子。虽然事情很快明了，*lac* 基因的抑制物其实是一种蛋白质，但他们 RNA 可能参与基因调控的思想却是极有前瞻性的。20 世纪 60 年代末，罗伊·布里滕（Roy Britten）和埃里克·戴维森（Eric Davidson）指出，产生 RNA 的基因的网络控制着不同组织在发育过程中不同时间点的基因活性。[81] 布里滕和戴维森表示，大多数基因是雅各布和莫诺所称的调控者或者调控基因，这些基因产生的 RNA 控制着合成蛋白质的结构基因，它们的活动也远比雅各布和莫诺的抑制物更复杂。

我们现在知道，RNA 有很多不同的类型，其中有很多常常由不足 20 个核苷酸的很短的序列构成，作为控制基因表达的复杂网络的一部分而产生。[82] 这些 RNA 序列会结合在结构基因的 DNA 上，往往由双螺旋中的互补链产生——这被称为反义 RNA（anti-sense RNA）。[83] 哺乳动物基因组转录出来的 RNA 中，很大一部分都有反义的对应物，似乎参与着基因的调控。[84] 在已知存在的不同类型的调控序列中，启动子（promoter）是那些正好出现在编码基因开头之前的序列，它们会允许一个酶开启 DNA 转录为 RNA 的过程——它们事实上发挥着开关“开”的功能。[85] 启动子序列同样可以成为转录因子——调控基因产生的蛋白质的目标。在真核生物中，一些被称为增强子（enhancer）区域的调控性 DNA 区段会激活启动子，这些增强子与基因的蛋白质编码部分可以相隔成千上万个碱基。它们会在 DNA 上形成环状，将分子上相距甚远的两部分拉得较近并发挥效用。因此，真核生物的基因不仅自身支离破碎，它们的组成部分也可以散落各处，远离包含编码蛋白质的外显子的区域。

核酸多种多样的职能已经远远超出了基因作为遗传基本单位的最初定义，并让比德尔和塔特姆 1941 年提出的一个基因编码一种酶的说法显现出了不足。因此，一些哲学家和科学家提出，我们需要对“基因”有一个新的定义，并拿出了各式各样的复杂选项。[86] 多数生物学家都无视了这些建议，就像他们忽略了蓬泰科尔沃和莱德伯格 20 世纪 50 年代提出的“基因”这一说法已经过时的论调一样。[87]

2006 年，一群科学家为“基因”提出了一个冗长复杂的定义，希望能涵盖其大多数含义——“基因组序列中的一个位置明确的区域，对应着一个遗传单元，与调控区域、转录区域和 / 或其他功能性的序列区域相关”。[88] 在实际应用中，类似“一段可被转录为 RNA 的 DNA”或者“一个有贡献于表型 / 功能的 DNA 片段”的定义似乎在大多数情况下都够用。[89] 确实有例外，但生物学家们早已习惯例外了，它们出现在生命研究的每一个领域。我们基因组中各式各样混乱不堪的组成要素不能用简单的定义去概括，因为它们演化了几十亿年，并且仍在不断地被自然选择所筛选。这就解释了核酸和它们行使功能所需的细胞系统为何不像物理或者化学的基本单元那样，有着相同严格而确切的本质。

—A · C · G · T—

我们的基因组有约 5% 由编码蛋白质的结构基因构成，约 10% 由调控基因——产生 RNA 或基于蛋白质的转录因子——构成，这给我们提出了一个问题：其余 27 亿对碱基有什么用？在人类基因组被测序之前很久，事情就已经很明显，我们的基因组不单纯是由编码蛋白质的 DNA 构成的。科学家们意识到，除了那一段段打断我们大多数蛋白质编码基因，而且看上去毫无用处的内含子外，基因组中还存在着大量没有明显功能的部分，它们属于“基因化石”，是演化历史残留的遗迹。

那些不再赋予一个生命体生存优势的基因倾向于积累突变，最终完全不再行使功能，但它们的 DNA 幽灵仍然保存在基因组里，作为一个曾经存在的标志。人类基因组和所有基因组一样，包含很多这样被称为假基因的非功能元素。关于这个过程是如何进行的，一个最清晰的例子可以在鲸和海豚（鲸豚类）身上观察到。这些水生哺乳动物只会在每次短暂上浮的几分钟里用到鼻子呼吸。因此，它们几乎用不到自己的陆生祖先在 4 000 万年前曾经拥有的嗅觉。鲸豚类基因组含有曾经编码嗅觉受体的基因（嗅觉受体基因），但因为这些动物几乎一生都把头埋在水下生活，无法闻到空气中的气味，所以它们如今已经不再发挥功能了。千百万年间，这些嗅觉受体基因已经突变得面目全非，成了现在的假基因——它们是非编码的 DNA 区段，却仍然保留着它们那些具备功能的祖先的特定序列，并且可以通过与陆生哺乳动物功能完好的嗅觉受体基因相比较而识别出来。[90] 这些假基因为自然选择作用下的演化提供了证据：它们存在于鲸豚类基因组中的唯一解释，是这些动物曾经生活在陆地上，需要用到自己的嗅觉。

我们基因组中的一些部分似乎是纯粹的“自私 DNA”——除了生存之外似乎不具备其他功能的序列。[91] 充斥在我们基因组中的这些遗传成分，有的是事实上的遗传寄生物——转座子（transposon）的残余。转座子是能在基因组中四处移动，从一个位置跳到另一个位置的 DNA 序列。它们的起源很可能是自我复制为 DNA，接着又被困在了我们的基因组里的 RNA 逆转录病毒（retrovirus）。它们已经不再产生病毒 RNA，但保留了产生一种名叫转座酶的酶的能力。这种酶能够有效地将它们从 DNA 链上“取出”，从而在我们的基因组里移来移去。转座子可能偶尔降落在一个蛋白质编码基因的内部或旁边，接下来，这个基因会劫持这个转座子，将它的活性转化为一种被释放进细胞的产物，由此导致一个新基因的出现。[92] 转座子和它们潜在的调控功能由冷泉港实验室的芭芭拉·麦克林托克（Barbara McClintock）于 20 世纪 40 年代首次发现，引起了科学界的广泛猜疑。她不仅是正确的，还在 1983 年因她的发现获得了诺贝尔生理学或医学奖，她也是迄今唯一单独获得这一奖项的女性。

随着演化的进行，转座子序列会在它们基因组编码转座酶的部分中积累突变，因而不再能够移动。它们在我们的 DNA 中被冻结住了，可以识别，但无法移动。这些入侵 DNA 序列的残余占据了基因组惊人的比例，在人类基因组中是 45%，其中一种成分叫作 Alu，它留下的遗传痕迹构成了你的 DNA 的 10%。有时，这些假基因的一些片段甚至能够被转录，产生能够调控基因活性的短片段 RNA。[93] 除了转化为转座子的潜在可能外，逆转录病毒还能在演化中直接发挥作用——哺乳动物胎盘的起源可能就是我们的远古祖先被一种逆转录病毒所侵染，这种病毒会产生一种叫作合胞素（syncytin）的蛋白质，这种蛋白是如今的胎盘发育所不可或缺的。这种侵染似乎在哺乳动物一脉中发生过好几次，或许能够解释不同哺乳动物中这个器官的多样形态。[94]

在自基因组测序开始推广以来被发现的诸多最神秘的结果中，居于中心的是大段大段的非编码 DNA。不同物种在基因组大小上可以有很大的不同，这似乎与它们的生态学和表现出来的生理复杂性并无任何相关性。举个例子，"原始"的肺鱼的基因组比河豚鱼的大 350 倍。没人能够对其中的原因给出任何解释。这个问题被称作"C 值悖论"或者"C 值之谜"——"C"是一个基因组中 DNA 的量。[95] 基因组大小的这种差别可能一部分是由于一个广为人知的现象：基因组的一部分可以在演化过程中复制（duplicate）①，尤其是在植物中，染色体复制略微出错就有可能在一代之间将基因组规模加倍。由于像复制这样的因素，我们所看到的物种间基因组大小的差异就不能用任何总的来说偏向功能的原因来解释。一个被滑稽地称为洋葱试验的现象尤其突显了这一点：洋葱基因组含有约 160 亿对碱基，也就是人类的 5 倍。我们很难从两种生命体截然不同的生理和行为的层面去解释它，也很难想象这些碱基每一对都是洋葱所必需的。[96]

20 世纪 50 年代末和 60 年代初，研究者们开始用"垃圾 DNA"的说法去描述那些看似没有明显功能的 DNA。[97] 1972 年，大野乾将"垃圾 DNA"定义为不会被有害突变影响的序列。根据这个定义，"垃圾 DNA"是一段如果被改变，并不会影响生命体适应性（也就是说，不

① 指产生出一份额外的复本。——编者注

会影响它成功地将基因传递到下一代）的序列。假基因和转座子活动的残余序列似乎都属于“垃圾DNA”。但科学家们对这个说法存在争议，有些人质疑是否真有任何DNA可以被认为是垃圾。

2012年9月，这一小圈子中的争论在媒体和互联网上迎来了爆发，争论聚焦在人类基因组到底有何功能这个问题上。随着一个名为DNA成分百科（Encyclopaedia of DNA Elements，简称ENCODE），研究整个人类基因组的细胞活动的大型项目的发现被发表，这场争论被推上了风口浪尖。ENCODE项目的结果形成了一股史无前例的发文狂潮，有30篇论文，442位作者署名，背后还有一家网站和一款iPad App的支持。项目的领导者们声称，人类基因组的80%都可以被指定一种“生物化学功能”。负责协调项目的尤安·伯尼则更进一步地宣称，最终的数字将“可能达到100%”。[98]这让媒体兴奋不已：《科学》杂志称赞ENCODE为“垃圾DNA”书写了“悼词”；《纽约时报》表示，ENCODE说明人类基因组中的80%是“关键的”“必需的”；而《卫报》则大声宣告，“突破性的研究推翻了基因组中含有‘垃圾DNA’的理论”。[99]这种夸大其词的表述引起了互联网和科学出版物的激烈反应，因为未参与这个项目的一些科学家不同意“垃圾DNA”不存在这种说法，也不同意我们基因组的80%都有“功能”。[100]

这场争论转向了“功能”这个词的含义。ENCODE项目刻意将口径定得很宽，他们寻找的是一种“可复制的生物化学标记”，这被他们定义为一段特定的DNA始终能够引发的任何生物化学反应，无论是产生mRNA还是与蛋白质相结合，都符合要求。[101]这就是80%这个数的出处。计算生物学家肖恩·埃迪（Sean Eddy）指出，ENCODE的研究缺少科学家们所谓的“阴性对照”——一组在任何定义下都没有任何功能，因此也就不会被ENCODE所用的生物化学标准定义为有功能的DNA序列。[102]不久后，有研究者发表了一篇论文，他们在研究中随机合成了1 300段DNA序列，并发现根据ENCODE的标准，这些人工序列大多“具有功能”。这说明 ENCODE 的定义无法系统性地区分随机碱基和细胞中具有一定生物化学职能的 DNA。[103] 这项研究的第一作者迈克·怀特（Mike White）写道：

> 在生物化学水平上，多数 DNA 都会看上去有功能。细胞核内部是一个化学反应活跃的场所。真正的难题是，功能性 DNA 如何将自己与海量的死去的转座成分、假基因以及其他堆积成山的“垃圾”区分开？[104]

这个问题仍未得到回答。

2014 年，ENCODE 的研究团体发表了第二波论文，他们似乎收回了之前霸版头条的 80% 功能论，承认“在被注释为有生物化学能力的基因组成分中，要判断哪些片段应该被认为是有功能的，一点也不简单”。相反，他们强调了团队无可争议的发现——人类基因组中有很大一部分看起来能够引发某种真实可信的生物化学活动：

> 目前为止，ENCODE 最主要的贡献是为那些带有关乎多种分子功能的生物化学标记的 DNA 片段绘制了高解析度、高可还原度的图谱。我们相信，与针对人类基因组中功能性序列占比的临时性估测相比，这项公共资源更为重要。[105]

目前来看，虽然有 ENCODE 最初的结论，以及基因组的很大一部分似乎都会转录为这样或那样的 RNA 这一事实，我们和其他生命体的 DNA 中看起来仍有很大一部分并未在我们的生存中行使任何可辨别的职能，就算删掉也不会造成任何自然选择上的劣势。未来的发现也许会改变这一观点，但从严谨的层面出发，我们 DNA 中的很大一部分看起来仍然就是“垃圾”。

第 13 章

回望“中心法则”

在 1957 年的演讲中，弗朗西斯·克里克概述了他所谓的分子遗传学的“中心法则”：

> 信息（此处意味着一条决定单元序列的消息）一旦被输入一个蛋白质分子，就不会再转出，无法形成这个分子的拷贝，也无法影响一条核酸的构架。[1]

信息能够从 DNA 转出，进入 RNA，决定一个蛋白质的结构，但蛋白质无法详细指定新蛋白质的序列，而蛋白质中的信息也无法反向回到你的基因里——你的 DNA 不能被蛋白质改写。在过去 60 年间，“中心法则”是一个反复被人口诛笔伐的焦点，这一半是因为新事实的发现，一半是因为“法则”这个倒霉的字眼更容易成为争论的导火索。

1970 年，当研究者发现信息能够从 RNA 流向 DNA 时，《自然》杂志开始鼓吹“‘中心法则’被推翻了”。《自然》杂志的主张得到了一项发现的助力，这项发现解释了 RNA 病毒如何能够侵染健康细胞，并将它们转化为产出病毒的癌细胞。1964 年，威斯康星大学麦迪逊分校 30 岁的癌症研究者霍华德·特明（Howard Temin）大胆提出，这种效应的基本原理是 RNA 病毒会将它们的 RNA 密码反向转化为 DNA，而DNA接着又被整合进寄主的染色体，在那里扰乱细胞生长，并产生更多的病毒RNA。没有已知的机制能够解释这种“逆转录”是如何发生的，因此特明被迫猜想有一种酶能够执行这个任务，将RNA病毒逆转录为DNA。1970年，特明被证明是对的，当时他与麻省理工学院的大卫·巴尔的摩（David Baltimore）共同报道了RNA病毒中一种能将RNA复制为DNA的酶的存在。这种酶如今被称为逆转录酶，它能让信息从RNA回流到DNA。刊出巴尔的摩论文的《自然》杂志多少有些志得意满地发表社论说：

> 由克里克在1958年阐述，并自此成为分子生物学基本原理的“中心法则”，可能会被事实证明是一种相当程度上过于简化的理论。[2]

社论的口吻激怒了克里克，他在这份期刊上做了回复，大方地承认了特明和巴尔的摩的发现是一项“非常重要的工作”，也纠正了各界对他13年前提出的观点的认识。克里克的初始假说探讨的是核酸与蛋白质间所有可能的信息传递，只是否定了那些或是已经被实验排除，或是还没有可信的机制来实现的可能情况，比如蛋白质→DNA。此后这些年，这种宽泛的观点趋向于被比较粗略的DNA→RNA→蛋白质所取代，吉姆·沃森1965年出版的颇具影响力的教科书《基因的分子生物学》中就是这样总结的。[3] 1957年，克里克认为RNA→DNA的这一步“少见或尚未发现”，但并非毫无可能。他在1970年指出，“没有好的理论可以解释为什么RNA→DNA的信息传递就不能发生。我从未说过它不会发生，而且据我所知，我的同行们也没有谁说过”。[4]

对于特明和巴尔的摩发现的重要意义，克里克的看法是，RNA→DNA的信息传递很可能不会出现在大多数细胞里，但可能会发生在像某些病毒感染这样的特殊情况下。特明则没有这么保守，不到一年后他便指出，RNA→DNA的信息传递是体细胞系（也就是除了精子和卵子外的所有细胞）正常发育的基本组成部分。因此他宣称：“在一个生命体的一生中，新的 DNA 序列是通过这一过程形成的。”[5]根据特明的说法，逆转录是一个每天都在发生的过程，帮助塑造我们的细胞的发育方式——可惜情况并非如此，逆转录也只发现于被一类叫逆转录病毒的特殊 RNA 病毒所侵染的细胞中。在这一方面，克里克是对的，而特明——还有《自然》杂志社论的作者——错了。

虽然特明那些比较极端的见解失之偏颇，但他发现逆转录酶这件事仍然很重要，因为它解释了病毒是如何通过改变其侵染的细胞的 DNA，引发其基因失调，造成细胞不受控制地生长，从而导致癌症的。之后，无论是在分子遗传学的发展历程中，还是我们对生命体展开基因改造的能力——通过将新序列引入 DNA——的进步方面，这种酶都继续发挥着重要的作用，科学家们以成熟 mRNA 为模板，用它来合成互补 DNA（cDNA）。1975 年，特明和巴尔的摩，以及特明的博士生导师雷纳托·杜尔贝科（Renato Dulbecco）因他们在癌症病毒如何影响我们的基因方面的工作获得了诺贝尔生理学或医学奖。

—A · C · G · T—

在 1970 年对“中心法则”具体含义的澄清中，克里克突出强调了三种他推测永远不会发生的信息传递：蛋白质→蛋白质、蛋白质→ DNA、蛋白质→ RNA。然而，即使在做出如此清晰的预测时，克里克也很谨慎，强调了我们的无知以及他略有修订的“法则”所基于的证据的脆弱性：

> 我们对于分子生物学的认知，即使在一个细胞里——更不要说自然界的所有生命体中——也还太不完整，无法让我们笃定地断言它是对的。[6]

而在紧接着的下一句话里，他就强调了一种可能存在的例外：

> 比如说，羊瘙痒病病原物的化学本质就是一个问题。

羊瘙痒病是一种感染绵羊和山羊的神经退行性疾病，人类知道它已经有几百年了。1970 年时，它的病因仍很神秘——人们知道它的病原物能够抵御高温、福尔马林、紫外线照射和电离辐射（这些都会破坏核酸和灭活病毒），并且不会在动物的免疫系统中留下感染的痕迹。这一系列令人惊奇的事实让一些科学家认为羊瘙痒病其实是一种遗传病，而非一种感染性疾病。其他人则大胆指出，羊瘙痒病的感染因子是一种蛋白质——这便是克里克 1970 年的评述所基于的背景。在当时，所有已知的感染因子都以核酸为基础，不是生命体就是病毒。一种以蛋白质为基础的感染因子将成为一项开天辟地的发现，因此这种猜想遭到了一些质疑。[7]

1982 年，斯坦利·普鲁西纳（Stanley Prusiner）的研究组发现，羊瘙痒病可以通过检测一种同样为潜在感染因子的蛋白质是否存在来检测——他们将这种蛋白质称为朊蛋白（prion protein）。它似乎是通过改变非侵染蛋白——其他方面与朊蛋白完全相同——的形态来发挥作用的。[8]这是全新的发现，一方面因为它提示了一种蛋白质可以传播疾病，另一方面也因为它表明朊蛋白可能打破了“中心法则”，允许信息从蛋白质传递到蛋白质。20 世纪 40 年代，米尔斯基曾经指出，埃弗里提纯的 DNA 中可能存在微量的蛋白质污染；20 世纪 80 年代，普鲁西纳的一些批评者则认为，看似纯净的朊蛋白提取物中一定有少量的核酸。偏见曾让一些科学家不愿认可埃弗里 DNA 是遗传物质的发现，这种偏见再次出现在了这个明显不依赖于核酸的感染因子的案例中。[9]

随着人类的变异型克雅氏病（variant Creutzfeldt-Jakob Disease）以及动物中与之相应的“疯牛病”（牛海绵状脑病，bovine spongiform encephalopathy）的恐怖暴发，研究者对羊瘙痒病的兴趣在 20 世纪 80 年代晚期和 90 年代开始增长。这些疾病感染了数以百万计的牛，并造成了数百人死亡，其中多数都是青少年。牛海绵状脑病和变异型克雅氏病都表现出了与羊瘙痒病的相似性，证据再次表明有一种感染性蛋白质参与其中。研究最终表明，这三种疾病是由同样的朊蛋白引起的。虽然仍不清楚牛海绵状脑病的暴发是如何开始的，但有一种可能是，牛最初染上这种疾病是从感染了瘙痒病的羊那里，这些羊的边角料被作为肉食和骨粉喂给了牛。无论牛海绵状脑病最初源自何处，人都是通过进食汉堡之类的加工含肉食品——包含牛神经系统的染病部位——得这种病的。

现在被接受的观点是，异常朊蛋白会改变正常朊蛋白的构象①，由此在绵羊、山羊、牛和人的大脑中产生病变。[10] 1997 年，普鲁西纳因他的发现被授予了诺贝尔生理学或医学奖，不过虽然朊蛋白假说已经被广为接受，仍然有几位科学家认为羊瘙痒病和类似疾病中有类病毒颗粒（virus-like particle）的参与。[11] 尽管研究者知道酵母朊蛋白的传播过程只有蛋白质参与，但还是存在一种微弱的可能：某些未知的以核酸为基础的辅助因子参与了哺乳动物的朊蛋白疾病。[12]

1982 年，普鲁西纳提出，朊蛋白直接编码另一个朊蛋白的合成，而不仅仅是决定其形态。如果确实如此，这将彻底摧毁"中心法则"蛋白质不会编码蛋白质的基本要点。但普鲁西纳错了，朊蛋白是由朊蛋白基因的活性产生的，它被编码在 DNA 里，然后转录成 RNA，再翻译成一条氨基酸链，正常的朊蛋白在保护神经的髓磷脂的合成过程中发挥作用。[13] 朊蛋白的温和形态和致病形态有相同的氨基酸序列，所以在致病形态将温和形态转变为致病形态时，不存在"中心法则"所定义的

---

① 通俗地讲，构象是化合物因为原子或基团的空间排布所表现出的"立体形象"。同一类化合物可以有不同构象的分子，比如一种氨基酸的两种手性分子构象就不同。——编者注

那种信息传递，因为“中心法则”只关乎序列，不关乎结构。虽然可以争辩说，三维的构象也是一种形式的信息——事实上，克里克同样接受这一点——但朊蛋白所诱发的改变可能更类似于晶体通过聚集自身的相同拷贝而发生的那种增长，而不是DNA分子那种通过一个序列在另一种不同分子中引发的响应。[14] 尽管有朊蛋白疾病发生背后这些极不寻常且与疾病相关的情况，“中心法则”的基本盘仍然稳固。[15]

—A · C · G · T—

时间回到1977年，当时还是大学本科生的我聆听了凯文·康诺利（Kevin Connolly）教授的一场讲座。他是儿童发育和行为遗传学的一位世界级专家，我的博士最终就是跟着他读的。凯文的讲座描述了社会剥夺（social deprivation）造成的影响，他着重介绍了1967年的一项研究。这项研究显示，如果一只雌性幼鼠每天被从母亲身边拿走仅仅3分钟，那么她的子代，甚至**子代的子代**，都会在活动和体重上表现出病理性的变化，即使它们和它们的亲代是在正常条件下饲养的也是如此。对我那个20岁的兴奋大脑而言，这项研究意味着两件事情。第一，它说明社会剥夺对人类的影响可能持续波及几代人，即使人们后续得到了优越的生活环境。第二，也是更加根本的一点，正如论文的标题所说，这项效应涉及“信息的非基因性传递”（nongenetic transmission of information）①。[16] 这项研究结果提示，并非所有遗传信息都是由DNA构成的。我近乎瞠目结舌，在讲座后找到凯文，想要确认自己的理解是否正确。我的理解没错。我一边离开一边努力思考这种效应可能的意义，还有最重要的，它可能的运作方式是什么。

过了将近40年，我仍然对信息的非基因性代际传递和它背后的机

① 此处nongenetic中的genetic强调的是“基因”，因为基因是成功地从亲代传递到子代了的，因此翻译成非基因性。——编者注

制很感兴趣——我的一名博士生贝姬·洛克耶（Becky Lockyer）近期正在果蝇上研究这些现象。[17] 学术界目前已经广泛认可的一点是，环境诱导产生的变化存在代际间的传播，并且知道这些影响能够在生命体的种群演化出新的适应性特征前，为其缓冲环境的迅速变化。[18] 它们形成了从 DNA 到表型间的复杂路径中的一部分，为生物学家们提供了可塑性的绝佳案例—— 一段特定的 DNA 序列如何能够产生多种不同的表观特征。

就像我在 1977 年听说的那项研究一样，一些这样的效应能够引人深思。举个例子，2009 年，波士顿塔夫茨大学的拉里·法伊格（Larry Feig）研究组报道称，如果雌鼠在青春期被给予了丰富的环境，它们的后代——孕育于丰富的环境撤除后——会表现出更强的学习能力。其效果甚至强大到足以克服遗传导致的学习能力缺陷。[19] 没有证据表明这种记忆效应也出现在人类身上，也没有人知道这种特殊的跨代传递的效应如何进行，但它不一定涉及基因。在社会剥夺的案例中，亲代照料的不足会造成后代行为和激素水平的改变，进而导致这些个体成为糟糕的父母，并向下传递。

这种现象常常被描述为一种“表观遗传”效应，即使在那些未表明对基因有影响的案例中也是如此。① 严格来说，“表观遗传”指的是遗传密码在从细胞中的 DNA 序列到一项表达出来的性状的路径上得到调整的任何方式，也就是基因如何被调控。[20] 然而，这个术语正在越来越多地被主要用来描述那些基因调控的变化被代代相传的罕见情况。记者、哲学家和科学家们宣称，世代间的表观遗传极大地改变了我们对遗传和演化的理解，德国《明镜》周刊甚至在 2010 年使用了“战胜基因”的评价。[21] 而真实情况倒多少没有这么翻天覆地。

---

① 作者这句话翻译成中文很容易让人摸不着头脑，英语表观遗传（epigenetic）中的 genetic 也有“基因的”的意思。——编者注

表观遗传效应最为广泛的存在形态解释了基因如何在我们的细胞中被开启和关闭，让各种具体的细胞类型得以出现，从而使一个单细胞的胚胎发育成一个具备众多不同类型组织的生命体——这正是雅各布和莫诺在发现首例调控基因时所重点提出的疑问。换句话说，表观遗传效应——无论是跨代的传递，还是只出现在一个生命个体中——都是基因调控的例子。①

表观遗传调控通常涉及小 RNA（small RNA）分子的活动，它们由复杂的调控网络中的基因产生。[22] 得到最广泛研究的表观遗传调控形式之一，是在基因上添加表观遗传标记。这发生在细胞将一个甲基（$-CH_3$）添加到一段 DNA 序列中的胞嘧啶上的时候。这个过程被称为甲基化，不会改变序列，但会造成基因的沉默——这个基因将会被忽略，就好像细胞的转录机制不再能识别它的序列。甲基化在植物中比较常见，但在动物中很稀少。在动物中确有发生甲基化的案例里，绝大多数都发生在组成生物身体的体细胞中，而不是将基因传给下一代的生殖细胞。生殖细胞中可能出现的甲基化标记大多会在卵子和精子形成的过程中被移除，任何逃过这一过程的甲基化标记一般也会在受精后立刻被抹去。[23] 在近期的一项研究案例中，一只雌鼠的营养不良影响了子代雄鼠的精子中的 DNA 甲基化，不过这种效应没有传递给这些子代的后代。[24]

表观遗传的化学标记同样可以添加在组蛋白上，这是一种包装 DNA 的蛋白质。研究界广泛猜测组蛋白的改变参与了基因调控，但证据并不清晰，并且在果蝇上，有一种组蛋白可以被完全删除而丝毫不影响基因的转录。[25] 当前看来，没有证据表明组蛋白的变化能够在正常的细胞分裂时直接传递给子细胞，更不要说传给生命体的下一代了。相反，某些情况下，在这些标记被完全抹除的子代细胞中，有些酶可以重

---

① “表观遗传”比“基因调控”听上去带劲儿得多，这无疑是大家越来越爱用这个术语的原因。

新引入组蛋白标记。[26]

表观遗传效应在一些癌症的病程发展中尤为重要：某些基因在正常情况下会将那些可能导致生长失控的基因沉默掉，但这些基因自身也可能被来自环境的表观遗传效应沉默掉，从而导致癌症。20 世纪 50 年代晚期，西拉德、雅各布和莫诺将这种效应称为“抑制的解除”。我们现在知道，这能导致某些形式的癌症，并且在一些罕见的情况下，能够从上一代传递到下一代。[27] 举个例子，研究者发现，小鼠对一种遗传型的睾丸癌越来越强的易感性能够向下传递好几代，这说明亲代一个基因的表达（或沉默）能够导致这个基因在子代身上被表达（或沉默）。[28] 激发记者、科学家和普通大众联想的正是这种代代相传的效应，因为它似乎违背了遗传学的基本认识。

1944—1945 年冬发生的“荷兰大饥荒”是一个看起来属于表观遗传效应代际传播的例子，也最被人津津乐道。那段时间怀孕的荷兰女性生出的孩子体型较小，这些孩子成年后表现出了很差的葡萄糖耐受性，并且更容易罹患糖尿病。他们还在 DNA 甲基化的水平上表现出了不同。[29] 但我们不清楚甲基化水平的变化是异常状况的原因还是结果，并且最重要的是，没有证据表明这些人的生殖细胞受到了影响。[30]

哺乳动物经常表现出一种特殊形式的代际传播表观遗传效应，叫作基因组印记（genomic imprinting）。我们会从父母双方那里各继承同一基因的一份拷贝，在某些情况下，其中一方的拷贝会被表观遗传标记或基因组印记沉默掉（在更罕见的情况中，是被增强），从而使另一方基因的表型出现在下一代中。[31] 虽然基因组印记只影响哺乳动物基因中的一小部分，但在女性身上，它从根本上决定着受精后不久所发生的两条 X 染色体之一的失活，这是正常发育所必需的。和其他表观遗传的变化一样，基因组印记的影响可以在下一代中逆转——这不是一个种群所携带的那种改变基因的永久变化。

植物要远远比哺乳动物更容易表现出表观遗传特征的继承，这一部分是因为它们没有严格区分的生殖细胞系和体细胞系。然而，动物身上生殖细胞和体细胞的分化也没有我们想象的那样一刀切（事实上，不是所有动物都有这种分化）。卵子和精子是含有你一半基因组 DNA 的细胞，但它们同样携带着其他可能影响你后代适应性的物质。例如，存在“母体效应”，也就是性状会取决于母亲而呈现出不同的表达，这通常是因为卵子中一些线粒体基因的存在——我们的线粒体是从母亲那里遗传来的，而这个独立的基因组能在胚胎发育之前和发育过程中发挥独特的作用。其他分子能产生延续几代的长效影响，举例来说，如果秀丽隐杆线虫具备了病毒抗性，这种抗性就能通过精子中具备防御功能的小 RNA 分子向下传递好几代。这些分子直接参与对病毒的抵抗，不参与基因的调控。[32]

即使在植物当中，表观遗传因子继承现象的显著性也是有限的。首先，环境只能改变基因的调控：没有证据表明它能导致遗传密码的任何直接改变。其次，目前看来，尽管有一些令人心动的线索提示 DNA 甲基化可能参与植物对细菌侵染的反应，但说到基于表观遗传效应，能够提升生命体的环境兼容度的适应性特征，仍没有一个清晰的例子。[33] 然而，表观遗传的操控可能对植物在自然界中的繁殖产生重要结果。在实验室植物拟南芥中，可继承的表观遗传因子已经被发现会影响开花时间和根的长度，并且能够接受人工筛选。这个物种中可继承的基因沉默能够通过小 RNA 分子的活性来实现，这些 RNA 可能是存在于配子[①]中而被传递下来的。目前，这些基因沉默效应主要发现于与转座子活动相关的性状中。这个领域的领军人物之一大卫·鲍尔科姆（David Baulcombe）曾提出，植物中的表观遗传效应很可能与特定特征的差异有关，并不会决定主要的性状。[34]

《细胞》杂志近期发表了一篇题为《表观遗传效应在世代间的继承：

① 指成熟的生殖细胞。——编者注

谜团与机制》的综述，作者以其应有的清醒头脑总结了我们对植物和动物中截然相反的状况的理解：

> 虽然获得性遗传能够发生在某些动物（如线虫）中，但哺乳动物中普遍缺乏表观遗传特征被跨世代继承的证据。事实上，演化看起来已经取得了长足的成就，对于一个亲代个体的生活经历可能造成的任何有潜在危害的遗传标记，都能保证有足够的能力去消除它。[35]

然而，有些科学家进一步地提出，演化生物学需要在理论上进行一次重大的重新思考，其他人则做出了正确的回应，认为我们现有的观点已经考虑到了表观遗传效应的存在。[36] 表观遗传学仍然很令人着迷，但它是我们对基因调控的复杂性以及生物可塑性来源的理解的一个补充，不是遗传和演化的一个改天换地的新模型。"中心法则"的基本观点在于，信息一旦从 DNA 序列输出，进入蛋白质，便无论如何不会再回到基因组了。尽管在某些不同寻常的情况下存在表观遗传特征的继承现象，但这句话仍然是对的。我们不知道任何方式，可以让蛋白质中表达的信息改变 DNA 的序列。

一个生命个体的经历会影响它后代所表现出的性状，这种观点是对演化的早期解释之一，与 19 世纪的法国博物学家让-巴蒂斯特·拉马克（Jean-Baptiste Lamarck）的名字关联在一起。事实上，拉马克从未用过他如今最广为人知的那句说法——"后天获得性状的遗传"——并且根据他的观点，只有极幼小的生命体才会获得新性状。[37] 拉马克给出的最广为人知的例子，是他曾提出长颈鹿在伸长脖子去够更高的树枝吃叶子的动作的作用下，经过很多代，脖子逐渐增长，最终获得了那根长脖子。

在 19 世纪的背景下，拉马克的主张——后天获得性状驱动了演化中的变化——为演化这个当时仍被广泛反对的过程提供了一种运行机制。[38]拉马克描述的这种机制广为时人所信——达尔文同样认为，生命体后天所获得的性状会影响他所假定的遗传粒子，这些粒子存在于身体的每种组织里，并参与下一代中这些组织的复制。[39]从这个意义上讲，达尔文也是一名拉马克主义者。到20世纪初，随着魏斯曼发现了动物的生殖细胞系和体细胞系以及遗传学的发展，研究者很快明白，遗传基于的是代代相传且不受后天经历明显影响的粒子。拉马克的假说被从时代背景中剥离出来，成了学生们高高在上揶揄取乐的谈资，而达尔文同样持有这种观点的事情常常被悄无声息地忽略了。

后天获得性状遗传最广为人知的鼓吹者是苏联农学家特罗菲姆·邓尼索维奇·李森科。20世纪30年代，李森科宣称自己能够通过操控环境来改变小麦的组成成分，而遗传学不过是西方资本主义国家凭空创造的幻想。冷战时期，李森科主义让整整一代苏联遗传学家遭受了迫害，因为他们的学术观点事实上违反了国法。当李森科的影响力在20世纪50年代末和60年代消退后，苏联的斯大林主义领导人们逐渐准许了苏联遗传学的复苏，但即使在半个世纪之后，看看俄罗斯遗传学相比其他科学领域在世界上的弱势地位，可以说其破坏效果仍然清晰可见。

随着各界近来对表观遗传效应的代际传递产生兴趣，一些科学记者提出，拉马克主义演化论正在杀个回马枪（这类文章很少提及李森科的名字）。[40]但拉马克主义并没有崛起，因为细胞中没有从蛋白质到DNA的信息通路。在没有这种通路的情况下，这个演化模式就需要表观遗传效应被可靠地传递很多个世代。在没有了最初诱导它产生的环境因素的情况下，种群中就必须要有某种途径，能够使表观遗传决定的性状被固定在种群中。对于表观遗传在演化中发挥重要作用的观点，这是一个根本性的挑战：达尔文式的自然选择作用于蛋白质编码基因，会让种群中出现稳定的适应性特征，即使塑造它们的选择压力已经消失，这样的适应性特征仍会持续存在——降生于欧洲南部一家动物园中的北极熊仍然拥有浓密的白色皮毛，即使它从未接触过冰雪和严寒。它的所有后代同样将会表现出这一特征。表观遗传性状的继承将不会是这种情况，除非我们未来发现将表观遗传标记永久固定下来的新机制。

甚至还有一个更加根本性的问题：虽然拉马克式遗传看上去为适应性——也就是像长颈鹿的长脖子这样的特征的出现——提供了一个常识性的解释。但如果存在一条从后天获得性状到 DNA 的信息路径，那么除了像脖子变长这样的好事的信息外，这条路径也会一视同仁地传递后天发生在个体身上的坏事——比如高胆固醇或者 2 型糖尿病——的信息。除非细胞能够知道哪些变化会在将来产生好处，否则两种变化最终都将被翻译回 DNA，或者形成表观遗传的标签，而下一代则将表现出有利和不利性状混合在一起，令人困惑的特征。

—A · C · G · T—

我们看到的身边几乎所有的演化适应性都是历经很多世代的自然选择，对 DNA 序列精挑细选的结果。然而，其他因素同样影响着种群中 DNA 序列的出现频率。举个例子，看上去不具备功能的 DNA 序列的频率的变化一般是经由完全随机的过程发生的，因为它们不受自然选择的作用。就连那些受到自然选择作用的序列——既有蛋白质编码基因，也有很多参与基因调控的序列——也会通过随机取样在一个种群中显现出频率的变化，产生一种叫作遗传漂变的效应。这种情况最易于理解的一种效应是，一个种群中个体数量的突然下降能够影响到基因频率，进而影响自然选择所作用的原始素材。

除了作为我们能在身边的世界中看到的奇妙适应性的主要驱动力外，自然选择还是编码适应性特征的信息能够从一项特征——不论是蛋白质还是别的什么——回流到一个种群共有的基因序列所唯一说得通的解释途径。这便是自然选择运行的方式：不同基因型所产生的性状会让携带这些基因的生命个体留下不同数量的子代。随着各种随机效应改变着种群中可资利用的 DNA 序列的范围，种群中不同 DNA 序列的频率也随之发生着变化。环境筛选着种群中的遗传组分，那些能够在特定环境条件下生存和繁衍的个体在下一代中留下了它们基因的更多拷贝，种群中 DNA 序列的出现频率由此也就发生了改变。自然选择不是“中心法则”所面临的挑战，因为这两种现象在不同的物质和时间层面上发挥作用。自然选择是一种历经很多世代，在种群中运转的力量，而“中心法则”描述的则是在一个个体的生命历程中，一个细胞里——甚至是一个分子中——进行的生理过程。[41]

在阐明“中心法则”的时候，克里克的目标不是将魏斯曼对体细胞系和生殖细胞系的划分进行重构，也不是捍卫现代人对自然选择演化学说的理解，驳斥后天获得性状遗传的思想。“中心法则”基于的是细胞中生物化学信息传输的已知或假定模式，并没有把自己摆在什么开宗立派的位置上。从这种意义来看，它很容易被后世的一些发现否定。然而，它在根本思想上已经被证明是正确的。这条法则的那些真正或表面看似的反例，比如逆转录、朊蛋白疾病和表观遗传效应的跨世代继承，并没有削弱其中最根本的真理。

克里克在运作层面对遗传信息的定义是“决定”一条核酸（DNA 或 RNA）或一个蛋白质的氨基酸链中“基本单元的序列的力量”。克里克的论断中有一个单独的部分是序列假说，其观点是蛋白质的三维结构以某种方式蕴含在其序列中，随着氨基酸链的组装而成形。克里克承认“氨基酸链可能有一种特殊的折叠机制”，但又觉得“更有可能的假说是，**折叠只是氨基酸序列的一项功能**”。[42] 他因此提出假说，认为没有单独的遗传密码用于编码蛋白质的构象。近半个世纪后，这似乎仍然是正确的。通过将一段新的 DNA 序列与已知的氨基酸序列和蛋白质的三维结构进行比较，就可能对这段 DNA 序列产生的蛋白质的三维构象加以预测。然而，无论我们对蛋白质形态背后的物理化学法则有着怎样深刻的理解，目前还没有办法仅通过一段 DNA 序列就绝对准确地预测出一个蛋白质的三维结构。我们的预测正在变得越来越精准，这是因为有了新的计算机算法，也因为这个过程是累加的：随着序列与结构关联数的增加，准确度也在上升。

这种对蛋白质合成的描述中缺少了一些东西。在很多情况下——也许是大多数，也许是几乎所有——蛋白质的合成过程涉及分子伴侣（molecular chaperone）的存在，它们能改变折叠的速率。[43] 这些分子伴侣可以是像热激蛋白（heat shock protein）那样防止多肽链粘连的分子，也可能在折叠过程中阻断那些与之竞争的化学反应。分子伴侣也可以是空心分子，为蛋白质的正确折叠提供一个适宜的化学微环境，完成这个过程的空间的名字是一个听起来很科幻的术语，叫安芬森笼（Anfinsen's cage）——以克里斯蒂安·安芬森（Christian Anfinsen）的名字命名，他在1972年因揭示一维氨基酸序列与三维蛋白质结构间的关联而获得了诺贝尔化学奖。[44]

在1970年写给霍华德·特明的一封信中，克里克一如既往地展现出了思想上的开明，他说他认识到，除了氨基酸序列外，可能还有其他因素决定着蛋白质的三维结构："我不认同那种所有'信息'都**必须**保存在核酸中的观点。'中心法则'只适用于一个残基接一个残基的序列信息。"[45]

克里克无疑是被蛋白质合成中一些看起来可能与"中心法则"相矛盾的问题激起了兴趣，但又并未因此而忧虑。在很多细菌和一些像真菌这样的真核生物中，一些多肽的组装没有DNA、mRNA和核糖体的直接参与。这些反常事例的存在并不违反"中心法则"的核心观点，因为其中没有从蛋白质流向DNA的信息路径。相反，这些非核糖体多肽（non-ribosomal peptide）引出了一个问题，它们所含有的信息如果没有被包含在一段核酸序列中，那么这些信息是如何被表示，又是如何被遗传下去的。这里有两个相互关联的答案。非核糖体多肽是通过一条由酶组成的组装线合成的，氨基酸的顺序由酶在增长中的氨基酸链上表现出活性的顺序决定——每种酶中的每个功能部位会添加一个特定的氨基酸。然而，这些酶本身也是基因编码的，因此归根结底，代表这个多肽的氨基酸序列的信息其实还是包含在 DNA 序列当中，只不过是间接的。[46]

2015 年初，研究者发现一种叫作 Rqc2p 的蛋白质参与了依赖于核糖体的蛋白质合成，并动用了 tRNA 分子来在合成受阻①时将两种氨基酸——丙氨酸和苏氨酸——加在蛋白质链的末端。[47] 通过以似乎随机的顺序加入一定数量的这两种氨基酸，Rqc2p 看上去是为这个蛋白质（又或许是核糖体）做了标记，让它立即被细胞的清扫机制销毁。两种氨基酸的顺序似乎并不重要，而且它们被添加时也不会排成一致的序列，因此严格来说，这个例子并不与克里克一种蛋白质无法决定另一种蛋白质的氨基酸序列的假说冲突。然而，它代表着事情朝这样一种可能性迈进了一步。或许未来还会发现其他的反常案例——正如克里克 1970 年所强调的，我们的认识仍然太不完整，无法让我们断言现在的理解是完全正确的。它解释了我们目前为止发现的情况，但我们也许会发现，世上还有更多的惊奇。

在一些科学哲学家看来，伴侣蛋白的作用以及信息还可能存在于遗传密码之外，都让克里克 1957 年的推测——蛋白质折叠是一个自发且自我指导的过程——显得不再那么站得住脚。有些人甚至针锋相对地提出，蛋白质是一种遗传因子，为后天获得性状的遗传敞开了大门。[48] 这些是哲学家中相当少数派的观点，在科学家中就更是少数了。伴侣蛋白的作用很简单，就是它们这个比喻性的名字所表达的：它们为那些让蛋白质形成三维结构的交互过程提供保护和促进作用，它们不会主动去引导，不会去塑造蛋白质的结构。即便最终真的发现有一些蛋白质确实会直接决定特定蛋白质的三维结构（正如朊蛋白的例子），现有的有关蛋白质合成的丰富数据也表明，这些将会是少数的奇特案例，是证明法则的例外。[49]

---

① 受阻原因可以有很多，比如 mRNA 上的信息出错，或者核糖体出了问题。——编者注

将不符合“中心法则”的发现当作例外或者病理性产物而不予理睬，从而在基本观点实际上已经被严重削弱的情况下，在表面上让它不被推翻，一些读者——尤其研究哲学的读者——可能会对这种做法心存不安。事实上，这些例子都没有给出信息从蛋白质向DNA传输的证据，即使抛开这一点不谈，我与绝大多数生物学家共同持有的这种坦然态度，也强调了生物学中的通用表述或假说与数学或物理中的公理或定理的不同之处。一个粒子运动速度比光快的孤例，就足以要求理论物理学家们开展大量的工作，来重塑我们对宇宙的认知。与此相反，即使有信息从蛋白质流向DNA的一个实打实的例子，我们也无须对有关遗传学与演化的运作方式的观点做全盘的重新审视，除非有人发现这种传输会大范围、系统性地进行。

如果真有这样一个例子被发现，那么“中心法则”的这一部分便不再正确了，并且可能出现操纵生命体的新技术。但所有我们现有的结果和实验规程实际上几乎一定会分毫不变地保留下来，因为事实表明，在没有这种额外的信息传递模式时，它们的表现也很完美。将会出现的挑战在于，科学家们要将新的例外置于现有的理论框架中，在“中心法则”的历史和演化背景中去解释它。如果做不到，那么就必须要有一个全新的解释了，“中心法则”将退居二线，成为一个成果丰硕，但已被放弃的假说。它将是一个指引人类开展了很多增进认知的成功实验，但最终被证明为错误的思想。

这不会构成表观遗传学革命者们的某种道德或哲学思想上的胜利：科学家们接受“中心法则”的原因不在于它是一种教条，而是在于它有证据支持。如果未来出现了新的证据，那么就像那句法国谚语所说的：*Il n’y a que les imbéciles qui ne changent pas d’avis*——只有蠢人才会冥顽不灵。

第 14 章

美丽新世界①

2010 年，分子遗传学家、企业家克雷格·文特尔上了新闻头条。在一篇发表在《科学》杂志上的文章中，他的研究组宣布创造了世界上第一个人工合成的生命体。[1] 10 多年前，文特尔研究组开始研究造成反刍动物肺部疾病的丝状支原体（*Mycoplasma mycoides*）。在多年艰苦卓绝的工作后，他们成功创造出了丝状支原体基因组的一个人工合成版本，去除了多个致病基因。之后，他们将由人工合成 DNA 构成的染色体——有超过 100 万对碱基——转入了一个基因组 DNA 已被移除的近缘种的细胞中。在被植入新的宿主后，丝状支原体的基因组立即就能开始正常地执行其功能，控制细胞并自我增殖。一个新的生命形式出现了，它是经由科学家的工作被创造出来的。

这项成就有两个重要的局限。首先，使用的细胞并非空空如也：它含有全部天然的细胞构件，比如核糖体、代谢物和酶，人工合成 DNA 需要它们来让新的生命体运转起来。文特尔研究组没有动过这些关键成分。其次，他们引入那个细胞的 DNA 不是从头编写的，而是从一个已

① 本章的英文章名为 Brave New World，中文直译是勇敢新世界，但作者此处显然是借用了英国作家奥尔德斯·赫胥黎的同名反乌托邦经典《美丽新世界》，因此中文用了相同的译法。——编者注

经存在的生命体的基因组拷贝而来的。尽管融入了那么多的人类才智，但从根本上看，这个项目的成功依赖的是自然选择在创造这个细胞和它的内含物以及编码这个基因组时已经进行了几亿年的工作。

不过，以一种典型的企业做派，J. 克雷格·文特尔研究所的研究者们用遗传水印的方式给这种新细菌——名叫丝状支原体 JCVI 合成版 1.0——打上了归自己所有的印记。利用遗传密码的字母组合构成的复杂密码，文特尔研究组将几个识别标记隐藏在了自己所创造的生命体的 DNA 序列中。这些标记包括 3 处引用（其中一处来自《一个青年艺术家的画像》，曾被詹姆斯·乔伊斯的遗产管理机构不解风情地短暂告上法庭）、参与这项工作的 46 个人的名字，还有一个电子邮箱地址，无论谁破解了密码，都可以向它发送邮件。水印序列被上传到网上后刚过了三个小时多一点，这个邮箱就收到第一份正确解答了。[2]

2012 年，在都柏林一场纪念薛定谔的《生命是什么？》的演讲中，文特尔指出，他能够用他的技术将火星表面的生命形式传送回地球。他提出的方法是将一个能够测定火星生物 DNA 序列（假设火星生物含有 DNA）的机器人发送到那颗红色行星上，再把测得的序列传送回地球。然后我们就可以在实验室中，利用创造丝状支原体 JCVI 合成版 1.0 的技术，重组这个火星生物。[3]传送火星生物的想法在媒体中引发了一些兴奋（《波士顿环球报》的报道是“遗传学家计划将火星生命传送回地球”），尽管传送基因的想法甚至不是文特尔首创的——诺伯特·维纳在他 1950 年的著作《论对人的人性化使用》中就率先提出了这种通过以太来传输一个生命体的方法。

正如文特尔指出的那样，在地球上一个全面受控的设施中重新创造一个火星生物，要比冒着飞船坠毁和污染地球的风险，拖着它跌跌撞撞地穿过大气层来得安全。然而这里面有一些困难。如果火星上存在生命，那么一个火星生物的基因组能够被植入一个地球生物的细胞并立即开始运转，将是一件很出人意料的事——地球生物细胞中的环境几乎肯定与火星生物 DNA 所需要的环境大相径庭。在人类发现火星生物，它的基础是 DNA，并且它能在一个地球生物的细胞中启动生命这种可能性微乎其微的情况下，在地球上重新创造它将表明地球和火星的两个生命分支拥有一个共同的祖先。最有可能的解释是火星上的这种微生物来自地球，在一次陨石撞击后随着一块岩石被迸溅到了太空，最终落在了那颗红色行星上。如果火星上存在真正起源于火星的生命，那么它与地球生命相似的可能性似乎极其微小。我们没有理由设想 DNA 是唯一可能承载信息的分子。事实上，我们久远的演化历史和当今科学家的聪明才智都说明，事情不是这样的。

—A · C · G · T—

生物技术不是最近才发展起来的。几千年来，人类都在运用微生物的力量生产两种被世界大部分地区视为日常生活必需品的食品：面包和啤酒。两者都是利用酵母的呼吸机制来产生二氧化碳（这会让面包膨发）和酒精（这会让啤酒醉人）。随着现代生物技术借助我们操纵遗传密码的能力创造出含有新基因——包括来自其他物种的基因——的生命体，这个最初肉眼不可见的过程在过去 40 年间发生了巨大的变化。[4] 一些新的术语——生物技术、基因工程、合成生物学——诞生了，但它们归根结底描述的都是利用遗传操纵来改变生命体的行为。[5]

很多药物，包括激素，现在都是利用基因工程的力量来生产的，其过程是将相关基因导入一种微生物，然后产出想要的物质。坦率地说，其中一些例子很古怪，比如让山羊表达一个产生蛛丝的蜘蛛基因，羊分泌的乳汁里就含有这种物质。[6] 如果这些蜘蛛山羊能够产生足量的强韧蛛丝，那么就能产出像防刺马甲这样的新产品。展望未来，全世界的研究团队正在通过操纵细胞来生产燃料和肉，尝试解决我们这个物种所面对的两大难题——能源和食品供应。

过去 20 年间，转基因植物在农业中广泛出现，尤其是在美国。

2014 年，美国 94% 的大豆是转基因的，而玉米则有 93%，甜菜有 95%，棉花有 96%。[7] 这些作物有的具有抗虫性，因为它们经过基因工程的改造，产生了一种正常情况下由土壤中的苏云金芽孢杆菌（*Bacillus thuringiensis*，因此这些作物被称为 Bt 作物）产生的天然杀虫物质。其他作物则具有除草剂抗性，让农民能够减少除草所需留出的空间，从而提高产量——这样每英亩①就能种植更多植株了。

最著名的转基因作物是农化公司孟山都出品的抗草甘膦大豆，它能抵御孟山都自己的除草剂品牌，农达（Roundup）。尽管这些作物在提高产量层面上带来了切切实实的好处，但越来越多的除草剂使用让现代工业化农业生产出现了范围极大、触目惊心的单一化种植现象，降低了紧邻农田区域的生物多样性。除草剂还可能污染当地的水源，无意间对野生动物，尤其是两栖类造成不良后果。[8] 转基因技术的安全和可靠性不是此处的话题，需要被探讨的是它的应用所瞄准的目标和产生的结果。

当转基因粮食作物第一次被引入英国时，诸多低俗小报将它们描述成"弗兰肯斯坦式食品"②，公众对新生的转基因作物的科学试验持有广泛的敌意，包括有行动派直接动起手来，破坏了栽种这些作物的农田。与食用转基因食品相关的健康方面的恐惧广泛存在，却又完全没有理由：没有证据表明食用转基因生命体会对人造成任何危害。对"操纵自然"说不清道不明的忧虑同样是错误的：过去几千年间，我们吃的所有食物都被我们的祖先以人为选择的方式做过基因操纵。个中差别只在于方法：我们对粮食的人为选择只不过比直接的基因操纵更慢，并且效果通常更差而已。

---

① 1 英亩 ≈4 047 平方米。——编者注

② 弗兰肯斯坦是英国小说家玛丽·雪莱的小说《科学怪人》中的一名科学家，他创造出了一个怪物，"弗兰肯斯坦"在西方文化中随后就被广泛用于表达"怪物"的意象。——编者注

就连公众那种普遍的感受，觉得基因从一个物种转移到另一个物种这件事不太天然，也是毫无根据的。物种间的基因交换——这叫作水平基因转移（horizontal gene transfer）——在微生物中如同家常便饭，在动物和植物中有时也会发生。曾经有非常专化的适应性特征通过水平基因转移而出现。举个例子，豌豆蚜是世界上已知的唯一能合成一种名为类胡萝卜素的红色色素的动物（其他所有动物都必须通过取食植物来从环境中获取这些化合物）。这种蚜虫是通过将一种真菌的基因整合进自己的基因组获得这项能力的。目前仍不清楚这种基因转移何时、如何、因何发生，但它表明，水平基因转移作为一种无意识的天然基因工程形式，同样能解释多细胞生命体的一些适应性特征。[9]

近期的一项实验研究显示，水平基因转移能够帮助普通细菌成为植物共生菌，办法是同时转移共生所涉及的基因和导致细菌突变速率暂时上升的基因。由此，细菌得以快速地对选择压力做出反应，加快它们转变为共生菌的进程。[10] 水平转移效应可能并不局限于基因——寄生植物菟丝子与它的寄主植物交换的不是基因，而是 mRNA。在一些情况下，就连基因产物也能越过物种间的屏障。[11]

更精彩的是，水平基因转移是真核生物演化的关键核心，这个族系包括所有的多细胞生命体，以及一些像酵母这样的单细胞生命体。在包含线粒体的祖先的 DNA 的同时，我们的基因组还接纳了很多来自原核生命体的基因，它们通过水平基因转移被移入我们的祖先体内。我们都是物种间基因转移的产物。面对物种间基因转移广泛存在的证据，没人能够以不天然为理由反对转基因技术。

—A · C · G · T—

基因工程也被应用于某些既无争议也不怪异的技术领域。通过操纵基因序列，有可能用 DNA 储存人为产生的信息，这或许能提供一种高效、小型化、有未来前景的储存系统。DNA 不同于磁带、软盘和录像带，不会过期。2013 年，剑桥大学尤安·伯尼的研究组宣称，他们用一种由一组组核苷酸构成的代码，将 739 千字节的计算机数据写入了 DNA。[12] 他们合成了包含这种编码信息的 DNA，对其做了测序并重建了初始文件——其中有一个装着莎士比亚所有十四行诗的文档、沃森和克里克对双螺旋的描述的一个 PDF 版本、马丁·路德·金的“我有一个梦想”演讲的一段 MP3 音频，还有团队实验室的一张 JPEG 格式的照片。整个过程没有出一个错，所有文件都能用。

这项原理论证背后的想法是，找到一种数据存储方法，确保会产出巨量数据的系统未来有办法存储数据。欧洲核子研究中心（CERN）就是这样的系统，在那里，来自大型强子对撞机等实验的数据目前已经超过了 80 拍字节（1 拍字节＝ 10^{15} 字节），并且正在以每年 15 拍字节的速度增长。这些数据目前存储在磁带里。对于那些很少需要被取用的库存数据，DNA 存储将会很理想，尤其是随着读取和编码 DNA 的成本在未来不可避免会降低的情况下。在 DNA 中存储信息比在其他材料中存储空间效率更高：1 克重的一小滴 DNA 能够储存的信息相当于约 150 千克重的硬盘。2014 年 11 月，纽约摇滚乐队 OK Go 宣布，他们的新专辑《饥饿的幽灵》（*Hungry Ghosts*）除了发行常规格式外，还会以 DNA 的形式发行。[13] 虽然这明显是在炒作，但它可能指出了未来之路：基于 DNA 的数据无法像磁带那样快速读取，但如果保存在正确的条件下，这些数据能够安全地存储几千年。一个段子手曾颇为滑稽地表示，要存储全世界的实验室正在以指数级速率产出的基因序列数据的狂潮，双螺旋将尤为有用。①

麻省理工学院的法希姆·法扎德法德（Fahim Farzadfard）和蒂莫西·卢（Timothy Lu）最近宣布，他们能够用基因工程操纵一群细菌细胞，让它们在被用一种特殊的化学诱导剂处理时记录实时数据——或

① 这个段子手其实就是我。

者用法扎德法德和卢的说法，他们“为长期事件的模拟和分布式记录”创造了一个“基因‘录音机’”。[14]这可能是DNA信息存储在近期最令人兴奋的进展了。这些信息存储在一种特殊形式的单链DNA中，可以被写入，可以被覆写，也可以在多日后被提取。这项突破让可供环境和医药领域使用的有机传感器的发展前进了一大步。

—A · C · G · T—

虽然我们通常将DNA的结构描述为一个双螺旋，但它其实比这要复杂一点点。不同于螺纹间距相等的螺丝，双螺旋有两条不同的间隔，随着分子的旋转而交替出现。它们被称为大沟和小沟——大沟更大，更容易成为DNA结合蛋白影响基因活性的位点，因为那里的碱基序列在物理上更容易触及。最重要的是，DNA双螺旋只朝着一个方向旋转——和日常的螺丝一样，从顶端看为逆时针，或者叫右手螺旋。双螺旋应该向哪个方向转，这点很容易把人搞蒙，并且在很多关于DNA的报告中，分子都转错方向了。1996年，汤姆·施奈德（Tom Schneider）①开始在他的网站上发布左旋双螺旋的图片，但例子太多，他很快就招架不住了。[15]我不会带头抨击那些对DNA的错误呈现——我自己就曾在一座楼的侧立面上画过一个错误的双螺旋：它连左手螺旋都不是，在几何上根本就不可能。

DNA双螺旋有好几种形状。威尔金斯和富兰克林研究的两个形态——A-DNA和B-DNA——都是右手螺旋。B-DNA是你细胞中存在的标准版本，而A-DNA则出现在低湿度的条件下，能够在生命体中找到，但它的生物学功能（如果有的话）还不清楚。1961年，一个研究组——威尔金斯是其中一员——观察到了第三种右手螺旋DNA，叫作C-DNA，它出现在特定盐类存在的条件下，同样具有略微不同的结

① 根据能够查到的资料，施奈德是美国国立卫生研究院的一名研究者。——编者注

构。[16]左手螺旋DNA叫作Z-DNA，能够在我们的细胞中找到。人类精准确定的第一个DNA分子结构就是Z型的，这是历史上一个颇具讽刺意味的事件，时间是1979年。[17]由于化学上的复杂原因，Z型没有小沟，而且螺旋也比B型松散——它每扭转一周是12对碱基，B型则是10对。①, [18]它也没那么单纯，不是B型的一个优美的左旋版本，而是一种扭曲的怪异DNA，碱基相对于B型是大头朝下的，因此其分子的磷酸骨架七扭八拐，不是一个顺滑的螺旋。[19] Z-DNA的功能仍在探索当中——研究者早期的愿望是它会在基因调控上具有重要意义，或者成为生物技术的一个有用的工具，这还没有实现。[20] DNA还能形成其他结构，包括四条链构成的G-四链体和一种十字形的形态。虽然研究者估计这些非螺旋结构扮演着一些功能性的角色——很可能是调控转录——但其证据却仍不明朗。[21]

DNA不是唯一能形成双螺旋的分子。1961年，沃森、克里克、亚历山大·里奇以及大卫·戴维斯（David Davies）②共同指出，在特定情况下，通常为单链的RNA能够形成双链。[22]半个多世纪后，研究者们已经能够结晶出双链RNA，描述它的结构了。它同样是右手螺旋。[23]没有证据表明双链RNA在正常细胞中有任何生物学功能，但生物技术或许能用得上这种新的分子结构。虽然RNA通常是用一条直链的示意图来表示的，但事实上，RNA分子自己经常弯曲和折叠，形成复杂的双链茎部，顶端有一个单链的环，就像一个发卡。这样的二级结构有可能对RNA的各种功能非常重要——例如，它们赋予了tRNA独特的形状。

---

① 作者此处没有提供充分的信息，导致看起来似乎是B型更加松散。查阅相关资料发现，B型一个螺旋的间距是3.4纳米，因此相邻两对碱基的间距是0.34纳米，而Z型一个螺旋的间距是4.5纳米，相邻两对碱基的间距因而是0.375纳米，所以Z型比B型更松散。——编者注

② 英国结构生物学家。——编者注

DNA 和 RNA 都是由一条普通的五碳糖[①]–磷酸骨架，加上上面连接的携带遗传信息的碱基（A、T/U、C 和 G）构成的。2012 年，剑桥大学的菲利普·霍利格（Philipp Holliger）领衔的一个合作项目描述了创造 6 种不使用核糖[②]的新型信息分子的过程，并夸张地将其称为异种核酸（xeno-nucleic acid）或 XNA。这些怪异的分子各自用不同形态的糖取代了骨架中核糖的位置，骨架上连接着正常的碱基。在创造这 6 种 XNA 的同时，研究组还用生物工程的方法制造出了用 DNA 复制出 XNA 以及用 XNA 复制出 DNA 所必需的酶——这实在是一项了不起的成就。[24] 在一系列实验中，研究组证明遗传信息（也就是碱基序列）能成功地从 DNA 拷贝到 XNA，再拷贝回来。研究者甚至成功地对其中一种 XNA 施加了选择压力，并用实验证明它的序列因此而发生了演化。原则上来说，DNA 和 RNA 不是唯二可能的信息分子。外星生命形式——如果真有的话——完全有可能使用 DNA 或 RNA 以外的信息。

XNA 在生物技术上的潜力非常巨大。根据霍利格研究组的总结：

> “合成遗传学”（synthetic genetics）——也就是探索人工合成的遗传聚合物分子在信息、结构和催化上的潜在功能——应该促进我们对化学信息编码参数的理解，并且为生物工程和医药领域的应用提供化学上量身定做的配体[③]、催化物和纳米结构。

在评论 XNA 的诞生时，资深生物化学家杰拉德·乔伊斯（Gerald

---

① RNA 中是核糖，DNA 中是脱氧核糖。——编者注

② 作者此处表述不够严谨，他此处的意思更多是指构成 DNA 的糖——脱氧核糖。——编者注

③ 在生物学中，配体是与受体相对的概念，可以将两者通俗地理解为“钥匙”和“锁”，配体与受体结合会触发下一级的生物学事件。——编者注

Joyce）意识到，这开启了他所谓的另类生物学（alternative biology）的道路，但他同时也发出了警示。[25] 使用以 DNA 和 RNA 为基础的人工合成分子就自带了防故障的机制，因为它们很容易被几十亿年来演化出现的酶降解——事实上，这正是制约它们广泛应用的障碍之一。此外，所有基于 DNA 的生命形式都容易遭到其他生命体和它们所含有的酶的攻击。这不一定适用于 XNA。正如乔伊斯所言：

> XNA 是非天然的，将会不受损伤地穿行于生物圈。它们不同寻常的化学性质所带来的好处必须与更大的代价权衡看待，这些代价既包括字面意义上的成本，也事关在 XNA 的生物化学这片未知水域中的探索……合成遗传学家们已经开始在另类遗传学的世界中狂欢，但他们必须绝不涉足对我们的生物学存在潜在危害的领域。

目前，还没有人能够创造一种不含磷的信息分子。2010 年 12 月，一个包括美国国家航空航天局（NASA）太空生物学家费丽萨·沃尔夫–西蒙（Felisa Wolfe-Simon）在内的十二人团队在《科学》杂志上在线发表①了一篇论文，表明在加利福尼亚州莫诺湖（Mono Lake）发现的具有高砷元素水平的细菌天然地将 DNA 中的磷替换为了砷。[26] 这项发现是由 NASA 通过一篇高调的新闻简讯宣布的，令全世界的媒体为之一振，并立刻在如罗茜·雷德菲尔德（Rosie Redfield）②博士的博客 RRResearch 等社交媒体上引发了争议。推特上随即出现了“#砷基生命”的话题，这个话题占据了这场科学大辩论很大的一部分，同样也体现了社交媒体作为一种同行评议形式的力量。2011 年，原始论文最终在《科

① 《科学》杂志是纸媒，但在网络时代，它会允许一些可能有话题度的论文在线“预发表”，提前接受公众的关注和讨论。——译者注

② 加拿大不列颠哥伦比亚大学微生物学家。——编者注

学》上发表，一同刊出的还有 7 篇持批评态度的短文，这种情况前所未见。雷德菲尔德等人最终也在《科学》上发表了几篇论文，论文显示，在这个案例中，砷并未被融合进 DNA 中。[27] 沃尔夫-西蒙的论文没有被撤稿，仍然有可能的情况是，也许在另一个世界，又或许最终在地球上的一个实验室中，其他不含磷的信息分子形式是可能存在的。

“# 砷基生命”之所以引发如此多的关注，部分是因为科罗拉多大学的卡萝尔·克莱兰（Carol Cleland）和谢莉·科普利（Shelley Copley）提出的一个观点，她们在 2005 年发表了一篇推测性的论文，探讨了我们的星球存在不使用 DNA、RNA 或者我们这一套氨基酸，因此不能用聚合酶链式反应这样的传统方法检测到的微生物的可能性。[28] 这个假说被很夸张地取名为“影子生物圈”（the shadow biosphere）或者“怪异生命”（weird life），吸引了一些喜欢搞理论推想的人的兴趣，却并未被科学界待以任何严肃的态度。根据克莱兰和科普利的说法，“我们从未发现另一种生命形式的事实并不能作为它们不存在的证据”。这在逻辑上没错，但很难成为一个让人心动的研究项目的出发点，不会被任何资助机构认真看待。

物理学家们已经认识到，宇宙的 95% 是由我们无法直接探测到的东西——暗物质和暗能量——构成的，因为基于引力效应计算出的宇宙物质的量在预期值和实际观测值之间显现出了相当程度的不一致。要让影子生物圈显得不那么像白日梦，就必须有类似这样具有压倒性说服力的迹象去表明它的存在。那些被怪异生命存在的渺茫可能引发了兴趣的人拿出了一些表明它存在的潜在指标，比如荒漠岩石上出现的，一般被认为不合常理的光亮表面。[29] 然而，要使这个假说被认真对待，就必须要有暗物质和暗能量存在的间接证据那样令人印象深刻的东西。

—A · C · G · T—

合成生物学的潜力非常巨大。科学家们已经能够将非天然氨基酸合成入蛋白质了，办法之一是把一个与琥珀终止密码子（UAG）相关的酶催化机制引入细菌、酵母、秀丽隐杆线虫，甚至哺乳动物细胞中，然后对其加以操纵。[30] 一种人工合成形态的转运 RNA 被用来赋予 UAG 密码子编码一种非天然氨基酸的能力，由此产生了一种新型蛋白质。在这些通过生物工程合成的蛋白质中，有的在遇到细胞中特定形式的生物化学活动时会发出光脉冲，从而起到高灵敏度标记物的作用；有的在蛋白质的三维结构上会发生改变，让我们能对这种分子的具体组织有更深入的理解；其他的则可以用光来激活细胞中的分子，帮助我们认识细胞机制中关键组分的作用。目前，研究这些新型蛋白质的主要目的是增进我们对基础生理过程的了解，但距离它们被用来开发拥有巨大应用前景的生物技术新形式，只是时间问题。

操纵 DNA 的能力最近已经被扩大到了改变遗传密码本身。虽然自然条件下只会出现两种碱基对（A 与 T 配对，C 与 G 配对），但非天然的碱基对可以被用来在试管里的反应中合成新形态的 DNA。超过 25 年前，史蒂文·本纳（Steven Benner）的研究组就通过向 DNA 和 RNA 分子引入两种新的碱基对—— 一对叫 κ 配 Π，另一对叫 iso-G 配 iso-C——扩展了遗传密码的字母表。[31] 2011 年，本纳的研究组已经能够扩增并测序含有 4 种常规碱基和一个非天然碱基对（Z 和 P）的 DNA 了，他们称之为 GACTZP DNA。[32] 几十年来，某些形式的日常抗病毒药物一直在使用操纵碱基对的技术，比如唇疱疹患者经常使用的那些药物。这些药物促使唇疱疹病毒将序列中的 G 碱基替换成被感染细胞的元件无法复制的几种专利分子之一，由此阻断病毒的增殖。[33]

2014 年，在创造一种真正意义上的人工合成生命体的工作方面，由加利福尼亚州斯克里普斯研究所（Scripps Research Institute）的弗洛伊德·罗姆斯伯格（Floyd Romesberg）领导的一群研究者迈出了一大步。他们成功地让大肠杆菌复制了一段他们之前在试管中创造的，序列中含有非天然碱基对（这两种新碱基的名字很拗口，叫作 d5SICS 和

dNaM）的 DNA。[34] 大肠杆菌细胞中负责 DNA 复制的元件一旦发现人造分子中的一个 d5SICS，就会在新合成的互补链上加入一个 dNaM，反之亦然。大肠杆菌似乎乐于接受这套新的字母表，没有表现出严重的问题。正常情况下，细胞中传统的 DNA 修复途径会将错误剪切掉并加以修复，可它并没有对入侵进来的非天然碱基对采取任何行动。

目前为止，这项成就还停留在技术突破的层面——正如论文标题所言，研究者们创造了“一种具有扩展遗传碱基字母表的半人工合成生命体”。两个被引入 DNA 的额外字母现在还是无意义的，扩展的遗传碱基字母表暂时还没有形成新的“单词”。① 但作者们说得很清楚，他们的目标是创造一个由非天然碱基对编码非天然氨基酸的系统。合成生物学当中的可能性——用活细胞产生新分子——几乎是无穷无尽的。

很快，在我们操纵生命必备要素的能力方面，这些令人惊叹的进展将不可避免地融合到一起。终将有人创造一个系统，在这里，XNA 携带的非天然碱基对编码着非天然氨基酸，这些氨基酸又将被组装成奇异的蛋白质，而一种完全出自人类妙手的全新生命形式，离我们将只有一步之遥。到 21 世纪末，将存在完全人工合成的生命形式，它们能够生产药物、食品和对人类有益处的新式化合物——在最不适合生存的环境中甚至也是如此——这样的预期似乎并不是什么荒诞不经的想象。如果事实证明火星确实是一片不毛之地，如果我们认为破坏这样一个原生态的环境不会有违道德，那么能在低氧和低温条件下存活的人工合成生命体可能是我们殖民火星的一种方式。在这一点以及其他一些方面，科学和技术向我们提出了问题，但它们未必能给出答案。

① 2017 年，罗姆斯伯格的研究组成功使用非天然碱基对作为密码，编码了非天然氨基酸，并将这些非天然氨基酸合成入了蛋白质中。——编者注

尽管合成生物学和基因工程的应用前景被乐观情绪所笼罩，但自从这些技术在 20 世纪 70 年代出现起，科学家就对其潜在的危险持续表达着担忧。随着限制性内切酶（一些能够在固定的序列处将一段 DNA 切为两段的蛋白质）的发展，研究者学会了创造一种叫作重组 DNA（recombinant DNA）的东西——来自不止一个生命个体，通常是两个不同物种的 DNA。这让一些科学家——包括那些涉身于这一手段前沿的科学家——产生了忧虑，担心将新基因引入生命体会造成无法预见的后果。他们尤为担心的是，如果这些生命体逃逸，并将它们的基因传递到野外，又如果新基因对人类或生态系统带有与生俱来的危险性，将会发生什么。这并不只是一种说不清道不明的隐忧：随着一种能够引发啮齿动物癌症的病毒基因 *SV40* 被导入一种噬菌体的 DNA，噬菌体接着又被用来转化大肠杆菌，基因工程的时代来临了。[35] 面对这项技术的创新，人们有理由担心转化后的大肠杆菌最终会在人的身上致癌。这项实验是保罗 · 伯格、大卫 · 杰克逊（David Jackson）和罗伯特 · 西蒙斯（Robert Symons）做的，发表于 1972 年。8 年后，伯格因这项成就获得了诺贝尔化学奖，共同获奖的还有沃利 · 吉尔伯特和弗雷德 · 桑格，他们的获奖原因是 DNA 测序方面的工作。论文发表不到一年后，伯格开始与其他科学家一起奔走呼号：由于潜在的危险，重组 DNA 的研究应该部分暂停。[36]

1975 年 2 月，在加利福尼亚州蒙特雷湾岸边的阿西洛马（Asilomar）召开了一场会议，讨论与这种新技术相关的风险，以及最重要的，如何将风险降至最低。这场有记者和律师参与的大会正式通过了一套实验室规程，包括严格密闭的设备和生物安全措施，它们将让研究得以安全地继续进行。这些规程中有很多至今仍有效力，但其他一些则被抛弃了，因为学界意识到其中的危险远远小于最初的担心。[37] 在我自己从事的果蝇研究领域，将来自其他物种的 DNA 引入果蝇基因组的办法已经被广泛应用以标记和操纵组织，使我们只要通过让两只果蝇交配，就能开启和关闭基因。这项技术被认为完全没有风险，含有酵母、水母或细菌基因的重组果蝇品系被用常规邮件寄送到世界各地并被常规实验室使用，这已经成为一种日常活动，没有限制性防外溢规程。

然而，基因工程也会引发真真正正的危险。2014 年 6 月，一个由威斯康星大学麦迪逊分校动物医学学院的河冈义裕领衔的美国和日本科学家团队尝试了重造第一次世界大战期间导致上千万人死亡的西班牙大流感病毒。[38] 众所周知，我们正面临另一场全球流感疫情的危机，禽流感是它最可能的来源，因为它似乎也是西班牙大流感的起源。河冈和同事选取了一些近似于西班牙大流感感染因子的禽流感病毒，将它们组合为一段新的 DNA 序列，结果证明这确实就像西班牙大流感一样，具有很高的侵染力。

对于为什么要开展这样的研究，他们的理由是，这将帮助人类识别病毒基因组中最危险的部分，从而为任何未来的疫情暴发做好更充分的准备。资助这项研究的美国国立过敏和传染病研究所从两个方面为这个项目做了辩护。第一，它能提供有关新出现的流感毒株潜在危险的相关信息。第二，这个项目采取了严格的生物安全措施。但其中的危险仍然是显而易见的。新创造的病毒有可能逃逸，或者可想而知地，被假想中的生物恐怖分子团体利用，不过这需要他们突破这类机构严格的安全规程，并且是训练有素的微生物学家。

尽管这些风险微乎其微，但全世界的研究者还是被重造西班牙大流感病毒的消息吓得目瞪口呆。[39] 英国皇家学会的一位前任主席梅（May）勋爵说：

> 他们干这个事儿绝对是疯了。整个事情都极度危险。对，有危险，但危险不是来自外面那些动物身上的病毒，而是实验室里那些

胆大包天的人。

巴斯德研究所的病毒学家西蒙·韦恩–霍布森（Simon Wain-Hobson）的反应或许是其中最激烈的：

> 这是疯了吧，脑子进水了吧。在抗击传染病的时候，我们一直很尊重大家一起拿主意的过程，可他们这就是没把大伙放在眼里啊。要是全社会，那些有点脑子的普通人，明白了这是怎么回事，他们就会说："你们这他妈是在干啥？"

这正是伯格和他的同事们担心随着这项新技术的发展将会引发的普遍反应，这种担心使他们先是提议暂停相关研究，随后又建议采取严格的生物安全措施。为了回应这种担忧，2014 年 10 月，美国政府暂停了对那些会提升病毒致病性的实验的资助。这转过来又遭到了研究者和制药企业的批评，他们指出，这项政策可能会损害我们对未来发生的疫情做出反应的能力。[40] 无论这场辩论的最终结果如何，对这一问题的处理方式都与阿西洛马会议体现的自我约束精神大相径庭。

—A · C · G · T—

伯格 1972 年有关大肠杆菌基因工程的论文使改善遗传病患者的病情成为可能，方法是在一个叫作基因疗法（这个说法在伯格的论文出现前就有了）的过程中，引入一个出错基因的正确版本。[41] 这些治疗过程通常直接作用于患病组织，而不是生殖细胞（卵子和精子），因此它们不会改变传递到下一代的基因——生殖细胞基因疗法在一些欧洲国家是被禁止的，因为它的长期后果尚不确定。基因疗法首次应用是在 1990 年，各界对它的兴趣也随着人类基因组计划的启动而不断增长。不过在 1999 年一名接受肝病治疗的病人——18 岁的杰西 · 盖尔辛格（Jesse

Gelsinger）——死亡后，对其安全性和有效性的质疑开始重新浮现。近年来，研究者对这项技术重新燃起了兴趣，开展了一系列疗法的几百次临床试验，包括针对多种类型的白血病、视网膜疾病和帕金森病的治疗，其中很多都获得了成功。2012 年，基因疗法获得了欧盟的批准，成为一种罕见的脂肪代谢缺陷的治疗手段。[42] 虽然从理论到疗法的路还很长，很复杂，很昂贵，但未来可期。投机资本家们当然也是这么看的，开始将数亿美元的资本投入这一领域。[43]

有一项技术被广泛认为将改变科学和医疗领域的格局。这是一种直接编辑遗传密码的方法，通常被称为 CRISPR。这项技术的名字来源于执行其功能的酶的全名，一口气念不完，叫作“与规律间隔成簇短回文重复序列（CRISPR）相关的 RNA 引导核酸内切酶 Cas9”。① 细菌中发现了几种相似的酶，它们在菌体内行使防御分子的功能，攻击入侵的病毒，将它们切成碎片。细菌基因组中含有长度为 24~48 对碱基的短回文重复序列，这些序列又被其他一些长度差不多，被称为间隔序列（spacer）的 DNA 序列分隔开。间隔 DNA 对应于细菌曾经遭遇过的入侵病毒的遗传密码，它们被细菌作为一种记忆整合进了细菌的基因组中。Cas9 则可以被间隔 DNA 片段转录产生的 RNA 激活。当病毒进入细菌细胞并尝试劫持细菌的细胞元件来繁殖自己时，Cas9（或者一种类似的酶）就会被激活并攻击病毒，剪除它识别出的 DNA 片段，由此剥夺入侵者的侵染能力。

2012 年，瑞典于默奥大学的艾曼纽·沙尔庞捷（Emmanuelle Charpentier）以及伯克利霍华德·休斯医学研究所（Howard Hughes Medical

① 回文序列指的是一段从两个方向读取结果完全一样的序列，如 level。此外，作者这里的表述事实上是这种技术更全的称呼 CRISPR-Cas9 基因编辑。——编者注

Institute）的珍妮弗·杜德纳（Jennifer Doudna）① 声称，她们发现了如何用这个系统来改变任意的 DNA 序列。[44] 一年以内，CRISPR 就被用来操控包括人类在内的很大一批生命体的 DNA 了。[45] 它的原理很直白：将 Cas9 酶连同一段含有 CRISPR 序列的人工合成 RNA 导入细胞中，这些 CRISPR 序列中夹杂的不是一段段病毒 DNA，而是换成了一段你感兴趣的基因的序列。Cas9 酶会寻找这段序列，一旦在研究的生命体的基因组 DNA 中找到它，就会将它剪掉，使这个基因丧失功能。如果你将 CRISPR 与其他技术相结合，也可以让这个基因发生某种改变。这种手段叫作定向突变（directed mutation）——以一种预先确定好的方式，瞄准一个特定的基因——它看上去将在几乎任何生命体上得到应用，甚至有可能用来修正 DNA 序列中的错误，比如遗传病中出现的那些。[46] 虽然这项技术还处在早期阶段，但它明显将为科学发现带来一场革命，并且可能让新的基因疗法得到发展。

CRISPR 看起来将会比研究者之前的选择——RNAi（RNA 干扰）技术远为高效，也更加灵活。RNAi 基于的是我们细胞中一项具有根本性重要意义，天然存在的基因调控机制：与特定基因转录出的 mRNA 互补的短链 RNA，再加上一个蛋白质复合体，通过结合在 mRNA 上，阻止这个基因的活动。听闻 CRISPR 的突破，因发现 RNAi 与安德鲁·法尔（Andrew Fire）一同获得 2006 年诺贝尔生理学或医学奖的克雷格·梅洛（Craig Mello）这样形容自己当时的反应：

> CRISPR 真是太牛了。它的功能强大到不可思议，能够应用在

① 作者此处的表述不准确。霍华德·休斯医学研究所是一个非营利性的医学研究机构，由飞行家、商业大亨霍华德·休斯创立，为各大学和研究机构生物学以及医学领域的杰出研究者提供资助。杜德纳就职于加利福尼亚大学伯克利分校，同时接受霍华德·休斯医学研究所的资助，是该研究所的研究员，两家机构没有从属关系。——编者注

很多领域，从农业到可能针对人的基因疗法……这是那种你必须亲眼见到才敢相信的东西。我和其他所有人一样读了那些论文，但当我看到它在我自己的实验室里运转起来的时候，我下巴都惊掉了。连我实验室里的一个纯新手都能玩得转。[47]

如果专利问题能够被克服——麻省理工学院和哈佛大学共同运营的博德研究所（Broad Institute）已经成功获得了 CRISPR 的一项专利，而这项技术的两位主要发明人沙尔庞捷和杜德纳同样也申请了专利——那么这项技术就能够改变生物学和医学的形态。[48] 目前，杜德纳已经将 CRISPR 的对象扩展到了 RNA，从而能够对 mRNA 进行细致入微的检测和操纵。[49] 无论接下来发生什么，我打赌沙尔庞捷和杜德纳最终都将接到那通从斯德哥尔摩打来的电话。①

哈佛大学一些研究者的观点让我们能够一窥 CRISPR 的出现意味着怎样深远的改变，他们指出，CRISPR 具备的应用潜力包括"阻止疾病的扩散，通过逆转昆虫和杂草的抗药性来助力农业，以及防治具有破坏性的入侵物种"。[50] 这些研究者都不是生态学家，但他们却针对潜在的副作用发出了警告，同时也发表了一篇文章，呼吁讨论如何监管这项新技术，提出一个在任何此类项目实施前都应该被遵守的行为准则，同时找出需要被全世界的立法者填补的监管漏洞。[51]

2015 年 1 月，还是哈佛大学这个团队的研究者，提出了一项天才的技术解决方案，保证了改造后有可能导致问题的转基因生物不会造成环境危机，耶鲁大学的一个研究组也同时发表了一份类似的报道。两个研究组用的都是一类"重新编写了遗传密码的生命体"——大肠杆菌

① 自本书英文版出版以来，这一领域（基因编辑）仍在飞速发展，正如作者预料的那样，沙尔庞捷和杜德纳因为她们的贡献于 2020 年获得了诺贝尔化学奖。——编者注

的一个特殊株系，其中某些密码子经过了改造，编码环境中无法获得的人工合成氨基酸。这些人工合成氨基酸是这些生命体的关键蛋白质行使功能不可或缺的，因此这些生命体相当于是被限制在人工条件下生存。如果这些细菌逃逸，它们就会死。此外，论文的作者声称，这些生命体所使用的另类遗传密码会有效地阻止水平基因流动。既然我们知道它们会受限于被基因工程编辑出来的生理需求，那么这似乎就打通了创造具有潜在威胁性的转基因生物的道路。然而，在这一手段被应用到现实世界中以前，还需要做大量进一步的工作，而且我也觉得极少会有科学家——以及读者——愿意只依赖这一项技术来确保生物安全。[52]

面对一项具有空前力量的新技术，这些对其潜在影响的考量是一种负责任的态度，其精神直接承袭自那场关于重组DNA的阿西洛马会议。在科学突然被推入基因操纵的新世界时，这场会议十分成功地为它指明了方向。2008年，保罗·伯格审视了阿西洛马会议的影响：

> 在阿西洛马会议后的33年中，全世界的研究者用重组DNA开展了无数的实验，没有报道发生过一起事故。这些实验中有很多在1975年都是没法设想到的，然而据我们所知，没有一个威胁到了公众健康。还有，科学家们原本担心在物种间人为移动DNA会对自然过程产生严重的影响，但随着有人发现自然界中也存在这种交换，这些担心也基本消失了……说了这么多，阿西洛马会议给所有参与科学的人上了一堂课：公费资助机构的科学家们要想应对新认知或早期阶段的技术所引发的担忧，最好的办法就是与广大公众在监管的最佳方式上达成共识，越早越好。一旦来自企业的科学家们开始主宰这项研究事业，那简直就太晚了。[53]

未来可能会出现很多经过CRISPR改造，基于DNA的生命体，以及大量使用XNA和非天然碱基，能在遗传物质中记录自己身上发生的事情的怪异的人工合成生命形式。面对这些，作为一个曾经从两个方面看待这个问题的人，伯格的观点是一个对我们所有人都大有裨益的提醒。他的主张是要认识到潜在的危险，找到与公众和监管者共同应对它的办法。言外之意，科学太过重要，不能一味放任科技企业或者科学家们去搞。

第 15 章

起源与含义

1953 年 5 月，在沃森和克里克的第二篇《自然》论文将遗传信息的概念介绍给全世界的一周前，《科学》杂志上发表了一篇论文，署名人是一名 23 岁的博士生斯坦利·米勒（Stanley Miller）。[1] 和他的导师哈罗德·尤里（Harold Urey）① 一起，米勒尝试探索了地球上的生命是如何起源的。他们用两个连在一起的烧瓶还原了约 35 亿年前的环境条件：一个烧瓶中是模拟的原始海洋（海水），另一个中是模拟的地球早期大气层，含有氢气、氨气和甲烷（大量氧气的出现比这晚得多，并且直到约 6 亿年前才达到现代的水平）。仪器周期性地向烧瓶中释放电脉冲，模拟闪电的效果。令米勒惊讶的是，几天内，他就能检测到氨基酸了，尤其是甘氨酸。一个简单的化学过程，没有人类的直接引导，就产出了一种蛋白质的组分。此后，甘氨酸又在一个小行星上被检测到，说明氨基酸还存在于宇宙的其他地方，地球上的氨基酸可能是在地球形成后不久，由小行星带到这颗星球的。[2]

虽然米勒和尤里的实验说明氨基酸可以通过相对简单的方式形成，但它并没有点明生命是如何出现的——我们并不只是一包包氨基酸。

---

① 美国物理化学家，因发现氢的同位素氘于 1934 年获诺贝尔化学奖，他也是研发原子弹的曼哈顿计划的重要参与者。——编者注

研究者目前对生命的起源有好几种阐释——我们不知道哪一种是正确的，并且有可能永远都不会知道。这里，我将会描述伦敦大学学院的尼克·莱恩（Nick Lane）和杜塞尔多夫的海因里希–海涅大学（Heinrich-Heine-Universität）的比尔·马丁（Bill Martin）正在探究的一个假说。[3]根据这一观点，第一种能够复制的分子于大约40亿年前出现在深海中一个海底热泉（hydrothermal vent）周围的岩石上的微孔中。①实验证据表明，这样的孔洞可以发挥细胞般的作用，容纳并约束分子的相互作用，包括核酸的积累，同时也允许化合物与外界交换。[4]

今天，这个星球上的每一个细胞都利用电化学梯度（electrochemical gradient）来转移能量，为自己的活动供能——这被称为质子梯度②。海底热泉附近也存在这样的质子梯度，在那里，从海床下沸腾上升的碱性水与酸性的海水相遇。根据莱恩和马丁的说法，早期生命——仅仅由少数几种能够复制的分子构成——可能就曾利用这些质子梯度来获取能量。深居海底，困于石中，应该也使这些分子受到了保护，免受当时轰击地球表面的强力紫外线的破坏性影响。[5]

还有其他的阐释。在1981年的著作《生命：起源和本质》（*Life Itself*）中，弗朗西斯·克里克提出了一条他和莱斯利·奥格尔发展出的理论，其观点是生命是他们所谓的引导生源说（directed panspermia）的结果。他们的说法很令人惊讶，认为地球上的生命起源于"随数十亿年前在其他地方发展出的高等文明派往地球的无人飞船的船头旅行"的微生命体。[6]除了明显缺乏证据外，这也丝毫没有解释生命从何而

---

① 这些初次发生的化学反应可能并非发生在深海热泉附近，而是发生在脂肪酸构成的小泡泡里。这是杰克·绍斯塔克（Jack Szostak）的观点，他成功地创造出了这样一个人工的细胞原型，并让RNA在里面自发地复制（Adamala and Szostak, 2013）。

② 作者此处的表述不严谨，质子梯度是电化学梯度的一种，还存在其他形式的电化学梯度。——编者注

来——它只是把问题丢给了很久以前的一个遥远星系。[7]生命确实有可能起源于宇宙中别的地方，附着在一颗陨石或者彗星上来到地球。然而，这个假说显得没有必要——对于理解那些自发创造出生命的化学过程，我们似乎已经触手可及了。

蛋白质和DNA这两种对今天的生命至关重要的分子，并不是一直存在的。存在于地球上每个生命体的每个细胞中的RNA原件，还有RNA分子发挥酶的作用，在没有蛋白质参与的情况下催化生物化学反应的能力，都表明在基于DNA的生命形式出现前，存在另一种生命形式：RNA世界。[8]第一种能够复制的分子究竟是什么，它们如何从单纯的复制过渡到与世界交互，并因此真正具有了生命，我们仍不知道——它们可能是RNA分子，也可能是更简单的化合物，比如肽。[9]这些早期复制系统的一个必备特征应该是能够加快那些定义生命的化学反应。像RNA这样的分子作为酶并催化反应的能力是西德尼·奥尔特曼（Sidney Altman）和托马斯·切赫（Thomas Cech）在20世纪80年代发现的，他们在1989年因这项工作获得了诺贝尔化学奖。如果让它们全凭自己，我们细胞中发生的那种反应得需要几十亿年才能自发进行。而在有RNA的情况下，它们只需要一眨眼的工夫。[10]

在某个时间，也许是在一段时间的演化以及生命的各种生物化学类型间的竞争之后，RNA世界形成了。[11]这个世界没有留下直接的痕迹，因此我们的观点基于的是符合逻辑的推测，而非实物证据。这是一个非常不同的生命类型。在RNA世界中，RNA分子是繁殖和生物化学相互作用共同的基础。在一个没有DNA和蛋白质的世界中，一个RNA分子中包含的遗传信息就只编码这段RNA。因此，不存在遗传密码——也就是表征另一种分子的遗传物质——最早的RNA分子编码的是它自己，如此而已。繁殖指的是这些RNA分子——作为指导化学反应的酶——的复制过程。这些RNA分子为自然选择提供了初始素材，让它们的各种变体开始了接受筛选的漫长工作，最终催生了现在覆盖着地球的基于 DNA 的生命。

RNA 世界的思想最初似乎是由奥斯瓦尔德·埃弗里的同事罗林·霍奇基斯在 1957 年纽约科学院组织的一场研讨会上提出的。一些病毒使用 RNA，其他的使用 DNA，受此启发，霍奇基斯指出：

> 作为一种决定遗传的物质，RNA 在生物化学演化的过程中被结构和代谢都更加稳定的 DNA 取代了。各大细胞系保留了这些在演化层面上比 DNA 更为原始的 RNA 实体，并可能允许它们将信息储存在 DNA 里，它们也因此成了其代谢过程的附庸。[12]

多年来，研究者一直都很难想象 RNA 是如何自发出现的，因为它的生成所涉及的生物合成路径显得太复杂了。但在 2009 年，当时在曼彻斯特大学的约翰·萨瑟兰（John Sutherland）研究组发现，利用早期地球条件下四处漂浮的那些化学物质作为初始物，通过一系列相对简单的反应就能产生 RNA 的嘧啶碱基（U 和 C 核苷酸）。[13] 距离理解生命是如何自发产生的，我们正越来越近。现在，研究者们已经能够创造一些人工系统，系统中的一对对短链 RNA 酶能够以一种自持的方式增长和演化，每一个都催化着另一个的增长。[14]

虽然 RNA 世界已经不复存在（但谁又知道深海中潜藏着什么秘密呢？），我们的细胞中却都携带着它的遗产。当我们这些基于 DNA 的生命出现时，演化并没有从头去设计生命：它用手头有的东西，借用已有的 RNA 生物化学路径，将它们转化为一些新奇的东西。这就解释了为什么 RNA 不仅仅是在生命中看起来最基本的两种组分——DNA 和蛋白质——之间被动地传递信息的物质。它发挥着很多作用，将遗传信息空降到细胞各处，左右着它的表达方式，就像在 RNA 世界中所做的那样。正如研究 RNA 的生物化学家迈克尔·亚鲁斯（Michael Yarus）所说："没有 RNA，细胞将完全成为一座资料库，无法活动。"[15]

细胞用于将遗传信息从DNA中提取出来，并创造蛋白质或控制基因活性的几乎所有元件都与RNA有关联。尽管RNA已经丧失了作为遗传信息承载者的职能，被半惰性的DNA双螺旋所取代，但它仍以多种形态执行着细胞内的必要功能。双螺旋——经典、严格、一成不变——与RNA形成了鲜明对比，后者可以采取诸多的物理形态，这让它能够执行范围很广的功能，这应该是RNA世界一个非常重要的特点。

就像我们不知道RNA世界何时出现一样，我们也不知道它最终是何时消失的。我们能做的只有追溯现代基于DNA的生命体的祖先，直达最后普遍共同祖先——可能生活于38亿年前的单细胞DNA生命体。最后普遍共同祖先从RNA世界演化而来，最终——可能是迅速地——在竞争中胜出，并取代了它。

RNA作为遗传信息储存物的地位被更加稳定的表亲DNA所取代，为信息的代代相传提供了一个更加可靠的方式。这解释了为何DNA用胸腺嘧啶（T）作为记录信息的4种碱基之一，而RNA在这个位置上用的是尿嘧啶（U）。问题是，另外三种碱基之一，胞嘧啶（C），很容易通过一个叫作脱氨基作用的简单反应变成U。在你的每个细胞中，这一反应每天都会自发地发生几十次，但很容易被细胞元件修正，因为在DNA中，U没有含义。然而，在RNA中，这样一次变化的效果会很显著——细胞无法区分一个本就该在那儿，需要遵照其信息处理的U，和一个来自C的自发突变，需要被更正的U。不过这不会给你的细胞造成任何困难，因为大多数RNA都是转瞬即逝的，没有时间突变——以信使RNA为例，它是在临使用前现从DNA拷贝来的。胸腺嘧啶更加稳定，不会如此轻易地自发改变。采用DNA作为遗传物质，加上它以双螺旋互补双链为形式的内置错误修复机制，还有序列中对胸腺嘧啶的使用，都提供了一个更加可靠的信息储存条件，减缓了潜在的伤害性突变发生的速率。

对于薛定谔有关基因分子如何能够无视理应改变其结构的量子效

应，看上去在代代相传中保持不变的担心，这些类型的机制同样给出了一个回答。生命比薛定谔想象的还要奇特：它演化出了确保遗传信息稳定性和减少错误的办法。

新出现的DNA生命形式一定拥有巨大的优势，因为它们所有的细胞活动都有蛋白质参与。虽然我们不知道蛋白质的合成是什么时间因为什么发展而来的，但似乎不太可能是在瞬间发生的——很可能不存在一场蛋白质革命。[16]相反，原始细胞中存在的氨基酸应该能自发地与发挥酶促作用的RNA相互作用，使小段的核苷酸序列与少量的氨基酸结合——这便是遗传密码出现的黎明微光。一开始，RNA和氨基酸的相互作用应该会让RNA生命形式获得一些额外的代谢特性，直到氨基酸链条——蛋白质——最终出现，创造出基于蛋白质生命的世界。在某个时间点，DNA取代RNA成了信息分子，确保遗传序列的安全，RNA被用来实现这些序列的快速翻译，从而有规律地产出蛋白质，RNA酶也承担起了新的功能，变成了像转运RNA和核糖体这样的一个个细胞元件。

蛋白质能够执行几乎无穷无尽的生物学功能，既可以作为结构组分，也可以作为酶。它们在这两个方面上都远超RNA。蛋白质的出现因此为生命打开了新的生态位，让DNA和蛋白质遍布地球，创造了生物圈并持续地改变着它。在灵活性和能够占据的生态位的宽广度上，这些新生的基于DNA的生命形式应该胜过了RNA世界的生命体。在生长速度上，它们应该也快得多：一个现代的基于DNA的细胞能够在大约20分钟的时间里复制自己，而对需要RNA酶参与的复制过程的研究表明，一个基于RNA的生命形式的复制要花上好几天。[17] RNA世界速度缓慢，能力受限，并且很可能被局限在海洋的深处。

基于DNA的生命通过使用蛋白质而获得的演化和生态优势说明，从一段RNA碱基的序列到一段氨基酸序列的翻译过程的出现是演化上一个决定性的步骤。因此，遗传密码的出现对我们已知的生命而言是不可或缺的。它当之无愧是生命最大的秘密。这显然又引出了两个问题：密码是如何演化出现的，它又为何成为现在这样。这两个问题都有一个简单却令人沮丧的答案：我们不知道。

—A · C · G · T—

1966 年 12 月，在遗传密码的最后一个“单词”被读懂前不久，弗朗西斯 · 克里克探讨了密码的起源。在伦敦的英国生物物理学会的一场会议上发言时，他发展出了一些观点，这些观点仍然主导着科学家们对这一难题的思考。[18] 克里克的第一个观点是，每个密码子与它所编码的氨基酸之间存在着一种物理上的关联，因此密码是必然会通过某种方式出现的，卡尔 · 乌斯和莱斯利 · 奥格尔当时也在探讨这个观点。[19] 这成了很多破解密码的理论尝试背后的基本假设，它的思想源头可以一直追溯到伽莫夫 1953 年写给沃森和克里克的信。然而，克里克无法在这些层面上完全解释密码，关于所有 RNA 密码子和它们对应的氨基酸之间的关系，仍然没有说得通的物理解释。

问题的一部分在于背后明显有什么原因——密码子和氨基酸的分配显然不是随机的。正如克里克指出的那样，在很多情况下，如果前两位碱基一样，那么一个 RNA 密码子的最后一位碱基就无关紧要：XYU 和 XYC 永远编码同一种氨基酸，XYA 和 XYG 也常常如此。在半数的这种情况中，XY 后面接着什么碱基是无所谓的——所有组合都编码同一种氨基酸。这里似乎与氨基酸的物理性质存在某种关联：举个例子，如果一个密码子的第二位碱基是 U，那么其氨基酸就会具有一种特定的化学特性，叫作疏水性，而更偏酸性和更偏碱性的两类氨基酸也各自拥有相似的密码子。

这些引人遐想的规律引得包括克里克在内的好几位科学家指出，最初，密码应该是在 RNA 分子和氨基酸之间物理化学相互作用的基础上，赋予了原始细胞处理相对较少的氨基酸的能力，而且这确实有一些证据支持。[20]这些氨基酸最初应该是一或两个碱基就能编码的，但很快，随着氨基酸的数量后续扩大到现在的20种，三联体密码出现了。克里克看不出密码中有什么一致性的关联和特征，因此将它现在的结构描述为一次被冻结的偶然事件。[21]他的观点是，所有现存生命的最后普遍共同祖先只是碰巧使用了现在的DNA至蛋白质的翻译体系，它固定下来是因为任何偏离通用密码的情况都将不利于生存。尽管我们现在知道密码可以有少许例外，但时至今日，在有关现代遗传密码起源的大多数解释中，其结论仍是这一在思想上无法令人满意，显得相当蹩脚的解释。

研究者为了解释密码因何如此做出的努力通常分为三类：克里克的物理化学假说，寻求从密码子与氨基酸之间的关联层面去解释密码；协同演化假说，认为密码子分配的规律反映着密码在功能上的演化和扩张；适应性假说，将密码视为对减少错误数量的过程的一种反映。最后这种说法由斯蒂芬·弗里兰（Stephen Freeland）和劳伦斯·赫斯特（Laurence Hurst）于1998年首次提出。他们将真实的密码与所有可能的替代方案进行了比较，发现在密码子与氨基酸的化学结合可能出现的错误上，100万种替代方案中只有1种的表现超过我们目前使用的遗传密码。[22]

20世纪50年代，理论家们估计，在一个DNA密码子与它编码的氨基酸的对应关系上，一定有某种物理化学的解释。在研究者认识到蛋白质是在RNA的帮助下组装起来的之后，RNA密码子就成了研究的焦点。但这也不正确：事实上，氨基酸根本不会真正连接在一个密码子上，而是配套搭载在三叶草形、长回环结构的tRNA分子的开放末端。tRNA分子的另一侧是反密码子，这是mRNA分子所识别的部分，因为它由三个互补碱基构成。tRNA的氨基酸结合位点与反密码子之间没有已知的关联，两者分居于tRNA的两侧。所有这些理论性解释都把劲儿用错了地方。

2005年，RNA生物化学家迈克尔·亚鲁斯和他的同事发表了一篇综述，审视了有关遗传密码起源的各种解释以及支持它们的证据，并尝试将这三种类型的假说整合起来。[23] 他们指出，密码子的最初分配是基于几种 RNA 酶（或是 tRNA 分子，或是它们的前身）与它们所处理的少数几种氨基酸之间的物理化学关系。接下来，在自然选择的作用下，这些原始的分子大大提升了识别不同氨基酸的能力，然后又将被 mRNA 识别时出错的情况减到最少，形成了现在的遗传密码。虽然这是一个有吸引力的折中理论，但它丝毫没有平息这场争论。尽管对遗传密码起源和演化的研究已有 50 年，但研究者始终没有达成共识，不知道这些假说中哪一个或者哪几个结合起来是对的。近期一篇有关这个话题的综述沮丧地预测，答案——如果有的话——可能再过半个世纪也不会被我们找到。[24]

—A · C · G · T—

弗朗西斯 · 克里克 1957 年那场关于蛋白质合成的报告——包含了他对“中心法则”的描述——的出发点是他所谓的序列假说：DNA 或 RNA 分子上的核苷酸序列让细胞能够产生蛋白质中与之对应的氨基酸序列，或者另一个核酸分子中的核苷酸序列。这就是遗传密码的全部内涵。克里克认为不需要对蛋白质的折叠方式有任何其他解释，除了伴侣蛋白的保护功能这个例外，事情似乎也的确如此。然而，不断有人表示遗传密码可能不只含有序列信息——密码中可能还有密码，而这可能为现在所有生命使用的这一版密码的起源提供一些线索。

这种隐藏的遗传信息最简单的例子可以在密码子使用的规律中找到。对于那些由不止一种密码子编码的氨基酸来说，其可选的几种密码子的使用频率并不相同。举个例子，亮氨酸能够被 6 种 DNA 密码子编码——TTA、TTG、CTT、CTC、CTA 和 CTG。在人类的基因中，这 6 种功能相同的密码子以各不相同的频率出现：CTA 构成了你 DNA 的 0.7%，而 CTG 则占据了你 DNA 的 4.1%。大体类似的结果也出现在小鼠和果蝇上，但在酵母中，CTA 和 CTG 分别占 DNA 的约 1.3% 和 1.0%，而 TTG 是出现最频繁的亮氨酸密码子，占比为 2.7%。

关于这种现象——被称为密码子偏好性——为何存在，以及它为演化提供了什么信息，目前还没有公认的答案。它似乎与自然选择有关，因为密码子偏好性更容易在被高度表达的基因中检测到。可能产生密码子偏好性的因素有很多，包括突变导致各种简并密码子相互转换，特定物种中编码各种 tRNA 的基因的数量，以及选择压力迫使生命体多用一种密码子，少用另一种，以避免可能发生的错误。对 12 种果蝇全基因组密码子偏好性的分析表明，密码子偏好性甚至能扩大到几个连续的密码子：这些果蝇中最常用的成对密码子是 XXG-CXX（也就是任意以 G 结尾的密码子，接着任意以 C 开头的密码子），而最少用的是 XXT-TXX。[25] 这告诉了我们一些事情，虽然我们不清楚是什么。类似的效应也在酵母中观察到过，它的基因组中使用相同 tRNA 的密码子[①]有一种彼此相连的倾向，这可能是因为已经释放了氨基酸的 tRNA 分子从核糖体扩散开的速度比同种 tRNA 的其他拷贝在翻译过程被征召来的速度慢。为了避免分子拥堵，自然选择可能倾向于连续使用同一种 tRNA，基因组中的这种倾向就是这种行为留下的印记。[26]

四种碱基在我们基因组中出现的频率甚至也包含有信息。在人类中，GC 碱基对（一条 DNA 链上是鸟嘌呤，互补链上则为胞嘧啶）与另一种碱基对（AT 碱基对，腺嘌呤和胸腺嘧啶）出现的频率并不相同。这些效果出现的原因我们还是不知道：较长的基因倾向于 GC 比例高于 AT，并且物种之间存在着显著的差别——例如，在大段的哺乳动物基因组中，GC 的占比在 35% 和 55% 之间变化（如果是随机变化，那么两种碱基对占比的期望值都应该是 50%）。[27] 此外，在染色体的某些部分，GC 倾向于比在其他部分出现得更加频繁——这些被称为等容区

① 事实上就是相同的密码子，作者此处这样表述可能是为了让读者便于理解下文有关 tRNA 扩散和征召速度差异的解释。——编者注

（isochore）的富含 GC 的区段为人所知已经超过 40 年了，但关于它们的起源或重要性仍然没有定论。[28] 虽然在哺乳动物中 GC 含量与体型和基因组大小都存在相关性，但还是有很多研究者认为这种效应不是因为自然选择产生的，而是基因组未受自然选择作用的部分中的基因倍增和突变导致的中性变化造成的。[29] 这种密码中看上去像密码的信息可能除了干扰信号外什么也不含。

2013 年底，华盛顿大学的研究者在《科学》杂志上发表了一篇论文，提出了最为大胆的一种观点：我们的 DNA 中含有不止一套序列密码。[30] 这些研究者声称他们识别出了人类遗传密码中的第二层信息，这些信息叠加于 64 种三联体密码之上。14% 的正常密码子既编码某种具体的氨基酸，也会允许控制基因调控的转录因子结合在其序列上。[31] 可是尽管论文发得很高调，华盛顿大学的宣传部门也为之发声，这种现象事实上几年前就在包括哺乳动物在内的很大范围的生命体中被描述过了。[32] 论文的作者指出，这些同时作为转录因子结合位点的密码子的突变可能会造成遗传疾病。然而，他们并没有在论文中展示这些结合位点存在导致的任何结果（是好是坏），也没有证明这些位点事实上影响了哪怕一个基因的调控。

这篇论文在社交媒体上引发了一些怒火，主要是因为这是在对一个已经被描述过的现象过度炒作。[33] 这项研究是 ENCODE 项目的一部分，该项目在 2012 年声称，我们基因组的大部分是有功能的，因为对于我们几乎所有的 DNA，都能检测到与之相关的生物化学活动，尽管这些活动在生物学上的重要性尚不清楚。这些有关第二套遗传密码的夸张言论可能是 ENCODE 研究联合体用来分析其数据的标准造成的结果。这些发现未来可能会证明是正确的，但我们需要做实验来证明我们的基因组中有很大一部分都是基因调控的作用位点，并且我们需要做大量的工作才能让科学界相信，这真的是密码中的密码的一个例子。

我们现在知道，我们的基因组中含有能让细胞以多种方式处理

DNA 序列的信息，其中多数与基因调控相关。[34] 这种额外信息最简单的形式能够在基因上下游不被翻译的区域中找到，它们出现在成熟 mRNA 中，帮助细胞指导基因表达。基因末端的区域包含长长的一串由腺嘌呤构成的序列，叫作多聚（A）尾巴，它可以达到 200 个碱基长，与 mRNA 分子的稳定性相关。mRNA 分子的开端有一个化学“帽子”和一系列左右着 mRNA 如何被细胞处理的碱基。[35] 这些形式的信息都不是像遗传密码那样系统性的密码。它们被一些研究者称为辅助遗传信息或者补充遗传信息，散布在我们整个基因组里，更像是一套额外、特殊且精确的指令，至今仍未展露自己全部的秘密。[36] 与其说是另一套生命密码，不如说它们是我们久远演化历史的一个标志，展现着我们的远古祖先是如何发现操纵基因及其产物的新方式的。[37] 它们帮助我们将 DNA 塑造成了一些更复杂的东西，不单纯是一组产生蛋白质和核酸序列的密码子：它们表明我们的基因组就像一张可以反复擦净并重写的羊皮纸，上面覆盖着其他形式的信息，这些信息并不会让原始的序列编码信号模糊或失效，反而丰富了我们对自身现在和过去的理解。

—A · C · G · T—

1953 年，沃森和克里克写下了那句看起来很简单的话，“碱基的准确序列就是携带遗传信息的密码”，自那以后，生物学家们就将基因含有信息视为一个显而易见的道理。哲学家们则没有这么轻信，于是在过去 20 年间，发生了一场有关遗传信息，没有被生物学家们注意到的争论。令哲学家们全神贯注的主要论题是，基因中包含的信息在本质上究竟是什么，以及较真地说，究竟有没有可以严格地称为信息的东西。大多数科学家不了解这些争论，这一部分是因为学科间隔行如隔山，另一方面，我怀疑是因为我的很多同行看不上哲学。这很不幸，因为哲学家们的任务之一就是探讨那些潜伏在像信息这样看上去很直白的概念之下的复杂性。事实上，要是哲学家们在 20 世纪 50 年代多关注一下这个话题，他们或许就能说服理论家们不要将遗传密码真正视为一种密码或一种语言，那样也许就能在徒劳无功的推测上少浪费些时间了。

很多科学家很可能会同意迈克尔·阿普特和刘易斯·沃尔珀特的观点，他们在1965年指出，遗传信息只是一种比喻或者类比，一种描述基因所含内容和如何输出其效力的方式。[38]阿普特和沃尔珀特声称，对信息最严格的定义——正如香农的通信理论所描述的那样——并不适用于遗传信息，因为遗传信息的全部意义在于它能做些什么，它有功能，有含义，而香农的信息观容不下含义。以香农的概念来表达DNA的内容相当难，尝试一下计算一个基因组的信息含量就能体会到这一点。问题从一开始就浮现出来了：我们不清楚基本单元应该是一个碱基（有4种可选状态，也就是2比特的信息），一个密码子（3个碱基，有64种可选状态，也就是8比特[①]的信息），还是这个系统输出的产物（有21种可选状态，包括20种氨基酸加上“终止”信号，也就是5比特的信息[②]）。基于这些手段进行计算，每一个都能算出不同的答案，无论是哪种方式，我们都不清楚其结果意味着什么。

另有两种可能性突显了用香农的信息量化方法来处理分子遗传学数据面临的问题。首先，试想两段长度相同的DNA，含有比例相同但顺序不同的4种碱基。根据香农的理论，如果用每个碱基来计算，那么这两段DNA的信息含量将是相同的，然而它们几乎一定会产生不同的基因产物，从而以各种方式影响生命体的适应性——它们的信息的生物学内容不会一样。其次，我们基因组中没有明显功能且似乎不受自然选择的大多数DNA序列是否含有信息，对此我们并无公认的答案。多数生物学家很可能会说不含，因为他们会将信息与功能联系在一起，而一个数学家则很可能会说它们含有信息。虽然从香农的视角来看，一段“垃

---

① 此处可能是作者笔误，应该是6比特。——编者注

② 作者此处的意思事实上是需要5比特的信息才能容纳下这21种选择。——编者注

圾 DNA”序列和一个蛋白质编码基因的密码子序列含有同样多的信息，但从细胞、生命体或者自然选择的视角来看，事情显然并非如此。尽管有这些阻碍，一些科学家和哲学家还是继续声称 DNA 含有香农意义上的信息，并将信息理论应用在了分子遗传学的数据上。[39] 这些尝试都尚未让整个科学界信服。

在他人生的最后的几年里，理论种群遗传学家约翰·梅纳德·史密斯（John Maynard Smith，1920—2004）开始探究信息在生物学中的作用。1997 年，他和厄尔什·绍特马里（Eörs Szathmáry）合写了一本题为《演化中的主要变革》（*The Major Transitions in Evolution*）的书，两人在书中将生命的演化描述为信息存储和传递方式的演变。[40] 举个例子，基因调控在空间和时间上受到的调节使细胞间出现了分化①，多细胞生命体随之演化成形，改变了信息被传递和存储的方式。信息传递系统最新近的演化结果就是我们现在正在用的这一个——人类语言的出现。

2000 年，梅纳德·史密斯写了一系列文章中的第一篇，探讨了遗传信息的本质并与生物学方面的哲学家们交换了观点。[41] 梅纳德·史密斯将演化放在了他有关遗传信息及其来源的观点的中心。他指出，“DNA 含有自然选择所编排的信息”，其结果是遗传信息的数量和质量在过去 38 亿年中一直在上升。[42] 从这个角度来看，自然选择就是为 DNA 序列赋予含义的编码者。梅纳德·史密斯写道：“遗传信息之所以‘有含义’，是因为它生成了一个能在自然选择作用下的环境中生存的生命体。”[43] 换句话说，基因为细胞提供了自然选择所编码的指令，这就是遗传信息的本质。

遗传信息不像环境影响——多数科学家和哲学家认为，虽然环境因素通过自然选择塑造了遗传信息，并且形成了允许基因被表达的条件，

---

① 分化是指一种细胞类型特化成形态结构以及功能特征各不相同的细胞类型的过程，如造血干细胞分裂、分化成各种类型的血细胞。——编者注

但它们本身不含有信息（不过一些哲学家不认同这一观点）。[44] 例如，虽然温度变化能改变鳄鱼性别决定基因的表达，从而改变一个种群中的性别比例，但温度升高的含义不是产出更多的雄性鳄鱼。梅纳德·史密斯指出：“正是考虑到这个原因，我们才说基因在发育过程中承载着信息，而环境波动则没有。”[45]

在英国阿伯丁大学的乌尔里希·施特格曼（Ulrich Stegmann）——他曾经是一名生物学家，后来转为哲学家——看来，DNA 含有在一定条件下被表达的信息。思考这个问题的一种方式是，DNA 序列工作起来有点像一份菜谱。蛋白质合成一步一步地进行，每一步都依赖于一种外部因素（先是 DNA 密码子，然后是 RNA 密码子），很像一份菜谱决定着一位厨师加入食材和使用厨具的顺序。[46] 把基因比作电脑程序是另一种流行的比喻，根据这种比喻，程序以各种方式对输入的条件做出响应，并根据这些输入命令产生各种与之相一致的产物。[47] 然而，这些只是比喻而已。基因不是程序，不是菜谱，生命体也不是计算机或者蛋糕。

第一位系统评述遗传信息概念的评论家是生物学方面的哲学家，得克萨斯大学奥斯汀分校的萨霍特拉·萨卡尔（Sahotra Sarkar）。和 1965 年的沃尔珀特和阿普特一样，在萨卡尔看来，遗传信息“有点更像是一则伪装成理论概念的比喻”。[48] 萨卡尔的评论一定程度上基于的是事实：真核生物因为有复杂的基因剪接系统，所以 DNA 的序列并没有与氨基酸的序列相对应。严格来讲，我们的基因因此也不与克里克的遗传信息概念相对应，因为 DNA 序列必须经过处理和媒介传导，才能以氨基酸序列的形式呈现。萨卡尔还指出，遗传信息与人工密码不同，因为我们无法将一条蛋白质序列翻译回一段 DNA 序列，这是由于遗传密码存在简并性、真核生物的基因中存在内含子，以及 mRNA 可能存在多种剪接形式。在萨卡尔看来，遗传信息因此没能通过他所谓的差异特异性逆转测试（test of reverse differential specificity），他还认为这个概念已经不再是发现世界的一个有用工具了。[49] 但我认为，在讨论基因的内容时，萨卡尔的评论并不意味着信息这个概念没用。相反，它强调了遗传信息不同于其他的信息类型。这种评论也不会削弱遗传密码的存在感：一个特定的密码子会产生一个特定的氨基酸——碱基三联体代表并编码着这个氨基酸。这就是一个密码。对一名哲学家来说，无法将氨基酸翻译回 DNA 可能意味着不适合使用"密码"这个词，但对科学家或者公众来说，事情不是这样。

正如哲学家彼得·戈弗雷-史密斯（Peter Godfrey-Smith）指出的那样，问题的一部分在于，当"密码"这个词被用于描述基因的内容时，其含义与在其他背景下使用时并不严格一致（不过戈弗雷-史密斯认为在分子遗传学中使用密码的说法是合情合理的）。[50] 遗传密码不是一个人为设计的系统，它是一种表达语句，描述了一个分子（信使 RNA）的一部分与另一个分子（一个 tRNA）的一部分结合，后者又与另一个分子（一个氨基酸）结合的 64 种方式，其中的细节只有在演化的背景下才能被完全理解。萨卡尔将它表述得很简洁："归根结底，DNA 是一种分子，不是一门语言。"[51] DNA 是一种能够复制的分子，在正确的环境下，它能通过自己所含的信息产生特定的化学序列。

尽管有这些哲学上的澄清，但遗传密码乍看上去确实很像一种人工密码。研究者最开始的估计是，它因此会拥有此类人工创造出的系统相应的特征，比如逻辑上严丝合缝的法则以及能反向翻译的能力。遗传密码与人工密码这种表面上的相似性在20世纪50年代迷惑了很多科学家，导致他们尝试用数学原理来破解这套密码。用彻底的类比、严格的定义和与人工系统一丝不差的平行对比来解读遗传密码几乎注定会失败，因为遗传密码和生物学所有其他方面一样，不是人为设计出来的。它是生命的一部分，通过演化而来，只能在历史和生物学的背景下才能被正确理解。这就是 20 世纪 50 年代那些注定失败的破解遗传密码的尝试给我们留下的教训，它应该成为我们今天尝试理解基因内涵时的指引。

在一些哲学家看来，将基因的内容描述为信息，说明 DNA 以一种绝对权威、无须媒介传导的方式决定着一个生命体的全部性状。这种评述是一种误解，因为在现实中，即使有，也只是极少的科学家持这种极端的观点。在阅读科普报道（其实还包括科研论文）时，有一条经验法则：如果一篇文章描述的是“某样东西”的基因，那你就几乎可以肯定是在阅读一份过于简单化的记述。基因很少会专司一职，即便某个基因只产出一种蛋白质，这种蛋白质也可以在不同的环境下导致不同的后果。

关于基因对行为的影响，我产生研究兴趣始于 1976 年，源自西摩·本泽的实验室鉴定出的一个名叫 *dunce* 的果蝇基因——这个基因发生突变的果蝇会表现出学习和记忆能力的缺陷。[52] *Dunce* 似乎是一个“学习或记忆的基因”，它主要编码一种酶，这种酶会影响一种叫作 cAMP 的细胞内信号分子的水平。在诸多类群的生命体中，cAMP 的水平似乎都影响着学习过程。但通过多重剪接，*dunce* 能产生 17 种不同的蛋白质，长度在 521 到 1 209 个氨基酸不等。除了学习和记忆外，这个基因的突变还能影响很大范围的其他性状，包括雌性的繁殖能力和这种昆虫对有机磷酸酯①的反应。[53] 有了这些认知，*dunce* 究竟是什么基因就不容易定义了。虽然我们知道它在某些环境下会做什么，知道基因中具体的区域突变后会发生什么，但这不意味着这个基因具有单一的功能。而且不要忘了，*dunce* 不是什么特殊的东西，它只是整个大自然中存在的数以十亿计的基因中的一个。

很多批评基因含有信息这一观点的哲学家中肯地指出，DNA 自己什么也做不了，这强调了蛋白质在生命中的地位。[54] 这几乎算不上一种严厉的批评，因为所有表征形式、密码或语言无不如此。你正在读的这些印刷出来的符号代表着我在纸上编码的字句和它们最终构成的概念，但它们在被阅读之前毫无含义。这不会阻止它们成为一门语言的一部

---

① 被广泛用作农药。——编者注

分，也不会削弱它们在沟通中关键的重要性。而关于蛋白质不可或缺的地位，克里克在1957年的报告中说的基本也是一样的话：

> 遗传物质的主要功能是控制（但未必是直接控制）蛋白质的合成……蛋白质核心、独一无二的地位一旦得到认可，似乎就没什么道理再说基因承担的是其他功能了。[55]

有些批评家认为，DNA仅仅是包括环境在内的诸多因素之一，这些因素同等地决定着生命体的生命周期——这叫作同等理论（parity thesis）。[56]有少数科学家认同这种极端立场，并认为在生命体性状的决定过程中，蛋白质、环境或者细胞的代谢扮演着与DNA同等甚至比DNA更重要的角色。[57]这些科学家一直是非常少数的一派，因为铺天盖地的证据不支持这一观点。它与我们实验室中发生的情况不相吻合，在那里，依据以基因为中心的实验规程，研究者对DNA加以操纵、改变和转移，并且产出了与预期相符的结果。当我实验室的学生选取来自三种不同生命体的基因，将它们融合到一起，用一个来自酵母的调控基因促使一个编码荧光蛋白的水母基因被表达，从而让果蝇幼虫鼻子上的一个细胞发光时，其中的决定因素正是基因。环境、细胞、果蝇的幼虫，还有设计这个实验的心灵机巧的人，都是必须处在正确状态才能让基因产生期望效果的条件性因素，但这些外围条件的贡献在质的层面上都比不上DNA的贡献。在这个例子中，基因运作的方式就像它们含有决定结果的信息一样，因为它们确实有。

虽然哲学家们倾向于关注诸多基因不决定命运的例子，但值得牢记的是，在一些情况下它们确实能决定命运。如果你拥有两个拷贝的血红蛋白基因镰状突变版本，那么你就会患上严重的贫血，并表现出其他身体衰弱的症状。你的环境和成长中的任何事物似乎都无法改变它。更悲剧的是，如果你的两个*Huntingtin*基因中有一个含有重复60次以上的

CAG 三联核苷酸，那么你最终就将罹患亨廷顿病，一种神经退行性疾病。部分由于 CAG 重复数量的不同，这种遗传病在不同个体身上的症状表现各异，但它最终都将致人死亡。[58]

然而在很多情况下，基因并不是生物学现象的最终决定因素或者原因。在前文提到的鳄鱼性别决定的例子中，基因始终是不变的，鳄鱼的雌雄比例不直接由基因决定，而是由温度如何影响这些基因的活性来决定。在这个案例中，决定性的因素是温度，但它并不单独起作用。温度对性别决定的影响是通过改变性别决定基因的活性实现的，这种对性别决定基因的效应是通过产生蛋白质和 RNA 分子完成的，而这些蛋白质和 RNA 又是其他基因的产物。基因需要自己创造的细胞来将它们包含的条件性指令付诸实施，同时还需要环境满足相应的条件。然而，在相似的条件下，将倾向于产生相似的效果。这些效果将如何潜移默化地影响整个生命体的结构、生理和行为，可能是无法预测的，这让我们很难将一个特定的基因和一个特定的性状联系在一起。

行为遗传学家道格·瓦尔斯滕（Doug Wahlsten）和约翰·克拉布（John Crabbe）在 1999 年探究了这个问题，当时他们在不同的实验室针对同样的近交小鼠品系开展了同样的行为学实验。在不同的实验室中，小鼠的行为表现出了全方位的差异，这说明从基因到行为的路径取决于很多复杂的因素，包括实验的设置和小鼠周围的环境。[59] 这不意味着我们无法可靠地检验遗传对行为的影响：2006 年，瓦尔斯滕和克拉布报道称，近交小鼠品系能够长时间保持高度稳定的行为（比如运动能力或对乙醇的偏好），即使实验前后有着 50 年的跨度。[60]

在任何做过遗传对行为影响的实验的人看来，这些结果都没有特别惊人之处。生命体不是机器人，而且在整个发育过程和实验期间，它们与环境持续不断的相互作用都会在遗传、生理和行为上产生影响结果的干扰信号。这并不是说基因不参与结构、生理和行为的决定，只是意味着研究这些效应有时极为困难。

事实证明，为探测智力背后的遗传因素所做的尝试问题尤为繁多。遗传因素明显会对认知能力产生效应：从来没有黑猩猩能够像一般人那样行动、说话和思考。这来自我们的DNA相对较小的差异——我们的基因产生了两个拥有不同智力水平的物种。可是一说到对人与人之间能够观察到的智力（无论它的本质是什么）差异的研究，问题就来了：要确定哪个部分源自我们略有不同的基因组合是十分困难的。2014年，有一项面向超过10万人的研究试图找到遗传多样性与认知能力和受教育情况的不同之间的联系。[61] 作者们在整个基因组中只找到了3种可能与他们所衡量的认知能力差异有关的遗传变量，而这些产生的效果都极其微小。人类中毫无疑问地存在影响我们智力的遗传差异，但这样的遗传因素似乎很可能非常多，每一个都贡献一点点，每个个体都携带着大范围的这些基因。这类研究的教训在于，如果被探究的性状很大程度上由环境所决定——比如受教育程度这种看上去顺理成章，可以想象的例子——那么探测其中的遗传效应就将很困难。

如果事实证明，人认知能力的个体差异背后存在重要的遗传因素，那么社会面临的挑战就将是决定如何使用——或者不使用——这一信息。不过，就算事情真是如此，我也不会很惊讶。基因含有决定核酸和蛋白质序列的信息这件事并不表明所有性状都是由基因决定的。有些是，也有很多不是。生物学就是这么复杂。

—A · C · G · T—

将基因的内容描述为信息，以及将细胞和生命体的活动视为涉及信息流动的过程，这种思想将所有级别的生命都置于了同一个框架当中。正如克里克所说，生命的特征就是能量的流动、物质的流动和信息的流动。信息流涉及具体分子的活动，以及在生命体整体水平上细胞或细胞群的活动。我们将这整个过程概念化，使其基本逻辑在信息层面上统一起来，这为我们提供了一个语境，帮助我们解释分子、细胞、器官和生命个体之间如何相互作用和协作。

这反映出了遗传密码和基因功能研究史上一个曾居于核心地位的概念性手段——控制论的观点。控制论——对控制以及动物和机器看似具有目的性的行为的研究——在20世纪40年代末和整个50年代产生了巨大的影响，因为它看上去将会形成一门新学科，为人类提供一种将生物学的各个层级与工程和数学结合起来的办法。然而这没有成真。事情显而易见地表明，除了强调控制和负反馈环的存在能产生看上去带有目的性的行为之外，控制论并没有为未来的发现提供一个预测性的理论框架。研究者对控制论的研究热潮随之便渐渐退去了。

然而，控制论的重要意义在于帮雅各布和莫诺理解了他们的操纵子实验的数据，从而为我们对基因调控的理解做出了贡献。1970年，在一本名为《偶然性与必然性》(*Chance and Necessity*)的书中，莫诺尝试解释了生命系统的组织。尽管书的写作时间是控制论的时髦劲开始消退之后，但莫诺还是指出，生命体是真正意义上的控制论结构，通过特异性分子的活动，这些结构展示了控制和反馈的规律。他还认为，很多细胞分子网络的组分以一种基于信息而非化学结构的方式相互作用。举个例子，当酶因其底物的存在而受到诱导时，这件事的发生并不是经由一种直接的化学连接，而是通过一种介导蛋白和编码它的基因的活性完成的。理解这一过程的唯一方式是将它视为一股流经各个组分的信息流，信息在流动的过程中采取了不同的物质形态。[62]

现代分析技术让科学家们能够细致入微地理解这种生物化学上的相互作用。这催生了一个被称为系统生物学的领域，它研究化学相互作用和基因调控的规律。一些人声称，系统生物学将涵盖所有层级的生命，直至整个生态系统。[63] 目前，打着系统生物学标签的研究着眼于细胞中发生的化学反应过程。此类分析产生的庞大的数据集，以及现代计算机对这些数据处理和建模的能力，不可避免地让研究者对研究生物化学过程的控制论手段重新燃起了兴趣，并将注意力聚焦于反馈的重要性。[64]

然而，尽管雅各布和莫诺都满怀信心地认为控制论会提供一种理解遗传密码如何转变为指令的方式，但控制论对当代科学的影响还是停留在宽泛效应而非精确细节的水平上。甚至连神经生物学领域也是如此：虽然神经网络显而易见地处理着信息和控制，但对大多数学生和科学家而言，控制论只是他们能够隐约想起的祖师爷，而不是他们实验手段中不可或缺的一部分。[65]

与人类文化的其他组成部分一样，科学也能被潮流和我们似乎无尽的创新欲所影响。当科学中的潮流转向时，原因不仅在于人们感到厌倦，渴望改变，更在于事实证明旧的手段或技术往好了说是令人失望，往坏了说就是失败了。控制论和信息理论对遗传学的影响就可以这样看待。20 世纪四五十年代，这两种彼此相关的手段对生物学的整体发展产生了巨大的影响，对分子遗传学的影响尤为深远。最终，因为没能给出一个激发未来发现的理论框架，它们的影响力消退了。两种观点的结局，是作为生动的类比和看待世界的方式影响着遗传学，而不是成为必要的理论基石。这种类比性质的作用延续至今，它解释了科学家们为何能够心安理得地说，基因含有信息并掌控着细胞的网络。

结　语

在《认识世界的方法》(*Ways of Knowing*)一书中，历史学家约翰·皮克斯通指出了一件看起来明摆着的事：科学是一种工作形式。他认为，科学家获得对世界的认知的方式，可以被当成工作组织形式的变更来解读，制造业同样发生着这样的事情，它在不同阶段先后被皮克斯通所谓的工艺、合理化生产和系统性创新所主宰。[1]破解遗传密码的竞赛大部分是工艺问题。一群单打独斗的人或者小型研究组绞尽脑汁地思考着观点和概念，也同样费尽心力地分辨着事实。他们不只是在试图弄懂回答一个问题的正确实验是什么，还必须弄明白那个问题是什么。只有到了最后阶段，在尼伦伯格和马特伊的突破之后，工艺才将一部分统治地位让给了某种像合理化生产的东西，这是因为答案已经变得可见且可知了，虽然它还没有被研究者掌握。在从 1961 年到 1967 年的那段时间里，破解密码的工作中生物化学技术的成分逐渐与假想的成分齐平，尽管这些技术的发展和应用需要大量的工艺与学识。

在我们对生命的理解和思考方式上，这些发现掀起了一场革命，一场改变了科学研究的方式，塑造了我们的现在和未来的革命。从许多方面来看，我们现在都处在一个系统性创新的阶段。通过更加有组织有配合，往往由大型团队参与的方式，研究者正在不断做出新的发现。通过技术的发展，我们现在能在几周的时间里测出生命体的全基因组序列，并且不久后就会比这还快。控制论的创立者诺伯特·维纳曾担心自动化会如何改变工厂中的工作。它几乎毫无疑问已经改变了科研工作的方式：机器人现在能够解码我们的基因，将我们的遗传密码转化成数字化的数据，使之接下来可以在世界的任何地方被探究。

1991 年，就在众多基因组计划被构想出来的同时，沃利·吉尔伯特在《自然》杂志上发表了一篇展望未来的文章。[2] 相当了不起的是，他基本上描绘出了我们现今生活的世界。吉尔伯特指出，世界各地的计算机将与数据库接轨，而生物学家们将需要学习计算机技术来应对数据的大潮，探究基因功能首先是通过不同物种间的基因比较，而不是实验。吉尔伯特还点出了我们在分子遗传学的短暂历史中已经失传的技艺，比如在实验室中分离限制性内切酶的本领。随着商业产品的推广，这种技艺已经变得无用武之地。吉尔伯特还正确地预测出了这种消亡将会继续。他同样认识到，这种滚滚向前的变化不是什么新鲜事——曾几何时，科学家们还需要自己吹制玻璃器皿，后来他们就能从产品目录上选购了。全基因组自动测序的问世是一个巨大的进步——经历过手动测序基因繁重劳苦的科学家没几个会想重回旧时的岁月。科学家们现在可以思考生物学，而不是跟化学较劲了。

科学家群体在人员构成和协作方式上也发生了巨变。那些最终破解遗传密码的工作基本上完全是由男性完成的，只有少数例外——按照时间顺序，此处要重点提及的女性有哈丽雅特·埃弗吕西-泰勒、玛莎·蔡斯、罗莎琳德·富兰克林、玛丽安娜·格伦伯格-马纳戈、玛克辛·辛格、莱斯莉·巴尼特和诺玛·希顿。这些女性有一些是顶尖科学家，有一些是中层研究者，还有一些则是技术人员。今天，女性的地位远远更加重要了：生物学的多数领域都能看到女性顶尖科学家的身影，女性领导实验室也已经是司空见惯的事情。然而，虽然大学里学习生物学的以女生居多，但在博士这个级别上，男女学生的数量就大致相等了。接下来，随着你的学术层次向上攀升，男性的比例就会越来越高，最终来到男性占据压倒性优势的教授圈层。我们离性别平等还差得很远。

本书描写的科学家多数来自美国、英国和法国。科学研究现在已经是一项真正的国际性活动了。尽管顶尖期刊主要的版面贡献者仍然就职于那些最富裕和最发达的国家，但这些研究者往往来自世界各地，其中来自中国的数量正在变得越来越多。今天，培养一名科学家的途径已经不仅仅是读一个博士，还要有一段在几个不同的实验室——最好是国外的实验室——工作数年的经历，以积累经验和学习技术。很多顶级的实验室现在都是迷你版的联合国。然而一个令人震惊的事实是，即使在美国，加勒比海非裔出身（Afro-Caribbean origin）的男男女女仍然屈指可数。放眼世界各国，在种族以及受教育程度和择业导向的阶层差异等多重影响下，科学研究的参与度仍然天差地别。增加出身于少数族裔和工薪阶层的科研工作者的数量是一个科学无法自己解决的复杂议题，但这个问题需要被解决—— 一个巨大的人才库就在眼前，我们却因根植于教育系统中的不平等而无法取用于它。

这些多国团队的工作方式与20世纪五六十年代相比也发生了改变。虽然遗传学方面的论文仍在由小型研究组或者极偶尔地由单一个人发表，但现在一个很明显的趋势是，越来越多的研究是由大型多学科团队完成的。基因组学的情况尤其如此，参与一项研究数据获取和分析的可能是来自全世界的很多个研究组。2014年，《自然·遗传学》（*Nature Genetics*）杂志发表了一篇论文，描述了人类基因组中数百个基因变体对人身高的影响，论文署名的作者超过440人。[3] 直到有了大型的基因组测序计划，粒子物理学和天文学领域那种典型的大型科研项目才在生物学中出现。这样的项目现在正变得越来越平常，并且改变了科学家个人与他们产出的工作间的关系，每个人的贡献正在变得相对较少但高度细化。由于预算越发紧张，研究资助机构往往更愿意以促进多学科交叉之名资助大型团队，并常常要求在实验开始前就能明确预见到大致可能的结果。在当今的风向下，成功破解遗传密码的那种以兴趣为导向的小型团队似乎不太可能生存。

我们对基因及其功能的思考方式同样发生了转变。19世纪30年代，当遗传这个词首次被应用于生物学性状时，它们被说成是“传给后代”的，就像钱、土地或者家具这些更加世俗性的继承关系。电气时代开始后，人们说性状是被传递下去的。在第二次世界大战期间以及战后，随着对密码和计算的兴趣的增大，认为基因含有一种密码并且传递信息似乎就是显而易见的事情了。科学中最形象的隐喻往往源自技术的新发展。今天，技术阶段的顶峰是计算机，它也是目前科学隐喻最丰富的来源。我们用来描述遗传密码和它行使功能的方式的隐喻并不都那么复杂——“转录”和“翻译”提示密码是一门被书写的语言，并且要么是从DNA拷贝到RNA（“转录”），要么是完全被转变成另一门——也就是蛋白质的——语言（“翻译”）。这些隐喻严重影响着我们对遗传密码本质和功能的思考方式。语义和计算上的复杂隐喻被包裹在了遗传密码这种看似简单的思想当中，让我们对遗传的思考有了一个框架。

但“框架”意味着两件事情——它既让我们能够思考，也限制了我们如何思考。我们对遗传本质的理解比一个世纪以前的人丰富得多，这既是因为人类自那时以来的研究取得了丰硕的成果，也是因为我们思考这门研究的方式，以及我们解读它所基于的背景。但我们无法设想出其他看待这些现象的方式，因为我们还没有恰当的隐喻。框架同时也是牢笼。

率先破解遗传密码的尼伦伯格和马特伊是圈外人，他们不知道过去10年间那些让理论家们认为重复性的碱基序列没有含义的争论。他们的想象没有被似乎左右着全世界其他实验室的那种思维定式所束缚。思想能够帮助科学家理解数据，也能让他们对近在眼前的东西视而不见：不管怎样，它们都是开展科研工作所不可或缺的。

隐喻和类比中还存在着隐患。人们容易忘记一个特定的术语是一种修辞，一种看待一个具体现象的方式，它的字面意义并不成立。一个基因就像一个电脑程序，但它不是程序，不会依据同样的规则运转，虽然它可以从实用角度上被这样理解。生命体不是机器，即便它们同样遵循物理规律，并且与我们发明的装置具有某些共同的特征。遗传密码不是一种真正的密码，也不是一门语言。它是一个生理过程，利用演化而来的控制系统，将其存储的信息转化成结构或活动，从而让生命体能够行使特定的功能。

将关于信息的严格数学观点应用于遗传密码的尝试都失败了，之后事情便清晰了起来，我们在遗传学中描述信息的方式主要是隐喻性质的。虽然实验通常是获取检验一个假说的证据的最有效途径，但要解读这些证据，我们需要理论和概念框架，而这些又是由词语、隐喻和类比构成的。弄懂这些隐喻的力量和局限，将帮助我们为明天的突破做好准备，那时我们将重新解读我们目前的所知，发现我们现在连想象都想象不到的事物。

技术和科学的新发展将为我们提供新的隐喻、理解生命如何运行的新方式，以及操纵分子的新手段。未来将不可避免地既包含机遇也包含挑战。人工合成生命也许能让我们解决经济和生态的重大问题，也可能在不经意间威胁到人类和生态系统。我们可能会发现，通过刻意且精准地改变我们和我们后代的基因，我们可以操控我们行为或结构的某些方面。这可能会开启通往健康、满足和快乐的道路，但也可能将重大的道德困境摆在我们面前。通过揭示和破解遗传密码，科学表明自己能够揭开生命最大的秘密。但科学无法告诉我们该如何对待这个秘密，也不会保证由此衍生出的知识和技术会被用来为多数人谋福祉，并且将对地球造成的损害降至最小。这样一个正向的结果需要所有国家的人积极参与，还需要我们对已有的迷人发现，以及未来更加迷人的发现所引发的科学和政策问题有一个清晰的理解。

UGA

延伸阅读

本书引用的部分研究论文可以在网络上开放获取。但很可惜，并非所有论文都是如此。不过在搜索引擎中输入标题，你通常至少能在网上找到论文的摘要或概览。涵盖埃弗里、克里克、尼伦伯格等科学家生平和工作的档案资料可以在 http://profiles.nlm.nih.gov 获取。惠康基金会密码破解者（Wellcome Trust Codebreakers）的网站同样存有很多原始文档：http://wellcomelibrary.org/using-the-library/subject-guides/genetics/makers-of-modern-genetics。本书故事中关键人物们的很多非正式场合照片可以在 http://www.estherlederberg.com 上找到。

有几部学术著作涵盖了本书呈现的材料，并提供了出色的额外细节：莉莉 · E. 凯的《谁写下了生命之书？》（*Who Wrote the Book of Life?*）、伊芙琳 · 福克斯 · 凯勒（Evelyn Fox Keller）的《重塑生命：20 世纪生物学中的隐喻概念》（*Refiguring Life: Metaphors of Twentieth-Century Biology*）、《基因世纪》（*The Century of the Gene*）和《生命的道理》（*Making Sense of Life*），以及萨霍特拉 · 萨卡尔的文章和书籍章节（见参考文献列表）。米歇尔 · 莫朗热（Michel Morange）的《分子生物学史》（*A History of Molecular Biology*）交代了科学方面的时代背景，而 H. 弗里曼 · 贾德森（H. Freeman Judson）则围绕着《创世纪的第八天：20 世纪分子生物学革命》（*The Eighth Day of Creation: Makers of the Revolution in Biology*）这一课题，撰写了一部厚重而又迷人的口述历史。如果你想在不触及太多数学知识的情况下探索信息的历史，那么詹姆斯·格雷克（James Gleick）的《信息简史》（*The Information*）就是为你而写的，而对于那些对隐喻性概念在科学中的重要意义感兴趣的读者，西奥多·布朗（Theodore Brown）通俗易懂的《人造真理：科学中的隐喻》（*Making Truth: Metaphor in Science*）是一本入门的佳作。我尤其要推荐阅读的是本书四位核心人物的回忆录：詹姆斯·沃森那本不可不读的《双螺旋》、弗朗西斯·克里克的《狂热的追求》（*What Mad Pursuit*）、麦克林恩·麦卡蒂对埃弗里实验室工作的记载，《转化要素》（*The Transforming Principle*），以及弗朗索瓦·雅各布精彩绝伦却鲜为人知的《内心的丰碑》（*The Statue Within*）。

如果你想知道本书的故事开始之前所发生的事情，你可以阅读我之前的书《卵子与精子的竞赛：揭开性、生命和成长奥秘的17世纪科学家们》[*The Egg and Sperm Race: The Seventeenth Century Scientists Who Unravelled the Secrets of Sex, Life and Growth*，在美国以《世代》（*Generation*）为题出版]。

致谢

本书的成书要归功于已故的莉莉·E. 凯的学术建树，她的《谁写下了生命之书？》为我提供了灵感，起到了“领路人”的作用。正如本书的献词提到的那样，我的朋友兼同事约翰·皮克斯通教授还没来得及斧正本书的书稿就过世了。在我筹备和撰写本书期间，我们在喝咖啡或者小酌一杯的时候为它聊过几次，约翰的真知灼见和乐观态度总是鼓舞并帮助着我。

我的经纪人彼得·塔拉克（Peter Tallack）和我在伦敦的出版人约翰·戴维（John Davey）分别在为本书寻找出版社和本书撰写期间保持了热情和关注。约翰细心的编辑对书稿质量的提升助益无限，我们还在他的建议下造访了国王学院的资料馆，得以摸到那台拍下了著名的51号照片（见第6章）的照相机。布鲁斯·戈特利（Bruce Goatly）高效地编辑了书的初印本，并且挽救了我的一些难以启齿的低级错误。负责搜集图片的莱斯莉·霍奇森（Lesley Hodgson）有条不紊地集齐了插图。佩妮·丹尼尔（Penny Daniel）保证了从草稿到付印的全程顺利，并且耐心地容忍着我对校对稿的修改。

我要对我的朋友、同事、推特上的网友以及我通过电子邮件冒昧地联络过的人们表示感谢，他们全都以各种各样的方式帮助过我，给了我信息、鼓励和文章，他们是汤姆·埃弗里（Tom Avery）、斯图尔特·贝内特（Stuart Bennett）、凯西·伯格曼（Casey Bergman）、萨姆·贝里（Sam Berry）、戴夫·布里格斯（Dave Briggs）、索尼·克里斯蒂（Thony Christie）、丹·戴维斯（Dan Davis）、杰瑞·赫维茨、尼克·莱恩、理查德·伦斯基（Richard Lenski）、弗洛里安·麦德斯帕彻（Florian Maderspacher）、比约恩·波宁（Bjorn Poonen）、布莱恩·萨顿（Brian Sutton）、亚历克斯·韦勒斯坦（Alex Wellerstein）、迈克尔·威尔斯（Michael Wells）和薇薇安·怀亚特（Vivian Wyatt）。杰瑞·赫维茨则向我提供了马歇尔·尼伦伯格告诉全世界遗传密码已被破解那一刻的目击描述。阿洛克·杰哈（Alok Jha，当时就职于《卫报》）、《细胞》杂志的史蒂夫·毛（Steve Mao）和《当代生物学》（*Current Biology*）杂志的杰夫·诺思（Geoff North）都慷慨地允许我借助他们期刊的文章概述我的观点。杰里·科因鼓励我将材料发布在了 http://whyevolutionistrue.com 上，读者们的评论帮助我理顺了自己的思路。曼彻斯特大学的卡斯滕·蒂默曼（Carsten Timmerman）的“从 20 个研究对象看生物学史”课程上的学生们成了检验我一些观点的试水评论员。至于书稿的审阅，杰里·科因、史蒂芬·库里（Stephen Curry）、拉里·莫兰（Larry Moran）、米歇尔·莫朗热、亚当·卢瑟福、乌尔里希·施特格曼和莱斯莉·沃沙尔（Leslie Vosshall）都慷慨地对各章节的文稿给出了极为有用的评价。当然，书中仍然存在的错误和纰漏都是我的责任。

在我写这本书期间，我的直系家庭不得不面对各种各样改变一生的事件——博士毕业、走进大学、重度抑郁症和血管性痴呆。我确定，当我在查阅和写作的时候，我没有对至爱亲人们的需要给予应有的关注。我要对你们所有人说一声对不起。书对于作者的家庭来说也是一种代价。

注 释

第 1 章　基因是什么?

1. Wood and Orel (2001), p. 258；另见 Cobb (2006a), Poczai *et al.* (2014)。
2. López-Beltrán (1994), Müller-Wille and Rheinberger (2007, 2012).
3. 哈维基本上是耸耸肩就宣告放弃了（Cobb, 2006b）。
4. Cobb (2006a).
5. 关于孟德尔的工作及其意义，见 Bowler (1989)、Gayon (1998)、Hartl and Orel (1992)。关于后人如何解读和利用孟德尔的工作的评述，见 Brannigan (1979) 和 Wolfe (2012)。
6. 关于 20 世纪的遗传学，有很多历史记载，如 Carlson (1966, 1981, 2004)、Hunter (2000)、Pichot (1999)、Schwartz (2008)、Sturtevant (1965)。关于各方面的概念，见 Beurton, Falk and Rheinberger (2000) 中的多篇文章，以及 Falk (2009) 和 Müller-Wille and Rheinberger (2012)。关于德弗里斯观点的变化，见 Stamhuis, Meijer and Zevenhuizen (1999)。
7. Sutton (1902), p. 39. 见 Crow and Crow (2002)。
8. Sutton (1903), p. 236.
9. Hegreness and Meselson (2007).
10. Boveri (1904)，被引用于 Crow and Crow (2002)。
11. Pichot (1999), p. 111.
12. Shine and Wrobel (1976).
13. Carlson (1981), Kohler (1994), Sturtevant (1965).
14. Morgan (1933).
15. 全部细节来自 Carlson (2004)。
16. Morgan (1919), p. 246.
17. Morgan (1933), p. 316.
18. von Schwerin (2010).
19. 一个“三人组论文”的翻译版本，以及历史学家和哲学家对其重要性的讨论，见 Sloan and Fogel (2011)。

20. Sloan and Fogel (2011), p. 257.
21. Sofyer (2001), Morange (2011). 科尔佐夫的名字也可以通过拉丁字母替换西里尔字母，写为 Koltzoff。有关科尔佐夫对信息和密码思想的贡献的讨论，见 Kogge (2012)。
22. Olby (1994), Sofyer (2001).
23. Muller (1922), p. 37; Troland (1917).
24. 被引用于 Pollock (1970), p. 13。
25. Haldane (1945), Morange (2011).
26. Pringle (2008).
27. Olby (1994), pp. 73–96.
28. Caspersson *et al.* (1935), p. 369.
29. Stanley (1935).
30. Muller (1922).
31. Cairns *et al.* (1966), Summers (1993).
32. Kay (1986).
33. 全部引自 Wrinch (1936)。
34. Schultz (1935), p. 30.
35. Beadle and Tatum (1941).
36. 如 Troland (1917)。
37. Horowitz *et al.* (2004), p. 4.
38. Tatum and Beadle (1942), p. 240.
39. Berg and Singer (2003), pp. 171–86.
40. *Time*, 5 April 1943; *The Irish Press*, 6 February 1943.
41. *The Irish Press*, 13 and 16 February 1943.
42. Moore (1989).
43. 5, 12 and 19 February 1943. Moore (1989), p. 35.
44. 基于不同的计算方法，薛定谔有一次曾指出，一个基因由几百万个原子构成，另一次则认为是“1 000 个，也可能比这少得多”。Schrödinger (2000), p. 46.
45. Schrödinger (2000), p. 20.
46. Schrödinger (2000), p. 21.
47. Schrödinger (2000), p. 22.
48. Schrödinger (2000), p. 62.
49. Olby and Posner (1967).
50. 1999 年，乔舒亚·莱德伯格声称，薛定谔真正的意思并非遗传物质是“非周期性的”，而是说它具有“结晶性的要素”，或者说是“近于晶体的”(Dromanraju, 1999, p. 1074)。
51. *The Irish Press*, 6 and 16 February 1943.
52. *The Kerryman*, 22 January 1944.
53. 1945 年，薛定谔与遗传学家 J. B. S. 霍尔丹就无角牛的遗传问题有过简短通信（Crow, 1992）。

54. Yoxen (1979), p. 45, note 9; Olby (1971), p. 122.
55. Pauling (1987), p. 229.
56. Perutz (1987), p. 243; Waddington (1969), p. 321.
57. Wilkins (2003), p. 84; Crick (1988), p. 18; Inglis *et al*. (2003), p. 3.
58. 例如 Morange (1983)、Symonds (1986)、Kay (2000)、Sarkar (2013)。

第 2 章　信息无处不在

1. 美国科学研究与发展办公室监管框架（1948）。
2. Conway and Siegelman (2005), p. 199.
3. Mindell (1995), p. 91. 另见 Bennett (1994)、Masani (1990) 和 Mindell (2000, 2002)。
4. Mindell (1995), p. 92; Owens (1989). 维纳的拨款是 D-2 下发的最小的一笔。
5. 2013 年，当时使用这个房间的比约恩・波宁博士友善地给我提供了他办公室的照片，除了地板外，房间——几个月后就将被彻底改造——看上去一定很像 1940 年时的样子。波宁博士是麻省理工学院的克劳德・香农数学教授。
6. Wiener (1956), p. 249.
7. Rosenblueth *et al.* (1943).
8. Mindell (1995), p. 95.
9. Kay (2000), p. 83.
10. 关于皮茨，见 Easterling (2001) 和 Schlatter and Aizawa (2008)。Easterling (2001) 以这样的文字开篇：“沃尔特・皮茨没有传记，任何对他实事求是的讨论都不符合传统传记的写法。”
11. Conway and Siegelman (2005), p. 134.
12. Galison (1994).
13. 有人曾指出，这一设备与计算机的鼠标之间有着工程学和概念上的直接联系。
14. Kay (2000), p. 81.
15. Wiener (1949), p. 2.
16. Shannon (1940); Roch (1999), p. 265.
17. Rogers (1994).
18. Hodges (2012), p. 251.
19. Conway and Siegelman (2005), p. 126.
20. 对 1945 年的原版和发表出来的两篇文章（Shannon, 1948a, b）之间细微差别的比较，见 Roch (1999)。
21. Conway and Siegelman (2005), p. 146.
22. Macrae (1992), p. 242; Heims (1980), pp. 192–9.
23. Galison (1994), p. 253; Triclot (2007, 2008).
24. Conway and Siegelman (2005), p. 155.
25. Wiener (1948a).

26. von Neumann (1997).
27. Carlson (1981), pp. 307 and 310.
28. http://encyclopedia.gwu.edu/index.php?title=Theoretical_Physics_Conference,_1946. Gamow and Abelson (1946) 给出过一个更加清醒也比较无趣的总结。

第 3 章　转化要素

1. Judson (1996), p. 44.
2. Burnet (1968), p. 81.
3. Heidelberger *et al.* (1971).
4. Griffith (1928).
5. Hotchkiss (1965), p. 5.
6. Dobzhansky (1941), pp. 48–9.
7. Dobzhansky (1941), pp. 49–50.
8. Biscoe *et al.* (1936).
9. McCarty (1986), p. 104. 关于埃弗里实验室中生活的很多细节，麦卡蒂的回忆录是主要的信源。埃弗里实验室出的一些书籍，以及报道、文章和信件，见 http://profiles.nlm.nih.gov/ps/retrieve/Collection/CID/CC。
10. McCarty (1986), p. 127. 埃弗里实验室研究的转化现象实际上涉及两种不同类型的肺炎双球菌，II 型 R 型菌株和 III 型 S 型菌株。简便起见，我只提及了 R 和 S 的特征。
11. McCarty (2002), p. 25.
12. Report of the Director of the Hospital to the Corporation of the Rockefeller Institute for Medical Research, 19 April 1941. Rockefeller Archive Center. http://profiles.nlm.nih.gov/ps/retrieve/ResourceMetadata/CCAANJ.
13. Schultz (1941), p. 56.
14. Mirsky (1943), p. 19.
15. Report of the Director of the Hospital to the Corporation of the Rockefeller Institute for Medical Research, 17 April 1943, pp. 151–2. Rockefeller Archive Center. http://profiles.nlm.nih.gov/ps/retrieve/ResourceMetadata/CCAADS.
16. Letter from Roy Avery to Wendell Stanley, 26 January 1970. University of California, Berkeley. Bancroft Library. Wendell M. Stanley Papers, Box 4, Folder 7. http://profiles.nlm.nih.gov/ps/retrieve/ResourceMetadata/CCAAHG.
17. Dubos (1976), pp. 216–20 展示了信中的科学部分。信件内容的完整抄本和一个扫描版本的链接可以在 http://profiles.nlm.nih.gov/ps/retrieve/ResourceMetadata/CCBDBF#transcript 找到。
18. McCarty (1986), p. 168.
19. Avery *et al.* (1944), p. 155.
20. McCarty (1986), p. 168.

21. McCarty (1986), p. 195.
22. McCarty and Avery (1946a, b).
23. McCarty and Avery (1946a), p. 94.
24. McCarty and Avery (1946a), p. 95.
25. Morgan (1944), p. 764; Haddow (1944), p. 196.
26. Anonymous (1944), p. 329.
27. Bearn (1996), p. 552.
28. Muller (1947), p. 22.
29. Mueller (1945), p. 734.
30. 莱德伯格 1945 年 1 月 20 日的日记。http://profiles.nlm.nih.gov/ps/access/CCAAAB.pdf.
31. Boivin *et al.* (1945a), p. 648.
32. Judson (1996), p. 44. 萨尔瓦多·卢里亚给埃弗里看了布瓦万的论文，然后和埃弗里研究组一起吃了顿午饭。

第 4 章　姗姗来迟的革命

1. Chargaff and Vischer (1948).
2. 此处以及后续的引用均来自 Hall (2011), p. 124。
3. Astbury (1947), p. 69. 螺旋结构产生的衍射图样此时尚未被描述——这是弗朗西斯·克里克读博士期间的研究，帮助他对 DNA 结构的问题形成了认识（Cochran *et al.*, 1952）。见 http://paulingblog.wordpress.com/2009/07/09/the-x-ray-crystallography-that-propelled-the-race-for-dna-astburys-picturesvs-franklins-photo-51/ 的第 3 条评论。
4. 此处以及后续的引用均来自 Gulland (1947a), pp. 3–4。
5. Stacey (1947), p. 96.
6. Stedman and Stedman (1947), p. 244.
7. McCarty, Taylor and Avery (1946), p. 177.
8. Spiegelman (1946), p. 274. 这是科恩在讨论施皮格尔曼（Spiegelman）的论文时的发言。
9. Mirsky and Pollister (1946), pp. 134–5. 关于米尔斯基的生活和工作，见 Cohen (1998)。
10. Muller (1947), pp. 22–3.
11. Cohen (1947) 似乎是最早使用这个英文缩写的论文。这个缩写很快就尽人皆知了，现在已经成了正式的英语词汇。
12. Boivin *et al.* (1945a, b), Boivin (1947).
13. Boivin (1947), pp. 12–13. 他还认为生命体在后天获得的变化可能被储存在 RNA 分子中。
14. Boivin (1947), p. 16. 同一页上可以找到米尔斯基的评论。
15. Chargaff (1947), p. 32.
16. Gulland (1947b), p. 97.
17. Gulland (1947b), p. 102. 不清楚格兰德如果活着，是否会投身于这项研究，因为他当时刚接受了工业界的一个职位。关于格兰德可能起到的作用，见 Manchester (1995)。

18. Stedman and Stedman (1947), p. 235.
19. Schultz (1947), p. 221.
20. Gulland (1944), Thieffry (1997), Thieffry and Burian (1996).
21. Lederberg (1948), p. 182.
22. Dubos (1976), p. 159.
23. Bohlin (2009) 对 20 世纪 50 年代曾参与核酸研究的瑞典科学家进行了采访，探讨了埃弗里为何没能获奖。博林（Bohlin）这篇用瑞典语写的文章要是能有一份英文翻译版就好了。埃弗里的贡献最终得到承认，要等到月球的一个陨石坑以他的名字命名的时候。孟德尔、薛定谔、西拉德、冯·诺伊曼和维纳都得到过类似的荣誉。
24. *New York Times*, 21 February 1955.
25. *New York Times*, 23 January 1949.
26. Taylor (1949).
27. Hotchkiss (1949).
28. Lwoff (1949), p. 202.
29. Delbrück (1949), Hotchkiss (1979), p. 330.
30. Boivin *et al.* (1949), p. 67.
31. Boivin *et al.* (1949), p. 75.
32. Olby (1994), p. 201.
33. 出版界没有出版过布瓦万的传记。Roche (1949) 为他写过一篇简短的讣告。
34. Mazia (1952), p. 109.
35. Mazia (1952), p. 114.
36. Pollister *et al.* (1951), p. 115.
37. Chargaff (1951).
38. 此处以及后续的引用均来自 Ephrussi-Taylor (1951), pp. 445–8。
39. Anonymous (1980), p. 25.
40. Judson (1996), p. 41.
41. Deichmann (2004, 2008), Olby (1972), Pollock (1970), Wyatt (1972, 1975). 对围绕这一话题的长期争论的梳理，见 Cobb (2014)。关于一名参与者如何横眉冷对千夫指地捍卫埃弗里的工作，见 Hotchkiss (1979)。
42. Stent (1972). 斯滕特是因为形势所迫写这篇文章的，因为在早先的一篇关于分子遗传学历史的文章中，他没有提到埃弗里的名字，为此遭到了批评（Stent, 1968a, b）。
43. Stanley (1970), p. 262.
44. Judson (1996), p. 41.
45. Judson (1996), p. 43.
46. Hershey (2000), p. 105.
47. Hotchkiss (2000), p. 36.
48. Northrop (1951), p. 732.
49. 1951 年 11 月 16 日的通信，Hershey (1966), p. 102。
50. Anderson (1966), p. 76.

51. Creager (2009).
52. http://library.cshl.edu/oralhistory/interview/cshl/memories/szybalski-martha-chase/.
53. Hershey and Chase (1952). 对这篇论文影响力的讨论以及对所有实验步骤的详细分析，见 Wyatt (1974)。此处只描述了其中的关键实验。Watson and Maaløe (1953) 开展过一项类似的实验。
54. Hershey and Chase (1952), p. 56.
55. Symonds (2000), p. 93.
56. Hershey (1953).
57. Hershey (1966), p. 106.
58. Stern (1947). 唯一对斯特恩的模型，而非其生物化学实验流程感兴趣的人是 1970 年以来的历史学者们。
59. Caspersson and Schultz (1939), Brachet (1942), Caspersson (1947).
60. Boivin and Vendrely (1947).
61. Caldwell and Hinshelwood (1950).
62. Dounce (1952).
63. Dounce (1952).

第 5 章　观念变革

1. *Business Week*, 15 February 1949.
2. Conway and Siegelman (2005), p. 183.
3. Wiener (1956), pp. 315–17.
4. 法国物理学家安培曾在 1845 年使用过“cybernétique”[①] 这个词，用来描述市政管理的学问。维纳表达的含义则要广泛和准确得多。De Latil (1953), pp. 23–4. 维纳在 1950 年的一个讲座上表示，船舶利用负反馈来完成动力转向启发了他，最终决定使用希腊语的“舵手”一词，见 http://www.wnyc.org/story/men-machines-and-the-world-about-them/。
5. *New York Times*, 10 April 1949.
6. Wiener (1948b), pp. 27–9.
7. 本段的引用来自 Wiener (1948b), pp. 11, 58 and 132。
8. 20 世纪 40 年代中期，反馈被维纳和他的研究组，以及德国的汉斯・萨托里乌斯（Hans Sartorius）和贝尔实验室的数学家勒・罗伊・麦科尔（Le Roy MacColl）总结成了数学公式。MacColl (1945)、Mayr (1970)、Bennett (1996).
9. *New York Times*, 19 December 1948.
10. Rosenblith (1949), p. 187.
11. Eisenhart (1949); Brillouin (1949), p. 566; Brillouin (1956).

---

① “控制论”的法语。——译者注

12. Pfeiffer (1949), p. 16.
13. *Le Monde*, 28 December 1948. 维纳对迪巴勒的文章留下了十分深刻的印象（也可能是被吹捧得很高兴），以至于摘抄了其中相当大的部分（Wiener, 1950）。另见 Dubarle (1953)。
14. Wiener (1956), p. 331.
15. Shannon and Weaver (1949), p. 31.
16. Shannon and Weaver (1949), p. 8.
17. Shannon and Weaver (1949), p. 17.
18. 正如韦弗在《科学美国人》的一篇文章中指出的那样："最重要的是，通信原理中出现了一种类似熵的表达，作为对信息的度量手段。"（Weaver, 1949, p. 12）。
19. Kay (2000), p. 94.
20. Kay (2000), p. 101.
21. 本段的所有材料均引自 von Neumann (1951), pp. 28–31。
22. Kay (1995), p. 623.
23. Kay (2000), pp. 118–19.
24. Anonymous (1950), pp. 193–4.
25. http://www.bbc.co.uk/radio4/features/the-reith-lectures/transcripts/1948/#y1950.
26. de Latil (1953, 1957), Colnort-Bodet (1954).
27. King (1952), Gabor (1953).
28. Keller (1995), p. 92.
29. Wiener (1950), p. 16.
30. *Times Literary Supplement*, 20 July 1951.
31. Wiener (1950), p. 15.
32. Wiener (1950), p. 110.
33. Gleick (2011), p. 232.
34. Kay (1995), p. 624.
35. 见莱德伯格文件中他写给夸斯特勒的信，http://profiles.nlm.nih.gov/ps/retrieve/Collection/CID/BB。信的日期为 1951 年 5 月 3 日（参考文献 BBARI）和 1951 年 5 月 16 日（BBAFAL）。关于莱德伯格在 1993 年对这段经历发表的看法，见他在一份上述信件的复印件上写给莉莉・E. 凯的评论。
36. Linschitz (1953), p. 251.
37. Dancoff and Quastler (1953), pp. 269–70.
38. Apter and Wolpert (1965), pp. 249–50.
39. Macrae (1992).
40. Conway and Siegelman (2005).
41. 遗传涉及某种记忆的说法是埃瓦尔德・赫林（Ewald Hering）和塞缪尔・巴特勒（Samuel Butler）于 19 世纪 70 年代首次提出的（Forsdyke, 2006）。
42. Kalmus (1950, 1962).
43. Watson (2001), p. 12.

44. Lederberg (1952). “质粒”（plasmid），莱德伯格新造的词之一，今天仍在被用来描述染色体之外的细菌小型 DNA 分子。
45. Ephrussi *et al.* (1953).
46. 生物学家们［Spiegelman and Landman (1954), Cavalli-Sforza (1957) 和 Thomas (1992)］都表示他们知道这是一个笑话。历史学家和哲学家们［Kay (1995, 2000), Keller (1995) 和 Sarkar (1991)］则都把它当真了。
47. Kay (1995), p. 627.

第 6 章　双螺旋

1. Maddox (2002), Wilkins (2003).
2. 本章的主要参考书目包括 Crick (1988)、Ferry (2007)、Gann and Witkowski (2012)、Hager (1995)、Inglis *et al.* (2003)、Judson (1996)、Maddox (2002)、McElheny (2003)、Olby (1994, 2009)、Ridley (2006)、Sayre (1975)、Watson (1968, 2001)、Wilkins (2003)。最有说服力，能够包罗其他所有书内容的记载，是吉姆·沃森的《双螺旋》［Watson (1968), Gann and Witkowski (2012)］。有一部记述这段时期及后来发展的文集，见 Witkowski (2005)。
3. Daly *et al.* (1950), p. 506.
4. Chargaff (1951), p. 44. 另见 Chargaff (1950) 和 Manchester (2008)。
5. Daly *et al.* (1950).
6. Chargaff *et al.* (1951), p. 229.
7. Chargaff (1950).
8. Creeth *et al.* (1947), p. 1141.
9. Wilkins (1964).
10. Wilkins (2003), p. 121; Attar (2013).
11. Attar (2013), p. 5.
12. Olby (1994), p. 355.
13. 这就是下文中令吉姆·沃森激动万分的那不勒斯会议。
14. Wilkins *et al.* (1951).
15. Fraser and Fraser (1951).
16. 鲍林在 1951 年 5 月的《美国科学院院刊》上发表了 7 篇有关 α-螺旋的论文。
17. Cochran and Crick (1952), Cochran, Crick and Vand (1952).
18. Judson (1996), p. 95.
19. Maddox (2002), p. 160.
20. Gann and Witkowski (2012), p. 11. 关于富兰克林，见 Maddox (2002)、Piper (1998)、Sayre (1975)。
21. Maddox (2002), p. 151.
22. Wilkins (2003), Attar (2013).
23. Olby (1994), pp. 338–9.

24. Maaløe and Watson (1951).
25. 佩鲁茨在去世前不久写给沃森的最后一封信中回忆了这个时刻：Inglis *et al*. (2003), p. 73。
26. Gann and Witkowski (2012), p. 43.
27. Judson (1996), p. 88.
28. Olby (1994), p. 354.
29. Maddox (2002), p. 149.
30. Maddox (2002), p. 154.
31. Judson (1996), p. 104.
32. Klug (2004).
33. Gann and Witkowski (2010), p. 524.
34. Judson (1996), p. 117.
35. Chargaff (1978), p. 101.
36. Judson (1996), p. 120.
37. Cochran and Crick (1952), Cochran *et al.* (1952).
38. Davies (1990), Hall (2011, 2014), Olby (1994).
39. 鲍林写给廷克（Tinker）的信见 http://osulibrary.oregonstate.edu/specialcollections/coll/pauling/dna/corr/corr410.17-lptinker-19520506–02.html。鲍林最终发表了一篇简短的文章，文中将荣温的模型形容为“标新立异，不值得认真思考”（Pauling and Schomaker, 1952）。
40. Rowen *et al.* (1953), p. 90.
41. 2013 年对高斯林的采访。http://www.nature.com/nature/podcast/index-gosling-2013–04–20.html.
42. Judson (1996), p. 131.
43. Olby (1994), pp. 376–7.
44. Pauling and Corey (1953).
45. 2013 年对高斯林的采访。http://www.nature.com/nature/podcast/index-gosling-2013–04–20.html.
46. Gann and Witkowski (2012), p. 181.
47. Wilkins (2003), p. 224; Maddox (2002), p. 196.
48. Judson (1996), p. 142.
49. Judson (1996), p. 132; Maddox (2002), p. 190.
50. Maddox (2002), pp. 201–2.
51. 几天后，安东尼·巴林顿·布朗（Antony Barrington Brown）就拍下了那张包含沃森、克里克和 DNA 模型的标志性照片，不过这张照片当时并没有被采用。De Chadarevian (2003).
52. Wilkins (2003), pp. 212–14.
53. Olby (1994), p. 422. 对于沃森和克里克双螺旋模型的论文产生的影响，学界观点不一，见 Olby (2003) 和 Gingras (2010)。当时的媒体对这项发现有两篇报道，一篇是《你为什么是你：走近生命的奥秘》，刊登在 1953 年 5 月 15 日的伦敦《新闻纪事报》（*News*

Chronicle）上，另一篇是《科学家发现有关遗传化学本质的线索》，刊登在 1953 年 6 月 13 日的《纽约时报》上。
54. Creager and Morgan (2008).
55. Perutz (1969).
56. Donohue (1978), p. 135.
57. Watson and Crick (1953a), p. 737.

第 7 章 遗传信息

1. Judson (1996), p. 153.
2. Watson and Crick (1953b).
3. 他们一年后才开始使用“双螺旋”这个术语（Crick and Watson, 1954）。
4. Watson (2001), p. 11. 有一篇关于沃森和克里克使用的语言及其重要意义的讨论，见 Halloran (1997)；关于学界对分子生物学中使用的修辞手法的后现代探究，见 Doyle (1997)。
5. Olby (1994), p. 421.
6. Wilkins (2003), p. 224.
7. http://www.webofstories.com/play/francis.crick/84.
8. 核科学领域的历史学家亚历克斯·韦勒斯坦友好地寄给了我美国联邦调查局有关伽莫夫的 120 页文档，这是他根据《信息自由法》获取到的。1951 年，联邦调查局得出结论，伽莫夫“不是那种会对任何政府抱有根深蒂固的忠诚信念的人”。US Federal Bureau of Investigation, George Gamow FBI file (116-HQ-12246), via Freedom of Information Act Request 1227772–0.
9. Watson (2001), p. 125.“组何数学”（combinatorix）估计指的是被称为“组合数学”（combinatorics）的数学分支。
10. Watson (2001), p. 24.
11. Crick (1966a); Crick (1988), pp. 92–3; Watson (2001), pp. 46–7. 据克里克在 Crick (1988) 中的回忆，“汤普金斯论文”是那篇发表在《自然》上的论文，这与他早前的记载相矛盾。
12. Gamow (1954).
13. Olby (2009), p. 221.
14. Crick (1958), p. 140.
15. Watson and Crick (1953c), p. 127.
16. 克里克曾回忆说，自己在收到伽莫夫的第一封信后与沃森在剑桥讨论过伽莫夫的菱形模型和他的 20 种氨基酸列表（Crick, 1988, p. 91）。这一定是记错了：伽莫夫的信中没有菱形模型，也完全没有提到氨基酸。
17. 例如，见伽莫夫 1954 年 7 月 2 日写给伊格斯的信，http://www.loc.gov/exhibits/treasures/images/125.6as.jpg 和 http://www.loc.gov/exhibits/treasures/images/125.6bs.jpg。
18. Watson (2001)、Brenner (2001)、Crick (1988) 及其他很多文献。

19. 沃森 1955 年 2 月 10 日写给克里克的信，第 2 页。http://profiles.nlm.nih.gov/ps/access/SCBBJL.pdf.
20. Judson (1996), p. 264.
21. 在 Watson (2001) 的封面上可以看到沃森的领带。
22. http://www.webofstories.com/play/francis.crick/84.
23. Judson (1996), pp. 307–12.
24. Kay (2000), pp. 141–2.
25. Rich (1997), p. 122.
26. 例如 Dounce *et al*. (1955)。
27. Gamow and Metropolis (1954), Gamow *et al*. (1957).
28. Crick (1955), p. 1.
29. Sanger and Tuppy (1951a, b), Sanger and Thompson (1953a, b), Stretton (2002).
30. Crick (1955), p. 4.
31. Crick (1955), pp. 5–6.
32. Crick (1955), p. 17.
33. Schwartz (1955).
34. Gamow *et al*. (1957).
35. Judson (1996), p. 282.
36. Brenner (1956), p. 3.
37. Brenner (2001), p. 55; Friedberg (2010), p. 82.
38. Brenner (1957), Gamow (1955), Gamow *et al*. (1957).
39. Judson (1996), pp. 282 and 299.
40. Judson (1996), p. 299.
41. Olby (2009), p. 263.
42. Neel (1949).
43. Pauling *et al*. (1949), Hager (1995).
44. Allison (2004).
45. Ingram (2004).
46. Pauling (1955), p. 222.
47. Ingram (1956), p. 794.
48. *The Times*, 1 September 1956.
49. Ingram (1957).
50. *The Times*, 23 August 1957.
51. Morange (1998), pp. 130–1; Strasser (2006).

第 8 章 “中心法则”

1. Olby (2009), p. 247; Crick (1988), p. 108.

2. Jacob (1988), pp. 287–8.
3. Judson (1996), p. 335.
4. Crick (1957, 1958). Crick (1957) 只被引用过不到 20 次。
5. Crick (1958), p. 144, pp. 138–9.
6. Crick (1958), p. 144.
7. Glass (1957), p. 757.
8. Zamenhof (1957), p. 354. 对于柴门霍夫早期如何接受了埃弗里的发现，见柴门霍夫 1978 年 2 月 28 日写给乔舒亚·莱德伯格的信。http://profiles.nlm.nih.gov/ps/access/CCAALE.pdf.
9. Beadle (1957), p. 5.
10. Crick (1958), p. 145.
11. Crick (1958), p. 144.
12. Crick (1958), p. 144.
13. Crick (1958), p. 152.
14. Chargaff (1957), pp. 521, 526.
15. Burnet (1956), p. 25.
16. Roberts (1958), p. viii. 罗伯茨对于用词的变化解释如下：在题为“微粒体颗粒与蛋白质合成”的大会期间，由于不同的人用微粒体（microsome）这个术语表示截然不同的东西，“一道语义学上的难题便显现了出来”。罗伯茨写道：“会议期间，有人提出了‘核糖体’这个词。这个名字似乎很令人满意，并且念起来也顺口。”
17. Zamecnik and Keller (1954).
18. Hoagland *et al*. (1957).
19. Hoagland *et al*. (1958).
20. Crick (1958), pp. 143–4. 另见 Rich (1962)。
21. Crick (1957), pp. 198–200.
22. Crick (1970), p. 562.
23. http://profiles.nlm.nih.gov/ps/access/SCBBFT.pdf.
24. Crick (1988), p. 109.
25. Crick (1970), p. 562.
26. Olby (2009), p. 253; Morange (1998), pp. 169–70.
27. Judson (1996), p. 333.
28. Burnet (1968), Davis (2013).
29. Burnet (1956), pp. 170–1.
30. Burnet (1956), p. 171.
31. Watson (1965).
32. Morange (1998), pp. 172–3.
33. Crick (1988), p. 110.
34. Crick (1958), p. 142.
35. Organ *et al*. (2008).
36. Burnet (1956), p. 21.

37. Burnet (1956), p. 22.
38. 收录这次会议论文的论文集的标题比较吸引人，叫《生物学中的信息理论研讨会》（*Symposium on Information Theory in Biology*，Yockey *et al.*, 1958）。
39. Yockey (1958), p. 51.
40. Yockey (1958), p. 52.
41. Yčas (1958), p. 94.
42. Bar-Hillel (1953).
43. Augenstine (1958), p. 112.
44. Quastler (1958a), p. 41.
45. Augenstine (1958), p. 115.
46. Quastler (1958b), p. 190.
47. Quastler (1958b), p. 188.
48. Quastler (1958c), p. 399.
49. Young (1954), p. 281.
50. 莱德伯格和冯·诺伊曼于 1955 年 3 月 10 日至 1955 年 9 月 16 日的往来信件。http://profiles.nlm.nih.gov/ps/retrieve/Series/2722.
51. Burnet (1956), pp. 164–5.
52. Young (1954), pp. 284–5.
53. George (1960), p. 190.
54. Elias (1958).
55. Elias (1959), p. 225.
56. Heims (1991). 关于这种手段的示例，见 George (1962)。
57. Quoted in Kay (2000), p. 125.
58. Kay (2000), p. 115.
59. Quoted in Kay (2000), p. 126.
60. Quastler (1958c), p. 402.

第 9 章　如何控制一个酶？

1. 关于针对莫诺的传记性研究、他的学术造诣和他的政治观点，见 Carroll (2013)、Debré (1996)、Morange (2010) 和 Ullmann (2010)。
2. 由 Kay (2000), p. 200 引用自一份原始手稿。在出版的版本中，莫诺删掉了水果商那段话（Monod, 1972a）。
3. Grandy (1996), Lanouette (1994, 2006), Maas (2004).
4. Monod (1972a), p. xv.
5. Jacob (1988), p. 293.
6. Pappenheimer (1979); Yates and Pardee (1956), p. 770.
7. 关于这项变更为何被解释为反对李森科，见 Carroll (2013)、Morange (1998)，以及最重要的，Kay (2000), pp. 201–3。
8. Novick and Szilárd (1954), p. 21.
9. Cohn *et al*. (1953a), Monod and Cohen-Bazire (1953a, b), Pardee (1959).
10. Yates and Pardee (1956).
11. Umbarger (1956), p. 848. See also Kresge *et al*. (2005).
12. Morange (2013).
13. Grmek and Fantini (1982), p. 204.
14. Pardee *et al*. (1958, 1959), Jacob (1979), Pardee (1979). 关于与美国的联系在巴斯德研究所的工作中起到了何种作用，见 Burian and Gayon (1999) 和 Gaudillière (2002)。
15. Pardee (1985, 2002).
16. 在比利时，尚特雷纳（Chantrenne）和耶纳（Jeener）也在形成类似的观点，见 Thieffry (1997)。
17. Pardee *et al*. (1959).
18. Szilárd (1960), Schaffner (1974).
19. Monod (1972b), p. 199.
20. Monod (1972b), p. 199.
21. 总结于 Szilárd (1960)。马斯对于这个问题仅发表过一次推测，提出于 1957 年 9 月的一次会议讨论，发表于 1958 年，关于此，见 Schaffner (1974), p. 361。另见 Maas (2004)。
22. Schaffner (1974), p. 360; Maas (2004).
23. Vogel (1957).
24. Pardee *et al*. (1958); Schaffner (1974), p. 374.
25. Jacob (1988), p. 298. 发现操纵子的 50 周年纪念催生了一大批将这项发现置于历史视角下讨论的文章，例如 Beckwith (2011)、Gann (2010)、Lewis (2011) 和 Yaniv (2011)。对于雅各布在噬菌体方面的工作，见 Peyrieras and Morange (2002)。
26. Grmek and Fantini (1982), p. 209.
27. Jacob (1988), p. 308.
28. Kay (2000), p. 217.
29. Jacob (1988), p. 304. 根据莉莉・E. 凯的记录，雅各布在 1965 年的诺贝尔奖讲座上用了一个比较中性的类比，把轰炸机换成了一座房子的两扇门，每扇都“被一个小小的无线电接收器”所控制（Jacob, 1972, p. 154）。
30. Monod (1959).
31. Pardee *et al*. (1959).
32. Pontecorvo (1952).
33. Lederberg (1957), p. 753.
34. Benzer (1957), p. 70. 关于本泽的工作对一名青年研究者的影响，见 Holliday (2006)。
35. Benzer (1966).
36. Benzer (1957), p. 90.
37. Benzer (1959, 1961).
38. Beadle (1957), p. 129. 有一份对本泽在 rII 区间上的工作及其内涵的全面讨论，见 Holmes

(2006)。
39. Meselson and Stahl (1958). 另见 Holmes (2001), Davis (2004) 和 Hanawalt (2004)。
40. Delbrück and Stent (1957).
41. Judson (1996), p. 416.
42. Crick (1988), p. 119. 另见 Brenner (2001), pp. 73–87。
43. Jacob (1988), p. 312.
44. Judson (1996), p. 419.
45. Jacob (1988), pp. 313–14.
46. Yčas and Vincent (1960).
47. Brenner *et al*. (1961), Gros *et al*. (1961). 格罗斯有关找出信使分子的竞赛的观点，见 Gros (1979)。沃森发给布伦纳，要求后者压着稿子，等到自己研究组的论文准备好再发表的电报，可以在 http://libgallery.cshl.edu/items/show/66514 看到。
48. Jacob and Monod (1961a, b), Monod and Jacob (1961).
49. Jacob and Monod (1961a), p. 318.
50. Jacob and Monod (1961a), p. 334.
51. Jacob and Monod (1961a), p. 344. 他们在一年前的一篇法语论文中已经首次使用了操纵子的说法（Jacob *et al*., 1960）。*Lac* 操纵子的具体功能要过些年才能被完全弄懂。有一份来自内部人士的详细记载，见 Müller-Hill (1996)。关于科学家对操纵子及其后世影响的概览，见 Morange (2005a)。
52. Jacob and Monod (1961a), p. 354.
53. Jacob and Monod (1961a), p. 354. 雅各布不记得有任何人有意提及过薛定谔（Morange, 1998, p. 295, note 36）。
54. Monod and Jacob (1961), p. 401.
55. Jacob (2011).
56. Ptashne (2013), p. 1181.
57. Brenner (1961); Monod and Jacob (1961), p. 393.

第 10 章　圈外人上场

1. Crick (1959).
2. Belozersky and Spirin (1958), Sueoka *et al*. (1959).
3. Golomb (1962a), p. 100.
4. Rheinberger (1997), p. 213.
5. 贝塞斯达的国家医学图书馆医学史分部的现当代手稿收藏中有大量记述尼伦伯格职业生涯的材料。这包括 40 多本日记和笔记，是后世研究者的一座金矿。记录这一时期的日记是 D9 IXA，1960 年 9 月—［1961 年］5 月，可以在马歇尔 · 尼伦伯格纸质文档，1937—2003，第 22 盒，44 号文件夹中找到。此处引用的尼伦伯格日记条目全部摘录自 Kay (2000)。这些纸质文件有一小部分可以在线找到，地址为 http://profiles.nlm.nih.gov/

JJ/。

6. Kay (2000), p. 240.
7. Hoagland *et al*. (1957, 1958). 有一份对查美尼克的工作及其概念性内涵的深入探讨，见 Rheinberger (1997)。
8. Grunberg-Manago *et al*. (1955). 奥乔亚与他之前的学生阿瑟·科恩伯格（Arthur Kornberg）共同获得了 1959 年的诺贝尔奖，后者于 1956 年分离出了能让 DNA 分子自我复制的酶。多核苷酸磷酸化酶的共同发现者，法国生物化学家玛丽安娜·格伦伯格-马纳戈没有获奖。
9. Singer (2003).
10. Kay (2000), p. 241.
11. Nirenberg (1960).
12. Lamborg and Zamecnik (1960); Rheinberger (1997), pp. 208–21.
13. Kay (2000), p. 246.
14. Tissières *et al*. (1960).
15. Kay (2000), p. 246.
16. Nirenberg (1963), p. 84.
17. Kay (2000), p. 247.
18. Rheinberger (1997), p. 213.
19. Crick *et al*. (1957), p. 420.
20. Crick (1958), p. 160.
21. Kay (2000), p. 248.
22. Matthaei and Nirenberg (1960).
23. Matthaei and Nirenberg (1961a).
24. Matthaei and Nirenberg (1961a), pp. 405–6.
25. Matthaei and Nirenberg (1961a), p. 407.
26. Kay (2000), p. 249.
27. Judson (1996), pp. 458–9.
28. Judson (1996), p. 460.
29. Judson (1996), p. 462.
30. 杰瑞·赫维茨博士 2014 年 4 月 9 日给本书作者的电子邮件。
31. Lengyel (2012).
32. Hargittai (2002), p. 140.
33. Matthaei and Nirenberg (1961b), p. 1587. 这些对照组中有一个后来造成了很多困扰：为了说明 DNA 酶的效应与酸性无关，他们加入了几种不会影响蛋白质合成的化合物，包括多聚腺苷酸［更多地被称为多聚（A）］。这种“阴性对照”后来引发了一些竞争对手不公正的质疑，认为他们是否有意要与多聚（U）发生作用。见 Kay (2000), pp. 249–50; Rheinberger (1997), p. 210。
34. Nirenberg and Matthaei (1961), p. 1601.
35. 20 世纪 70 年代，在接受贾德森的采访时，尼伦伯格显得对这些关键论文毫不了解

（Judson, 1996, p. 462）。

36. Anonymous (1961).
37. Anonymous (1961), Morgan (1961), Slater (2003). 另见沃森和布伦纳珍藏，保存于冷泉港实验室的这场大会的非正式照片：http://libgallery.cshl.edu/items/show/51693 和 http://libgallery.cshl.edu/items/show/52212。
38. 这场报告的文稿版本，包括尼伦伯格的手写修订，可以在 http://profiles.nlm.nih.gov/ps/access/JJBBKB.pdf 找到，发表的版本见 Nirenberg and Matthaei (1963)。
39. 据 Nirenberg (2004) 回忆，听众数量“约为 35 人”（p. 49）。
40. Hargittai (2002), p. 137.
41. Judson (1996), pp. 463–4.
42. Watson (2001), p. 265.
43. Watson and Berry (2003), p. 76; Crick *et al*. (1961), p. 1232; Nirenberg (2004), p. 49.
44. Judson (1996), p. 464.
45. 露丝·哈里斯（Ruth Harris）对尼伦伯格的采访，1995—1996 年。http://history.nih.gov/archives/downloads/Nirenberg%20oral%20history%20Chap%203a-%20%20Recognition%20Moscow,%20MIT.pdf.
46. Judson (1996), p. 464.
47. 杰瑞·赫维茨博士 2014 年 4 月 9 日给本书作者的电子邮件。
48. Varmus (2009), p. 24.
49. 伦吉尔 1961 年 8 月 19 日写给奥乔亚的信，引自 Lengyel (2012) 的补充材料。
50. 赫维茨回忆道：“我对尼伦伯格在莫斯科展示的数据印象深刻，但对其产物的性质感到困惑（这是因为我自己不了解情况）。”（2014 年 4 月 9 日给本书作者的电子邮件。）
51. Judson (1996), p. 464.
52. 李普曼 1961 年 11 月 27 日写给克里克的信。http://profiles.nlm.nih.gov/ps/retrieve/ResourceMetadata/SCBBBV.
53. Kay (2000), p. 255.
54. Judson (1996), p. 465.
55. Judson (1996), pp. 464–5.
56. Stent (1971) 将这次实验描述如下：“一天，尼伦伯格往这个反应混合物里加入了人工合成的多聚尿苷酸，没有加天然的 mRNA，于是得到了一个十分令人惊讶的结果”（p. 528）。另见 Brenner (2001), p. 99。
57. Woese (1967), p. 53, note 1; Nirenberg (2004), p. 50. 根据乌斯的说法，贝连斯基的结果是“无法解释的”。尼伦伯格称，蒂塞雷斯同样尝试过多聚（A），也没能成功，但蒂塞雷斯说，虽然多聚（A）就放在隔壁实验室的冰箱里，他却从来没想过要用它，他将自己这种缺乏能动性的表现形容为“愚蠢透顶”（Judson, 1996, p. 465）。
58. Zamecnik (2005).
59. Nirenberg (2004), p. 50.
60. Nirenberg (2004), p. 49.
61. Judson (1996), p. 465.

62. Ochoa (1980), p. 20. Lengyel (2012), p. 32. 使用了非常相似的语言。
63. Judson (1996), p. 469.
64. Nirenberg (2004), p. 49.
65. Martin (1984), p. 293.
66. Nirenberg (2004), p. 50.
67. 克里克在 BBC 的访谈“破解遗传密码”的抄录版，1962 年 1 月 22 日。http://profiles.nlm.nih.gov/ps/access/SCBBFX.pdf.
68. Crick *et al*. (1961), p. 1229. 有一段对这篇文章的称赞，见 Yanofsky (2007)。
69. Judson (1996), p. 467.
70. Crick *et al*. (1961), p. 1227.
71. Crick *et al*. (1961), p. 1231.
72. Crick *et al*. (1961), p. 1232.
73. Anonymous (1962), p. 19.
74. 克里克在 BBC 的访谈“破解遗传密码”的抄录版，1962 年 1 月 22 日。http://profiles.nlm.nih.gov/ps/access/SCBBFX.pdf.
75. Crick (1962), p. 16.

第 11 章　竞　赛

1. 根据时间顺序依次是：Lengyel *et al*. (1961, 1962)、Basilio *et al*. (1962)、Gardner *et al*. (1962)、Speyer *et al*. (1962a, b)、Wahba *et al*. (1962, 1963a, 1963b)。
2. 汤姆金斯 1961 年 10 月 25 日写给尼伦伯格的信。http://profiles.nlm.nih.gov/ps/access/JJBCBB.pdf.
3. Lengyel *et al*. (1961), p. 1941.
4. Martin *et al*. (1961).
5. Lengyel (2012), p. 35.
6. *The Sunday Times*, 31 December 1961. 根据这篇文章，克里克是“发现遗传密码的剑桥团队的领导者”，而奥乔亚的同事斯派尔则是“一名英国生物学家”。
7. 克里克在 1962 年 1 月 4 日致信尼伦伯格：“我曾经强调过，你的发现才是真正的突破。” http://profiles.nlm.nih.gov/ps/access/JJBBFL.pdf.
8. 克里克 1962 年 1 月 15 日写给尼伦伯格的信。http://profiles.nlm.nih.gov/ps/access/JJBBFJ.pdf.
9. Speyer *et al*. (1962a, b).
10. 每创造一批这样的人工合成 RNA，其中的核苷酸就会以随机的方式重新组合一遍，产生略微不同的分子序列，让号称核苷酸比例完全相同的研究之间难以互相比较（Matthaei *et al*., 1962, p. 671）。
11. Martin *et al*. (1961), Speyer *et al*. (1962a, b).
12. 克里克 1962 年 9 月 21 日写给奥乔亚的信。http://profiles.nlm.nih.gov/ps/access/SCBBSY.pdf.
13. Speyer *et al*. (1962b), p. 443.

14. Speyer *et al*. (1962b), p. 445.
15. Matthaei *et al*. (1962), p. 674.
16. Matthaei *et al*. (1962). 另见克里克 1962 年 1 月 29 日写给尼伦伯格的信。http://profiles.nlm.nih.gov/ps/access/JJBBGN.pdf.
17. Crick (1966a), p. 6.
18. Eck (1961). 另见 Jukes (1962, 1963)、Lanni (1962)、Wall (1962) 和 Woese (1962)。
19. Tsugita (1962).
20. Crick (1963a), p. 170.
21. Ageno (1962).
22. Woese (1962).
23. Roberts (1962).
24. Eck (1963).
25. Zubay and Quastler (1962).
26. Golomb (1962b).
27. Bretscher and Grunberg-Manago (1962), Gardner *et al*. (1962).
28. Gardner *et al*. (1962).
29. Chantrenne (1963), p. 30.
30. Couffignal (1965), p. 182.
31. Couffignal (1965), p. 78.
32. Chantrenne (1963), p. 27. 安德烈·利沃夫在这场会议上也用了这个术语（Couffignal, 1965, p. 176）。
33. Ochoa (1964), pp. 4, 3.
34. Tatum (1963), p. 175.
35. Vogel *et al*. (1963), p. 517.
36. Nirenberg and Jones (1963), p. 461.
37. Vogel *et al*. (1963), p. 503.
38. Vogel *et al*. (1963), pp. 517–18.
39. Crick (1963a), pp. 177, 180.
40. Crick (1963a), p. 182.
41. Crick (1963a), p. 212. 文章的初稿中有一些比这还要尖锐的表达（http://libgallery.cshl.edu/items/show/52223）。克里克曾就“以某些方式”批评奥乔亚的工作给他写信致歉（克里克 1962 年 9 月 21 日写给奥乔亚的信：http://profiles.nlm.nih.gov/ps/access/SCBBSY.pdf）。几个月后，克里克在《科学》杂志上再次发表了这些观点。文章在表达上不那么充满战意，但也再次陈述了他那令人无言以对的观点，即科学界用来确定密码子的实验证据“在几乎所有案例中都缺乏说服力”（Crick, 1963b, p. 463）。
42. Crick (1963a), p. 198.
43. Crick (1963a), p. 202.
44. Crick (1966a), p. 5.
45. Crick (1963a), pp. 213–14.

46. 沃森的很多同行，包括玩笑大王西摩·本泽，给沃森拍去了一封祝贺电报，结尾是“拜托你不要拒绝啊”，http://libgallery.cshl.edu/items/show/46113。
47. Nirenberg *et al*. (1963).
48. Nirenberg *et al*. (1963), p. 557.
49. Speyer *et al*. (1963).
50. Ochoa (1964).
51. Nirenberg and Leder (1964).
52. Heaton (2010), pp. 26, 31.
53. Heaton (2010), pp. 29–30.
54. Crick (1966b), p. 554.
55. Söll *et al*. (1965).
56. Salas *et al*. (1965). 有一篇同时期的综述，见 Stent (1966)。
57. Clark and Marcker (1966).
58. Friedberg (2010), p. 150.
59. Yanofsky *et al*. (1964).
60. Brenner *et al*. (1967).
61. Subak-Sharpe *et al*. (1966), Woese *et al*. (1966).
62. Crick (1966a), p. 3.
63. Jacob (1977).
64. http://profiles.nlm.nih.gov/ps/access/JJBCCQ_.jpg.
65. Stent (1968a).
66. Yčas (1969), p. 284.
67. Jacob (2011).
68. Cairns (1966).

第 12 章　惊奇与序列

1. Monod and Jacob (1961), p. 393.
2. Crick (1970), p. 561.
3. Lewin (1974).
4. Chow *et al*. (1977), Klessig (1977), Dunn and Hassell (1977), Lewis *et al*. (1977), Berk and Sharp (1977), Berget *et al*. (1977).
5. Gilbert (1978), Crick (1979), Witkowski (1988).
6. Gilbert (1978).
7. Boyce *et al*. (1991), Fedorov *et al*. (1992), Hong *et al*. (2006).
8. Henikoff *et al*. (1986).
9. Crick (1979).
10. Burnet (1956), p. 22.

11. Crick (1959).
12. Rogozin *et al*. (2012).
13. Schmucker *et al*. (2000), Neves *et al*. (2004).
14. Lah *et al*. (2014).
15. Barrell *et al*. (1979).
16. Sapp (2009).
17. Archibald (2014).
18. Lane and Martin (2010), McInerney *et al*. (2014), Yong (2014).
19. Sánchez-Silva *et al*. (2003).
20. Hatfield and Gladyshev (2002), Srinivasan *et al*. (2002), Hao *et al*. (2002), Lobanov *et al*. (2006).
21. Kryukov *et al*. (2003).
22. Berry *et al*. (1993).
23. Rinke *et al*. (2013), Ivanova *et al*. (2014).
24. Starck *et al*. (2012).
25. Cavalcanti and Landweber (2004).
26. Lozupone *et al*. (2001), Lekomtsev *et al*. (2007).
27. Ring and Cavalcanti (2007).
28. Lajoie *et al*. (2013a, b).
29. Lane (2009).
30. Theobald (2010).
31. Holley *et al*. (1965).
32. Sanger (1988), p. 22. 关于桑格的测序思路是如何随着他从蛋白质转向 DNA 而改变的，见 García-Sancho (2010)。
33. Sanger *et al*. (1977), van Noorden *et al*. (2014).
34. Sanger *et al*. (1978).
35. Rabinow (1996). 关于穆利斯对自己如何想出这个方法的描述，见 http://www.nobelprize.org/nobel_prizes/chemistry/laureates/1993/mullis-lecture.html。
36. Chien *et al*. (1976).
37. Zagorski (2006).
38. Botstein *et al*. (1980).
39. García-Sancho (2012).
40. Davies (2002), Sulston and Ferry (2002), Shreeve (2004), Ashburner (2006), Venter (2007).
41. 这场典礼的文字记录版，包括克里顿和布莱尔之间的一些贱兮兮的玩笑，可以在这里找到：http://transcripts.cnn.com/TRANSCRIPTS/0006/26/bn.01.html。
42. Lander *et al*. (2001), Venter *et al*. (2001).
43. *The Guardian*, 13 June 2013.
44. *The Guardian*, 5 September 2014. 奇怪的是，法庭只允许为从人体移除下来的材料中的基因申请专利。难道还有别的测定这些序列的办法吗？

45. Mardis (2008), Schuster (2008).
46. Li *et al*. (2010), Worley and Gibbs (2010).
47. 对于微生物，有基因组声明（*Genome Announcements*），http://genomea.asm.org/。
48. Lim *et al*. (2014).
49. Hayden (2014).
50. *MIT Technological Review*, September 2014. http://www.technologyreview.com/news/531091/emtech-illumina-says-228000-human-genomes-will-be-sequenced-this-year/.
51. Genome of the Netherlands consortium (2014).
52. http://cancergenome.nih.gov.
53. Callaway (2014b).
54. Philippe *et al*. (2011).
55. http://www.genomesonline.org. 关于如何为一个基因组测序，见 http://sciblogs.co.nz/tuatara-genome/2013/06/25/first-find-yourtuatara-or-how-to-sequence-a-genome/。
56. Neale *et al*. (2014).
57. Bennett and Moran (2013).
58. McCutcheon and Moran (2011).
59. Woese and Fox (1977a, b). 有一份对乌斯的工作及其意义的分析，见 Sapp (2009)。
60. Williams *et al*. (2013), McInerney *et al*. (2014).
61. Axelsson *et al*. (2013), Freedman *et al*. (2014).
62. Moroz *et al*. (2014).
63. Regier *et al*. (2010).
64. Crick (1958), p. 142. 关于对这项手段重要意义的历史性分析，见 Stevens (2013) 和 Suárez-Díaz (2014)。
65. http://timetree.org. 这个 App 也叫 Timetree（时间树）。
66. Orlando *et al*. (2013).
67. Penney *et al*. (2013).
68. Shapiro and Hofreiter (2014).
69. Pääbo (2014).
70. Krings *et al*. (1997), Green *et al*. (2010).
71. Fu *et al*. (2014).
72. Higham *et al*. (2014).
73. Sankararaman *et al*. (2014), Vernot and Akey (2014).
74. Prüfer *et al*. (2014).
75. Reich *et al*. (2010).
76. Jeong *et al*. (2014).
77. Huerta-Sánchez *et al*. (2014).
78. Hammer *et al*. (2011), Callaway (2014a), Prüfer *et al*. (2014).
79. *New York Times*, 3 June 2003.
80. Ezkurdia *et al*. (2014).

81. Britten and Davidson (1969).
82. Morange (2008).
83. Morris and Mattick (2014).
84. RIKEN *et al*. (2005).
85. Corden *et al*. (1980).
86. Keller (2000), Gerstein *et al*. (2007).
87. 见第 9 章。
88. Pearson (2006).
89. Coyne (2000), Wain *et al*. (2002).
90. Kishida *et al*. (2007).
91. Doolittle and Sapienza (1980).
92. Fechotte and Pritham (2007).
93. Sasidharan and Gerstein (2008).
94. Cornelis *et al*. (2014).
95. Thomas (1971), Gregory (2001).
96. Palazzo and Gregory (2014).
97. http://judgestarling.tumblr.com/post/64504735261/the-origin-of-junk-dna-a-historical-whodunnit.
98. ENCODE Project Consortium (2012). 见 http://www.nature.com/encode/ 和 http://blogs.discovermagazine.com/notrocketscience/2012/09/05/encode-the-rough-guide-to-the-humangenome。伯尼本人的观点：http://genomeinformatician.blogspot.co.uk/2012/09/encode-my-own-thoughts.html。
99. Pennisi (2012)；*New York Times*, 5 September 2012; *The Guardian*, 5 September 2012.
100. Eddy (2012). 最不留情面的批评可能来自丹·格劳尔（Dan Graur）：http://judgestarling.tumblr.com, Graur *et al*. (2013), Bhattacharjee (2014)。另见 Doolittle *et al*. (2014) 和拉里·莫兰的博客，http://sandwalk.blogspot.co.uk。Germain *et al*. (2014) 则从哲学视角表达对 ENCODE 的方法的支持。
101. ENCODE Project Consortium (2012), p. 57.
102. Eddy (2013).
103. White *et al*. (2013).
104. http://thefinchandpea.com/2013/07/17/using-a-null-hypothesis-to-find-function-in-the-genome/.
105. Kellis *et al*. (2014).

第 13 章　回望“中心法则”

1. Crick (1957), pp. 198–200.
2. Anonymous (1970), p. 1198.
3. Watson (1965), Keyes (1999a). 在他这本书的最后一章，沃森讨论了癌症可能涉及违背

"中心法则"的过程，这在当时很引人关注，但似乎自此之后就被遗忘了（Sonneborn, 1965）。

4. Crick (1970), p. 562.
5. Temin (1971), p. iv.
6. Crick (1970), p. 562. 在写给特明的一封信中，克里克说，自己对各种类型信息传递的划分，包括看似特殊个例的情况在内，都是"试探性的，可能需要时不时地加以修订"。克里克 1970 年 8 月 3 日致特明的信。http://profiles.nlm.nih.gov/ps/access/SCBBMG.pdf.
7. Keyes (1999b), Morange (2007a).
8. Prusiner (1982).
9. Hunter (1999), Prusiner and McCarty (2006). 有一份差异略大的观点，见 Morange (2007a)。
10. Prusiner (1998).
11. Manuelidis *et al*. (2007).
12. Supattapone and Miller (2013).
13. Bremer *et al*. (2010).
14. Keyes (1999b).
15. Morange (2008).
16. Denenberg and Rosenberg (1967).
17. Lockyer (2014).
18. Shama and Wegner (2014).
19. Arai *et al*. (2009).
20. Francis *et al*. (1999), Carey (2011).
21. Burkeman (2010)、Danchin (2013)、Jablonka and Lamb (2006)、Noble (2013) 和 Shapiro (2009) 都认为我们正处在一场演化的进程当中。Maderspacher (2010) 则不那么肯定。有一篇逐条举例反驳诺贝尔观点的文章，见 http://whyevolutionistrue.wordpress.com/2013/08/25/famous-physiologist-embarrasseshimself-by-claiming-that-the-modern-theory-of-evolution-is-intatters/。
22. 见第 11 章。
23. Guo *et al*. (2014), Smith *et al*. (2014).
24. Radford *et al*. (2014).
25. Hüdl and Basler (2012).
26. Petruk *et al*. (2012).
27. Carey (2011), pp. 217–19.
28. Nelson *et al*. (2012), Mattick (2012).
29. Lumey *et al*. (2009), Heijmans *et al*. (2008).
30. Daxinger and Whitelaw (2012).
31. Francis (2011).
32. Rechavi *et al*. (2011).
33. Heard and Martienssen (2014), Yu *et al*. (2013).
34. Cortijo *et al*. (2014), Bond and Baulcombe (2014, 2015).
35. Heard and Martienssen (2014).

36. 近期有一场关于这两种观点的报告，见 Laland *et al*. (2014)。
37. Gayon (2006).
38. 关于拉马克在当时的历史背景下提出的观点，以及他的思想对于人们接受演化的观点的重要性，有一份引人入胜的探讨，见 Mayr (1972)。
39. Gayon (1998).
40. 例如见 http://www.technologyreview.com/news/411880/a-comeback-for-lamarckian-evolution。
41. Li and Xie (2011).
42. Crick (1958), p. 144.
43. Hartl *et al*. (2011), Morange (2005b).
44. Anonymous (1997).
45. 克里克 1970 年 8 月 3 日致特明的信。http://profiles.nlm.nih.gov/ps/access/SCBBMG.pdf. 另见 Strasser (2006)。
46. Marahiel (2009).
47. Shen *et al*. (2015).
48. Mosini (2013).
49. Morange (2005b).

第 14 章　美丽新世界

1. Gibson *et al*. (2010).
2. 关于文特尔对这项工作的描述，见 Venter (2013)。宣告存在密码的信息见 http://www.jcvi.org/cms/press/press-releases/full-text/article/first-self-replicating-syntheticbacterial-cell-constructed-by-j-craig-venter-institute-researcher/。一份对密码清楚易懂的解释，以及密码破解过程的具体细节，见 https://genomevolution.org/wiki/index.php/Mycoplasma_mycoides_JCVI-syn1.0_Decoded。
3. *New York Times*, 18 November 2013.
4. 有一篇关于生物技术所有方面的优秀概述，比起本书的篇幅所限，它以远更丰富的细节讲述了这一课题，见 Rutherford (2013)。
5. 某个年龄段的读者可能会想起夜行者乐队（Orchestral Manoeuvres in the Dark）1983 年发行的具有讽刺意味的流行金曲《基因工程》(http://www.youtube.com/watch?v=OddgsPyCJmU)。根据《牛津英语词典》，“生物技术”（biotechnology）是在 1921 年由美国农业部首次使用的。
6. Lazaris *et al*. (2002); *The Guardian*, 14 January 2012; Rutherford (2013).
7. 数据来源：美国农业部经济研究中心。http://www.ers.usda.gov/data-products/adoption-of-genetically-engineered-crops-in-the-us.aspx.
8. Relyea (2012), Annett *et al*. (2014).
9. Moran and Jarvik (2010), Boto (2014).
10. Remigi *et al*. (2014).
11. Kim *et al*. (2014).

12. Goldman *et al*. (2013). 20 世纪 80 年代，研究者曾将一系列的序列导入大肠杆菌中，它们编码出了维纳斯形状的简单符号，这是一个叫作微观维纳斯（Microvenus）的艺术项目的一部分（Davis, 1996）。
13. Church *et al*. (2012). *The New Yorker*, 24 November 2014.
14. Farzadfard and Lu (2014).
15. 施奈德的网站有着令人愉悦的复古风格：http://users.fred.net/tds/leftdna/。
16. Marvin *et al*. (1961), van Dam and Levitt (2000).
17. Wang *et al*. (1979), Morange (2007b).
18. Morange (2007b).
19. Rich (2004).
20. *New York Times*, 29 June 1999; Rich and Zhang (2003).
21. Du *et al*. (2013).
22. Rich *et al*. (1961).
23. Safaee *et al*. (2013).
24. Pinheiro *et al*. (2012).
25. Joyce (2012a, b).
26. Wolfe-Simon *et al*. (2011). 与这篇论文一同发表的是一系列批评文章和一份来自《科学》杂志编辑布鲁斯·阿尔贝茨（Bruce Alberts）的解释。
27. Reaves *et al*. (2012), Erb *et al*. (2012).
28. Cleland and Copley (2005), Wolfe-Simon *et al*. (2009). Wolfe-Simon *et al*. 这篇论文的标题是《大自然是否也选择了砒霜？》，由此在不经意间将贝特里奇头条定律（Betteridge's law of headlines）的适用范围扩大到了科研论文，这条定律说的是“任何以问号结尾的头条标题都可以用‘不’来回答”。
29. Davies *et al*. (2009), Toomey (2013).
30. Davis and Chin (2013). 对其他手段的描述见 Johnson *et al*. (2010)。
31. Switzer *et al*. (1989), Piccirilli *et al*. (1990).
32. Yang *et al*. (2011).
33. 例如药物阿昔洛韦（acyclovir），见 O'Brien and Campoli-Richards (1989)。
34. Malyshev *et al*. (2014).
35. Jackson *et al*. (1972).
36. Berg *et al*. (1974).
37. Berg *et al*. (1975), Berg (2008). 另见 Morange (1998)、Rasmussen (2014)、Rutherford (2013)，以及最重要的，Wright (1994)。一些研究者已经开始设法规避自愿停止研究，应用这些新技术所要面临的压力就是这样（Comfort, 2014; Rasmussen, 2014）。
38. Watanabe *et al*. (2014).
39. *The Guardian*, 11 June 2014. 有一篇讨论这一实验的在线文章，对于双方来说都有可取的论点，见 http://whyevolutionistrue.wordpress.com/2014/06/12/mad-scientists-or-isthere-any-justification-for-trying-to-recreate-a-deadly-virus/。
40. http://news.sciencemag.org/biology/2014/10/researchers-rail-against-moratorium-risky-virus-

experiments.

41. Friedmann and Roblin (1972).
42. Mavilio (2012).
43. 'Gene therapy's big comeback', *Forbes Magazine*, 14 April 2014.
44. Jinek *et al*. (2012). 这篇论文发表几周后，一个成员来自法国、立陶宛和美国的研究团队也做出了类似的发现（Gasiunas *et al*., 2012）。
45. Cong *et al*. (2013), Mali *et al*. (2013).
46. *New York Times*, 4 March 2014. 有一份技术方面的概述，见 Hsu *et al*. (2014)。
47. *The Independent*, 7 November 2013.
48. Sheridan (2014), http://www.technologyreview.com/view/526726/broad-institute-gets-patent-on-revolutionary-geneediting-method.
49. O'Connell *et al*. (2014).
50. Esvelt *et al*. (2014).
51. Oye *et al*. (2014).
52. Mandel *et al*. (2015), Rover *et al*. (2015).
53. Berg (2008), pp. 290–1.

第 15 章　起源与含义

1. Miller (1953), Bada and Lazcano (2000).
2. Elsila *et al*. (2009). 2008 年，在米勒去世后，研究者检查了他在 20 世纪 50 年代进行的一个类似实验留下的小瓶。他们用现代技术发现，实验所产生的氨基酸水平比最初报道的甚至还要高（Johnson *et al*., 2008）。
3. Lane and Martin (2012), Martin *et al*. (2014). 另见 Koonin and Martin (2005)、Fellermann and Solé (2007)。
4. Baaske *et al*. (2007).
5. 有一份对支持这一观点的分子证据的汇总，见 Di Giulio (2013a)。
6. Crick (1981), pp. 15–16.《自然》杂志恶作剧般地请伯明翰的主教来给这本书写了书评。主教对克里克的引导生源假说表示了反对，他概述了支持生命纯陆地起源的证据，又可想而知地为"上天的旨意"留足了口风，后者存在的证据弄不好还没有太空中的外星人多（Montefiore, 1982）。
7. 见 shCherbak and Makukov (2013)，这篇文章认为遗传密码中存在智慧的迹象。
8. Gilbert (1986).
9. Joyce (2002), Paul and Joyce (2004), Robertson and Joyce (2012).
10. Pross (2012), p. 63.
11. 不少科学家不相信世上曾存在 RNA 世界这样的东西。例如，见 Caetano-Anollés and Seufferheld (2013)。
12. Hotchkiss (1995). 这一绝妙的见解没有催生出多少结果。

13. Powner *et al*. (2009). 不过据亚当·卢瑟福指出，约翰·萨瑟兰关于 RNA 碱基自发合成的研究发现，尿嘧啶的产量在有紫外线照射的条件下会增加，这提示早期 RNA 的合成可能发生在接近海水表面的地方（Rutherford, 2013, p. 96）。
14. Lincoln and Joyce (2009).
15. Yarus (2010), p. 97.
16. Noller (2012).
17. Yarus (2010), p. 179.
18. 关于这个话题有大量的文献。下文主要基于 Koonin and Novozhilov (2009)、Yarus (2010) 和 Rutherford (2013)。
19. 例如，见 Woese (1965)。
20. Polyanski *et al*. (2013).
21. Crick (1968).
22. Freeland and Hurst (1998), Freeland *et al*. (2000).
23. Yarus *et al*. (2005).
24. Koonin and Novozhilov (2009), p. 108. 见《分子演化杂志》(*Journal of Molecular Evolution*) 的 2013 年特刊，里面有 4 篇文章，各自概述了一种不同的解释（Di Giulio, 2013b）。
25. Behura and Severson (2013).
26. Cannarozzi *et al*. (2010).
27. Bernardi (2000).
28. Eyre-Walker and Hurst (2001).
29. Romiguier *et al*. (2010), Katzman *et al*. (2011).
30. Stergachis *et al*. (2013).
31. http://www.washington.edu/news/2013/12/12/scientists-discover-double-meaning-in-genetic-code/.
32. 例如 Birnbaum *et al*. (2012) 和 Lin *et al*. (2011)。
33. 这些研究者还旧词新用，用“二合一”(duon)来描述兼具编码和转录因子结合功能的密码子，这种做法也同样让人感到很厌烦（我预测这个术语持续不了多久）。一些本能的和更加深思熟虑的回应的例子，见 https://twitter.com/edyong209/status/411283930294534144 和 http://pasteursquadrant.wordpress.com/2013/12/14/on-duons-and-cargocult-science/。
34. Itzkovitz *et al*. (2010).
35. Mignone *et al*. (2002).
36. Yáñez-Cuna *et al*. (2013).
37. Maraia and Iben (2014).
38. Apter and Wolpert (1965). 有一篇关于隐喻在科学中扮演的角色的总论文章，尤其是在化学领域，见 Brown (2003)。
39. 例如 Fabris (2009)、Gatlin (1966, 1968, 1972)、Holzmüller (1984)、Lean (2014)、Longo *et al*. (2012)、Schneider *et al*. (1986)、Spetner (1968)、Yockey (1992)。
40. Maynard Smith and Szathmáry (1997).
41. Maynard Smith (1999, 2000a, b). 其他对这些讨论有贡献的文章包括：Bergstrom and Rosvall (2011a, b)、Collier (2008)、Garcǐa-Sancho (2007)、Godfrey-Smith (2000a, b, 2007, 2011)、

Griffiths (2001)、Kjosavik (2014)、Kogge (2012)、Levy (2011)、Maclaurin (2011)、Sarkar (1996a, b, 2000, 2013)、Shea (2011)、Stegmann (2004, 2005, 2009, 2012, 2013, 2014a, b)、Šustar (2007)。我很感谢乌尔里希·施特格曼在这一段落对遗传信息背后的哲学思想的评论。不过，脾气不好的哲学家们以及其他各位要批评的话就针对我，别冲着他。

42. Maynard Smith (2000a), p. 190. 最早提出这一观点是 Kimura (1961)。
43. Maynard Smith (2000a), p. 190.
44. 例如 Jablonka (2002)。
45. Maynard Smith (2000a), p. 193.
46. Griffiths (2001), Stegmann (2014b).
47. 有一篇批评将基因比作程序的观点的文章，见 Planer (2014)。
48. Sarkar (1996a), p. 107.
49. Sarkar (2000).
50. Godfrey-Smith (2011), p. 180.
51. Sarkar (1996b), p. 863.
52. Dudai *et al*. (1976).
53. http://flybase.org/reports/FBgn0000479.html.
54. 例如 Sarkar (1996a)、Keller (1995, 2000, 2002)。
55. Crick (1958), p. 144, pp. 138–9.
56. 例如 Oyama (2000)。对这一观点的一个清晰介绍，以及哲学与遗传学的其他方面，见 Griffiths and Stotz (2013)。
57. 例如 Commoner (1968)、de Lorenzo (2014)、Noble (2013)、Shapiro (2009)。
58. Walker (2007).
59. Crabbe *et al*. (1999).
60. Wahlsten *et al*. (2006).
61. Rietveld *et al*. (2014).
62. Maynard Smith (2000a, b).
63. Noble (2002), Newman (2003).
64. 例如 Cosentino and Bates (2012)。
65. Cobb (2011). 关于控制论的英国支派的命运，见 Pickering (2010)。20 世纪 70 年代早期，应用控制论曾被用于和平转变社会主义总统萨尔瓦多·阿连德（Salvador Allende）治下的智利经济，关于这一场注定失败的尝试的始末，Medina (2011) 给出了一份精彩的探讨。

结　语

1. Pickstone (2001).
2. Gilbert (1991).
3. Wood *et al*. (2014).

参考文献

Adamala, K. and Szostak, J. W., 'Nonenzymatic template-directed RNA synthesis inside model protocells', *Science*, vol. 342, 2013, pp. 1098–100.

Administrative Framework of OSRD, *Organizing Scientific Research for War*, New York, Little, Brown, 1948.

Ageno, M., 'Deoxyribonucleic acid code', *Nature*, vol. 195, 1962, pp. 998–9.

Allison, A. C., 'Two lessons from the interface of genetics and medicine', *Genetics*, vol. 166, 2004, pp. 1591–9.

Anderson, T. F., 'Electron microscopy of phages', in J. Cairns, G. S. Stent and J. D. Watson (eds), *Phage and the Origins of Molecular Biology*, Cold Spring Harbor, Cold Spring Harbor Laboratory of Quantitative Biology, 1966, pp. 63–78.

Annett, R., Habibi, H. R. and Hontela, A., 'Impact of glyphosate and glyphosate-based herbicides on the freshwater environment', *Journal of Applied Toxicology*, vol. 34, 2014, pp. 458–79.

Anonymous, 'Award of the Gold Medal of the New York Academy of Medicine', *Science*, vol. 100, 1944, pp. 328–9.

Anonymous, *Symposium on Information Theory*, London, Ministry of Supply, 1950.

Anonymous, 'Biochemistry in Russia: Impressions gained at the Fifth International Congress of Biochemistry in Moscow', *British Medical Journal*, vol. 5253, 1961, pp. 701–3.

Anonymous, 'NIH researchers crack the genetic code', *Medical World News*, vol. 3, 1962, pp. 18–19.

Anonymous, 'Central dogma reversed', *Nature*, vol. 226, 1970, pp. 1198–9.

Anonymous, 'Max Delbrück – How it was (Part 2)', *Engineering and Science*, 43 (5), 1980, pp. 21–7.

Anonymous, 'Anfisen's cage', *Nature Structural Biology*, vol. 4, 1997, p. 675.

Apter, M. J. and Wolpert, L, 'Cybernetics and development: I. Information theory', *Journal of Theoretical Biology*, vol. 8, 1965, pp. 244–57.

Arai, J. A., Li, S., Hartley, D. M. and Feig, L. A., 'Transgenerational rescue of a genetic defect in long-term potentiation and memory formation by juvenile enrichment', *Journal of Neuroscience*, vol. 29, 2009, pp. 1496–502.

Archibald, J., *One Plus One Equals One: Symbiosis and the Evolution of Complex Life*, Oxford, Oxford University Press, 2014.

Ashburner, M., *Won for All: How the* Drosophila *Genome Was Sequenced*, Cold Spring Harbor, Cold Spring Harbor Laboratory Press, 2006.

Astbury, W. T., 'X-ray studies of nucleic acids', *Symposia of the Society for Experimental Biology*, vol. 1, 1947, pp. 66–76.

Attar, N., 'Raymond Gosling: the man who crystallized genes', *Genome Biology*, vol. 14, 2013, p. 402.

Augenstine, L. G., 'Protein structure and information content', in H. P. Yockey, R. L. Platzman and H. Quastler (eds), *Symposium on Information Theory in Biology*, London, Pergamon, 1958, pp. 103–23.

Avery, O. T., MacLeod, C. M. and McCarty, M., 'Studies on the chemical nature of the substance inducing transformation of pneumococcal types. Induction of transformation by a desoxyribosenucleic acid fraction isolated from pneumococcus type III', *Journal of Experimental Medicine*, vol. 79, 1944, pp. 137–58.

Axelsson, E., Ratnakumar, A., Arendt, M.-L. *et al.*, 'The genomic signature of dog domestication reveals adaptation to a starch-rich diet', *Nature*, vol. 495, 2013, pp. 360–4.

Baaske, P., Weinert, F. M., Duhr, S. *et al.*, 'Extreme accumulation of nucleotides in simulated hydrothermal pore systems', *Proceedings of the National Academy of Sciences USA*, vol. 104, 2007, pp. 9346–51.

Bada, J. L. and Lazcano, A., 'Stanley Miller's 70th birthday', *Origins of Life and Evolution of the Biosphere*, vol. 30, 2000, pp. 107–12.

Bar-Hillel, Y., 'Semantic information and its measures', in H. von Foerster, M. Mead and H. L. Teuber (eds), *Cybernetics: Circular Causal and Feedback Mechanisms in Biology and Social Systems*, New York, Josiah Macy, Jr Foundation, 1953, pp. 33–48.

Barrell, B. G., Bankier, A. T. and Drouin, J., 'A different genetic code in human mitochondria', *Nature*, vol. 282, 1979, pp. 189–94.

Basilio, C., Wahba, A. J., Lengyel, P. *et al.*, 'Synthetic polynucleotides and the amino acid code, V', *Proceedings of the National Academy of Sciences USA*, vol. 48, 1962, pp. 613–16.

Beadle, G., 'The role of the nucleus in heredity', in W. D. McElroy and B. Glass (eds), *A Symposium on the Chemical Basis of Heredity*, Baltimore, The Johns Hopkins Press, 1957, pp. 3–22.

Beadle, G. W. and Tatum, E. L., 'Genetic control of biochemical reactions in *Neurospora*', *Proceedings of the National Academy of Sciences USA*, vol. 27, 1941, pp. 499–506.

Bearn, A. G., 'Oswald T. Avery and the Copley Medal of the Royal Society', *Perspectives in Biology and Medicine*, vol. 39, 1996, pp. 550–5.

Beckwith, J., 'The operon as paradigm: Normal science and the beginning of biological complexity', *Journal of Molecular Biology*, vol. 409, 2011, pp. 7–13.

Behura, S. K. and Severson, D. W., 'Codon usage bias: causative factors, quantification methods and genome-wide patterns: with emphasis on insect genomes', *Biological Reviews*, vol. 88, 2013, pp. 49–61.

Belozersky, A. N. and Spirin, A. S., 'A correlation between the compositions of deoxyribonucleic and ribonucleic acids', *Nature*, vol. 182, 1958, pp. 1–2.

Bennett, G. M. and Moran, N. A., 'Small, smaller, smallest: the origins and evolution of ancient dual symbioses in a phloem-feeding insect', *Genome Biology and Evolution*, vol. 5, 2013, pp. 1675–88.

Bennett, S., 'Norbert Wiener and control of anti-aircraft guns', *IEEE Control Systems*, December 1994, pp. 58–62.

Bennett, S., 'A brief history of automatic control', *IEEE Control Systems*, June 1996, pp. 17–24.

Benzer, S., 'The elementary units of heredity', in W. D. McElroy and B. Glass (eds), *A Symposium on the Chemical Basis of Heredity*, Baltimore, The Johns Hopkins Press, 1957, pp. 70–93.

Benzer, S., 'On the topology of the genetic fine structure', *Proceedings of the National Academy of Sciences USA*, vol. 45, 1959, pp. 1607–20.

Benzer, S., 'On the topography of the genetic fine structure', *Proceedings of the National Academy of Sciences USA*, vol. 47, 1961, pp. 403–15.

Benzer, S., 'Adventures in the rII region', in J. Cairns, G. S. Stent and J. D. Watson (eds), *Phage and the Origins of Molecular Biology*, Cold Spring Harbor, Cold Spring Harbor Laboratory of Quantitative Biology, 1966, pp. 157–65.

Benzer, S., Interview by Heidi Aspaturian. Pasadena, California, September 1990–February 1991. Oral History Project, California Institute of Technology Archives. http://oralhistories.library.caltech.edu/27/1/OH_Benzer_S.pdf, 1991.

Berg, P., 'Meetings that changed the world. Asilomar 1975: DNA modification secured', *Nature*, vol. 455, 2008, pp. 290–1.

Berg, P. and Singer, M., *George Beadle, an Uncommon Farmer: The Emergence of Genetics in the Twentieth Century*, Cold Spring Harbor, Cold Spring Harbor Laboratory Press, 2003.

Berg, P., Baltimore, D., Boyer, H. W. *et al.*, 'Potential biohazards of recombinant DNA molecules', *Science*, vol. 185, 1974, p. 303.

Berg, P., Baltimore, D., Brenner, S. *et al.*, 'Asilomar conference on recombinant DNA molecules', *Science*, vol. 188, 1975, pp. 991–4.

Berget, S. M., Moore, C. and Sharp, P. A., 'Spliced segments at the 5′ terminus of adenovirus 2 late mRNA', *Proceedings of the National Academy of Sciences USA*, vol. 74, 1977, pp. 3171–5.

Bergstrom, C. T. and Rosvall, M., 'The transmission sense of information', *Biology and Philosophy*, vol. 26, 2011a, pp. 159–76.

Bergstrom, C. T. and Rosvall, M., 'Response to commentaries on "The transmission sense of information"', *Biology and Philosophy*, vol. 26, 2011b, pp. 195–200.

Berk, A. J. and Sharp, P. A., 'Ultraviolet mapping of the adenovirus 2 early promoters', *Cell*, vol.

12, 1977, pp. 45–55.

Bernardi, G., 'Isochores and the evolutionary genomics of vertebrates', *Gene*, vol. 241, 2000, pp. 3–17.

Berry, M. J., Banu, L., Harney, J. W. and Larsen, P. R., 'Functional characterization of the eukaryotic SECIS elements which direct selenocysteine insertion at UGA codons', *The EMBO Journal*, vol. 12, 1993, pp. 3315–22.

Beurton, P., Falk, F. and Rheinberger, H.-J., *The Concept of the Gene in Development and Evolution*, Cambridge, Cambridge University Press, 2000.

Bhattacharjee, Y., 'The vigilante', *Science*, vol. 343, 2014, pp. 1306–9.

Birnbaum, R. Y., Clowney, E. J., Agamy, O. *et al.*, 'Coding exons function as tissue-specific enhancers of nearby genes', *Genome Research*, vol. 22, 2012, pp. 1059–68.

Biscoe, J., Pickels, E. G. and Wyckoff, R. W. G., 'An air-driven ultracentrifuge for molecular sedimentation', *Journal of Experimental Medicine*, vol. 64, 1936, pp. 39–45.

Bohlin, G., *Arvstvisten. Om hur DNA-molekylen blev accepterad som bärare av genetisk information i Sverige och om ett uteblivet Nobelpris*, Stockholm, Nobel Museum, 2009.

Boivin, A., 'Directed mutation in colon bacilli, by an inducing principle of desoxyribonucleic nature: its meaning for the general biochemistry of heredity', *Cold Spring Harbor Symposia on Quantitative Biology*, vol. 12, 1947, pp. 7–17.

Boivin, A. and Vendrely, R., 'Sur le rôle possible des deux acides nucléiques dans la cellule vivante', *Experientia*, vol. 3, 1947, pp. 32–4.

Boivin, A., Vendrely, R. and Lehoult, Y., 'L'acide thymonucléique hautement polymerisé, principe capable de conditionner la specificité sérologique et l'équipement enzymatique des Bactéries. Conséquences pour la biochimie de l'hérédité', *Comptes Rendus de l'Académie des Sciences de Paris*, vol. 221, 1945a, pp. 646–8.

Boivin, A., Delaunay, Vendrely, R. and Lehoult, Y., 'L'acide thymonucléique polymerisé, principe paraissant susceptible de déterminer la specificité sérologique et l'équipement enzymatique des bactéries. Signification pour la biochimie de l'hérédité', *Experientia*, vol. 1, 1945b, pp. 334–5.

Boivin, A., Vendrely, R. and Tulasne, R., 'La spécificité des acides nucléiques ches les êtres vivants, spécialement chez les Bactéries', *Colloques Internationaux du Centre National de la Recherche Scientifique*, vol. 8, 1949, pp. 67–78.

Bond, D. M. and Baulcombe, D. C., 'Small RNAs and heritable epigenetic variation in plants', *Trends in Cell Biology*, vol. 24, 2014, pp. 100–107.

Bond, D. M. and Baulcombe, D. C., 'Epigenetic transitions leading to heritable, RNA-mediated de novo silencing in *Arabidopsis thaliana*', *Proceedings of the National Academy of Sciences USA*, vol. 112, 2015, pp. 917–22.

Boto, L., 'Horizontal gene transfer in the acquisition of novel traits by metazoans', *Proceedings of the Royal Society: Biological Sciences*, vol. 281, 2014, article 20132450.

Botstein, D., White, R. L., Skolnick, M. and Davis, R. W., 'Construction of a genetic linkage map in man using restriction fragment length polymorphisms', *American Journal of Human Genetics*, vol. 32, 1980, pp. 314–31.

Bowler, P. J., *The Mendelian Revolution: The Emergence of Hereditarian Concepts in Modern Science and Society*, London, Athlone, 1989.

Boyce, F. M., Beggs, A. H., Feener, C. and Kunkel, L. M., 'Dystrophin is transcribed in brain from a distant upstream promoter', *Proceedings of the National Academy of Sciences USA*, vol. 88, 1991, pp. 1276–80.

Brachet, J., 'La localisation des acides pentosenucléiques dans les tissus animaux et les oeufs d'Amphibiens en voie de développement', *Archives de biologie*, vol. 53, 1942, pp. 207–57.

Brannigan, A., 'The reification of Mendel', *Social Studies of Science*, vol. 9, 1979, pp. 423–54.

Bremer, J., Baumann, F., Tiberi, C. *et al.*, 'Axonal prion protein is required for peripheral myelin maintenance', *Nature Neuroscience*, vol. 13, 2010, pp. 310–18.

Brenner, S., 'On the impossibility of all overlapping triplet codes' Unpublished note, RNA Tie Club, Wellcome Trust Library, SB/2/1/106, 1956.

Brenner, S., 'On the impossibility of all overlapping triplet codes in information transfer from nucleic acid to proteins', *Proceedings of the National Academy of Sciences USA*, vol. 43, 1957, pp. 687–94.

Brenner, S., 'RNA, ribosomes and protein synthesis', *Cold Spring Harbor Symposia on Quantitative Biology*, vol. 26, 1961, pp. 101–10.

Brenner, S., *My Life in Science*, London, BioMedCentral, 2001.

Brenner, S., Jacob, F. and Meselson, M., 'An unstable intermediate for carrying information from genes to ribosomes for protein synthesis', *Nature*, vol. 190, 1961, pp. 576–81.

Brenner, S., Barnett, L., Katz, E. R. and Crick, F. H., 'UGA: a third nonsense triplet in the genetic code', *Nature*, vol. 213, 1967, pp. 449–50.

Bretscher, M. S. and Grunberg-Manago, M., 'Polyribonucleotide-directed protein synthesis using an *E. coli* cell-free system', *Nature*, vol. 195, 1962, pp. 283–4.

Brillouin, L., 'Life, thermodynamics, and cybernetics', *American Scientist*, vol. 37, 1949, pp. 554–68.

Brillouin, L., *Science and Information Theory*, New York, Academic Press, 1956.

Britten, R. J. and Davidson, E. H., 'Gene regulation for higher cells: a theory', *Science*, vol. 165, 1969, pp. 349–57.

Brown, P., Sutikna, T., Morwood, M. J. *et al.*, 'A new small-bodied hominin from the Late Pleistocene of Flores, Indonesia', *Nature*, vol. 431, 2004, pp. 1055–61.

Brown, T. L., *Making Truth: Metaphor in Science*, Urbana, University of Illinois Press, 2003.

Burian, R. M. and Gayon, J., 'The French school of genetics: From physiological and population genetics to regulatory molecular genetics', *Annual Review of Genetics*, vol. 33, 1999, pp. 313–49.

Burkeman, O., 'Why everything you've been told about evolution is wrong', *The Guardian*, 19 March 2010.

Burnet, M., *Enzyme, Antigen and Virus: A Study of Macromolecular Pattern in Action*, Cambridge, Cambridge University Press, 1956.

Burnet, M., *Changing Patterns: An Atypical Autobiography*, London, Heinemann, 1968.

Caetano-Anollés, G. and Seufferheld, M. J., 'The coevolutionary roots of biochemistry and cellular organization challenge the RNA world paradigm', *Journal of Molecular Microbiology and Biotechnology*, vol. 23, 2013, pp. 152–77.

Cairns, J., 'The autoradiography of DNA', in Cairns, J., Stent, G. S. and Watson, J. D. (eds), *Phage and the Origins of Molecular Biology*, Cold Spring Harbor, Cold Spring Harbor Laboratory of Quantitative Biology, 1966, pp. 252–7.

Cairns, J., Stent, G. S. and Watson, J. D. (eds), *Phage and the Origins of Molecular Biology*, Cold Spring Harbor, Cold Spring Harbor Laboratory of Quantitative Biology, 1966.

Caldwell, P. C. and Hinshelwood, C., 'Some considerations on autosynthesis in bacteria', *Journal of the Chemical Society*, vol. 4, 1950, pp. 3156–9.

Callaway, E., 'The Neanderthal in the family', *Nature*, vol. 507, 2014a, pp. 415–16.

Callaway, E., 'Geneticists tap human knockouts', *Nature*, vol. 514, 2014b, p. 548.

Cannarozzi, G., Schraudolph, N. N., Faty, M. *et al.*, 'A role for codon order in translation dynamics', *Cell*, vol. 141, 2010, pp. 355–67.

Carey, N., *The Epigenetics Revolution: How Modern Biology is Rewriting Our Understanding of Genetics, Disease and Inheritance*, London, Icon, 2011.

Carlson, E. A., *The Gene: A Critical History*, New York, W. B. Saunders, 1966.

Carlson, E. A., *Genes, Radiation and Society: The Life and Work of H. J. Muller*, London, Cornell University Press, 1981.

Carlson, E. A., *Mendel's Legacy: The Origin of Classical Genetics*, Cold Spring Harbor, Cold Spring Harbor Laboratory Press, 2004.

Carroll, S. B., *Brave Genius: A Scientist, a Philosopher, and Their Daring Adventures from the French Resistance to the Nobel Prize*, New York, Crown, 2013.

Caspersson, T., 'The relations between nucleic acid and protein synthesis', *Symposia of the Society for Experimental Biology*, vol. 1, 1947, pp. 127–51.

Caspersson, T. and Schultz, J., 'Pentose nucleotides in the cytoplasm of growing tissues', *Nature*, vol. 143, 1939, pp. 602–3.

Caspersson, T., Hammarsten, E. and Hammarsten, H., 'Interactions of proteins and nucleic acid', *Transactions of the Faraday Society*, vol. 31, 1935, pp. 367–89.

Cavalcanti, A. R. O. and landweber, L. F., 'Genetic code', *Current Biology*, vol. 14, 2004, p. R147.

Cavalli-Sforza, L. L., 'Bacterial genetics', *Annual Review of Microbiology*, vol. 11, 1957, pp. 391–418.

Chantrenne, H., 'Information in biology', *Nature*, vol. 197, 1963, pp. 27–30.

Chargaff, E., 'On the nucleoproteins and nucleic acids of microorganisms', *Cold Spring Harbor Symposia in Quantitative Biology*, vol. 12, 1947, pp. 28–34.

Chargaff, E., 'Chemical specificity of nucleic acids and mechanism of their enzymatic degradation', *Experientia*, vol. 6, 1950, pp. 201–9.

Chargaff, E., 'Some recent studies of the composition and structure of nucleic acids', *Journal of Cellular and Comparative Physiology*, vol. 38 (Suppl. 1), 1951, pp. 41–59.

Chargaff, E., 'Base composition of desoxypentose and pentose nucleic acids in various species', in W. D. McElroy and B. Glass (eds), *A Symposium on the Chemical Basis of Heredity*, Baltimore, The Johns Hopkins Press, 1957, pp. 521–7.

Chargaff, E., *Heraclitean Fire: Sketches from a Life before Nature*, New York, Rockefeller University Press, 1978.

Chargaff, E. and Vischer, E., 'Nucleoproteins, nucleic acids, and related substances', *Annual Review of Biochemistry*, vol. 17, 1948, pp. 201–26.

Chargaff, E., Lipschitz, R., Green, C. and Hodes, M. E., 'The composition of the desoxyribonucleic acid of salmon sperm', *Journal of Biological Chemistry*, vol. 192, 1951, pp. 223–30.

Chien, A., Edgar, D. B. and Trela, J. M., 'Deoxyribonucleic acid polymerase from the extreme thermophile *Thermus aquaticus*', *Journal of Bacteriology*, vol. 127, 1976, pp. 1550–7.

Chow, L. T., Gelinas, R. E., Broker, T. R. and Roberts, R. J., 'An amazing sequence arrangement at the 5' ends of adenovirus 2 messenger RNA', *Cell*, vol. 12, 1977, pp. 1–8.

Church, G. M., Gao, Y. and Kosuri, S., 'Next-generation digital information storage in DNA', *Science*, vol. 337, 2012, p. 1628.

Clark, B. F. and Marcker, K. A., 'The role of N-formyl-methionyl-sRNA in protein biosynthesis', *Journal of Molecular Biology*, vol. 17, 1966, pp. 394–406.

Cleland, C. E. and Copley, S. D., 'The possibility of alternative microbial life on Earth', *International Journal of Astrobiology*, vol. 4, 2005, pp. 165–73.

Cobb, M., 'Heredity before genetics: A history', *Nature Reviews: Genetics*, vol. 7, 2006a, pp. 953–8.

Cobb, M., *The Egg and Sperm Race: The Seventeenth Century Scientists Who Unravelled the Secrets of Sex, Life and Growth*, London, Free Press, 2006b. (Published in the US as *Generation*, New York: Bloomsbury.)

Cobb, M., 'The unclosed loop – ESF minibrains report', *EMBO Reports*, vol. 12, 2011, pp. 389–91.

Cobb, M., 'Oswald Avery, DNA, and the transformation of biology',*Current Biology*, vol. 24, 2014, pp. R55–R60.

Cochran, W. and Crick, F. H. C., 'Evidence for the Pauling-Corey α-helix in synthetic polypeptides', *Nature*, vol. 169, 1952, pp. 234–5.

Cochran, W., Crick, F. H. and Vand, V., 'The structure of synthetic polypeptides. I. The transform of atoms on a helix', *Acta Crystallographica*, vol. 5, 1952, pp. 581–6.

Cohen, S. S., 'Streptomycin and desoxyribonuclease in the study of variations in the properties of a bacterial virus', *Journal of Biological Chemistry*, vol. 168, 1947, pp. 511–26.

Cohen, S. S., 'Alfred Ezra Mirsky, 1900–1974', *National Academy of Sciences Biographical Memoir*, Washington DC, National Academies Press, 1998.

Cohn, M., Cohen, G. N. and Monod, J., 'L'effet inhibiteur spécifique de la methionine dans la formation de la methionine-synthase chez escherichia coli', *Comptes rendus hebdomodaires des séances de l'Académie des sciences*, vol. 236, 1953a, pp. 746–8.

Cohn, M., Monod, J., Pollock, M. R. *et al.*, 'Terminology of enzyme formation', *Nature*, vol. 172, 1953b, pp. 1096–7.

Collier, J., 'Information in biological systems', in P. Adriaans and J. v. Benthem (eds), *Handbook of the Philosophy of Science. Volume 8: Philosophy of Information*, Amsterdam, Elsevier, 2008, pp. 736–87.

Colnort-Bodet, S., 'Pierre de Latil: La pensée artificielle', *Revue d'histoire des sciences et de leurs applications*, vol. 7, 1954, p. 196.

Comfort, N., 'Recombinant gold', *Nature*, vol. 508, 2014, pp. 176–7.

Commoner, B., 'Failure of the Watson-Crick theory as a chemical explanation of inheritance' *Nature*, vol. 220, 1968, pp. 334–40.

Cong, L., Ran, F. A., Cox, D. *et al.*, 'Multiplex genome engineering using CRISPR/Cas systems', *Science*, vol. 339, 2013, pp. 819–23.

Conway, F. and Siegelman, J., *Dark Hero of the Information Age: In Search of Norbert Wiener, the Father of Cybernetics*, New York, Basic Books, 2005.

Corden, J., Wasylyk, B., Buchwalder, A. *et al.*, 'Promoter sequences of eukaryotic protein-coding genes', *Science*, vol. 209, 1980, pp. 1406–14.

Cornelis, G., Vernochet, C., Malicorne, S. *et al.*, 'Retroviral envelope syncytin capture in an ancestrally diverged mammalian clade for placentation in the primitive Afrotherian tenrecs', *Proceedings of the National Academy of Sciences USA*, vol. 111, 2014, pp. E4332–41.

Corjito, S., Wardenaar, R., Colomé-Tatché, M. *et al.*, 'Mapping the epigenetic basis of complex traits', *Science*, vol. 343, 2014, pp. 1145–8.

Cosentino, C. and Bates, D., *Feedback Control in Systems Biology*, Boca Raton, CRC Press, 2012.

Couffignal, L. (ed.), *Le Concept de l'information dans la science contemporaine*, Paris, Gauthier-Villars, 1965.

Coyne, J. A., 'The gene is dead; long live the gene', *Nature*, vol. 408, 2000, pp. 26–7.

Crabbe, J. C., Wahlsten, D. and Dudek, B. C., 'Genetics of mouse behavior: Interactions with laboratory environment', *Science*, vol. 284, 1999, pp. 1670–2.

Creager, A. N. H., 'Phosphorus-32 in the Phage Group: radioisotopes as historical tracers of molecular biology', *Studies in History and Philosophy of Biological and Biomedical Sciences*, vol. 40, 2009, pp. 29–42.

Creager, A. N. H. and Morgan, G. J., 'After the double helix: Rosalind Franklin's research on tobacco mosaic virus', *Isis*, vol. 99, 2008, pp. 239–72.

Creeth, J. M., Gulland, J. M. and Jordan, D. O., 'Deoxypentose nucleic acids. Part III. Viscosity and streaming birefringence of solutions of the sodium salt of the deoxypentose nucleic acid of calf thymus', *Journal of the Chemical Society*, vol. 1947, 1947, pp. 1141–5.

Crick, F. H. C., 'On degenerate templates and the adaptor hypothesis' Unpublished note, RNA Tie Club, Wellcome Trust Library, SB/2/1/106, http://genome.wellcome.ac.uk/assets/wtx030893.

pdf, 1955.

Crick, F. H. C., 'Nucleic acids', *Scientific American*, vol. 197, 1957, pp. 188–200.

Crick, F. H. C., 'On protein synthesis', *Symposia of the Society for Experimental Biology*, vol. 12, 1958, pp. 138–63.

Crick, F. H. C., 'The present position of the coding problem', *Brookhaven Symposia in Biology*, vol. 12, 1959, pp. 35–9.

Crick, F., 'Towards the genetic code', *Scientific American*, vol. 207 (3), 1962, pp. 8–16.

Crick, F. H. C., 'The recent excitement in the coding problem', *Progress in Nucleic Acids Research*, vol. 1, 1963a, pp. 163–217.

Crick, F. H. C., 'On the genetic code', *Science*, vol. 139, 1963b, pp. 461–4.

Crick, F. H. C., 'The genetic code – yesterday, today, and tomorrow', *Cold Spring Harbor Symposia on Quantitative Biology*, vol. 31, 1966a, pp. 3–9.

Crick, F. H. C., 'Codon-anticodon pairing: the wobble hypothesis', *Journal of Molecular Biology*, vol. 19, 1966b, pp. 548–55.

Crick, F. H. C., 'The origin of the genetic code', *Journal of Molecular Biology*, vol. 38, 1968, pp. 367–79.

Crick, F., 'Central dogma of molecular biology' *Nature*, vol. 227, 1970, pp. 561–3.

Crick, F., 'Split genes and RNA splicing', *Science*, vol. 204, 1979, pp. 264–71.

Crick, F., *Life Itself: Its Origin and Nature*, London, Macdonald, 1981.

Crick, F., *What Mad Pursuit: A Personal View of Scientific Discovery*, Cambridge, MA, Basic, 1988.

Crick, F. H. C. and Watson, J. D., 'The complementary structure of deoxyribonucleic acid', *Proceedings of the Royal Society of London. Series A, Mathematical and Physical Sciences*, vol. 223, 1954, pp. 80–96.

Crick, F. H. C., Griffith, J. S. and Orgel, L. E., 'Codes without commas', *Proceedings of the National Academy of Sciences USA*, vol. 43, 1957, pp. 416–21.

Crick, F. H. C., Barnett, L., Brenner, S. and Watts-Tobin, R. J., 'General nature of the genetic code for proteins', *Nature*, vol. 192, 1961, pp. 1227–32.

Crow, J. F., 'Erwin Schrödinger and the hornless cattle problem', *Genetics*, vol. 130, 1992, pp. 83–6.

Crow, E. W. and Crow, J. F., '100 years ago: Walter Sutton and the chromosome theory of heredity', *Genetics*, vol. 160, 2002, pp. 1–4.

Daly, M. M., Allfrey, V. G. and Mirsky, A. E., 'Purine and pyrimidine contents of some desoxypentose nucleic acids', *The Journal of General Physiology*, vol. 133, 1950, pp. 497–510.

Danchin, E., 'Avatars of information: towards an inclusive evolutionary synthesis', *Trends in Ecology and Evolution*, vol. 28, 2013, pp. 351–8.

Dancoff, S. M. and Quastler, H., 'The information content and error rate of living things', in H. Quastler (ed.), *Essays on the Use of Information Theory in Biology*, Urbana, University of

Illinois Press, 1953, pp. 263–73.

Davies, K., *The Sequence: Inside the Race for the Human Genome*, London, Phoenix, 2002.

Davies, M., 'W. T. Astbury, Rosie Franklin, and DNA: A memoir', *Annals of Science*, vol. 47, 1990, pp. 607–18.

Davies, P. C. W., Benner, S. A., Cleland, C. A. *et al.*, 'Signatures of a shadow biosphere', *Astrobiology*, vol. 9, 2009, pp. 241–9.

Davis, D. M., *The Compatibility Gene*, London, Allen Lane, 2013.

Davis, J., 'Microvenus', *Art Journal*, spring 1996, pp. 70–4.

Davis, L. and Chin, J. W., 'Designer proteins: applications of genetic code expansion in cell biology', *Nature Reviews Molecular Cell Biology*, vol. 13, 2013, pp. 168–82.

Davis, T. H., 'Meselson and Stahl: The art of DNA replication', *Proceedings of the National Academy of Sciences USA*, vol. 101, 2004, pp. 17895–6.

Daxinger, L. and Whitelaw, E., 'Understanding transgenerational epigenetic inheritance via the gametes in mammals', *Nature Reviews Genetics*, vol. 13, 2012, pp. 153–62.

Debré, P., *Jacques Monod*, Paris, Flammarion, 1996.

De Chadarevian, S., 'Portrait of a discovery: Watson, Crick, and the Double Helix', *Isis*, vol. 94, 2003, pp. 90–105.

Deichmann, U., 'Early responses to Avery *et al.*'s paper on DNA as hereditary material', *Historical Studies in the Physical and Biological Sciences*, vol. 34, 2004, pp. 207–32.

Deichmann, U., 'Different methods and metaphysics in early molecular genetics – a case of disparity of research?', *History and Philosophy of the Life Sciences*, vol. 30, 2008, pp. 53–78.

de Latil, P., *La Pensée artificielle: Introduction à la cybernétique*, Paris, Gallimard, 1953.

de Latil, P., *Thinking by Machine: A Study of Cybernetics*, Boston, Houghton Mifflin, 1957.

Delbrück, M., 'Génétique du bactériophage', *Colloques Internationaux du Centre National de la Recherche Scientifique*, vol. 8, 1949, pp. 92–103.

Delbrück, M. and Stent, G., 'On the mechanism of DNA replication', in W. D. McElroy and B. Glass (eds), *A Symposium on the Chemical Basis of Heredity*, Baltimore, The Johns Hopkins Press, 1957, pp. 699–736.

De Lorenzo, V., 'From the selfish gene to selfish metabolism: Revisiting the central dogma', *BioEssays*, vol. 36, 2014, pp. 226–35.

Denenberg, V. H. and Rosenberg, K. M., 'Nongenetic transmission of information', *Nature*, vol. 216, 1967, pp. 549–50.

Di Giulio, M., 'The origin of the genetic code in the ocean abysses: new comparisons confirm old observations', *Journal of Theoretical Biology*, vol. 333, 2013a, pp. 109–16.

Di Giulio, M., 'The origin of the genetic code: Matter of metabolism or physicochemical determinism?', *Journal of Molecular Evolution*, vol. 77, 2013b, pp. 131–3.

Dobzhansky, T., *Genetics and the Origin of Species*, New York, Columbia University Press, 1941.

Donohue, J., 'Fragments of Chargaff', *Nature*, vol. 276, 1978, pp. 133–5.

Doolittle, W. F. and Sapienza, C., 'Selfish genes, the phenotype paradigm and genome evolution',

Nature, vol. 284, 1980, pp. 601–3.

Doolittle, W. F., Brunet, T. D. P., Linquist, S. and Gregory, T. R., 'Distinguishing between "function" and "effect" in genome biology', *Genome Biology and Evolution*, vol. 6, 2014, pp. 1234–7.

Dounce, A. L., 'Duplicating mechanism for peptide chain and nucleic acid synthesis', *Enzymologia*, vol. 15, 1952, pp. 251–8.

Dounce, A. L., Morrison, M. and Monty, K. J., 'Role of nucleic acid and enzymes in peptide chain synthesis', *Nature*, vol. 176, 1955, pp. 597–8.

Doyle, R., *On Beyond Living: Rhetorical Transformations of the Life Sciences*, Stanford, Stanford University Press, 1997.

Dromanraju, K. R., 'Erwin Schrödinger and the origins of molecular biology', *Genetics*, vol. 153, 1999, pp. 1071–6.

Du, X., Wojtowicz, D., Bowers, A. A. *et al.*, 'The genome-wide distribution of non-B DNA motifs is shaped by operon structure and suggests the transcriptional importance of non-B DNA structures in *Escherichia coli*', *Nucleic Acids Research*, vol. 41, 2013, pp. 5965–77.

Dubarle, D., 'Sens philosophique et portée pratique de la cybernétique', *La Nouvelle Revue Française*, vol. 10, 1953, pp. 60–85.

Dubos, R. J., *The Professor, the Institute and DNA*, New York, Rockefeller University Press, 1976.

Dudai, Y., Jan, Y. N., Byers, D. *et al.*, '*dunce*, a mutant of *Drosophila* deficient in learning', *Proceedings of the National Academy of Sciences USA*, vol. 73, 1976, pp. 1684–8.

Dunn, A. R. and Hassell, J. A., 'A novel method to map transcripts: evidence for homology between an adenovirus mRNA and discrete multiple regions of the viral genome', *Cell*, vol. 12, 1977, pp. 23–36.

Easterling, K., Walter Pitts. *Cabinet*, 5, http://cabinetmagazine.org/issues/5/walterpitts.php, 2001.

Eck, R. V., 'Non-randomness in amino-acid "alleles"', *Nature*, vol. 191, 1961, pp. 1284–5.

Eck, R. V., 'Genetic code: emergence of a symmetrical pattern', *Science*, vol. 140, 1963, pp. 477–81.

Eddy, S. R., 'The C-value paradox, junk DNA and ENCODE', *Current Biology*, vol. 22, 2012, pp. R898–9.

Eddy, S. R., 'The ENCODE project: Missteps overshadowing a success', *Current Biology*, vol. 23, 2013, pp. R259–61.

Eisenhart, C., 'Cybernetics: A new discipline', *Science*, vol. 109, 1949, pp. 397–8.

Elias, P., 'Two famous papers', *IRE Transactions on Information Theory*, vol. 4, 1958, p. 99.

Elias, P., 'Coding and information theory', *Reviews of Modern Physics*, vol. 31, 1959, pp. 221–5.

Elsila, J. E., Glavin, D. P. and Dworkin, J. P., 'Cometary glycine detected in samples returned by Stardust', *Meteoritics and Planetary Science*, vol. 44, 2009, pp. 1323–30.

ENCODE Project Consortium, 'An integrated encyclopedia of DNA elements in the human genome', *Nature*, vol. 489, 2012, pp. 57–74.

Ephrussi, B., Leopold, U., Watson, J. D. and Weigle, J. J., 'Terminology in bacterial genetics', *Nature*, vol. 171, 1953, p. 701.

Ephrussi-Taylor, H., 'Genetic aspects of transformations of pneumococci', *Cold Spring Harbor Symposia on Quantitative Biology*, vol. 16, 1951, pp. 445–56.

Erb, T. J., Kiefer, P., Hattendorf, B. *et al.*, 'GFAJ-1 is an arsenate-resistant, phosphate-dependent organism', *Science*, vol. 337, 2012, pp. 467–70.

Esvelt, K. E., Smidler, A. L., Catteruccia, F. and Church, G. M., 'Concerning RNA-guided gene drives for the alteration of wild populations', *eLife*, 2014, article 03401.

Eyre-Walker, A. and Hurst, L. D., 'The evolution of isochores', *Nature Reviews Genetics*, vol. 2, 2001, pp. 549–55.

Ezkurdia, I., Juan, D., Rodriguez, J. M. *et al.*, 'Multiple evidence strands suggest that there may be as few as 19 000 human protein-coding genes', *Human Molecular Genetics*, vol. 23, 2014, pp. 5866–78.

Fabris, F., 'Shannon Information Theory and molecular biology', *Journal of Interdisciplinary Mathematics*, vol. 12, 2009, pp. 41–87.

Falk, R., *Genetic Analysis: A History of Genetic Thinking*, Cambridge, Cambridge University Press, 2009.

Farzadfard, F. and Lu, T. K., 'Genomically encoded analog memory with precise in vivo DNA writing in living cell populations', *Science*, vol. 346, 2014, article 1256272.

Fechotte, C. and Pritham, E., 'DNA transposons and the evolution of eukaryotic genomes', *Annual Review of Genetics*, vol. 41, 2007, pp. 331–68.

Fedorov A., Suboch G., Bujakov M. and Fedorova L., 'Analysis of nonuniformity in intron phase distribution', *Nucleic Acids Research*, vol. 20, 1992, pp. 2553–7.

Fellermann, H. and Solé, R. V., 'Minimal model of self-replicating nanocells: a physically embodied information-free scenario', *Philosophical Transactions of the Royal Society: B. Biological Sciences*, vol. 362, 2007, pp. 1803–11.

Ferry, G., *Max Perutz and the Secret of Life*, London, Chatto & Windus, 2007.

Forsdyke, D. R., 'Heredity as transmission of information: Butlerian "intelligent design"', *Centaurus*, vol. 48, 2006, pp. 133–148.

Francis, D., Diorio, J., Liu, D. and Meaney, M. J., 'Nongenomic transmission across generations of maternal behavior and stress responses in the rat', *Science*, vol. 286, 1999, pp. 1155–8.

Francis, R. C., *Epigenetics: How Environment Shapes Our Genes*, New York, Norton, 2011.

Fraser, M. J. and Fraser, R. D. B., 'Evidence on the structure of deoxyribonucleic acid from measurements with polarized infra-red radiation', *Nature*, vol. 167, 1951, pp. 761–2.

Freedman, A. H., Gronau, I., Schweizer, R. M. *et al.*, 'Genome sequencing highlights the dynamic early history of dogs', *PLoS Biology*, vol. 10, 2014, article e1004016.

Freeland, S. J. and Hurst, L. D., 'The genetic code is one in a million', *Journal of Molecular Evolution*, vol. 47, 1998, pp. 238–48.

Freeland, S. J., Knight, R. D., Landweber, L. F. and Hurst, L. D., 'Early fixation of an optimal genetic code', *Molecular Biology and Evolution*, vol. 17, 2000, pp. 511–18.

Friedberg, E., *Sydney Brenner: A Biography*, Cold Spring Harbor, Cold Spring Harbor Laboratory

Press, 2010.

Friedmann, T. and Roblin, R., 'Gene therapy for human genetic disease?', *Science*, vol. 175, 1972, pp. 949–55.

Fu, Q., Li, H., Moorjani, P. *et al.*, 'Genome sequence of a 45,000-year-old modern human from western Siberia', *Nature*, vol. 514, 2014, pp. 445–9.

Gabor, D., 'Information theory', *The Times Science Review*, February 1953.

Galison, P., 'The ontology of the enemy: Norbert Wiener and the cybernetic vision', *Critical Inquiry*, vol. 21, 1994, pp. 228–66.

Gamow, G., 'Possible relation between deoxyribonucleic acid and protein structure', *Nature*, vol. 173, 1954, p. 318.

Gamow, G., 'Information transfer in the living cell', *Scientific American*, vol. 193 (10), 1955, pp. 70–8.

Gamow, G. and Abelson, P. H., 'The ninth Washington Conference on Theoretical Physics', *Science*, vol. 104, 1946, p. 574.

Gamow, G. and Metropolis, N., 'Numerology of polypeptide chains', *Science*, vol. 120, 1954, pp. 779–80.

Gamow, G., Rich, A. and Yčas, M., 'The problem of information transfer from the nucleic acids to proteins', *Advances in Biological and Medical Physics*, vol. 4, 1957, pp. 23–68.

Gann, A., 'Jacob and Monod: From operons to EvoDevo', *Current Biology*, vol. 20, 2010, pp. R718–23.

Gann, A. and Witkowski, J., 'The lost correspondence of Francis Crick', *Nature*, vol. 467, 2010, pp. 519–24.

Gann, A. and Witkowski, J. (eds), *The Annotated and Illustrated Double Helix*, London, Simon & Schuster, 2012.

García-Sancho, M., 'The rise and fall of the idea of genetic information (1948-2006)', *Genomics, Society and Policy*, vol. 2, 2007.

García-Sancho, M., 'A new insight into Sanger's development of sequencing: From proteins to DNA, 1943–1977', *Journal of the History of Biology*, vol. 43, 2010, pp. 265–323.

García-Sancho, M., *Biology, Computing and the History of Molecular Sequencing: From Proteins to DNA, 1945–2000*, Basingstoke, Palgrave Macmillan, 2012.

Gardner, R. S., Wahba, A. J., Basilio, C. *et al.*, 'Synthetic polynucleotides and the amino acid code, VII', *Proceedings of the National Academy of Sciences USA*, vol. 48, 1962, pp. 2087–94.

Gasiunas, G., Barrangou, R., Horvath, P. and Siksnys, V., 'Cas9-crRNA ribonucleoprotein complex mediates specific DNA cleavage for adaptive immunity in bacteria', *Proceedings of the National Academy of Sciences USA*, vol. 109, 2012, pp. E2579–86.

Gatlin L. L., 'The information content of DNA', *Journal of Theoretical Biology*, vol. 10, 1966, pp. 281–300.

Gatlin, L. L., 'The information content of DNA. II.', *Journal of Theoretical Biology*, vol. 18, 1968, pp. 181–94.

Gatlin, L. L., *Information Theory and the Living System*, New York, Columbia University Press, 1972.

Gaudillière, J.-P., 'Paris-New York roundtrip: transatlantic crossings and the reconstruction of the biological sciences in post-war France', *Studies in History and Philosophy of Biological and Biomedical Sciences*, vol. 33, 2002, pp. 389–417.

Gayon, J., *Darwinism's Struggle for Survival: Heredity and the Hypothesis of Natural Selection*, Cambridge, Cambridge University Press, 1998.

Gayon, J., 'Hérédité des caractères acquis', in J. Gayon (ed.), *Lamarck, philosophe de la nature*, Paris, Presses Universitaires de France, 2006, pp. 105–63.

Genome of the Netherlands Consortium, 'Whole-genome sequence variation, population structure and demographic history of the Dutch population', *Nature Genetics*, vol. 46, 2014, pp. 818–25.

George, F. H., 'Models in cybernetics', *Symposia of the Society for Experimental Biology*, vol. 14, 1960, pp. 169–98.

George, F. H., *The Brain as a Computer*, London, Pergamon, 1962.

Germain, P.-L., Ratti, E. and Boem, F., 'Junk or functional DNA? ENCODE and the function controversy', *Biology and Philosophy*, vol. 29, 2014, pp. 807–31.

Gerstein, M. B., Bruce, C., Rozowsky, J. S. *et al.*, 'What is a gene, post-ENCODE? History and updated definition', *Genome Research*, vol. 17, 2007, pp. 669–81.

Gibson, D. G., Glass, J. I., Lartigue, C. *et al.*, 'Creation of a bacterial cell controlled by a chemically synthesized genome', *Science*, vol. 329, 2010, pp. 52–6.

Gilbert, W., 'Why genes in pieces', *Nature*, vol. 271, 1978, p. 501.

Gilbert, W., 'The RNA world', *Nature*, vol. 319, 1986, p. 618.

Gilbert, W., 'Towards a paradigm shift in biology', *Nature*, vol. 349, 1991, p. 99.

Gingras, Y., 'Revisiting the 'quiet debut' of the double helix: a bibliometric and methodological note on the 'impact' of scientific publications', *Journal of the History of Biology*, vol. 43, 2010, pp. 159–81.

Glass, B., 'Summary', in W. D. McElroy and B. Glass (eds), *A Symposium on the Chemical Basis of Heredity*, Baltimore, The Johns Hopkins Press, 1957, pp. 757–834.

Gleick, J., *The Information*, London, Fourth Estate, 2011.

Godfrey-Smith, P., 'On the theoretical role of 'genetic coding'', *Philosophy of Science*, vol. 67, 2000a, pp. 26–44.

Godfrey-Smith, P., 'Information, arbitrariness, and selection: Comments on Maynard Smith', *Philosophy of Science*, vol. 67, 2000b, pp. 202–7.

Godfrey-Smith, P., 'Information in biology', in D. Hull and M. Ruse (eds), *The Cambridge Companion to the Philosophy of Biology*, Cambridge, Cambridge University Press, 2007, pp. 103–19.

Godfrey-Smith, P., 'Senders, receivers, and genetic information: comments on Bergstrom and Rosvall', *Biology and Philosophy*, vol. 26, 2011, pp. 177–81.

Goldman, N., Bertone, P., Chen, S. *et al.*, 'Towards practical, high-capacity, low-maintenance information storage in synthesized DNA', *Nature*, vol. 494, 2013, pp. 77–80.

Golomb, S. W., 'Efficient coding for the deoxyribonucleic acid channel', in R. Bellman (ed.), *Proceedings of Symposia in Applied Mathematics XIV: Mathematical Problems in the Biological Sciences*, Providence, RI, American Mathematical Society, 1962a, pp. 87–100.

Golomb, S. W., 'Plausibility of the ribonucleic acid code', *Nature*, vol. 196, 1962b, p. 1228.

Grandy, D. A., *Leo Szilárd: Science as a Mode of Being*, London, University Press of America, 1996.

Graur, D., Zheng, Y., Price, N. *et al.*, 'On the immortality of television sets: "function" in the human genome according to the evolution-free gospel of ENCODE', *Genome Biology and Evolution*, vol. 5, 2013, pp. 578–90.

Green, R. E., Krause, J., Briggs, A. W. *et al.*, 'A draft sequence of the Neandertal genome', *Science*, vol. 328, 2010, pp. 710–22.

Gregory, T. R., 'Coincidence, coevolution, or causation? DNA content, cell size, and the C-value enigma', *Biological Reviews*, vol. 76, 2001, pp. 65–101.

Griffith, F., 'The significance of pneumococcal types', *The Journal of Hygiene*, vol. 27, 1928, pp. 113–59.

Griffiths, P. E., 'Genetic information: A metaphor in search of a theory', *Philosophy of Science*, vol. 68, 2001, pp. 394–412.

Griffiths, P. and Stotz, K., *Genetics and Philosophy: An Introduction*, Cambridge, Cambridge University Press, 2013.

Grmek, M. D. and Fantini, B., 'Rôle du hasard dans la naissance du modèle de l'opéron', *Revue de l'histoire des sciences*, vol. 35, 1982, pp. 193–215.

Gros, F., 'The messenger', in A. Lwoff and A. Ullmann (eds), *Origins of Molecular Biology: A Tribute to Jacques Monod*, London, Academic Press, 1979, pp. 117–24.

Gros, F., Hiatt, H, Gilbert, W. *et al.*, 'Unstable ribonucleic acid revealed by pulse labelling of *Escherichia coli*', *Nature*, vol. 190, 1961, pp. 581–5.

Grunberg-Manago, M., Ortiz, P. J. and Ochoa, S., 'Enzymatic synthesis of nucleic acidlike polynucleotides', *Science*, vol. 122, 1955, pp. 907–10.

Gulland, J. M., 'Some aspects of the chemistry of nucleotides', *Journal of the Chemistry Society*, vol. 1944, 1944, pp. 208–17.

Gulland, J. M., 'The structures of nucleic acids', *Symposia of the Society for Experimental Biology*, vol. 1, 1947a, pp. 1–14.

Gulland, J. M., 'The structures of nucleic acids', *Cold Spring Harbor Symposia in Quantitative Biology*, vol. 12, 1947b, pp. 95–103.

Guo, H., Zhu, P., Yan, L. *et al.*, 'The DNA methylation landscape of human early embryos', *Nature*, vol. 511, 2014, pp. 606–10.

Haddow, A., 'Transformation of cells and viruses', *Nature*, vol. 154, 1944, pp. 194–9.

Hager, T., *Force of Nature: The Life of Linus Pauling*, New York, Simon & Schuster, 1995.

Haldane, J. B. S., 'A physicist looks at biology', *Nature*, vol. 155, 1945, pp. 375–6.

Hall, K., 'William Astbury and the biological significance of nucleic acids, 1938–1951', *Studies in the History and Philosophy of Biological and Biomedical Sciences*, vol. 42, 2011, pp. 119–28.

Hall, K., *The Man in the Monkeynut Coat: William Astbury and the Forgotten Road to the Double Helix*, Oxford, Oxford University Press, 2014.

Halloran, S. M., 'The birth of molecular biology: An essay in the rhetorical criticism of scientific discourse', in R. A. Harris (ed.), *Landmark Essays on Rhetoric of Science: Case Studies*, Mahwah, NJ, Hermagoras Press, 1997, pp. 39–53.

Hammer, M. F., Woerner, A. E., Mendez, F. L. *et al.*, 'Genetic evidence for archaic admixture in Africa', *Proceedings of the National Academy of Sciences USA*, vol. 108, 2011, pp. 15123–8.

Hanawalt, P. C., 'Density matters: The semiconservative replication of DNA', *Proceedings of the National Academy of Sciences USA*, vol. 101, 2004, pp. 17889–94.

Hao, B., Gong, W., Ferguson, T. K. *et al.*, 'A new UAG-encoded residue in the structure of a methanogen methyltransferase', *Science*, vol. 296, 2002, pp. 1462–6.

Hargittai, I., *Candid Science II: Conversations with Famous Biomedical Sciences*, London, Imperial College Press, 2002.

Hartl, D. L. and Orel, V., 'What did Gregor Mendel think he discovered?', *Genetics*, vol. 131, 1992, pp. 245–53.

Hartl, F. U., Bracher, A. and Hayer-Hartl, M., 'Molecular chaperones in protein folding and proteostasis', *Nature*, vol. 475, 2011, pp. 324–32.

Hatfield, D. L. and Gladyshev, V. N., 'How selenium has altered our understanding of the genetic code', *Molecular and Cell Biology*, vol. 22, 2002, pp. 3565–76.

Hayden, E. C., 'Is the $1,000 genome for real?', http://www.nature.com/news/is-the-1–000-genome-for-real-1.14530, 2014.

Heard, E. and Martienssen, R. A., 'Transgenerational epigenetic inheritance: myths and mechanisms', *Cell*, vol. 157, 2014, pp. 95–109.

Heaton, N., 'Interview with Norma Heaton, November 18, 2010 by Jason Gart', http://profiles.nlm.nih.gov/ps/access/JJBCCX.pdf, 2010.

Hegreness, M. and Meselson, M., 'What did Sutton see?: Thirty years of confusion over the chromosomal basis of Mendelism', *Genetics*, vol. 176, 2007, pp. 1939–44.

Heidelberger, M., kneeland, Jr, Y. and Price, K. M., 'Alphonse Raymond Dochez, 1882–1964', *Biographical Memoir*, Washington DC, National Academy of Sciences, 1971.

Heijmans, B. T., Tobi, E. W., Stein, A. D. *et al.*, 'Persistent epigenetic differences associated with prenatal exposure to famine in humans', *Proceedings of the National Academy of Sciences USA*, vol. 105, 2008, pp. 17046–9.

Heims, S. J., *John von Neumann & Norbert Weiner: From Mathematics to the Technologies of Life and Death*, London, MIT Press, 1980.

Heims, S. J., *The Cybernetics Group*, London, MIT Press, 1991.

Henikoff, S., Keene, M. A., Fechtel, K. and Fristrom, J. W., 'Gene within a gene: nested

Drosophila genes encode unrelated proteins on opposite DNA strands', *Cell*, vol. 44, 1986, pp. 33–42.

Hershey, A. D., 'Functional differentiation within particles of bacteriophage T2', *Cold Spring Harbor Symposia on Quantitative Biology*, vol. 18, 1953, pp. 135–40.

Hershey, A. D., 'The injection of DNA into cells by phage', in J. Cairns, G. S. Stent and J. D. Watson (eds), *Phage and the Origins of Molecular Biology*, Cold Spring Harbor, Cold Spring Harbor Laboratory of Quantitative Biology, 1966, pp. 100–8.

Hershey, A. D., 'Transcript', in F. W. Stahl (ed.), *We Can Sleep Later: Alfred Hershey and the Origins of Molecular Biology*, Cold Spring Harbor, Cold Spring Harbor Laboratory Press, 2000, pp. 105–6.

Hershey, A. D. and Chase, M., 'Independent functions of viral protein and nucleic acid in growth of bacteriophage', *Journal of General Physiology*, vol. 36, 1952, pp. 39–56.

Higham, T., Douka, K., Wood, R. *et al.*, 'The timing and spatiotemporal patterning of Neanderthal disappearance', *Nature*, vol. 512, 2014, pp. 306–9.

Hoagland, M. B., Zamecnik, P. C. and Stephenson, M. L., 'Intermediate reactions in protein biosynthesis', *Biochimica Biophysica Acta*, vol. 24, 1957, pp. 215–16.

Hoagland, M. B., Stephenson, M. L., Scott, J. F. *et al.*, 'A soluble ribonucleic acid intermediate in protein synthesis', *Journal of Biological Chemistry*, vol. 231, 1958, pp. 241–57.

Hodges, A., *Alan Turing: The Enigma*, London, Vintage, 2012.

Hödl, M. and Basler, K., 'Transcription in the absence of histone H3.2 and H3K4 methylation', *Current Biology*, vol. 22, 2012, pp. 2253–7.

Holley, R. W., Apgar, J., Everett, G. A. *et al.*, 'Structure of a ribonucleic acid', *Science*, vol. 147, 1965, pp. 1462–5.

Holliday, R., 'Physics and the origins of molecular biology', *Journal of Genetics*, vol. 85, 2006, pp. 93–7.

Holmes, F. L., *Meselson, Stahl, and the Replication of DNA: A History of 'The Most Beautiful Experiment in Biology'*, London, Yale University Press, 2001.

Holmes, F. L., *Reconceiving the Gene: Seymour Benzer's Adventures in Phage Genetics*, ed. W. C. Summers, London, Yale University Press, 2006.

Holzmüller, W., *Information in Biological Systems: The Role of Macromolecules*, Cambridge, Cambridge University Press, 1984.

Hong, X., Scofield, D. G. and Lynch, M., 'Intron size, abundance, and distribution within untranslated regions of genes', *Molecular Biology and Evolution*, vol. 23, 2006, pp. 2392–404.

Horowitz, N. H., Berg, P., Singer, M. *et al.*, 'A centennial: George W. Beadle, 1903–1989', *Genetics*, vol. 166, 2004, pp. 1–10.

Hotchkiss, R. D., 'Etudes chimiques sur le facteur transformant du pneumocoque', *Colloques Internationaux du Centre National de la Recherche Scientifique*, vol. 8, 1949, pp. 57–65.

Hotchkiss, R. D., 'Oswald T. Avery', *Genetics*, vol. 51, 1965, pp. 1–10.

Hotchkiss, R. D., 'The identification of nucleic acids as genetic determinants', *Annals of the New York Academy of Sciences*, vol. 325, 1979, pp. 321–42.

Hotchkiss, R. D., 'DNA in the decade before the double helix', *Annals of the New York Academy of Sciences*, vol. 758, 1995, pp. 55–73.

Hotchkiss, R. D., 'Growing up into our long genes', in F. W. Stahl (ed.), *We Can Sleep Later: Alfred D. Hershey and the Origins of Molecular Biology*, Cold Spring Harbor, Cold Spring Harbor Laboratory Press, 2000, pp. 33–43.

Hsu, P. D., Lander, E. S. and Zhang, F., 'Development and applications of CRISPR-Cas9 for genome engineering', *Cell*, vol. 157, 2014, pp. 1262–78.

Huerta-Sánchez, E., Jin, X., Asan *et al.*, 'Altitude adaptation in Tibetans caused by introgression of Denisovan-like DNA', *Nature*, vol. 512, 2014, pp. 194–7.

Hunter, G. K., *Vital Forces: The Discovery of the Molecular Basis of Life*, London, Academic Press, 2000.

Hunter, N., 'Prion diseases and the central dogma of molecular biology', *Trends in Microbiology*, vol. 7, 1999, pp. 265–6.

Inglis, J., Sambrook, J. and Witkowski, J. (eds), *Inspiring Science: Jim Watson and the Age of DNA*, Plainview, Cold Spring Harbor Laboratory Press, 2003.

Ingram, V. M., 'A specific chemical difference between the globins of normal human and sickle-cell anaemia haemoglobin', *Nature*, vol. 178, 1956, pp. 792–4.

Ingram, V. M., 'Gene mutations in human haemoglobin: the chemical difference between normal and sickle cell haemoglobin', *Nature*, vol. 180, 1957, pp. 326–8.

Ingram, V. M., 'Sickle-cell anemia hemoglobin: The molecular biology of the first 'molecular disease' – The crucial importance of serendipity', *Genetics*, vol. 167, 2004, pp. 1–7.

Itzkovitz, S., Hodis, E. and Segal, E., 'Overlapping codes within protein-coding sequences', *Genome Research*, vol. 20, 2010, pp. 1582–9.

Ivanova, N. N., Schwientek, P., Tripp, H. J. *et al.*, 'Stop codon reassignments in the wild', *Science*, vol. 344, 2014, pp. 909–13.

Jablonka, E., 'Information: its interpretation, its inheritance and its sharing', *Philosophy of Science*, vol. 69, 2002, pp. 578–605.

Jablonka, E. and Lamb, M. J., 'The evolution of information in the major transitions', *Journal of Theoretical Biology*, vol. 239, 2006, pp. 236–46.

Jackson, D. A., Symons, R. H. and Berg, P., 'Biochemical method for inserting new genetic information into DNA of Simian Virus 40: circular SV40 DNA molecules containing lambda phage genes and the galactose operon of *Escherichia coli*', *Proceedings of the National Academy of Sciences USA*, vol. 69, 1972, pp. 2904–9.

Jacob, F., 'Genetics of the bacterial cell–Nobel lecture, December 11, 1965', in *Nobel Lectures, Physiology or Medicine 1963–1970*, Amsterdam, Elsevier Publishing Company, 1972, pp. 148–71.

Jacob, F., 'Evolution and tinkering', *Science*, vol. 196, 1977, pp. 1161–6.

Jacob, F., 'The switch', in A. Lwoff and A. Ullmann (eds), *Origins of Molecular Biology: A Tribute to Jacques Monod*, London, Academic Press, 1979, pp. 95–108.

Jacob, F., *The Statue Within*, London, Unwin Hyman, 1988.

Jacob, F., 'The birth of the operon', *Science*, vol. 332, 2011, p. 767.

Jacob, F. and Monod, J., 'Genetic regulatory mechanisms in the synthesis of proteins', *Journal of Molecular Biology*, vol. 3, 1961a, pp. 318–56.

Jacob, F. and Monod, J., 'On the regulation of gene activity', *Cold Spring Harbor Symposia on Quantitative Biology*, vol. 26, 1961b, pp. 193–212.

Jacob, F., Perrin, D., Sanchez, C., and Monod, J., 'L'opéron : groupe de gènes à expression coordonnée par un opérateur', *Comptes rendus hebdomodaires des séances de l'Académie des sciences*, vol. 250, 1960, pp. 1727–9.

Jeong, C., Alkorta-Aranburu, G., Basnyat, B. *et al.*, 'Admixture facilitates genetic adaptations to high altitude in Tibet', *Nature Communications*, vol. 5, 2014, p. 3281.

Jinek, M., Chylinski, K., Fonfara, I. *et al.*, 'A programmable dual-RNA-guided DNA endonuclease in adaptive bacterial immunity', *Science*, vol. 337, 2012, pp. 816–21.

Johnson, A. P., Cleaves, H. J., Dworkin, J. P. *et al.*, 'The Miller volcanic spark discharge experiment', *Science*, vol. 322, 2008, p. 404.

Johnson, J. A., Lu, Y. Y., Van Deventer, J. A. and Tirrell, D. A., 'Residue-specific incorporation of non-canonical amino acids into proteins: recent developments and applications', *Current Opinion in Chemical Biology*, vol. 14, 2010, pp. 774–80.

Joyce, G. F., 'The antiquity of RNA-based evolution', *Nature*, vol. 418, 2002, pp. 214–21.

Joyce, G. F., 'Toward an alternative biology', *Science*, vol. 336, 2012a, pp. 307–8.

Joyce, G. F., 'Bit by bit: The Darwinian basis of life', *PLoS Biology*, vol. 10, 2012b, article e1001323.

Judson, H. F., *The Eighth Day of Creation: Makers of the Revolution in Biology*, Plainview, Cold Spring Harbor Laboratory Press, 1996.

Jukes, T. H., 'Relations between mutations and base sequences in the amino acid code', *Proceedings of the National Academy of Sciences USA*, vol. 48, 1962, pp. 1809–15.

Jukes, T. H., 'Observations on the possible nature of the genetic code', *Biochemical and Biophysical Research Communications*, vol. 10, 1963, pp. 155–9.

Kalmus, H., 'A cybernetical aspect of genetics', *The Journal of Heredity*, vol. 41, 1950, pp. 19–22.

Kalmus, H., 'Analogies of language to life', *Language and Speech*, vol. 5, 1962, pp. 15–25.

Katzman, S., Capra, J. A., Haussler, D. and Pollard, K. S., 'Ongoing GC-biased evolution is widespread in the human genome and enriched near recombination hot spots', *Genome Biology and Evolution*, vol. 3, 2011, pp. 614–26.

Kay, L. E., 'W. M. Stanley's crystallization of the Tobacco Mosaic Virus, 1930–1940', *Isis*, vol. 77, 1986, pp. 450–72.

Kay, L. E., 'Who wrote the book of life? Information and the transformation of molecular biology, 1945–55', *Science in Context*, vol. 8, 1995, pp. 609–34.

Kay, L. E., *Who Wrote the Book of Life? A History of the Genetic Code*, Stanford, Stanford University Press, 2000.

Keller, E. F., *Refiguring Life: Metaphors of Twentieth-Century Biology*, New York, Columbia University Press, 1995.

Keller, E. F., *The Century of the Gene*, Cambridge, MA, Harvard University Press, 2000.

Keller, E. F., *Making Sense of Life: Explaining Biological Development with Models, Metaphors and Machines*, Cambridge, MA, Harvard University Press, 2002.

Kellis, M., Wold, B., Snyder, M. P. *et al.*, 'Defining functional DNA elements in the human genome', *Proceedings of the National Academy of Sciences USA*, vol. 111, 2014, pp. 6131–8.

Keyes, M. E., 'The prion challenge to the 'central dogma' of molecular biology. Part I: Prelude to prions', *Studies in History and Philosophy of Science Part C: Studies in History and Philosophy of Biological and Biomedical Sciences*, vol. 30, 1999a, pp. 1–19.

Keyes, M. E., 'The prion challenge to the 'central dogma' of molecular biology. Part II: The problem with prions', *Studies in History and Philosophy of Science Part C: Studies in History and Philosophy of Biological and Biomedical Sciences*, vol. 30, 1999b, pp. 181–218.

Kim, G., LeBlanc, M. L., Wafula, E. K. *et al.*, 'Genomic-scale exchange of mRNA between a parasitic plant and its hosts', *Science*, vol. 345, 2014, pp. 808–11.

Kimura, M., 'Natural selection as the process of accumulating genetic information in adaptive evolution', *Genetical Research*, vol. 2, 1961, pp. 127–40.

King, G. W., 'Information', *Scientific American*, vol. 187 (9), 1952, pp. 132–48.

Kishida, T., Kubota, S., Shirayama, Y. and Fukami, H., 'The olfactory receptor gene repertoires in secondary-adapted marine vertebrates: evidence for reduction of the functional proportions in cetaceans', *Biology Letters*, vol. 3, 2007, pp. 428–30.

Kjosavik, F., 'Genes, structuring powers and the flow of information in living systems', *Biology and Philosophy*, vol. 29, 2014, pp. 379–94.

Klessig, D. F., 'Two adenovirus mRNAs have a common 5' terminal leader sequence encoded at least 10 kb upstream from their main coding regions', *Cell*, vol. 12, 1977, pp. 9–21.

Klug, A., 'The discovery of the DNA double helix', *Journal of Molecular Biology*, vol. 335, 2004, pp. 3–26.

Kogge, W., 'Script, code, information: How to differentiate analogies in the 'prehistory' of molecular biology', *History and Philosophy of the Life Sciences*, vol. 34, 2012, pp. 603–35.

Kohler, R. E., *Lords of the Fly:* Drosophila *Genetics and the Experimental Life*, Chicago, University of Chicago Press, 1994.

Koonin, E. V. and Martin, W., 'On the origin of genomes and cells within inorganic compartments', *Trends in Genetics*, vol. 21, 2005, pp. 647–54.

Koonin, E. V. and Novozhilov, A. S., 'Origin and evolution of the genetic code: The universal enigma', *IUBMB Life*, vol. 61, 2009, pp. 99–111.

Kresge, N., Simoni, R. D. and Hill, R. L., 'H. Edwin Umbarger's contributions to the discovery of feedback inhibition', *Journal of Biological Chemistry*, vol. 280, 2005, article e49.

Krings, M., Stone, A., Schmitz, R. W. *et al.*, 'Neandertal DNA sequences and the origin of modern humans', *Cell*, vol. 90, 1997, pp. 19–30.

Kryukov, G. V., Castellano, S., Novoselov, S. V. *et al.*, 'Characterization of mammalian selenoproteomes', *Science*, vol. 300, 2003, pp. 1439–43.

Lah, G. J-E., Li, J. S. S. and Millard, S. S., 'Cell-specific alternative splicing of *Drosophila Dscam2* is crucial for proper neuronal wiring', *Neuron*, vol. 83, 2014, pp. 1376–88.

Lajoie, M. J., Rovner, A. J., Goodman, D. B. *et al.*, 'Genomically recoded organisms expand biological functions', *Science*, vol. 342, 2013a, pp. 357–60.

Lajoie, M. J., Kosuri, S., Mosberg, J. A. *et al.*, 'Probing the limits of genetic recoding in essential genes', *Science*, vol. 342, 2013b, pp. 361–3.

Laland, K., Uller, T., Feldman, F. *et al.*, 'Does evolutionary theory need a rethink?', *Nature*, vol. 514, 2014, pp. 161–4.

Lamborg, M. R. and Zamecnik, P. C., 'Amino acid incorporation into protein by extracts of *E. coli*', *Biochimica et Biophysica Acta*, vol. 42, 1960, pp. 206–11.

Lander, E. S., Linton, L. M., Birren, B. *et al.*, 'Initial sequencing and analysis of the human genome', *Nature*, vol. 409, 2001, pp. 860–921.

Lane, N., *Life Ascending: The Ten Great Inventions of Evolution*, London, Profile, 2009.

Lane, N. and Martin, W., 'The energetics of genome complexity', *Nature*, vol. 467, 2010, pp. 929–34.

Lane, N. and Martin, W., 'The origin of membrane bioenergetics', *Cell*, vol. 151, 2012, pp. 1407–16.

Lanni, F., 'Biological validity of amino acid codes deduced with synthetic ribonucleotide polymers', *Proceedings of the National Academy of Sciences USA*, vol. 48, 1962, pp. 1623–30.

Lanouette, W., *Genius in the Shadows. A biography of Leo Szilárd: The Man Behind the Bomb*, Chicago, University of Chicago Press, 1994.

Lanouette, W., 'The science and politics of Leo Szilárd, 1898–1964: evolution, revolution, or subversion?', *Science and Public Policy*, vol. 33, 2006, pp. 613–17.

Lazaris, A., Arcidiacono, S., Huang, Y. *et al.*, 'Spider silk fibers spun from soluble recombinant silk produced in mammalian cells', *Science*, vol. 295, 2002, pp. 472–6.

Lean, O. M., 'Getting the most out of Shannon information', *Biology and Philosophy*, vol. 29, 2014, pp. 395–413.

Lederberg, J., 'Problems in microbial genetics', *Heredity*, vol. 2, 1948, pp. 145–98.

Lederberg, J., 'Cell genetics and hereditary symbiosis', *Physiological Reviews*, vol. 32, 1952, pp. 403–30.

Lederberg, J., 'Discussion', in W. D. McElroy and B. Glass (eds), *A Symposium on the Chemical Basis of Heredity*, Baltimore, The Johns Hopkins Press, 1957, pp. 752–4.

Lekomtsev, S., Kolosov, P., Bidou, L. *et al.*, 'Different modes of stop codon restriction by the *Stylonychia* and *Paramecium* eRF1 translation termination factors', *Proceedings of the

National Academy of Sciences USA, vol. 104, 2007, pp. 10824–9.

Lengyel, P., 'Memories of a senior scientist: on passing the fiftieth anniversary of the beginning of deciphering the genetic code', *Annual Review of Microbiology*, vol. 66, 2012, pp. 27–38.

Lengyel, P., Speyer, J. F. and Ochoa, S., 'Synthetic polynucleotides and the amino acid code', *Proceedings of the National Academy of Sciences USA*, vol. 47, 1961, pp. 1936–42.

Lengyel, P., Speyer, J. F., Basilio, C. and Ochoa, S., 'Synthetic polynucleotides and the amino acid code, III', *Proceedings of the National Academy of Sciences USA*, vol. 48, 1962, pp. 282–4.

Levy, A., 'Information in biology: a fictionalist account', *Noûs*, vol. 45, 2011, pp. 640–57.

Lewin, B., 'A journal of exciting biology', *Cell*, vol. 1, 1974, p. 1.

Lewis, J. B., Anderson, C. W. and Atkins, J. F., 'Further mapping of late adenovirus genes by cell-free translation of RNA selected by hybridization to specific DNA fragments', *Cell*, vol. 12, 1977, pp. 37–44.

Lewis, M., 'A tale of two repressors', *Journal of Molecular Biology*, vol. 409, 2011, pp. 14–27.

Li, G.-W. and Xie, X. S., 'Central dogma at the single-molecule level in living cells', *Nature*, vol. 475, 2011, pp. 308–15.

Li, R., Fan, W., Tian, G. *et al.*, 'The sequence and *de novo* assembly of the giant panda genome', *Nature*, vol. 463, 2010, pp. 311–17.

Lim, Y. W., Cuevas, D. A., Silva, G. G. Z. *et al.*, 'Sequencing at sea: challenges and experiences in Ion Torrent PGM sequencing during the 2013 Southern line Islands Research expedition', *PeerJ*, vol. 2, 2014, article e520.

Lin, M. F., Kheradpour, P., Washietl, S. *et al.*, 'Locating protein-coding sequences under selection for additional, overlapping functions in 29 mammalian genomes', *Genome Research*, vol. 21, 2011, pp. 1916–28.

Lincoln, T. A. and Joyce, G. F., 'Self-sustained replication of an RNA enzyme', *Science*, vol. 323, 2009, pp. 1229–32.

Linschitz, H., 'The information content of a bacterial cell', in H. Quastler (ed.), *Essays on the Use of Information Theory in Biology*, Urbana, University of Illinois Press, 1953, pp. 251–62.

Lobanov, A. V., Kryukov, G. V., Hatfield, D. L. and Gladyshev, V. N., 'Is there a twenty third amino acid in the genetic code?', *Trends in Genetics*, vol. 22, 2006, pp. 357–60.

Lockyer, R., *Transmission of Chemosensory Information in* Drosophila melanogaster: *Behavioural Modification and Evolution*, Unpublished PhD thesis, University of Manchester, 2014.

Longo, G., Miquel, P.-A., Sonnenschein, C. and Soto, A. M., 'Is information a proper observable for biological organization?', *Progress in Biophysics and Molecular Biology*, vol. 109, 2012, pp. 108–14.

López-Beltrán, C., 'Forging heredity: From metaphor to cause, a reification story', *Studies in History and Philosophy of Science*, vol. 25, 1994, pp. 211–35.

Lozupone C. A., Knight, R. D. and Landweber, L. F., 'The molecular basis of nuclear genetic code change in ciliates', *Current Biology*, vol. 11, 2001, pp. 65–74.

Lumey, L. H., Stein, A. D., kahn, H. S. and Romijn, J. A., 'Lipid profiles in middle-aged men and women after famine exposure during gestation: the Dutch Hunger Winter Families Study', *American Journal of Clinical Nutrition*, vol. 89, 2009, pp. 1737–43.

Lwoff, A., 'Essai de conclusion', *Colloques Internationaux du Centre National de la Recherche Scientifique*, vol. 8, 1949, pp. 201–3.

Maaløe, O. and Watson, J. D., 'The transfer of radioactive phosphorus from parental to progeny phage', *Proceedings of the National Academy of Sciences USA*, vol. 37, 1951, pp. 507–13.

Maas, W., 'Leo Szilard: A personal remembrance', *Genetics*, vol. 167, 2004, pp. 555–8.

MacColl, L. R. A., *Fundamental Theory of Servomechanisms*, New York , D. Van Nostrand, 1945.

Maclaurin, J., 'Commentary on "The Transmission Sense of Information" by Carl T. Bergstrom and Martin Rosvall', *Biology and Philosophy*, vol. 26, 2011, pp. 191–4.

Macrae, N., *John von Neumann*, New York, Pantheon Books, 1992.

Maddox, B., *Rosalind Franklin: The Dark Lady of DNA*, London, Harper Collins, 2002.

Maderspacher, F., 'Lysenko rising', *Current Biology*, vol. 20, 2010, pp. R835–7.

Mali, P., Yang, L., Esvelt, K. M. *et al.*, 'RNA-guided human genome engineering via Cas9', *Science*, vol. 339, 2013, pp. 823–6.

Malyshev, D. A., Dhami, K., Lavergne, T. *et al.*, 'A semi-synthetic organism with an expanded genetic alphabet', *Nature*, vol. 509, 2014, pp. 385–8.

Manchester, K. L., 'Did a tragic accident delay the discovery of the double helical structure of DNA?', *Trends in Biochemical Sciences*, vol. 20, 1995, pp. 126–8.

Manchester, K. L., 'Historical opinion: Erwin Chargaff and his 'rules' for the base composition of DNA: why did he fail to see the possibility of complementarity?', *Trends in Biochemical Sciences*, vol. 33, 2008, pp. 65–70.

Mandell, D. J., Lajoie, M. J., Mee, M. T., *et al.*, 'Biocontainment of genetically modified organisms by synthetic protein design', *Nature*, vol. 518, 2015, pp. 55–60.

Manuelidis, L., Yu, Z.-X., Barquero, N. and Mullins, B., 'Cells infected with scrapie and Creutzfeldt–Jakob disease agents produce intracellular 25-nm virus-like particles', *Proceedings of the National Academy of Sciences USA*, vol. 104, 2007, pp. 1965–70.

Marahiel, M. A., 'Working outside the protein-synthesis rules: insights into non-ribosomal peptide synthesis', *Journal of Peptide Science*, vol. 15, 009, pp. 799–807.

Maraia, R. J. and Iben, J. R., 'Different types of secondary information in the genetic code', *RNA*, vol. 20, 2014, pp. 977–84.

Mardis, E. R., 'Next-generation DNA sequencing methods', *Annual Review of Genomics and Human Genetics*, vol. 9, 2008, pp. 387–402.

Martin, R. G., 'A revisionist view of the breaking of the genetic code', in D. Stetten Jr and W. T. Carrigan (eds), *NIH: An Account of Research in Its Laboratories and Clinics*, Orlando, Academic Press, 1984, pp. 282–95.

Martin, R. G., Matthaei, J. H., Jones, O. W. and Nirenberg, M. W., 'Ribonucleotide composition of the genetic code', *Biochemical and Biophysical Research Communications*, vol. 6, 1961, pp. 410–14.

Martin, W. F., Sousa, F. L. and Lane, N., 'Energy at life's origin', *Science*, vol. 344, 2014, pp. 1092–3.

Marvin, D. A., Spencer, M., Wilkins, M. H. F. and Hamilton, L. D., 'The molecular configuration of deoxyribonucleic acid III. X-ray diffraction study of the C-form of the lithium salt', *Journal of Molecular Biology*, vol. 3, 1961, pp. 547–65.

Masani, P. R., *Norbert Wiener 1894–1964*, Berlin, Birkhaüser Verlag, 1990.

Matthaei, J. H. and Nirenberg, M. W., 'Some characteristics of a cell-free DNAase sensitive system incorporating amino acids into protein.', *Federation Proceedings*, vol. 20, 1960, p. 391.

Matthaei, H. and Nirenberg, M. W., 'The dependence of cell-free protein synthesis in *E. coli* upon RNA prepared from ribosomes', *Biochemical and Biophysical Research Communications*, vol. 4, 1961a, pp. 404–8.

Matthaei, J. H. and Nirenberg, M. W., 'Characteristics and stabilization of DNAase-sensitive protein synthesis in *E. coli* extracts', *Proceedings of the National Academy of Sciences USA*, vol. 47, 1961b, pp. 1580–8.

Matthaei, J. H., Jones, O. W., Martin, R. G. and Nirenberg, M. W., 'Characteristics and composition of RNA coding units', *Proceedings of the National Academy of Sciences USA*, vol. 48, 1962, pp. 666–77.

Mattick, J. S., 'Rocking the foundations of molecular genetics', *Proceedings of the National Academy of Sciences USA*, vol. 109, 2012, pp. 16400–1.

Mavilio, F., 'Gene therapies need new development models', *Nature*, vol. 490, 2012, p. 7.

Maynard Smith, J., 'The idea of information in biology', *The Quarterly Review of Biology*, vol. 74, 1999, pp. 395–400.

Maynard Smith, J., 'The concept of information in biology', *Philosophy of Science*, vol. 67, 2000a, pp. 214–18.

Maynard Smith, J., 'Reply to commentaries', *Philosophy of Science*, vol. 67, 2000b, pp. 177–94.

Maynard Smith, J. and Szathmáry, E., *The Major Transitions in Evolution*, Oxford, Oxford University Press, 1997.

Mayr, E., 'Lamarck revisited', *Journal of the History of Biology*, vol. 5, 1972, pp. 55–94.

Mayr, O., *The Origins of Feedback Control*, London, MIT Press, 1970.

Mazia, D., 'Physiology of the cell nucleus', in E. S. G. Barron (ed.), *Modern Trends in Physiology and Biochemistry*, New York, Academic Press, 1952, pp. 77–122.

McCarty, M., *The Transforming Principle: Discovering that Genes Are Made of DNA*, New York, Norton, 1986.

McCarty, M., 'Some observations on the early history of DNA', unpublished speech to the Institute of Human Virology, http://profiles.nlm.nih.gov/ps/access/CCAAAV.pdf, 1996.

McCarty, M., 'Maclyn McCarty', in I. Hargittai (ed.), *Candid Science II: Conversations with Famous Biomedical Scientists*, London, Imperial College Press, 2002, pp. 16–31.

McCarty, M. and Avery, O. T., 'Studies on the chemical nature of the substance inducing transforming of pneumococcal types. II. Effect of desoxyribonuclease on the biological activity of the trnasforming substance', *Journal of Experimental Medicine*, vol. 83, 1946a, pp. 89–96.

McCarty, M. and Avery, O. T., 'Studies on the chemical nature of the substance inducing transformation of pneumococcal types. III. An improved method for the isolation of the transforming substance and its application to pneumococcus types II, III, and VI', *Journal of Experimental Medicine*, vol. 83, 1946b, pp. 97–104.

McCarty, M., Taylor, H. E. and Avery, O. T., 'Biochemical studies of environmental factors essential in transformation of pneumococcal types', *Cold Spring Harbor Symposia on Quantitative Biology*, vol. 11, 1946, pp. 177–83.

McCutcheon, J. P. and Moran, N. A., 'Extreme genome reduction in symbiotic bacteria', *Nature Reviews Microbiology*, vol. 10, 2011, pp. 13–26.

Mcelheny, V. K., *Watson and DNA: Making a Scientific Revolution*, Cambridge, MA, Perseus, 2003.

McInerney, J. O., O'Connell, M. J. and Pisani, D., 'The hybrid nature of the eukaryota and a consilient view of life on Earth', *Nature Reviews Microbiology*, vol. 12, 2014, pp. 449–55.

Medina, E., *Cybernetic Revolutionaries: Technology and Politics in Allende's Chile*, Cambridge, MA, MIT Press, 2011.

Meselson, M. and Stahl, F. W., 'The replication of DNA in *Escherichia coli*', *Proceedings of the National Academy of Sciences USA*, vol. 44, 1958, pp. 671–82.

Mignone, F., Gissi, C., Liuni, S. and Pesole, G., 'Untranslated regions of mRNAs', *Genome Biology*, vol. 3, 2002, article reviews0004-reviews0004.10.

Miller, S., 'A production of amino acids under possible primitive earth conditions', *Science*, vol. 117, 1953, pp. 528–9.

Mindell, D. A., 'Automation's finest hour: Bell Laboratories' control systems in World War II', *IEEE Control Systems Magazine*, December 1995.

Mindell, D. A., 'Automation's finest hour: Radar and system integration in World War II', in T. P. Hughes and A. Hughes (eds), *Systems, Experts, and Computers: The Systems Approach in Management and Engineering, World War II and After*, London, MIT Press, 2000, pp. 27–56.

Mindell, D. A., *Between Human and Machine: Feedback, Control, and Computing before Cybernetics*, Baltimore, Johns Hopkins University Press, 2002.

Mirsky, A. E., 'Chromosomes and nucleoproteins', *Advances in Enzymology*, vol. 3, 1943, pp. 1–34.

Mirsky, A. E. and Pollister, A. W., 'Chromosin, a desoxyribose nucleoprotein complex of the cell nucleus', *Journal of General Physiology*, vol. 30, 1946, pp. 117–48.

Monod, J., 'Biosynthese eines enzyms: Information, Induktion, Repression', *Angewandte Chemie*, vol. 71, 1959, pp. 685–708.

Monod, J., 'Foreword', in B. T. Field and G. W. Szilard (eds), *The Collected Works of Leo Szilard: Scientific Papers*, London, MIT Press, 1972a, pp. xv–xvii.

Monod, J., 'From enzymatic adaptation to allosteric transitions: Nobel Lecture, December 11, 1965', in *Nobel Lectures, Physiology or Medicine 1963–1970*, Amsterdam, Elsevier

Publishing Company, 1972b, pp. 188–209.

Monod, J. and Cohen-Bazire, G., 'L'effet inhibiteur spécifique des beta-galactosides dans la biosynthèse constitutive de la beta-galactosidase chez E. coli', *Comptes rendus hebdomodaires des séances de l'Académie des sciences*, vol. 236, 1953a, pp. 417–19.

Monod, J. and Cohen-Bazire, G., 'L'effet d'inhibition spécifique dans la biosynthèse de la tryptophane-desmase chez Aeriobacter aerogenes', *Comptes rendus hebdomodaires des séances de l'Académie des sciences*, vol. 236, 1953b, pp. 530–2.

Monod, J. and Jacob, F., 'Teleonomic mechanism in cellular metabolism, growth and differentiation', *Cold Spring Harbor Symposia on Quantitative Biology*, vol. 26, 1961, pp. 389–401.

Montefiore, H., 'Heavenly insemination', *Nature*, vol. 296, 1982, pp. 496–7.

Moore, W., *Schrödinger: Life and Thought*, Cambridge, Cambridge University Press, 1989.

Moran, N. A. and Jarvik, T., 'Lateral transfer of genes from fungi underlies carotenoid production in aphids', *Science*, vol. 328, 2010, pp. 624–7.

Morange, M., 'Schrödinger et la biologie moléculaire', *Fundamenta Scientiae*, vol. 4, 1983, pp. 219–34.

Morange, M., *A History of Molecular Biology*, Harvard, Harvard University Press, 1998.

Morange, M., 'What history tells us. I. The operon model and its legacy', *Journal of Bioscience*, vol. 30, 2005a, pp. 461–4.

Morange, M., 'What history tells us. II. The discovery of chaperone function', *Journal of Bioscience*, vol. 30, 2005b, pp. 313–16.

Morange, M., 'What history tells us. VIII. The progressive construction of a mechanism for prion diseases', *Journal of Bioscience*, vol. 32, 2007a, pp. 223–7.

Morange, M., 'What history tells us. IX. Z-DNA: When nature is not opportunistic', *Journal of Bioscience*, vol. 32, 2007b, pp. 657–61.

Morange, M., 'What history tells us. XIII. Fifty years of the Central Dogma', *Journal of Bioscience*, vol. 33, 2008, pp. 171–5.

Morange, M., 'The scientific legacy of Jacques Monod', *Research in Microbiology*, vol. 161, 2010, pp. 77–81.

Morange, M., 'What history tells us. XXIV. The attempt of Nikolai Koltzoff (Koltsov) to link genetics, embryology and physical chemistry', *Journal of Bioscience*, vol. 36, 2011, pp. 211–14.

Morange, M., 'François Jacob (1920–2013)', *Nature*, vol. 497, 2013, p. 440.

Morgan, T. H., *The Physical Basis of Heredity*, London, Lippincott, 1919.

Morgan, T. H., 'Nobel lecture: The relation of genetics to physiology and medicine', http://www.nobelprize.org/nobel_prizes/medicine/laureates/1933/morgan-lecture.html, 1933.

Morgan, W. T. J., 'Transformation of pneumococcal types', *Nature*, vol. 153, 1944, pp. 763–4.

Morgan, W. T. J., 'Fifth International Congress of Biochemistry', *Nature*, vol. 192, 1961, pp. 1115–16.

Moroz, L. L., Kocot, K. M., Citarella, M. R. *et al.*, 'The ctenophore genome and the evolutionary origins of neural systems', *Nature*, vol. 510, 2014, pp. 109–14.

Morris, K. V. and Mattick, J. S., 'The rise of regulatory RNA', *Nature Reviews Genetics*, vol. 15, 2014, pp. 423–37.

Morwood, M. J., Soejono, R. P., Roberts, R. G. *et al.*, 'Archaeology and age of a new hominin from Flores in eastern Indonesia', *Nature*, vol. 431, 2004, pp. 1087–91.

Mosini, V., 'Proteins, the chaperone function and heredity', *Biology and Philosophy*, vol. 28, 2013, pp. 53–74.

Mueller, J. H., 'The chemistry and metabolism of bacteria', *Annual Review of Biochemistry*, vol. 14, 1945, pp. 733–48.

Muller, H. J., 'Variation due to change in the individual gene', *The American Naturalist*, vol. 56, 1922, pp. 32–50.

Muller, H. J., 'Pilgrim Trust Lecture: The Gene', *Proceedings of the Royal Society of London B*, vol. 134, 1947, pp. 1–37.

Müller-Hill, B., *The* Lac *Operon: A Short History of a Genetic Paradigm*, New York, de Gruyter, 1996.

Müller-Wille, S. and Rheinberger, H.-J. (eds), *Heredity Produced: At the Crossroads of Biology, Politics, and Culture, 1500–1870*, London, MIT Press, 2007.

Müller-Wille, S. and Rheinberger, H.-J., *A Cultural History of Heredity*, London, University of Chicago Press, 2012.

Neale, D. B., Wegrzyn, J. L., Stevens, K. A. *et al.*, 'Decoding the massive genome of loblolly pine using haploid DNA and novel assembly strategies', *Genome Biology*, vol. 15, 2014, article R59.

Neel, J. V., 'The inheritance of sickle cell anemia', *Science*, vol. 110, 1949, pp. 64–6.

Nelson, V. R., Heaney, J. D., Tesar, P. J. *et al.*, 'Transgenerational epigenetic effects of Apobec1 cytidine deaminase deficiency on testicular germ cell tumor susceptibility and embryonic viability', *Proceedings of the National Academy of Sciences USA*, vol. 109, 2012. pp. E2766–73.

Neves, G., Zucker, J., Daly, M. and Chess, A., 'Stochastic yet biased expression of multiple Dscam splice variants by individual cells', *Nature Genetics*, vol. 36, 2004, pp. 240–6.

Newman, S. A., 'The fall and rise of systems biology: recovering from a half-century gene binge', *GeneWatch*, July–August 2003, pp. 8–12.

Nirenberg, M. W., 'The induction of two similar enzymes by one inducer. A test case for shared genetic information', *Federation Proceedings*, vol. 19, 1960, p. 42.

Nirenberg, M. W., 'The genetic code: II', *Scientific American*, vol. 208 (3), 1963, pp. 80–94.

Nirenberg, M., 'Historical review: Deciphering the genetic code – a personal account', *Trends in Biochemical Sciences*, vol. 29, 2004, pp. 46–54.

Nirenberg, M. W. and Jones, O. W., 'The current status of the RNA code', in H. J. Vogel, V. Bryson and J. O. Lampen (eds), *Informational Macromolecules*, London, Academic Press, 1963, pp.

451–66.

Nirenberg, M. W. and Leder, P., ‘RNA codewords and protein synthesis’, *Science*, vol. 145, 1964, pp. 1399–407.

Nirenberg, M. W. and Matthaei, J. H., ‘The dependence of cell-free protein synthesis in *E. coli* upon naturally occurring or synthetic polyribonucleotides’, *Proceedings of the National Academy of Sciences USA*, vol. 47, 1961, pp. 1588–602.

Nirenberg, M. W. and Matthaei, J. H., ‘The dependence of cell-free protein synthesis in *E. coli* upon naturally occurring or synthetic template RNA’, in V. A. Engelhardt (ed.), *Biological Structure and Function at the Molecular Level. Proceedings of the Fifth International Congress of Biochemistry, Moscow, 10–16 August 1961*, London, Pergamon Press, 1963, pp. 184–9.

Nirenberg, M. W., Jones, O. W., Leder, P. *et al.*, ‘On the coding of genetic information’, *Cold Spring Harbor Symposia on Quantitative Biology*, vol. 28, 1963, pp. 549–58.

Noble, D., ‘Modeling the heart: from genes to cells to the whole organ’, *Science*, vol. 295, 2002, pp. 1678–82.

Noble, D., ‘Physiology is rocking the foundations of evolutionary biology’, *Experimental Physiology*, vol. 98, 2013, pp. 1235–43.

Noble, D. F., *Forces of Production: A Social History of Industrial Automation*, Oxford, Oxford University Press, 1986.

Noller, H., ‘Evolution of protein synthesis from an RNA world’, *Cold Spring Harbor Perspectives in Biology*, vol. 4, 2012, article a003681.

Northrop, J. H., ‘Growth and phage production of lysogenic *D. megatherium*‘, *Journal of General Physiology*, vol. 34, 1951, pp. 715–35.

Novick, A. and Szilárd, L., ‘II. Experiments with the chemostat on the rates of amino acid synthesis in bacteria’, in E. J. Boell (ed.), *Dynamics of Growth Processes*, Princeton, Princeton University Press, 1954, pp. 21–32.

O’Brien, J. J. and Campoli-Richards, D. M., ‘Acyclovir’, *Drugs*, vol. 3, 1989, pp. 233–309.

Ochoa, S., ‘Chemical basis of heredity, the genetic code’, *Experientia*, vol. 20, 1964, pp. 57–68.

Ochoa, S., ‘The pursuit of a hobby’, *Annual Review of Biochemistry*, vol. 49, 1980, pp. 1–30.

O’Connell, M. R., Oakes, B. L., Sternberg, S. H. *et al.*, ‘Programmable RNA recognition and cleavage by CRISPR/Cas9’ *Nature*, vol. 516, 2014, pp. 263–6.

Olby, R., ‘Schrödinger’s problem: What is life?’, *Journal of the History of Biology*, vol. 4, 1971, pp. 119–48.

Olby, R., ‘Avery in retrospect’, *Nature*, vol. 238, 1972, pp. 295–6.

Olby, R., *The Path to the Double Helix: The Discovery of DNA*, New York, Dover, 1994.

Olby, R., ‘Quiet debut for the double helix’, *Nature*, vol. 421, 2003, pp. 402–5.

Olby, R., *Francis Crick: Hunter of Life’s Secrets*, Plainview, Cold Spring Harbor Laboratory Press, 2009.

Olby, R. and Posner, R., ‘An early reference to genetic coding’, *Nature*, vol. 215, 1967, p. 556.

Organ, C. L., Schweitzer, M. H., Zheng, W., *et al.*, 'Molecular phylogenetics of *Mastodon* and *Tyrannosaurus rex*', *Science*, vol. 320, 2008, p. 499.

Orlando, L., Ginolhac, A., Zhang, G. *et al.*, 'Recalibrating Equus evolution using the genome sequence of an early Middle Pleistocene horse', *Nature*, vol. 499, 2013, pp. 74–8.

Owens, L., 'Mathematicians at War: Warren Weaver and the Applied Mathematics Panel, 1942–1945', in D. E. Rowe and J. McClearly (eds), *The History of Modern Mathematics Vol II: Institutions and Applications*, London, Academic Press, 1989, pp. 287–305.

Oyama, S., *The Ontogeny of Information: Developmental Systems and Evolution*, Durham, NC, Duke University Press, 2000.

Oye, K. A., Esvelt, K., Appleton, E. *et al.*, 'Regulating gene drives', *Science*, vol. 345, 2014, pp. 626–8.

Pääbo, S., *Neanderthal Man: In Search of Lost Genomes*, New York, Basic Books, 2014.

Palazzo, A. F. and Gregory, T. R., 'The case for junk DNA', *PLoS Genetics*, vol. 10, 2014, article e1004351.

Pappenheimer, A. M. Jr., 'Whatever happened to Pz?', in A. Lwoff and A. Ullmann (eds), *Origins of Molecular Biology: A Tribute to Jacques Monod*, London, Academic Press, 1979, pp. 55–60.

Pardee, A. B., 'Mechanisms for control of enzyme synthesis and enzyme activity in bacteria', in G. E. W. Wolstenholme and C. M. O'Connor (eds), *CIBA Foundation Symposium on the Regulation of Cell Metabolism*, London, Churchill, 1959, pp. 295–304.

Pardee, A. B., 'The PaJaMa experiment', in A. Lwoff and A. Ullmann (eds), *Origins of Molecular Biology: A Tribute to Jacques Monod*, London, Academic Press, 1979, pp. 109–16.

Pardee, A. B., 'Molecular basis of gene expression: Origins from the Pajama experiment', *BioEssays*, vol. 2, 1985, pp. 86–9.

Pardee, A. B., 'PaJaMas in Paris', *Trends in Genetics*, vol. 18, 2002, pp. 585–7.

Pardee, A. B., Jacob, F. and Monod, J., 'Sur l'expression et le rôle des allèles "inductible" et "constitutif" dans la synthèse de la β-galactosidase chez des zygotes d'*Escherichia coli*', *Comptes rendus hebdomodaires des séances de l'Académie des sciences*, vol. 246, 1958, pp. 3125–8.

Pardee, A. B., Jacob, F. and Monod, J., 'The genetic control and cytoplasmic expression of "inducibility" in the synthesis of β-galactosidase by *E. coli*', *Journal of Molecular Biology*, vol. 1, 1959, pp. 165–78.

Paul, N. and Joyce, G. F., 'Minimal self-replicating systems', *Current Opinion in Chemical Biology*, vol. 8, 2004, pp. 634–9.

Pauling, L., 'Abnormality of hemoglobin molecules in hereditary hemolytic anemias', *Harvey Lectures*, vol. 12, 1955, pp. 216–41.

Pauling, L., 'Schrödinger's contribution to chemistry and biology', in C. W. Kilmister (ed.), *Schrödinger: Centenary Celebration of a Polymath*, Cambridge, Cambridge University Press, 1987, pp. 224–33.

Pauling, L. and Corey, R. B., 'A proposed structure for the nucleic acids', *Proceedings of the National Academy of Sciences USA*, vol. 39, 1953, pp. 84–97.

Pauling, L. and Schomaker, V., 'On a phospho-tri-anhydride formula for the nucleic acids', *Journal of the American Chemical Society*, vol. 74, 1952, pp. 3712–13.

Pauling, L., Itano, H. A., Singer, S. J. and Wells, I. C., 'Sickle cell anemia, a molecular disease', *Science*, vol. 110, 1949, pp. 543–8.

Pearson, H., 'Genetics: What is a gene?', *Nature*, vol. 441, 2006, pp. 398–401.

Penney, D., Wadsworth, C., Fox, G. *et al.*, 'Absence of ancient DNA in sub-fossil insect inclusions preserved in 'anthropocene' Colombian copal', *PLoS ONE*, vol. 8, 2013, article e73150.

Pennisi, E., 'ENCODE project writes eulogy for junk DNA', *Science*, vol. 337, 2012, pp. 1159–61.

Perutz, M., 'DNA helix', *Science*, vol. 164, 1969, pp. 1537–9.

Perutz, M. F., 'Erwin Schrödinger's *What is Life?* and molecular biology', in C. W. Kilmister (ed.), *Schrödinger: Centenary Celebration of a Polymath*, Cambridge, Cambridge University Press, 1987, pp. 234–51.

Petruk, S., Sedkov, Y., Johnston, D. M., Hodgson, J. W. *et al.*, 'TrxG and PcG proteins but not methylated histones remain associated with DNA through replication', *Cell*, vol. 150, 2012, pp. 922–33.

Peyrieras, N. and Morange, M., 'The study of lysogeny at the Pasteur Institute (1950–1960): an epistemologically open system', *Studies in History and Philosophy of Biology and Biomedical Sciences*, vol. 33, 2002, pp. 419–30.

Pfeiffer, J. E., 'Woods Hole in 1949', *Scientific American*, vol. 181 (3), 1949, pp. 13–17.

Philippe, H., Brinkmann, H., Lavrov, D. V. *et al.*, 'Resolving difficult phylogenetic questions: why more sequences are not enough', *PLoS Biology*, vol. 9, 2011, article e1000602.

Piccirilli, J. A., Krauch, T., Moroney, S. E. and Benner, S. A., 'Enzymatic incorporation of a new base pair into DNA and RNA extends the genetic alphabet', *Nature*, vol. 343, 1990, pp. 33–7.

Pichot, A., *Histoire de la notion de gène*, Paris, Flammarion, 1999.

Pickering, A., *The Cybernetic Brain: Sketches of Another Future*, London, University of Chicago Press, 2010.

Pickstone, J. V., *Ways of Knowing: A New History of Science, Technology and Medicine*, Manchester, Manchester University Press, 2001.

Pinheiro, V. B., Taylor, A. I., Cozens, C. *et al.*, 'Synthetic genetic polymers capable of heredity and evolution', *Science*, vol. 336, 2012, pp. 341–4.

Piper, A., 'Light on a dark lady', *Trends in Biochemical Sciences*, vol. 23, 1998, pp. 151–4.

Planer, R. J., 'Replacement of the "genetic program" program', *Biology and Philosophy*, vol. 29, 2014, pp. 33–53.

Poczai, P., Bell, N. and Hyvönen, J., 'Imre Festetics and the Sheep Breeders' Society of Moravia: Mendel's forgotten "research network"', *PLoS Biology*, vol. 12, 2014, article e1001772.

Pollister, A. W., Hewson, S. and Alfert, M., 'Studies on the desoxypentose nucleic acid content of animal nuclei', *Journal of Cellular Physiology*, vol. 38 (Suppl. 1), 1951, pp. 101–19.

Pollock, M. R., 'The discovery of DNA: An ironic tale of chance, prejudice and insight', *Journal of General Microbiology*, vol. 63, 1970, pp. 1–20.

Polyanski, A, A., Hlevnjal, M. and Zagrovic, B., 'Proteome-wide analysis reveals clues of complementary interactions between mRNAs and their cognate proteins as the physicochemical foundation of the genetic code', *RNA Biology*, vol. 10, 2013, pp. 1248–54.

Pontecorvo, G., 'Genetic formulation of gene structure and gene action', *Advances in Enzymology*, vol. 13, 1952, pp. 121–49.

Powner, M. W., Gerland, B. and Sutherland, J. D., 'Synthesis of activated pyrimidine ribonucleotides in prebiotically plausible conditions', *Nature*, vol. 459, 2009, pp. 239–42.

Pringle, P., *The Murder of Nikolai Vavilov*, New York, Simon & Schuster, 2008.

Pross, A., *What is Life? How Chemistry Becomes Biology*, Oxford, Oxford University Press, 2012.

Prüfer, K., Racimo, F., Patterson, N. *et al.*, 'The complete genome sequence of a Neanderthal from the Altai Mountains', *Nature*, vol. 505, 2014, pp. 43–9.

Prusiner, S. B., 'Novel proteinaceous infectious particles cause scrapie', *Science*, vol. 216, 1982, pp. 136–44.

Prusiner, S. B., 'Prions', *Proceedings of the National Academy of Sciences USA*, vol. 95, 1998, pp. 13363–83.

Prusiner, S. B. and McCarty, M., 'Discovering DNA encodes heredity and prions are infectious proteins', *Annual Review of Genetics*, vol. 40, 2006, pp. 25–45.

Ptashne, M., 'François Jacob (1920–2013)', *Cell*, vol. 253, 2013, pp. 1180–2.

Quastler, H., 'A primer on information theory', in H. P. Yockey, R. L. Platzman and H. Quastler (eds), *Symposium on Information Theory in Biology*, London, Pergamon, 1958a, pp. 3–49.

Quastler, H., 'The domain of information theory in biology', in H. P. Yockey, R. L. Platzman and H. Quastler (eds), *Symposium on Information Theory in Biology*, London, Pergamon, 1958b, pp. 187–96.

Quastler, H., 'The status of information theory in biology: a round table discussion', in H. P. Yockey, R. L. Platzman and H. Quastler (eds), *Symposium on Information Theory in Biology*, London, Pergamon, 1958c, pp. 399–402.

Rabinow, P., *Making PCR: A Story of Biotechnology*, Chicago, University of Chicago Press, 1996.

Radford, E. J., Ito, M., Shi, H. *et al.*, 'In utero undernourishment perturbs the adult sperm methylome and intergenerational metabolism', *Science*, vol. 345, 2014, article 1255903.

Rasmussen, N., *Gene Jockeys: Life Science and the Rise of Biotech Enterprise*, Baltimore, Johns Hopkins University Press, 2014.

Reaves, M. L., Sinha, S., Rabinowitz, J. D. *et al.*, 'Absence of detectable arsenate in DNA from arsenate-grown GFAJ-1 cells', *Science*, vol. 337, 2012, pp. 470–3.

Rechavi, O., Minevich, G. and Hobert, O., 'Transgenerational inheritance of an acquired small RNA-based antiviral response in *C. elegans*', *Cell*, vol. 147, 2011, pp. 1248–56.

Regier, J. C., Shultz, J. W., Zwick, A. *et al.*, 'Arthropod relationships revealed by phylogenomic analysis of nuclear protein-coding sequences', *Nature*, vol. 463, 2010, pp. 1079–83.

Reich, D., Green, R. E., Kircher, M. *et al.*, 'Genetic history of an archaic hominin group from Denisova Cave in Siberia', *Nature*, vol. 468, 2010, pp. 1053–60.

Relyea, R. A., 'New effects of Roundup on amphibians: Predators reduce herbicide mortality; herbicides induce antipredator morphology', *Ecological Applications*, vol. 22, 2012, pp. 634–47.

Remigi, P., Capela, D., Clerissi, C. *et al.*, 'Transient hypermutagenesis accelerates the evolution of legume endosymbionts following horizontal gene transfer', *PLoS Biology*, vol. 12, 2014, article e1001942.

Rheinberger, H.-J., *Towards a History of Epistemic Things: Synthesizing Proteins in the Test Tube*, Stanford, Stanford University Press, 1997.

Rich, A., 'An introduction to intra-cellular information transfer', in R. Bellman (ed.), *Proceedings of Symposia in Applied Mathematics XIV: Mathematical Problems in the Biological Sciences*, Providence, RI, American Mathematical Society, 1962, pp. 205–13.

Rich, A., 'Gamow and the genetic code', in E. Harper, W. C. Parke and D. Anderson (eds), *George Gamow Symposium*, ASP Conference Series, Vol. 129), 1997, pp. 114–22.

Rich, A., 'The excitement of discovery', *Annual Review of Biochemistry*, vol. 73, 2004, pp. 1–37.

Rich, A. and Zhang, S., 'Timeline. Z-DNA, the long road to biological function', *Nature Reviews Genetics*, vol. 4, 2003, pp. 566–72.

Rich, A., Davies, D. R., Crick, F. H. and Watson, J. D., 'The molecular structure of polyadenylic acid', *Journal of Molecular Biology*, vol. 3, 1961, pp. 71–86.

Ridley, M., *Francis Crick: Discoverer of the Genetic Code*, London, Harper Perennial, 2006.

Rietveld, C. A., Esko, T., Davies, G. *et al.*, 'Common genetic variants associated with cognitive performance identified using the proxy-phenotype method', *Proceedings of the National Academy of Sciences USA*, vol. 111, 2014, pp. 13790–4.

RIKEN Genome Exploration Research Group and Genome Science Group (Genome Network Project Core Group) and the FANTOM Consortium, 'Antisense transcription in the mammalian transcriptome', *Science*, vol. 309, 2005, pp. 1564–6.

Ring, K. L. and Cavalcanti, A. R. O., 'Consequences of stop codon reassignment on protein evolution in ciliates with alternative genetic codes', *Molecular Biology and Evolution*, vol. 25, 2007, pp. 179–86.

Rinke, C., Schwientek, P., Sczyrba, A. *et al.*, 'Insights into the phylogeny and coding potential of microbial dark matter', *Nature*, vol. 499, 2013, pp. 431–7.

Roberts, R. B. (ed.), *Microsomal Particles and Protein Synthesis*, London, Pergamon, 1958.

Roberts, R. B., 'Alternative codes and templates', *Proceedings of the National Academy of Sciences USA*, vol. 48, 1962, pp. 897–900.

Robertson, M. P. and Joyce, G. F., 'The origins of the RNA world', *Cold Spring Harbor Perspectives in Biology*, vol. 4, 2012, article a003608.

Roch, A., 'Die Geschichte der Computermaus', *Telepolis*, 28 August 1998. [English translation at http://www-sul.stanford.edu/siliconbase/wip/control.html.]

Roch, A., 'Biopolitics and intuitive algebra in the mathematization of cryptology? A review of Shannon's 'A mathematical theory of cryptography' from 1945', *Cryptologia*, vol. 23, 1999, pp. 261–6.

Roche, J., 'Notice nécrologique: André Boivin (1895–1949)', *Bulletin de la Société de Chimie Biologique*, vol. 31, 1949, pp. 1564–7.

Rogers, E. M., 'Claude Shannon's cryptography research during World War II and the mathematical theory of communication', *Proceedings, IEEE 28th International Carnaham Conference on Security Technology*, 1994, pp. 1–5.

Rogozin, I. B., Carmel, L., Csuros, M. and Koonin, E. V., 'Origin and evolution of spliceosomal introns', *Biology Direct*, vol. 7, 2012, p. 11.

Romiguier, J., Ranwez, V., Douzery, E. J. P. and Galtier, N., 'Contrasting GC-content dynamics across 33 mammalian genomes: Relationship with life-history traits and chromosome sizes', *Genome Research*, vol. 20, 2010, pp. 1001–9.

Rosenblith, W. A., 'Cybernetics, or Control and communication in the animal and the machine by Norbert Wiener', *Annals of the American Academy of Political and Social Science*, vol. 264, 1949, pp. 287–8.

Rosenblueth, A., Wiener, N. and Bigelow, J., 'Behavior, purpose and teleology', *Philosophy of Science*, vol. 10, 1943, pp. 18–24.

Rovner, A. J., Haimovich, A. D., Katz, S. R., *et al.*, 'Recoded organisms engineered to depend on synthetic amino acids', *Nature*, vol. XXX, 2015, pp. 89–93.

Rowen, J. W., Eden, M. and Kahler, H., 'Molecular characteristics of sodium desoxyribonucleate', *Biochimica et Biophysica Acta*, vol. 10, 1953, pp. 89–92.

Rutherford, A., *Creation*, London, Penguin, 2013.

Safaee, N., Noronha, A. M., Rodionov, D. *et al.*, 'Structure of the parallel duplex of poly(A) RNA: evaluation of a 50 year-old prediction', *Angewandte Chemie International Edition*, vol. 52, 2013, pp. 10370–3.

Salas, M., Smith M. A., Stanley, W. M. Jr. *et al.*, 'Direction of reading of the genetic message', *Journal of Biological Chemistry*, vol. 240, 1965, pp. 3988–95.

Sánchez-Silva, R., Villalobo, E., Morin, L. and Torres A., 'A new noncanonical nuclear genetic code: Translation of UAA into glutamate', *Current Biology*, vol. 13, 2003, pp. 442–7.

Sanger F., 'Sequences, sequences, and sequences', *Annual Review of Biochemistry*, vol. 57, 1988, pp. 1–28.

Sanger, F. and Thompson, E. O. P., 'The amino-acid sequence in the glycyl chain of insulin. 1. The investigation of lower peptides from partial hydrolysates', *Biochemical Journal*, vol. 53, 1953a, pp. 353–66.

Sanger, F. and Thompson, E. O. P., 'The amino-acid sequence in the glycyl chain of insulin. 2. The investigation of peptides from enzymic hydrolysates', *Biochemical Journal*, vol. 53, 1953b, pp. 366–74.

Sanger, F. and Tuppy, H., 'The amino-acid sequence in the phenylalanyl chain of insulin. I. The investigation of lower peptides from partial hydrolysates', *Biochemical Journal*, vol. 49, 1951a, pp. 463–81.

Sanger, F. and Tuppy, H., 'The amino-acid sequence in the phenylalanyl chain of insulin. II. The investigation of peptides from enzymic hydrolysates', *Biochemical Journal*, vol. 49, 1951b, pp. 481–90.

Sanger, F., Nicklen, S. and Coulson, A. R., 'DNA sequencing with chain-terminating inhibitors', *Proceedings of the National Academy of Sciences USA*, vol. 74, 1977, pp. 5463–7.

Sanger, F., Coulson, A. R., Friedmann, T. *et al.*, 'The nucleotide sequence of bacteriophage phiX174', *Journal of Molecular Biology*, vol. 125, 1978, pp. 225–46.

Sankararaman, S., Mallick, S., Dannemann, M. *et al.*, 'The genomic landscape of Neanderthal ancestry in present-day humans', *Nature*, vol. 507, 2014, pp. 354–7.

Sapp, J. *The New Foundations of Evolution: On the Tree of Life*, Oxford, Oxford University Press, 2009.

Sarkar, S., '*What is Life?* revisited', *BioScience*, vol. 41, 1991, pp. 631–4.

Sarkar, S., 'Biological information: a skeptical look at some central dogmas of molecular biology', in S. Sarkar (ed.), *The Philosophy and History of Molecular Biology: New Perspectives*, Dordrecht, Kluwer, 1996a, pp. 187–231.

Sarkar, S., 'Decoding "coding" – information and DNA', *BioScience*, vol. 46, 1996b, pp. 857–64.

Sarkar, S., 'Information in genetics and developmental biology: Comments on Maynard Smith', *Philosophy of Science*, vol. 67, 2000, pp. 208–13.

Sarkar, S., 'Erwin Schrödinger's excursus on genetics', in O. Harman and M. R. Dietrich (eds), *Outsider Scientists: Routes to Innovation in Biology*, Chicago, Chicago University Press, 2013, pp. 93–109.

Sasidharan, R. and Gerstein, M., 'Genomics: Protein fossils live on as RNA', *Nature*, vol. 453, 2008, pp. 729–31.

Sayre, A., *Rosalind Franklin and DNA*, London, Norton, 1975.

Schaffner, K., 'Logic of discovery and justification in regulatory genetics', *Studies in History and Philosophy of Science*, vol. 4, 1974, pp. 349–85.

Schlatter, M. and Aizawa, K., 'Walter Pitts and "A Logical Calculus"', *Synthese*, vol. 162, 2008, pp. 235–50.

Schmucker D., Clemens, J. C., Shu, H. *et al.*, '*Drosophila* Dscam is an axon guidance receptor exhibiting extraordinary molecular diversity', *Cell*, vol. 101, 2000, pp. 671–84.

Schneider, T. D., Stormo, G. D., Gold, L. and Ehrenfeucht, A., 'Information content of binding sites on nucleotide sequences', *Journal of Molecular Biology*, vol. 188, 1986, pp. 415–31.

Schrödinger, E., *What is Life?*, Cambridge, Cambridge University Press, 2000.

Schultz, J., 'Aspects of the relation between genes and development in *Drosophila*', *The American Naturalist*, vol. 69, 1935, pp. 30–54.

Schultz, J., 'The evidence of the nucleoprotein nature of the gene', *Cold Spring Harbor Symposia on Quantitative Biology*, vol. 9, 1941, pp. 55–65.

Schultz, J., 'The nature of heterochromatin', *Cold Spring Harbor Symposia on Quantitative Biology*, vol. 12, 1947, pp. 179–91.

Schuster, S. C., 'Next-generation sequencing transforms today's biology', *Nature Methods*, vol. 5, 2008, pp. 16–18.

Schwartz, D., 'Speculations on gene action and protein specificity', *Proceedings of the National Academy of Sciences USA*, vol. 41, 1955, pp. 300–7.

Schwartz, J., *In Pursuit of the Gene: From Darwin to DNA*, Cambridge, MA, Harvard University Press, 2008.

Shama, L. N. S. and Wegner, K. W., 'Grandparental effects in marine sticklebacks: transgenerational plasticity across multiple generations', *Journal of Evolutionary Biology*, vol. 27, 2014, pp. 2297–307.

Shannon, C. E., *An Algebra for Theoretical Genetics*, unpublished PhD thesis, Massachusetts Institute of Technology, 1940.

Shannon, C. E., 'A mathematical theory of communication', *The Bell System Technical Journal*, vol. 227, 1948a, pp. 379–423.

Shannon, C. E., 'A mathematical theory of communication', *The Bell System Technical Journal*, vol. 227, 1948b, pp. 623–56.

Shannon, C. E. and Weaver, W., *The Mathematical Theory of Communication*, Urbana, University of Illinois Press, 1949.

Shapiro, B. and Hofreiter, M., 'A paleogenomic perspective on evolution and gene function: new insights from ancient DNA', *Science*, vol. 343, 2014, article 1236573.

Shapiro, J. A., 'Revisiting the Central Dogma in the twenty-first century', *Annals of the New York Academy of Sciences*, vol. 1178, 2009, pp. 6–28.

shCherbak, V. I. and Makukov, M. A., 'The "Wow! signal" of the terrestrial genetic code', *Icarus*, vol. 224, 2013, pp. 228–42.

Shea, N., 'What's transmitted? Inherited information', *Biology and Philosophy*, vol. 26, 2011, pp. 183–9.

Shen, P. S., Park, J., Qin, Y., *et al.*, 'Rqc2p and 60S ribosomal subunits mediate mRNA-independent elongation of nascent chains', *Science*, vol. 347, 2015, pp. 75–8.

Sheridan, C., 'First CRISPR-Cas patent opens race to stake out intellectual property', *Nature Biotechnology*, vol. 32, 2014, pp. 599–601.

Shine, I. and Wrobel, S., *Thomas Hunt Morgan: Pioneer of Genetics*, Lexington, University of Kentucky Press, 1976.

Shreeve, J., *The Genome War*, New York, Knopf, 2004.

Singer, M., 'Leon Heppel and the early days of RNA biochemistry', *Journal of Biological Chemistry*, vol. 278, 2003, pp. 47351–6.

Slater, E. C., '1961 Moscow, USSR: The Fifth International Congress of Biochemistry', *IUBMB Life*, vol. 55, 2003, pp. 185–7.

Sloan, P. R. and Fogel, B., *Creating a Physical Biology. The Three-Man Paper and Early*

Molecular Biology, London, University of Chicago Press, 2011.

Smith, Z. D., Chan, M. M., Humm, K. C. *et al.*, 'DNA methylation dynamics of the human preimplantation embryo', *Nature*, vol. 511, 2014, pp. 611–15.

Sofyer, V. N., 'The consequences of political dictatorship for Russian science', *Nature Reviews Genetics*, vol. 2, 2001, pp. 723–9.

Söll, D., Ohtsuka, E., Jones, D. S. *et al.*, 'Studies on polynucleotides, XLIX. Stimulation of the binding of aminoacyl-sRNAs to ribosomes by ribotrinucleotides and a survey of codon assignments for 20 amino acids', *Proceedings of the National Academy of Sciences USA*, vol. 54, 1965, pp. 1378–85.

Sonneborn, T. M., 'Molecular biology of the gene', *Science*, vol. 150, 1965, p. 1282.

Spetner, L. M., 'Information transmission in evolution', *IEEE Transactions on Information Theory*, vol. 14, 1968, pp. 3–6.

Speyer, J. F., Lengyel, P., Basilio, C. and Ochoa, S., 'Synthetic polynucleotides and the amino acid code, II', *Proceedings of the National Academy of Sciences USA*, vol. 48, 1962a, pp. 63–8.

Speyer, J. F., Lengyel, P., Basilio, C. and Ochoa, S., 'Synthetic polynucleotides and the amino acid code, IV', *Proceedings of the National Academy of Sciences USA*, vol. 48, 1962b, pp. 441–8.

Speyer, J. F., Lengyel, P., Basilio, C. *et al.*, 'Synthetic polynucleotides and the amino acid code', *Cold Spring Harbor Symposia on Quantitative Biology*, vol. 28, 1963, pp. 559–68.

Spiegelman, S., 'Nuclear and cytoplasmic factors controlling enzymatic constitution', *Cold Spring Harbor Symposia on Quantitative Biology*, vol. 11, 1946, pp. 256–77.

Spiegelman, S. and Landman, O. E., 'Genetics of microorganisms', *Annual Review of Microbiology*, vol. 8, 1954, pp. 181–236.

Srinivasan, G., James, C. M. and Krzycki, J. A., 'Pyrrolysine encoded by UAG in Archaea: charging of a UAG-decoding specialized tRNA', *Science*, vol. 296, 2002, pp. 1459–62.

Stacey, M., 'Bacterial nucleic acids and nucleoproteins', *Symposia of the Society for Experimental Biology*, vol. 1, 1947, pp. 86–100.

Stamhuis, I. H., Meijer, O. G. and Zevenhuizen, E. J. A., 'Hugo de Vries on heredity, 1889–1903. Statistics, Mendelian laws, pangenes, mutations', *Isis*, vol. 90, 1999, pp. 238–67.

Stanley, W. M., 'Isolation of a crystalline protein possessing the properties of tobacco-mosaic virus', *Science*, vol. 81, 1935, pp. 644–5.

Stanley, W. M., 'The "undiscovered" discovery', *Archives of Environmental Health*, vol. 21, 1970, pp. 256–62.

Starck, S. R., Jiang, V., Pavon-Eternod, M., *et al.*, 'Leucine-tRNA initiates at CUG start codons for protein synthesis and presentation by MHC class I', *Science*, vol. 336, 2012, pp. 1719–23.

Stedman, E. and Stedman, E., 'The function of deoxyribose-nucleic acid in the cell nucleus', *Symposia of the Society for Experimental Biology*, vol. 1, 1947, pp. 232–51.

Stegmann, U. E., 'The arbitrariness of the genetic code', *Biology and Philosophy*, vol. 19, 2004, pp. 205–22.

Stegmann, U. E., 'Genetic information as instructional content', *Philosophy of Science*, vol. 72,

2005, pp. 425–43.

Stegmann, U. E., 'DNA, inference, and information', *British Journal for the Philosophy of Science*, vol. 60, 2009, pp. 1–17.

Stegmann, U. E., 'Varieties of parity', *Biology and Philosophy*, vol. 27, 2012, pp. 903–18.

Stegmann, U. E., 'On the transmission sense of information', *Biology and Philosophy*, vol. 28, 2013, pp. 141–4.

Stegmann, U. E., ''Genetic coding' reconsidered: an analysis of actual usage', *British Journal for the Philosophy of Science*, 2014a, in press.

Stegmann, U. E., 'Causal control and genetic causation', *Noûs*, vol. 48, 2014b, pp. 450–65.

Stent, G. S., 'Genetic transcription', *Proceedings of the Royal Society of London Series B*, vol. 164, 1966, pp. 181–97.

Stent, G. S., 'That was the molecular biology that was', *Science*, vol. 160, 1968a, pp. 390–5.

Stent, G. S., 'Reply to Lamanna', *Science*, vol. 160, 1968b, p. 1398.

Stent, G. S., *Molecular Genetics: An Introductory Narrative*, San Francisco, Freeman, 1971.

Stent, G. S., 'Prematurity and uniqueness in scientific discovery', *Scientific American*, vol. 227 (12), 1972, pp. 84–93.

Stergachis, A. B., Haugen, E., Shafer. A. *et al.*, 'Exonic transcription factor binding directs codon choice and affects protein evolution', *Science*, vol. 342, 2013, pp. 1367–72.

Stern, K. G., 'Nucleoproteins and gene structure', *Yale Journal of Biology and Medicine*, vol. 19, 1947, pp. 937–49.

Stevens, H., *Life Out of Sequence: A Data-Driven History of Bioinformatics*, London, University of Chicago Press, 2013.

Strasser, B. J., 'A world in one dimension: Linus Pauling, Francis Crick and the Central Dogma of molecular biology', *History and Philosophy of the Life Sciences*, vol. 28, 2006, pp. 491–512.

Stretton, A. O. W., 'The first sequence: Fred Sanger and insulin', *Genetics*, vol. 162, 2002, pp. 527–32.

Sturtevant, A. H., *A History of Genetics*, London, Harper, 1965.

Suárez-Díaz, E., 'The long and winding road of molecular data in phylogenetic analysis', *Journal of the History of Biology*, vol. 47, 2014, pp. 443–78.

Subak-Sharpe, H., Bürk, R. R., Crawford, L. V. *et al.*, 'An approach to evolutionary relationships of mammalian DNA viruses through analysis of the pattern of nearest neighbor base sequences', *Cold Spring Harbor Symposia on Quantitative Biology*, vol. 31, 1966, pp. 737–48.

Sueoka, N., Marmur, J. and Doty, P., 'II. Dependence of the density of deoxyribonucleic acids on guanine-cytosine content', *Nature*, vol. 183, 1959, pp. 1429–31.

Sulston, J. and Ferry, G., *The Common Thread: Science, Politics, Ethics and the Human Genome*, London, Bantam, 2002.

Summers, W. C., 'How bacteriophage came to be used by the phage group', *Journal of the History of Biology*, vol. 26, 1993, pp. 255–67.

Supattapone, S. and Miller, M. B., 'Cofactor involvement in prion propagation', in W.-Q. Zou and P.

Gambetti (eds), *Prions and Diseases: Volume 1, Physiology and Pathophysiology*, New York, Springer, 2013, pp. 93–105.

Šustar, P., 'Crick's notion of genetic information and the 'central dogma' of molecular biology', *British Journal for the Philosophy of Science*, vol. 58, 2007, pp. 13–24.

Sutton, W. S., 'On the morphology of the chromosome group in *Brachystola magna*', *Biological Bulletin*, vol. 4, 1902, pp. 24–39.

Sutton, W. S., 'The chromosomes in heredity', *Biological Bulletin*, vol. 4, 1903, pp. 231–51.

Switzer, C., Moroney, S. E. and Benner, S. A., 'Enzymatic incorporation of a new base pair into DNA and RNA', *Journal of the American Chemical Society*, vol. 111, 1989, pp. 8322–3.

Symonds, N., 'What is Life?: Schrödinger's influence in biology', *Quarterly Review of Biology*, vol. 61, 1986, pp. 221–6.

Symonds, N., 'Reminiscence', in F. W. Stahl (ed.), *We Can Sleep Later: Alfred D. Hershey and the Origins of Molecular Biology*, Cold Spring Harbor, Cold Spring Harbor Laboratory Press, 2000, pp. 91–4.

Szilárd, L., 'The control of the formation of specific proteins in bacteria and in animal cells', *Proceedings of the National Academy of Sciences USA*, vol. 46, 1960, pp. 277–92.

Tatum, E. L., 'Chairman's Remarks', in H. J. Vogel, B. Vernon and J. O. Lampen (eds), *Informational Macromolecules*, London, Academic Press, 1963, pp. 175–6.

Tatum, E. L. and Beadle, G. W., 'Genetic control of biochemical reactions in *Neurospora*: An 'aminobenzoicless' mutant', *Proceedings of the National Academy of Sciences USA*, vol. 28, 1942, pp. 234–43.

Taylor, H. E., 'Nouvelles transformations induites spécifiquement chez le pneumocoque', *Colloques Internationaux du Centre National de la Recherche Scientifique*, vol. 8, 1949, pp. 45–55.

Temin, H. M., 'The protovirus hypothesis: Speculations on the significance of RNA-directed DNA synthesis for normal development and for carcinogenesis', *Journal of the National Cancer Institute*, vol. 46, 1971, pp. iii–vii.

Theobald, D. L., 'A formal test of the theory of universal common ancestry' *Nature*, vol. 465, 2010, pp. 219–22.

Thieffry, D., 'Contributions of the "Rouge-Cloître group" to the notion of "messenger RNA"', *History and Philosophy of the Life Sciences*, vol. 19, 1997, pp. 89–113.

Thieffry, D. and Burian, R. M., 'Jean Brachet's alternative scheme for protein synthesis', *Trends in Biochemical Sciences*, vol. 21, 1996, pp. 115–17.

Thomas, C. A., 'The genetic organization of chromosomes', *Annual Review of Genetics*, vol. 5, 1971, pp. 237–56.

Thomas, R., 'Molecular genetics under an embryologist's microscope: Jean Brachet, 1909–1988', *Genetics*, vol. 131, 1992, pp. 515–18.

Tissières, A., Schlessinger, D. and Gros, F., 'Amino acid incorporation into proteins by *Escherichia coli* ribosomes', *Proceedings of the National Academy of Sciences USA*, vol. 46, 1960, pp.

1450–63.

Toomey, D., *Weird Life: The Search for Life That Is Very, Very Different from Our Own*, London, Norton, 2013.

Triclot, M., 'Norbert Wiener's politics and the history of cybernetics', in M. Kokowski (ed.), *The Global and the Local: The History of Science and the Cultural Integration of Europe. Proceedings of the Second International Conference of the European Society for the History of Science (Cracow, Poland, 6–9 September 2006)*, Warsaw, Press of the Polish Academy of Arts and Sciences, 2007.

Triclot, M., *Le Moment cybernétique : La constitution de la notion d'information*, Paris, Champ Vallon, 2008.

Troland, L. T., 'Biological enigmas and the theory of enzyme action', *The American Naturalist*, vol. 51, 1917, pp. 321–50.

Tsugita, A., 'The proteins of mutants of TMV: composition and structure of chemically evoked mutants of TMV RNA', *Journal of Molecular Biology*, vol. 5, 1962, pp. 284–92.

Ullmann, A., 'Jacques Monod, 1910–1976: his life, his work and his commitments', *Research in Microbiology*, vol. 161, 2010, pp. 68–73.

Umbarger, H. E., 'Evidence for a negative-feedback mechanism on the biosynthesis of isoleucine', *Science*, vol. 123, 1956, p. 848.

van Dam, L. and Levitt, M. H., '*B*II nucleotides in the B and C forms of natural-sequence polymeric DNA: A new model for the C form of DNA', *Journal of Molecular Biology*, vol. 304, 2000, pp. 541–61.

van Noorden, R., Maher, B. and Nuzzo, R., 'The top 100 papers', *Nature*, vol. 514, 2014, pp. 550–3.

Varmus, H., *The Art and Politics of Science*, New York, Norton, 2009.

Venter, J. C., *A Life Decoded. My Genome: My Life*, London, Penguin, 2007.

Venter, J. C., *Life at the Speed of Light*, London, Little, Brown, 2013.

Venter, J. C., Adams, M. D., Myers, E. W. *et al.*, 'The sequence of the human genome', *Science*, vol. 291, 2001, pp. 1304–51.

Vernot, B. and Akey, J. M., 'Resurrecting surviving Neandertal lineages from modern human genomes', *Science*, vol. 343, 2014, pp. 1017–21.

Vogel, H., 'Repressed and induced enzyme formation: a unified hypothesis', *Proceedings of the National Academy of Sciences USA*, vol. 43, 1957, pp. 491–6.

Vogel, H. J., Vernon, B. and Lampen, J. O. (eds), *Informational Macromolecules*, London, Academic Press, 1963.

von Neumann, J., 'The general and logical theory of automata', in L. A. Jeffress (ed.), *Cerebral Mechanisms in Behavior. The Hixon Symposium*, New York, Wiley, 1951, pp. 1–31.

von Neumann, J., 'Letter to Norbert Wiener from John von Neumann', *Proceedings of Symposia in Applied Mathematics*, vol. 52, 1997, pp. 506–12.

von Schwerin, A., 'Medical physicists, biology, and the physiology of the cell (1920–1940)', in L.

Campos and A. von Schwerin (eds), *Making Mutations: Objects, Practices, Contexts, Preprint 393*, Berlin, Max Planck Institute for the History of Science, 2010, pp. 231–58.

Waddington, C. H., 'Some European contributions to the prehistory of molecular biology', *Nature*, vol. 221, 1969, pp. 318–21.

Wahba, A. J., Basilio, C., Speyer, J. F. *et al.*, 'Synthetic polynucleotides and the amino acid code, VI', *Proceedings of the National Academy of Sciences USA*, vol. 48, 1962, pp. 1683–6.

Wahba, A. J., Gardner, R. S., Basilio, C. *et al.*, 'Synthetic polynucleotides and the amino acid code, VIII', *Proceedings of the National Academy of Sciences USA*, vol. 49, 1963a, pp. 116–22.

Wahba, A. J., Miller, R. S., Basilio, C. *et al.*, 'Synthetic polynucleotides and the amino acid code, IX', *Proceedings of the National Academy of Sciences USA*, vol. 49, 1963b, pp. 880–5.

Wahlsten, D., Bachmanov, A., Finn, D. A. and Crabbe, J. C., 'Stability of inbred mouse strain differences in behavior and brain size between laboratories and across decades', *Proceedings of the National Academy of Sciences USA*, vol. 103, 2006, pp. 16364–9.

Wain, H. M., Bruford, E. A., Lovering, R. C. *et al.*, 'Guidelines for human gene nomenclature', *Genomics*, vol. 79, 2002, pp. 464–70.

Wall, R., 'Overlapping genetic codes', *Nature*, vol. 193, 1962, pp. 1268–70.

Walker, F. O., 'Huntington's disease', *The Lancet*, vol. 369, 2007, pp. 218–28.

Wang, A. H., Quigley, G. J., Kolpak, F. J. *et al.*, 'Molecular structure of a left-handed double helical DNA fragment at atomic resolution', *Nature*, vol. 282, 1979, pp. 680–6.

Watanabe, T., Zhong, G., Russell, C. A. *et al.*, 'Circulating avian influenza viruses closely related to the 1918 virus have pandemic potential', *Cell Host Microbe*, vol. 15, 2014, pp. 692–705.

Watson, J. D., *Molecular Biology of the Gene*, New York, Benjamin, 1965.

Watson, J. D., *The Double Helix: A Personal Account of the Discovery of the Structure of DNA*, London, Weidenfeld & Nicolson, 1968.

Watson, J. D., *Genes, Girls and Gamow*, Oxford, Oxford University Press, 2001.

Watson, J. D. and Berry, A., *DNA: The Secret of Life*, New York, Knopf, 2003.

Watson, J. D. and Crick, F. H. C., 'A structure for deoxyribose nucleic acid', *Nature*, vol. 171, 1953a, pp. 737–8.

Watson, J. D. and Crick, F. H. C., 'Genetical implications of the structure of deoxyribose nucleic acid', *Nature*, vol. 171, 1953b, pp. 964–7.

Watson, J. D. and Crick, F. H. C., 'The structure of DNA', *Cold Spring Harbor Symposia on Quantitative Biology*, vol. 18, 1953c, pp. 123–31.

Watson, J. D. and Maaløe, O., 'Nucleic acid transfer from parental to progeny bacteriophage', *Biochimica et Biophysica Acta*, vol. 10, 1953, pp. 432–42.

Weaver, W., 'The mathematics of communication', *Scientific American*, vol. 181 (7), 1949, pp. 11–15.

White, M. A., Myers, C. A., Corbo, J. C. and Cohen, B. A., 'Massively parallel in vivo enhancer assay reveals that highly local features determine the cis-regulatory function of ChIP-seq peaks', *Proceedings of the National Academy of Sciences USA*, vol. 110, 2013, pp. 11952–7.

Wiener, N., 'Time, communication and the nervous system', *Annals of the New York Academy of Science*, vol. 50, 1948a, pp. 197–220.

Wiener, N., *Cybernetics: or, Control and Communication in the Animal and the Machine*, New York, Technology Press, 1948b.

Wiener, N., *Extrapolation, Interpolation, and Smoothing of Stationary Time Series: With Engineering Applications*, Boston, MIT Press, 1949.

Wiener, N., *The Human Use of Human Beings: Cybernetics and Society*, Boston, Houghton Mifflin, 1950.

Wiener, N., *I am a Mathematician*, London, Gollancz, 1956.

Wilkins, M. H. F., 'The molecular configuration of nucleic acids: Nobel Lecture, December 11, 1962', in *Nobel Lectures Physiology or Medicine 1942–1962*, Elsevier Publishing Company, Amsterdam, 1964.

Wilkins, M., *The Third Man of the Double Helix: An Autobiography*, Oxford, Oxford University Press, 2003.

Wilkins, M. H. F., Gosling, R. G. and Seeds, W. E., 'Physical studies of nucleic acid: an extensible molecule?', *Nature*, vol. 167, 1951, pp. 759–60.

Williams, T. A., Foster, P. G., Cox, C. J. and Embley, T. M., 'An archaeal origin of eukaryotes supports only two primary domains of life', *Nature*, vol. 504, 2013, pp. 231–6.

Witkowski, J. A., 'The discovery of split genes', *Trends in Biochemical Sciences*, vol. 13, 1988, pp. 110–13.

Witkowski, J. (ed.), *The Inside Story: DNA to RNA to Protein*, Cold Spring Harbor, Cold Spring Harbor Laboratory Press, 2005.

Woese, C., 'Nature of the biological code', *Nature*, vol. 194, 1962, pp. 1114–15.

Woese, C., 'On the evolution of the genetic code', *Proceedings of the National Academy of Sciences USA*, vol. 54, 1965, pp. 1546–52.

Woese, C. R., *The Genetic Code*, London, Harper & Row, 1967.

Woese, C. R. and Fox, G. E., 'Phylogenetic structure of the prokaryotic domain: the primary kingdoms', *Proceedings of the National Academy of Sciences USA*, vol. 74, 1977a, pp. 5088–90.

Woese, C. R. and Fox, G. E., 'The concept of cellular evolution', *Journal of Molecular Evolution*, vol. 10, 1977b, pp. 1–6.

Woese, C. R., Dugre, D. H., Saxinger, W. C. and Dugre, S. A., 'The molecular basis of the genetic code', *Proceedings of the National Academy of Sciences USA*, vol. 55, 1966, pp. 966–74.

Wolfe, A. D., 'The Cold War context of the Golden Jubilee, or, why we think of Mendel as the father of genetics', *Journal of the History of Biology*, vol. 45, 2012, pp. 389–414.

Wolfe-Simon, F., Davies, P. C. W. and Anbar, A. D., 'Did nature also choose arsenic?', *International Journal of Astrobiology*, vol. 8, 2009, pp. 69–74.

Wolfe-Simon, F., Blum, J. S., Kulp, T. R. *et al.*, 'A bacterium that can grow by using arsenic instead of phosphorus', *Science*, vol. 332, 2011, pp. 1163–6.

Wood, A. R., Esko, R., Yang, Y. *et al.*, 'Defining the role of common variation in the genomic and biological architecture of adult human height', *Nature Genetics*, vol. 46, 2014, pp. 294–8.

Wood, R. J. and Orel, V., *Genetic Prehistory in Selective Breeding: A Prelude to Mendel*, Oxford, Oxford University Press, 2001.

Worley, K. C. and Gibbs, R. A., 'Decoding a national treasure', *Nature*, vol. 463, 2010, pp. 303–4.

Wright, S., *Molecular Politics: Developing American and British Regulatory Policy for Genetic Engineering, 1972–1982*, London, University of Chicago Press, 1994.

Wrinch, D. M., 'The molecular structure of chromosomes' *Protoplasma*, vol. 25, 1936, pp. 550–69.

Wyatt, H. V., 'When does information become knowledge?', *Nature*, vol. 235, 1972, pp. 86–9.

Wyatt, H. V., 'How history has blended', *Nature*, vol. 249, 1974, pp. 803–5.

Wyatt, H. V., 'Knowledge and prematurity: the journey from transformation to DNA', *Perspectives in Biology and Medicine*, vol. 18, 1975, pp. 149–56.

Yáñez-Cuna, J. O., Kvon, E. Z. and Stark, A., 'Deciphering the transcriptional *cis*-regulatory code', *Trends in Genetics*, vol. 29, 2013, pp. 11–22.

Yang, Z., Chen, F., Alvarado, J. B. and Benner, S. A., 'Amplification, mutation, and sequencing of a six-letter synthetic genetic system', *Journal of the American Chemical Society*, vol. 133, 2011, pp. 15105–12.

Yaniv, M., 'The 50th anniversary of the publication of the operon theory in the Journal of Molecular Biology: Past, present and future', *Journal of Molecular Biology*, vol. 409, 2011, pp. 1–6.

Yanofsky, C., 'Establishing the triplet nature of the genetic code', *Cell*, vol. 128, 2007, pp. 815–18.

Yanofsky, C., Carlton, C. C., Guest, J. R. *et al.*, 'On the colinearity of gene structure and protein structure', *Proceedings of the National Academy of Sciences USA*, vol. 51, 1964, pp. 262–72.

Yarus, M., *Life from an RNA World: The Ancestor Within*, Harvard, Harvard University Press, 2010.

Yarus, M., Caporaso, J. G. and Knight, R., 'Origins of the genetic code: The escaped triplet theory', *Annual Review of Biochemistry*, vol. 74, 2005, pp. 179–98.

Yates, R. A. and Pardee, A. B., 'Control of pyrimidine biosynthesis in *Escherichia coli* by a feed-back mechanism', *Journal of Biological Chemistry*, vol. 221, 1956, pp. 757–70.

Yčas, M., 'The protein text', in H. P. Yockey, R. L. Platzman and H. Quastler (eds), *Symposium on Information Theory in Biology*, London, Pergamon, 1958, pp. 70–100.

Yčas, M., *The Biological Code*, London, North-Holland, 1969.

Yčas, M. and Vincent, W. S., 'A ribonucleic acid fraction from yeast related in composition to desoxyribonucleic acid', *Proceedings of the National Academy of Sciences USA*, vol. 46, 1960, pp. 804–11.

Yockey, H. P., 'Some introductory ideas concerning the application of information theory in biology', in H. P. Yockey, R. L. Platzman and H. Quastler (eds), *Symposium on Information Theory in Biology*, London, Pergamon, 1958, pp. 50–9.

Yockey, H. P., *Information Theory and Molecular Biology*, Cambridge, Cambridge University

Press, 1992.

Yockey, H. P., Platzman, R. L. and Quastler, H. (eds), *Symposium on Information Theory in Biology*, London, Pergamon, 1958.

Yong, E., 'The unique merger that made you (and ewe, and yew)', *Nautilus*, 10, http://nautil.us/issue/10/mergers--acquisitions/the-unique-merger-that-made-you-and-ewe-and-yew, 2014.

Young, J. Z., 'Memory, heredity and information', in J. Huxley, A. C. Hardy and E. B. Ford (eds), *Evolution as a Process*, London, Allen & Unwin, 1954, pp. 281–99.

Yoxen, E. J., 'Where does Schroedinger's *What is Life?* belong in the history of molecular biology?', *History of Science*, vol. 17, 1979, pp. 17–52.

Yu, A., Lepère, G., Jay, F. *et al.*, 'Dynamics and biological relevance of DNA demethylation in *Arabidopsis* antibacterial defense', *Proceedings of the National Academy of Sciences USA*, vol. 110, 2013, pp. 2389–94.

Zagorski, N., 'Profile of Alec J. Jeffreys', *Proceedings of the National Academy of Sciences USA*, vol. 26, 2006, pp. 8918–20.

Zamecnik, P., 'From protein synthesis to genetic insertion', *Annual Review of Biochemistry*, vol. 74, 2005, pp. 1–28.

Zamecnik, P. C. and Keller, E. B., 'Relation between phosphate energy donors and incorporation of labeled amino acids into proteins', *Journal of Biological Chemistry*, vol. 209, 1954, pp. 337–54.

Zamenhof, S., 'Properties of the transforming principle', in W. D. McElroy and B. Glass (eds), *A Symposium on the Chemical Basis of Heredity*, Baltimore, The Johns Hopkins Press, 1957, pp. 351–72.

Zubay, G., 'A possible mechanism for the initial transfer of the genetic code from deoxyribonucleic acid to ribonucleic acid', *Nature*, vol. 182, 1958, pp. 112–13.

Zubay, G. and Quastler, H., 'An RNA-protein code based on replacement data', *Proceedings of the National Academy of Sciences USA*, vol. 48, 1962, pp. 461–71.